Photoshop 移动UI创意设计

齐岷◎编著

清華大学出版社
北京

内 容 简 介

在UI应用大流行的时代，人们对移动UI设计的要求越来越高，如何打造一款吸引眼球的界面是每一位优秀设计师应具备的基本技能，除了设计本身需要符合设计规范之外，还要保证设计的实用性。本书可让读者快速地掌握这些内容，以此来提升自己的设计技能。

本书在编写过程中认真总结教材编写经验，本着“学用结合”的原则，采用真实案例进行项目化教学，从基础的软件操作到UI设计的基础知识，再到实战案例的演练，由浅入深，层层剖析移动UI设计的所有知识点，可谓干货满满，潜移默化地培养学习者行稳致远、精益求精的工匠精神。

本书不但适用于平面设计师、平面设计爱好者、平面设计相关从业人员阅读，还可作为职业教育教材、社会培训用书、大中专院校及相关专业的教学参考书或上机实践指导书，帮助各类院校快速培养优秀的技能型人才。

图书在版编目(CIP)数据

Photoshop移动UI创意设计 / 齐岷编著 . —北京：清华大学出版社，2022.5

ISBN 978-7-302-60413-6

Ⅰ. ①P… Ⅱ. ①齐… Ⅲ. ①移动终端－人机界面－程序设计②图像处理软件 Ⅳ. ① TN929.53 ② TP391.413

中国版本图书馆CIP数据核字(2022)第047940号

责任编辑：韩宜波
封面设计：李 坤
版式设计：方加青
责任校对：翟维维
责任印制：丛怀宇

出版发行：清华大学出版社
网 址：http://www.tup.com.cn，http://www.wqbook.com
地 址：北京清华大学学研大厦A座 邮 编：100084
社 总 机：010-83470000 邮 购：010-62786544
投稿与读者服务：010-62776969，c-service@tup.tsinghua.edu.cn
质 量 反 馈：010-62772015，zhiliang@tup.tsinghua.edu.cn
印 装 者：三河市天利华印刷装订有限公司
经 销：全国新华书店
开 本：185mm×260mm 印 张：20.25 字 数：493千字
版 次：2022年6月第1版 印 次：2022年6月第1次印刷
定 价：99.00元

产品编号：082442-01

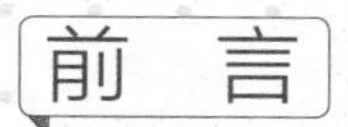

随着移动智能化的快速发展，各类移动端应用已经全面走进了人们的生活，特别是手机移动 UI 的全面普及，不但丰富了人们的生活，而且给人们带来了极大的便利与前卫的科技体验，与此同时，UI 应用的界面设计要求也变得越来越高。本书在这种潮流下应运而生，对移动 UI 的应用界面设计进行全方位的解读，从基础知识到实例训练进行立体化、系统化的讲解。全书共分为 9 章，每一章都是以基础知识加实例的形式进行讲解，采用由浅入深的方式详细讲解移动 UI 创意设计的核心知识，通过用心体会及认真学习，相信您一定能感受到移动 UI 创意设计之美。

从基础知识到实例训练，进行全方位立体化讲解。通过本书读者可以快速学到以下内容：

- Photoshop 基础知识
- UI 设计知识
- 基础 UI 控件制作
- 简洁扁平化图标设计
- 形象拟物化图标设计
- 超强写实质感图标设计
- 娱乐与多媒体应用界面设计
- 潮流趣味游戏界面设计
- 手机主流应用界面设计

随着 UI 应用的快速发展及其功能的不断完善，人们的审美不断地提升，UI 界面的设计要求也变得越来越高，本书的出现就是为了解决如何去学习 UI 创意设计的难题。

本书亮点：

1. 内容全面

本书通过全面系统化的形式进行讲解，囊括了移动 UI 创意设计从基础知识到实战演练的全部内容。

2. 真实案例

本书中所讲解的实例全部来自有着多年丰富经验的业内设计大师之手，通过精挑细选，将所有案例进行真实呈现。

3. 贴心提示

本书在讲解过程中附带了大量的操作提示，通过对这些提示的了解及学习可以避免学习过程中走弯路，极大提升工作效率的同时强化了学习效果。

4. 实况教学

随书免费赠送高兼容性的高清多媒体语音教学视频，结合视频教学的同时与书本配合学习，整体学习效果更优。

本书提供了案例的素材文件、源文件以及视频教学文件，扫一扫右侧的二维码，推送到自己的邮箱后下载获取。

本书由齐岷编著，其他参与编写的人员还有王闻铮，在此表示感谢。在创作的过程中，由于作者水平有限，书中不足之处在所难免，希望广大读者批评指正。

编 者

目 录

第1章

学习 Photoshop 基础知识

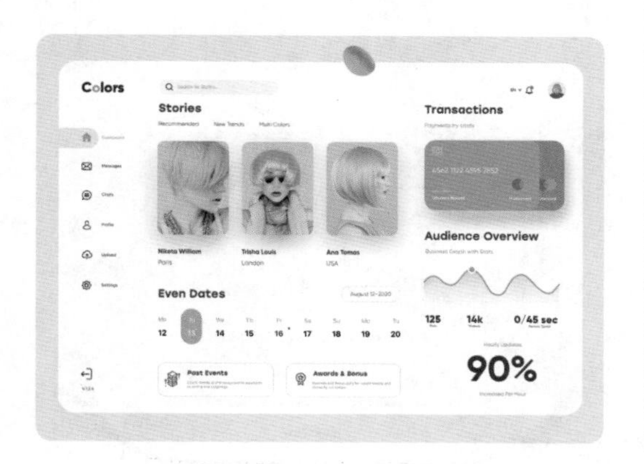

第2章

UI 设计知识讲解

第 3 章

基础 UI 控件制作

第 4 章

简洁扁平化图标设计

第5章

形象拟物化图标设计

第6章

超强写实质感图标设计

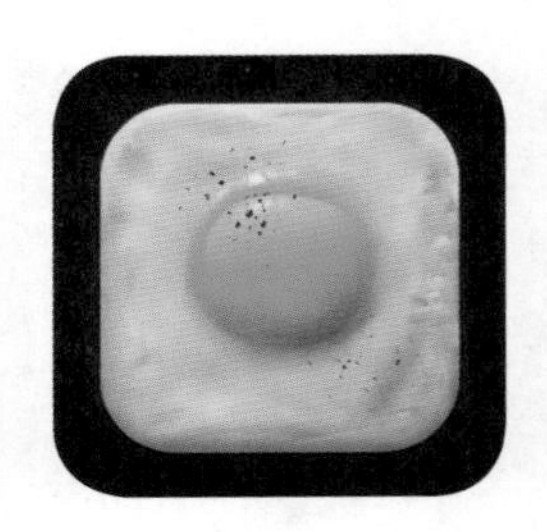
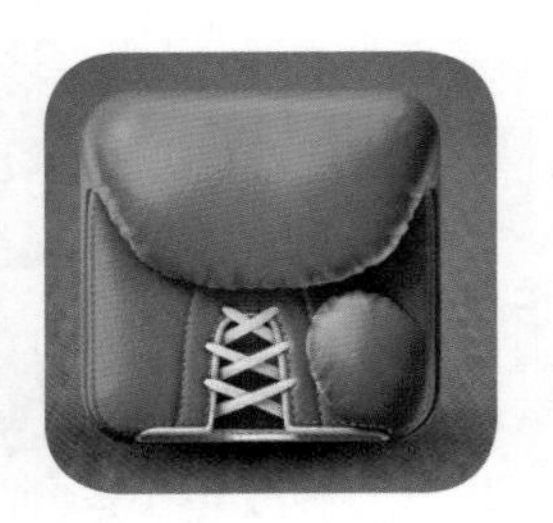

第 7 章

娱乐与多媒体应用界面设计

第 8 章

潮流趣味游戏界面设计

第 9 章

手机主流应用界面设计

第1章

学习 Photoshop 基础知识

内容摘要

本章从Photoshop的基础知识入手，详细讲解了Photoshop的功能和基本操作技巧，让读者在掌握UI设计技能之前，对其有一个基本的了解，为以后更深入的学习打下坚实的基础。

教学目标

- 认识Photoshop工作区
- 创建Photoshop工作环境

1.1　认识 Photoshop 工作区

Photoshop 使用各种元素，如面板、栏以及窗口等来创建和处理文档。这些元素的任何排列方式称为工作区。通过在多个预设工作区中选择或创建自己的工作区可以调整各个应用程序。

Photoshop 的工作区主要由应用程序栏、菜单栏、选项栏、选项卡式文档窗口、工具箱、面板组和状态栏等组成。Photoshop 的工作区如图 1.1 所示。

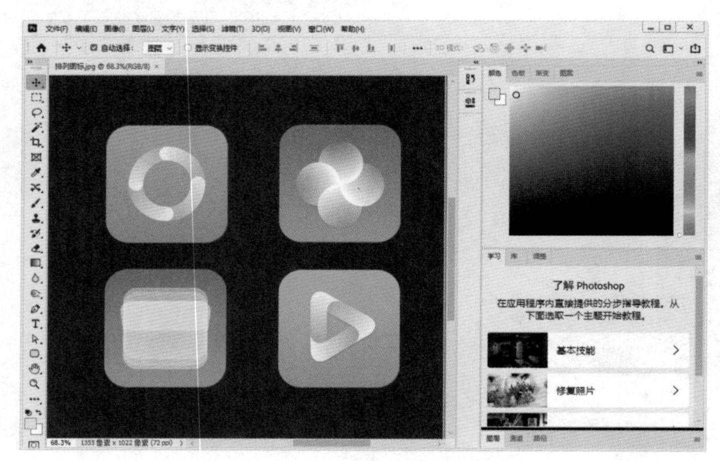

图 1.1　Photoshop 的工作区

1.1.1 管理文档窗口

Photoshop 的文档窗口可以调整，以满足不同用户的需要，如浮动或合并文档窗口、缩放或移动文档窗口等。

1. 浮动或合并文档窗口

默认状态下，打开的文档窗口处于合并状态，通过拖动的方法可将其变成浮动状态。当然，如果当前窗口处于浮动状态，通过拖动也可以将其变成合并状态。将光标移动到窗口选项卡位置，即文档窗口的标题栏位置。按住鼠标左键向外拖动，以窗口边缘不出现蓝色边框为限，释放鼠标即可将其由合并状态变成浮动状态。合并变浮动窗口的操作过程如图 1.2 所示。

当窗口处于浮动状态时，将光标放在标题栏位置，按住鼠标左键将其向工作区边缘拖动，当工作区边缘出现蓝色边框时，释放鼠标，即可将窗口由浮动变成合并状态。操作过程如图 1.3 所示。

提示

文档窗口不但可以和工作区合并，还可以将多个文档窗口进行合并，操作方法相同，这里不再赘述。

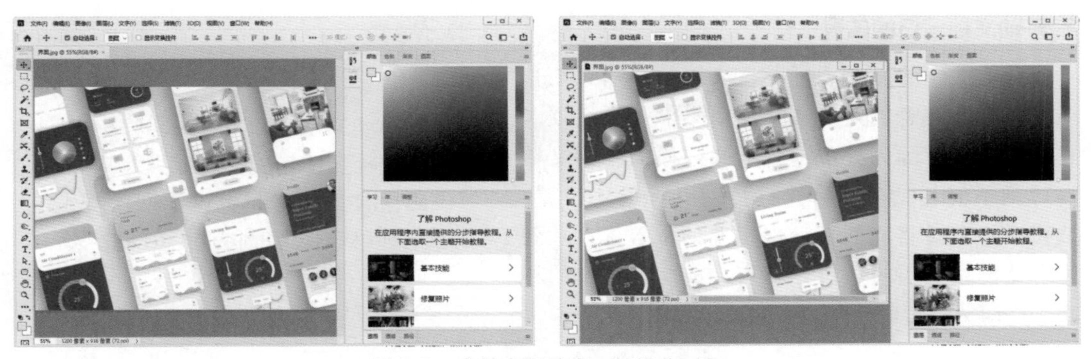

图 1.2　合并变浮动窗口的操作过程

图 1.3　浮动变合并窗口的操作过程

除了使用前面讲解的利用拖动方法来浮动或合并窗口外，还可以使用菜单命令来快速合并或浮动文档窗口。执行菜单栏中的【窗口】|【排列】命令，在其子菜单中选择【在窗口中浮动】、【使所有内容在窗口中浮动】或【将所有内容合并到选项卡中】命令，可分别将单个窗口浮动、所有文档窗口浮动或所有文档窗口快速合并，排列效果如图 1.4 所示。

图 1.4 【排列】子菜单

2. 移动文档窗口的位置

为了操作的方便，可以将文档窗口随意地移动，但需要注意的是，文档窗口不能处于选项卡式或最大化，因为处于选项卡式或最大化的文档窗口是不能移动的。将光标移动到标题栏位置，按住鼠标左键将文档窗口向需要的位置拖动，到达合适的位置后释放鼠标即可完成文档窗口的移动。移动文档窗口的位置操作过程如图 1.5 所示。

技巧

在移动文档窗口时，经常会不小心将文档窗口与工作区或其他文档窗口合并，为了避免这种现象发生，可在移动位置时按住 Ctrl 键。

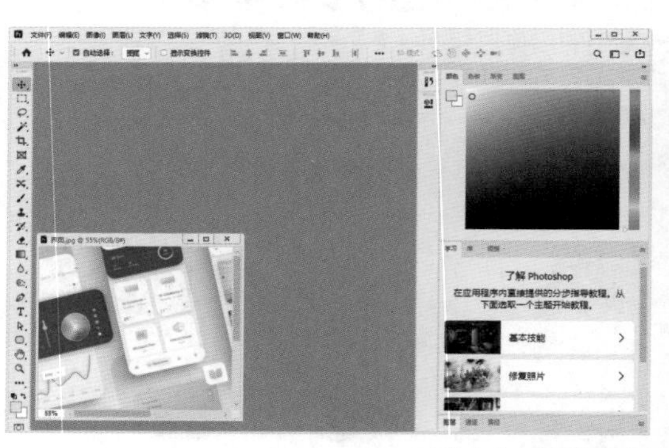

图 1.5　移动文档窗口的位置操作过程

3. 调整文档窗口大小

为了操作的方便，还可以调整文档窗口的大小，将光标移动到窗口的右下角位置，光标将变成一个双向箭头。如果想放大文档窗口，按住鼠标左键向右下角拖动，即可将文档窗口放大。如果想缩小文档窗口，按住鼠标左键向左上方拖动，即可将文档窗口缩小。缩放文档窗口的操作过程如图 1.6 所示。

提示

缩放文档窗口时，不但光标可以放在右下角，也可以放在左上角、右上角、左下角等位置。只要光标变成双向箭头即可拖动调整。

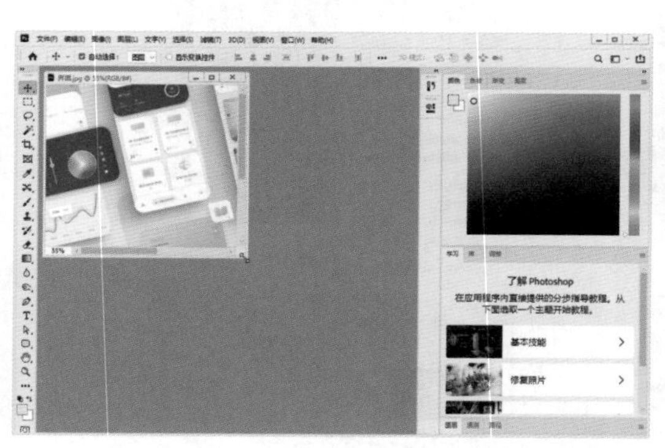

图 1.6　缩放文档窗口的操作过程

1.1.2 操作面板组

默认情况下，面板以面板组的形式出现，位于 Photoshop 界面的右侧，其功能是用来对当前图像的颜色、图层、信息导航、样式以及相关的操作进行设置。Photoshop 的面板可以任意进行分离、移动和组合。本节以【色板】面板为例讲解面板的基本组成，如图 1.7 所示。

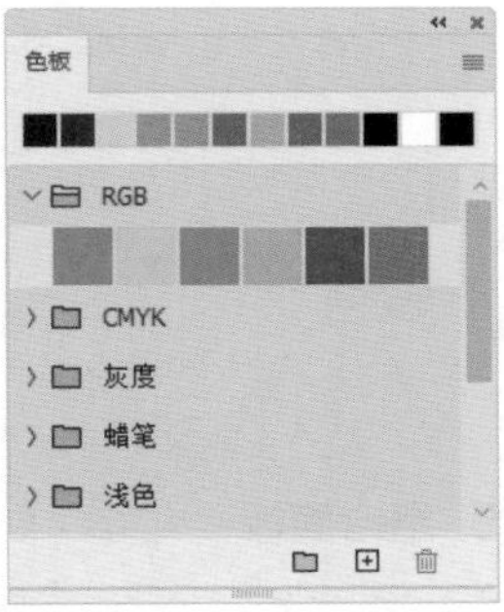

图 1.7 【色板】面板

面板有多种操作，各种操作方法如下。

1. 打开或关闭面板

在【窗口】菜单中选择不同的面板名称，可以打开或关闭不同的面板，也可以单击面板右上方的“关闭”按钮来关闭该面板。

2. 显示面板中的内容

在多个面板组中，如果想查看某个面板的内容，可以直接单击该面板的选项卡名称。如单击【颜色】选项卡，即可显示该面板内容。其操作过程如图 1.8 所示。

技巧

按 Tab 键可以隐藏或显示所有面板、工具箱和选项栏；按 Shift + Tab 组合键可以只隐藏或显示所有面板，不包括工具箱和选项栏。

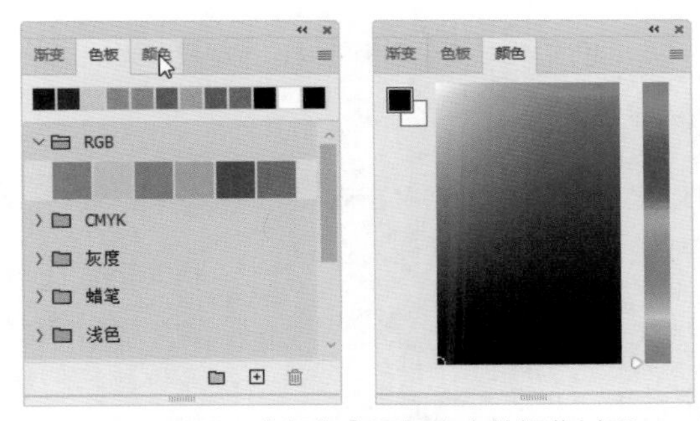

图 1.8　显示【颜色】面板内容的操作过程

3. 移动面板

在移动面板时，可以看到蓝色突出显示的放置区域，在该区域中可以移动面板。例如，将一个面板拖动到另一个面板上面或下面的窄蓝色放置区域中，在停放的过程中可以向上或向下移动该面板。如果拖动到的区域不是放置区域，那么该面板将在工作区中自由浮动。

- 要移动单独某个面板，可以拖动该面板顶部的标题栏或选项卡位置。
- 要移动面板组或堆叠的浮动面板，需要拖动该面板组或堆叠面板的标题栏。

4. 分离面板

在面板组的某个选项卡名称处按住鼠标左键向该面板组以外的位置拖动，即可将该面板分离出来。操作过程如图 1.9 所示。

图 1.9　分离面板的操作过程及效果

5. 组合面板

在任意一个独立面板的选项卡名称位置处按住鼠标左键，然后将其拖动到另一个浮动面板上，当另一个面板周围出现蓝色的方框时，释放鼠标即可将面板组合在一起，操作过程及效果如图 1.10 所示。

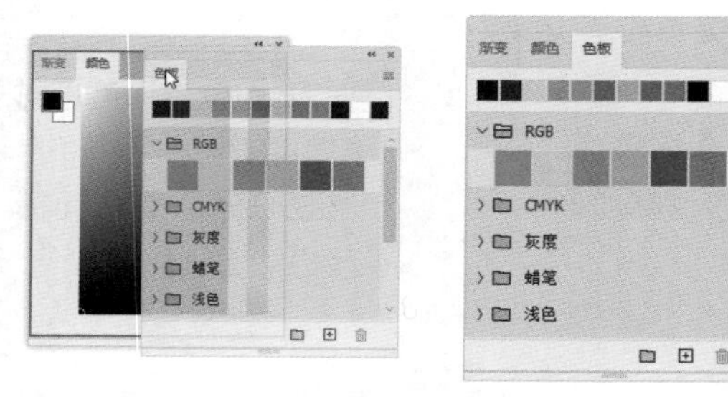

图 1.10　组合面板的操作过程及效果

6. 停靠面板组

为了节省空间，还可以将组合的面板停靠在软件界面右侧的边缘位置，或与其他的面板组停靠在一起。

拖动面板组上方的标题栏或选项卡位置，将其移动到另一组或一个面板边缘位置，当看到一条垂直的蓝色线条时，释放鼠标即可将该面板组停靠在其他面板或面板组的边缘位置，操作过程及效果如图 1.11 所示。

将面板或面板组从停靠的面板或面板组中分离出来，只需拖动选项卡或标题栏位置，将其拖走，即可将其拖动到另一个位置停靠，或使其变为自由浮动面板。

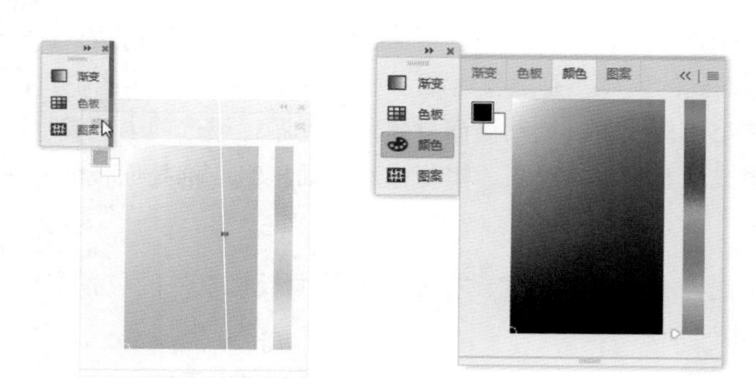

图 1.11　停靠面板的操作过程及效果

7. 堆叠面板

当面板被拖出停放且不被拖入放置区域时，面板会自由浮动。此时可以将浮动的面板放在工作区的任何位置，也可以将浮动的面板或面板组堆叠在一起，以便在拖动最上面的标题栏时将它们作为一个整体进行移动。堆叠不同于停靠，停靠是将面板或面板组停靠在另一面板或面板组的左侧或右侧，而堆叠则是将面板或面板组堆叠起来，形成上下的面板组效果。

如果想从堆叠中分离出面板或面板组使其自由浮动，可以拖动其选项卡或标题栏到面板以外位置。

如果要堆叠浮动的面板，可以拖动面板的选项卡或标题栏位置到另一个面板底部的放置区域，当面板的底部产生一条蓝色的直线时，释放鼠标即可。如果要更改堆叠顺序，可以向上或向下拖动面板选项卡。堆叠面板操作过程及效果如图 1.12 所示。

图 1.12　堆叠面板的操作过程及效果

8. 折叠面板组

为了节省空间，Photoshop 提供了面板组的折叠操作，面板组被折叠起来后，将以图标的形式来显示。

单击折叠按钮，可将面板组折叠起来，以便节省更大的空间。如果想展开折叠面板组，可以单击展开按钮，将面板组展开，操作效果如图 1.13 所示。

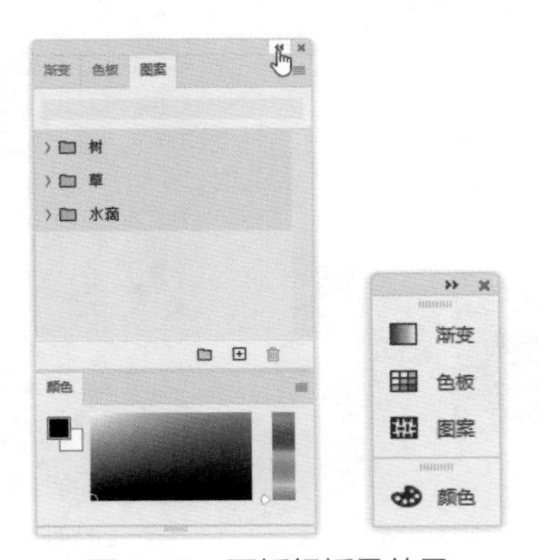

图 1.13　面板组折叠效果

1.1.3 认识选项栏

选项栏也叫工具选项栏，位于菜单栏的下方，其功能是对相应的工具进行各种属性的设置。选项栏的内容不是固定的，它会随所选工具的不同而改变，在工具箱中选择一个工具，选项栏中就会显示该工具对应的属性设置。例如，在工具箱中选择【矩形选框工具】，选项栏的显示效果如图 1.14 所示。

> **提示**
>
> 当选项栏处于浮动状态时，在选项栏的左侧有一个黑色区域，这个黑色区域叫手柄区，通过拖动手柄区可以移动选项栏的位置。

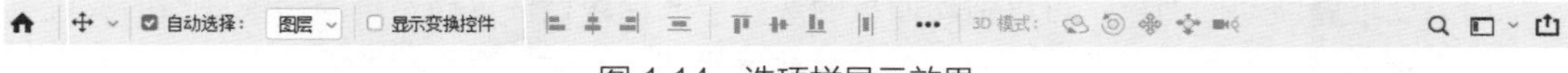

图 1.14　选项栏显示效果

在选项栏中设置完参数后，如果想将当前工具选项栏中的参数恢复为默认值，可以在工具选项栏左侧的工具图标处单击鼠标右键，在弹出的快捷菜单中选择【复位工具】命令，即可将当前工具选项栏中的参数恢复为默认值。如果想将所有工具选项栏的参数恢复为默认值，可以选择【复位所有工具】命令，如图 1.15 所示。

图 1.15　右键快捷菜单

1.1.4 认识工具箱

工具箱在初始状态下一般位于窗口的左侧，当然也可以根据自己的习惯将其拖动到其他位置。利用工具箱中所提供的工具，不仅可以进行选择、绘画、取样、编辑、移动、注释和查看图像等操作，还可以更改前景色和背景色以及对图像进行快速蒙版等操作。

若想知道各个工具的快捷键，可以将鼠标指针指向工具箱中某个工具图标，如【快速选择工具】，稍等片刻后，即会出现一个工具名称的提示，括号中的字母即为该工具的快捷键，效果如图 1.16 所示。

图 1.16　工具提示效果

> **提示**
>
> 工具提示右侧括号中的字母为该工具的快捷键，有些工具在同一个隐藏组中，因此具有相同的快捷键，如【魔棒工具】和【快速选择工具】的快捷键都是 W，此时可以按 Shift + W 组合键，在工具中进行循环选择。

> **技巧**
>
> 在英文输入法状态下，选择带有隐藏工具的工具后，按住 Shift 键的同时，连续按下所选工具的快捷键，可以依次选择隐藏的工具。

1.1.5 隐藏工具的操作技巧

在工具箱中没有显示出全部工具，有些工具被隐藏起来了。只要细心观察，会发现有些工具图标中有一个小三角的符号◢，这表明在该工具中还有与之相关的其他工具。要打开这些工具，有以下两种方法。

方法 1：将鼠标移至含有多个工具的图标上，按住鼠标左键不放，此时出现一个工具选项菜单，然后拖动鼠标至想要选择的工具处释放鼠标即可。如选择【标尺工具】的操作效果如图 1.17 所示。

方法 2：在含有多个工具的图标上单击鼠标右键，就会弹出工具选项菜单，单击选择相应的工具即可。

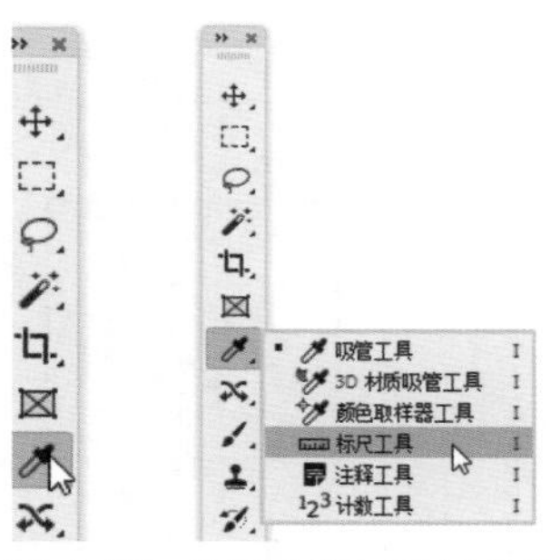

图 1.17　选择【标尺工具】的操作效果

1.2　创建 Photoshop 工作环境

本节将详细介绍有关 Photoshop 的一些基本操作，包括图像文件的新建、打开、存储和置入等基本操作，为以后的深入学习打下良好的基础。

1.2.1 创建新文档

创建新文档的方法非常简单，具体的操作方法如下。

技巧

按键盘中的 Ctrl + N 组合键，可以快速打开【新建】对话框。

步骤 01 执行菜单栏中的【文件】|【新建】命令，打开【新建】对话框。

步骤 02 在【名称】文本框中输入新建的文件名称，默认的名称为“未标题 -1”，比如这里输入名称为“插画”。

步骤 03 在【宽度】和【高度】文本框中直接输入值。需要注意的是，要先改变单位再输入值，不然可能会出现错误。比如设置【宽度】的值为 10 厘米，【高度】的值为 20 厘米，设置宽度和高度操作效果如图 1.18 所示。

步骤 04 在【分辨率】文本框中设置适当的分辨率。一般彩色印刷的图像分辨率应达到 300；报刊、杂志等的图像分辨率应达到 150；网页、屏幕浏览的图像分辨率可设置为 72，单位通常采用像素 / 英寸。

步骤 05 在【颜色模式】下拉列表框中选择图像所要应用的颜色模式。可选的模式有【位图】、【灰度】、【RGB 颜色】、【CMYK 颜色】、【Lab 颜色】及 1bit、8bit、16bit 和 32bit 四个通道模式选项。根据文件输出的需要可以自行设置，一般情况下选择【RGB 颜色】和【CMYK 颜色】模式以及 8bit 通道模式。另外，如果用于网页制作，要选择【RGB 颜色】模式，如果用于印刷，一般选择【CMYK 颜色】模式。这里选择【CMYK 颜色】模式。

步骤 06 在【背景内容】下拉列表框中，选择新建文件的背景颜色，比如选择白色。

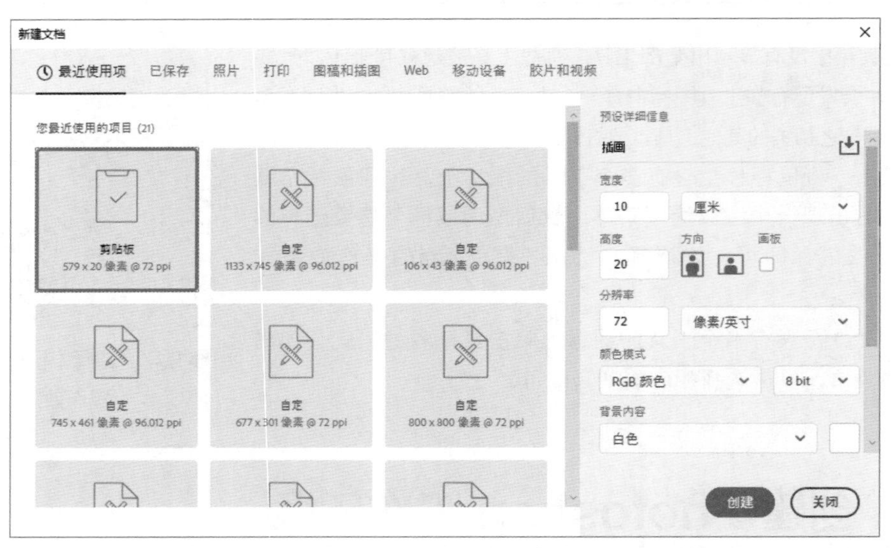

图 1.18　设置宽度和高度

1.2.2 打开图像

要编辑或修改已存在的 Photoshop 文件或其他软件生成的图像文件时，可以使用【打开】命令将其打开，具体操作如下。

步骤 01 执行菜单栏中的【文件】|【打开】命令，或在工作区空白处双击，弹出【打开】对话框。

步骤 02 选择要打开的图像文件，比如打开“调用素材 / 第 1 章 / 蓝色系界面 .jpg”文件，如图 1.19 所示。

按 Ctrl + O 组合键，可以快速启动【打开】对话框。

步骤 03 单击【打开】按钮，即可将该图像文件打开，打开的效果如图 1.20 所示。

图 1.19　选择图像文件

图 1.20　打开的图像

1.2.3 打开最近使用的文档

在【文件】|【最近打开文件】子菜单中显示了最近打开过的 19 个图像文件，如图 1.21 所示。如果要使打开的图像文件名称显示在该子菜单中，选中该文件名打开该文件即可，省去了查找该图像文件的烦琐操作。除了使用【打开】命令，还可以使用【打开为】命令打开文件。【打开为】命令与【打开】命令的不同之处在于，【打开为】命令可以打开一些使用【打开】命令无法辨认的文件。例如某些图像从网络下载后在保存时如果以错误的格式保存，使用【打开】命令则有可能无法打开，此时可以尝试使用【打开为】命令来打开。

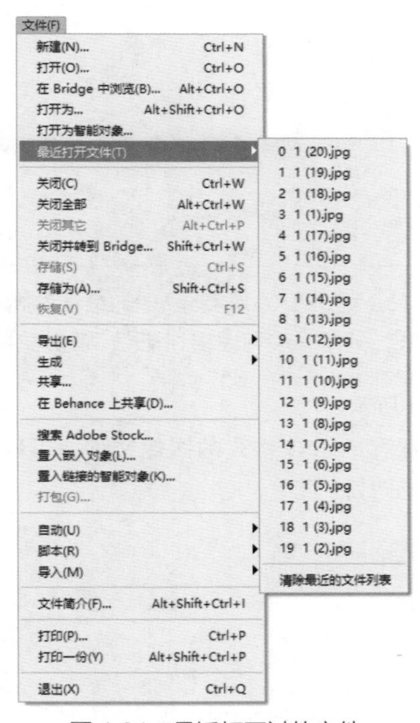

图 1.21　最近打开过的文件

技巧

如果要清除【最近打开文件】子菜单中的选项命令，可以执行菜单栏中的【文件】|【最近打开文件】|【清除最近的文化列表】命令。

技巧

如果要同时打开相同存储位置下的多个图像文件，在按住 Ctrl 键的同时单击所需要打开的图像文件，再单击【打开】按钮即可。在选取图像文件时，按住 Shift 键可以连续选择多个图像文件。

1.2.4 将分层素材存储为 JPG 格式

当完成一件作品或者处理完一幅打开的图像时，需要对完成的图像进行存储，这时就可使用存储命令。存储文件时格式非常关键，下面以实例的形式来讲解文件的保存。

步骤 01 打开一个分层素材。执行菜单栏中的【文件】|【打开】命令，打开“调用素材 \ 第 1 章 \ 典雅写实收音机 .psd”文件。打开该图像后，可以在【图层】面板中看到当前图像的分层效果，如图 1.22 所示。

步骤 02 执行菜单栏中的【文件】|【存储副本】命令，打开【存储副本】对话框，指定保存的位置和文件名后，在【保存类型】下拉列表框中，

技巧

【存储】命令的快捷键为 Ctrl + S；【存储副本】命令的快捷键为 Ctrl + Alt + S。

选择 JPEG 格式，如图 1.23 所示。

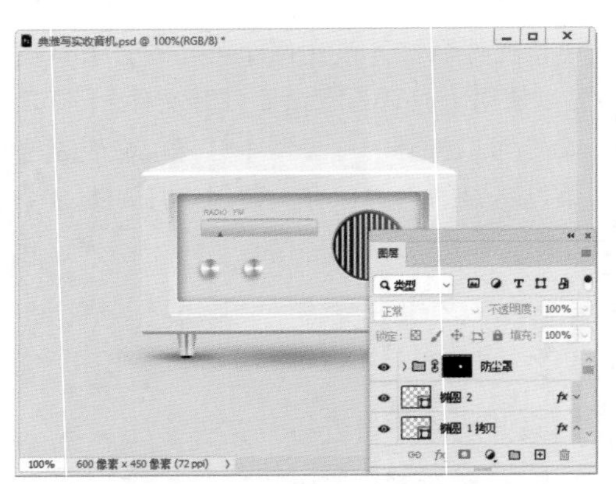

图 1.22　打开的分层图像

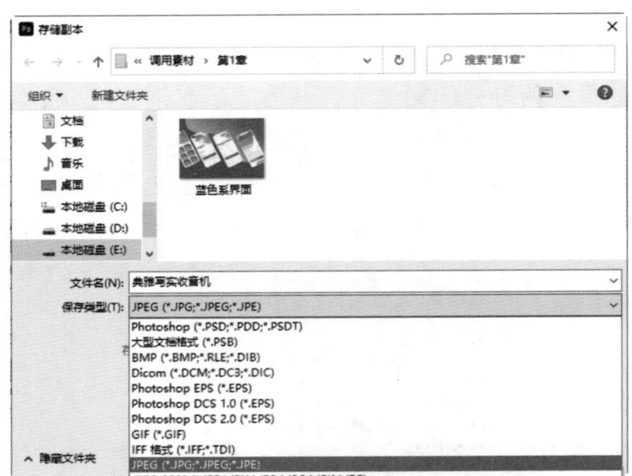

图 1.23　选择 JPEG 格式

步骤 03 单击【保存】按钮，将弹出【JPEG 选项】对话框，此时可以对图像的品质、基线等进行设置。设置完成后单击【确定】按钮，即可将图像保存为 JPG 格式，如图 1.24 所示。

> **提示**
>
> JPG 和 JPEG 是完全一样的一种图像格式，只是一般习惯将 JPEG 简写为 JPG。

步骤 04 保存完成后，使用【打开】命令，打开刚保存的 JPG 格式的图像文件，可以在【图层】面板中看到当前图像只有一个图层，图像效果如图 1.25 所示。

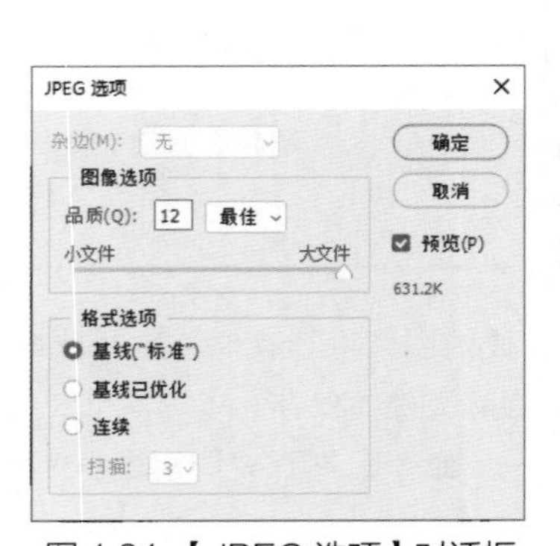

图 1.24　【JPEG 选项】对话框

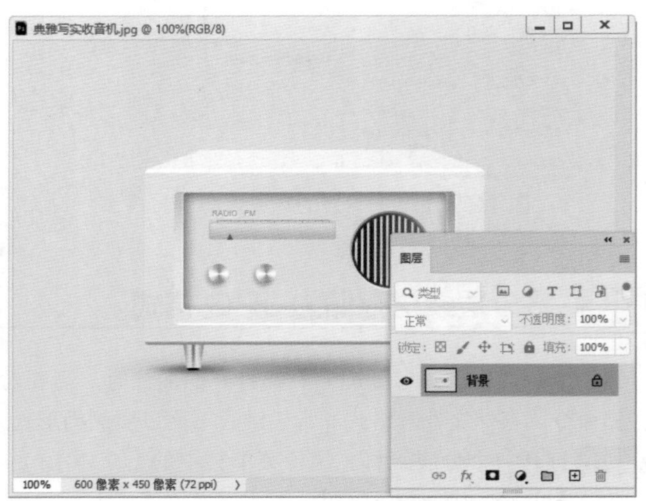

图 1.25　JPG 图像效果

1.2.5【存储】与【存储副本】命令

在【文件】菜单下面有两个命令可以存储文件，分别为【文件】|【存储】和【文件】|【存储副本】命令。

当应用【新建】命令创建一个新的文档并进行编辑后，要将该文档进行保存时，应用【存储】命令可以将当前文件进行存储。

当对一个新建的文档保存后，或打开一个图像编辑后，再次应用【存储】命令时，将不会打开【存储为】对话框，而是直接将原文档覆盖。

如果不想将原有的文档覆盖，就需要使用【存储副本】命令。利用【存储副本】命令进行存储，无论是新创建的文件还是打开的图片都可以弹出【存储副本】对话框。将编辑后的图像重新命名进行另外备份存储，【存储副本】对话框如图 1.26 所示。

图 1.26 【存储副本】对话框

【存储副本】对话框中各选项的含义分别如下。

- 【文件名】：可以在其下拉列表框中输入要保存文件的名称。
- 【保存类型】：可以从其下拉列表框中选择要保存的文件格式。一般默认的保存格式为PSD格式。
- 【存储选项】：如果当前文件具有通道、图层、路径、专色或注解，而且在【保存类型】下拉列表框中选择了支持保存这些信息的文件格式时，对话框中的【Alpha通道】、【图层】、【注释】、【专色】等复选框将被激活。【注释】复选框用来设置是否将注释保存，勾选该复选框表示保存批注，否则不保存。勾选【Alpha通道】复选框将Alpha通道存储。如果编辑的文件中设置有专色通道，勾选【专色】复选框，将保存该专色通道。如果编辑的文件中，包含有多个图层，勾选【图层】复选框，将分层文件进行分层保存。
- 【缩览图】：为存储的文件创建缩览图。默认情况下，Photoshop软件自动为其创建。

> **提示**
>
> 如果图像中包含的图层不止一个，或对背景层重命名，必须使用 Photoshop 的 PSD 格式才能保证不会丢失图层信息。如果要在不能识别 Photoshop 文件的应用程序中打开该文件，那么必须将其保存为该应用程序所支持的文件格式。

第2章

UI 设计知识讲解

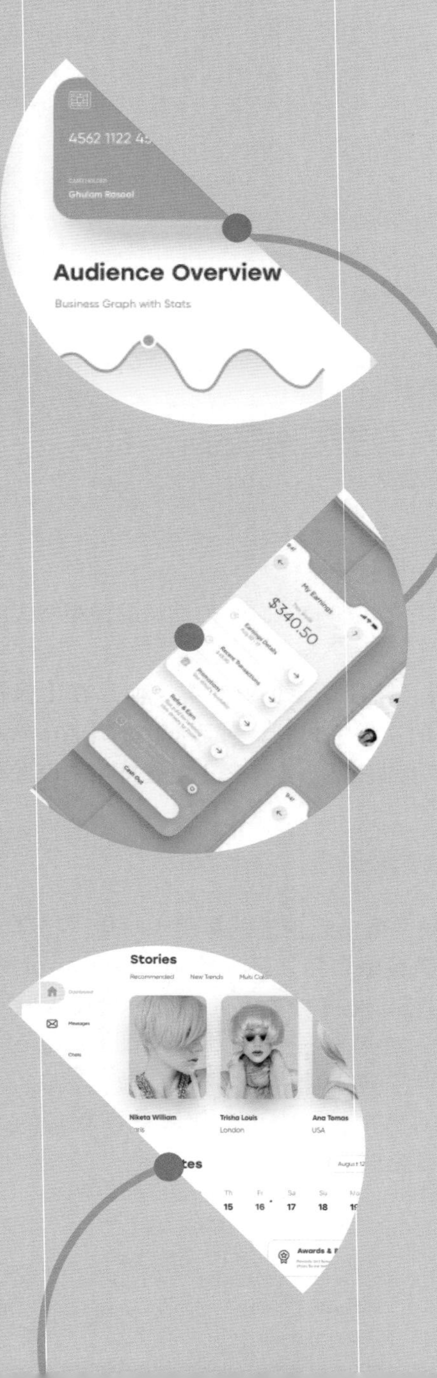

内容摘要

本章主要讲解UI设计知识，想要学会UI设计，就必须先要学习UI设计的知识，从UI设计的基本概念开始到UI设计的一般流程再到UI设计的常用软件等。本章以循序渐进的讲解形式，将UI设计知识加以系统化和理论化，将这些实用的知识一网打尽，全面进行概括和总结，使读者在真正开始学习UI设计之前就打下扎实的基础，通过对这些知识的学习，读者可以掌握UI设计的全部基础知识。

教学目标

- 了解UI设计的基本概念
- 学习UI设计的一般流程
- 学会使用UI设计的常用软件
- 了解UI与应用的关系
- 掌握UI设计中的规范
- 学习应用图标设计原则
- 了解UI设计中的尺寸及规范

2.1 UI设计的基本概念

UI是一个广义的概念，从字面上看由用户与界面两个部分组成，实际上还包括用户与界面之间的交互关系，所以UI可分为三个方向：用户研究、交互设计、界面设计。通常意义上，UI是User Interface的缩写。首先，UI是指人与信息交互的媒介，它是信息产品的功能载体和典型特征。UI作为系统的可用形式而存在，比如以视觉为主体的界面，强调的是视觉元素的组织和呈现。这是物理表现层的设计，每一款产品或者交互形式都以这种形态出现，包括图形、图标、色彩、文字设计等，用户通过它们使用系统。在这一层面，UI可以理解为用户界面，这是UI作为人机交互的基础层面。其次，UI是指信息的采集与反馈、输入与输出，这是基于界面而产生的人与产品之间的交互行为。在这一层面，即用户交互，这是界面产生和存在的意义所在。人与非物质产品的交互更多依赖于程序的无形运作来实现，这种与界面匹配的内部运行机制，需要通过界面对功能的隐喻和引导来完成。因此，UI不仅要有精美的视觉表现，也要有方便快捷的操作，以符合用户的认知和行为习惯。最后，UI的高级形态可以理解为User Invisible。对用户而言，在这一层面UI是不可见的，这并非是指视觉上的不可见，而是让用户在界面之下与系统自然地交互，沉浸在他们喜欢的内容和操作中，忘记了界面的存在。这需要更多地研究用户心理和用户行为，从用户的角度来进行界面结构、行为、视觉等层面的设计。在大数据的背景下，在信息空间中，交互会变得更加自由、自然并无处不在，科学技术、设计理念及多通道界面的发展，直至普适计算界面的出现，用户体验到的交互是下意识甚至是无意识的。常见的UI设计如图2.1所示。

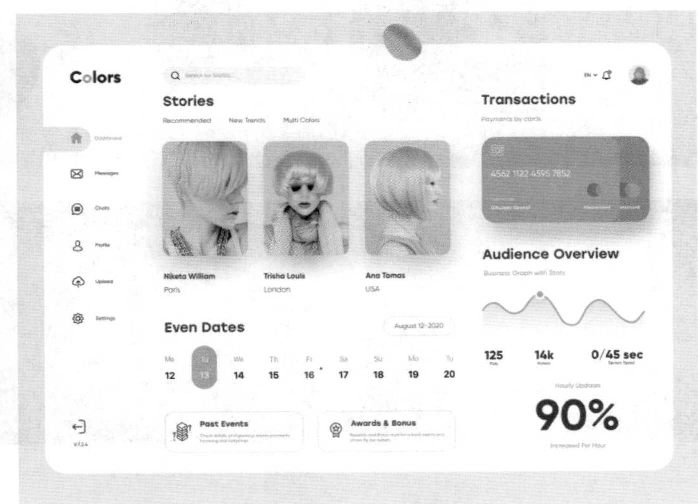

图2.1 常见的UI设计

图 2.1　常见的 UI 设计（续）

2.2 UI设计的一般流程

1. 创建图形

无论设计低保真线框图还是设计漂亮的界面都需要使用形状工具和一些图像，可以使用Figma、AdobeXD等软件来熟悉形状工具的用法。当前的UI设计工具都是通过操纵一些矢量的形状来进行工作，这意味着所看到的一切都是由定义形状的数值来完成的，不管放大还是拉伸，这一切只是变化了一个数值而已，作品不会有任何的质量损失。

2. 盒子模型

盒子模型是在设计和代码中定义的数字接口对象的最基本方法。大多数设计都是根据盒子模型来设计的，盒子模型示意如图2.2所示。

- 填充（Fill）：顾名思义就是元素的背景，可以是纯色、渐变、图像，或者是前者的混合。
- 边框（Border）：包裹对象的轮廓。
- 外边距（Outer Margin）：对象之外的区域，可以使对象周围拥有足够的安全空间。
- 内边距（Inner Margin）：区域越大，物体的安全区域就越大。

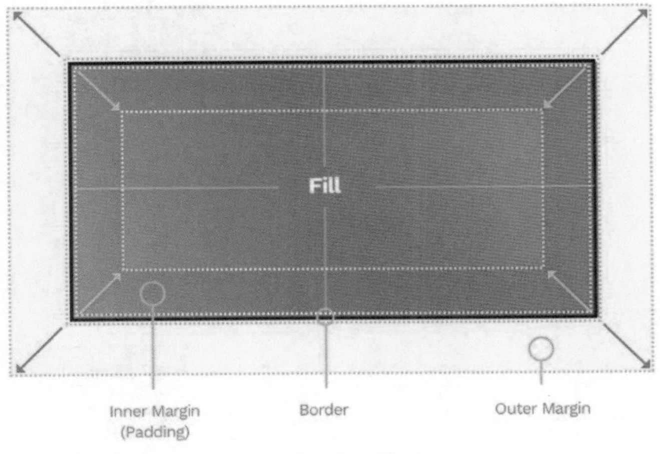

图2.2　盒子模型

3. 定义属性

- 大小：宽度和高度定义了对象的大小，在大多数情况下使用W和H来简称。因为是二维空间，宽度就是水平轴上的刻度，高度就是垂直轴上的刻度。简而言之，点和像素是不一样的，点是像素的向量表示，它依赖于分辨率。在像素密度非常高的显示器上，1个点可以是4个像素或更多，这样做的原因是要有足够大的元素，但也要赋予其足够的清晰度和精确度。宽度和高度的定义属性示意如图2.3所示。

- 位置：对象的位置是X、Y轴上的一组数值。这个由包含它的画板来定义，X表示水平轴上的位置，Y表示垂直轴上的位置。
- 角度：角度定义了对象顺时针旋转的角度，一般默认为0°，旋转角度当然也可以是负数。比如-15°，其实是360°-15°，角度示意如图2.4所示。
- 边界半径：圆形比尖锐的形状更友好，为了定义圆度的等级，人们使用了一个叫边界半径的词来定义它的属性。边界半径只是一个数值，就像宽度和高度一样，它也是用点表示，数值越大，形状的圆角就越圆。它可以单独对一个地方使用，也可以对多个地方使用。一般来说，2～6p比0p更友好，边界半径示意如图2.5所示。

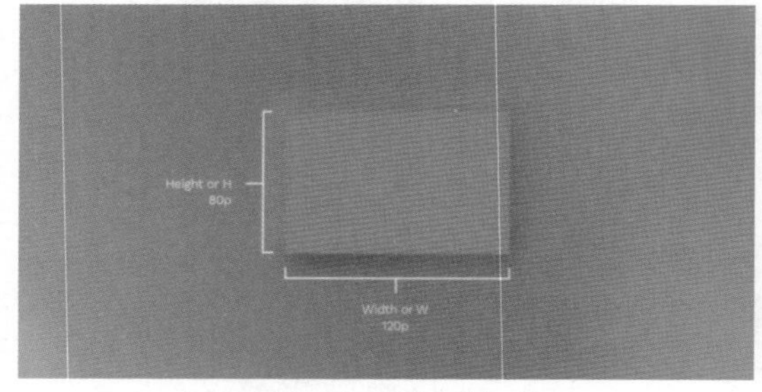

图 2.3　定义属性

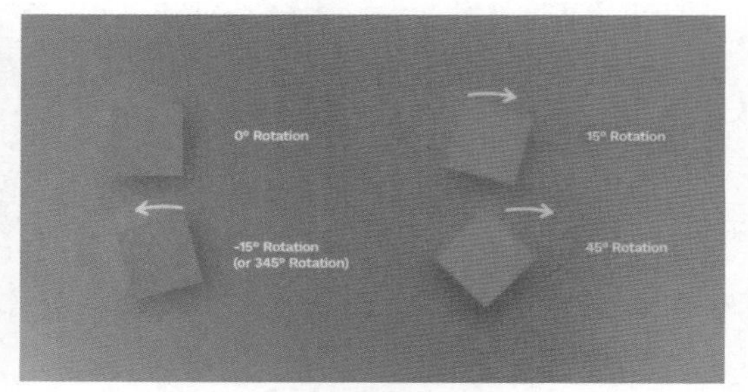

图 2.4　角度示意

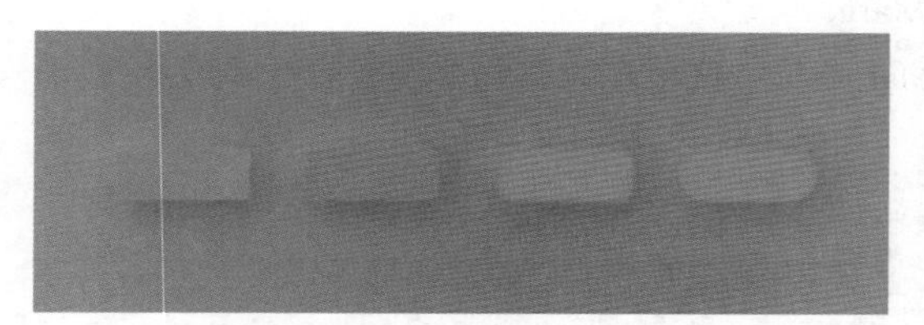

图 2.5　边界半径

4. 填充与边框

- 填充：填充可以是纯色、渐变，或者是照片，还可以有不同程度的透明度，填充效果如图2.6所示。

图 2.6　填充效果

- 边框：边框是继填充后对象所具有的第二个样式，边框就是描边，它是围绕对象一周的一条线。它既可以在对象内也可以在对象外，只有在对象之内才不会在视觉上使对象变大。

- 描边样式：描边采用的线条可以有不同的粗细，可以是虚线，也可以使用颜色填充和渐变填充。如果界面是圆形，那么描边的开始、结尾拐角应尽量设置为圆形，这样会更具统一性。描边的不同样式如图2.7所示。

提示

如果一个对象没有填充，也没有边框或者效果，那么它在界面中将不可见，因为需要被定义一些特征才能看到。

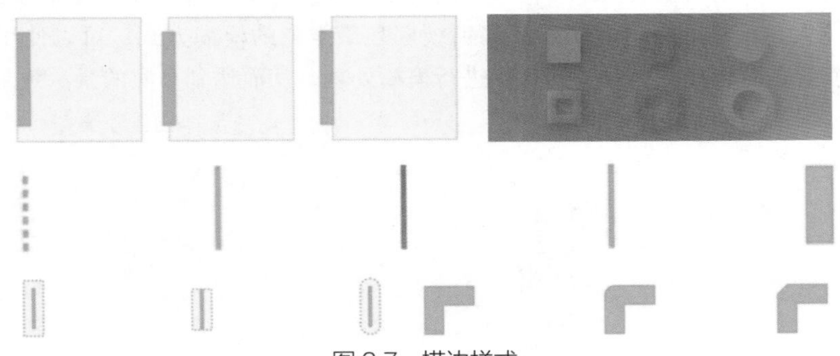

图 2.7 描边样式

5. 对象的投影与阴影

- 投影：外部投影是UI设计中最常见的效果，是一种典型的需要依赖中心（X、Y）的偏移才能完成偏移距离、模糊度、不透明度等效果。投影效果如图2.8所示。

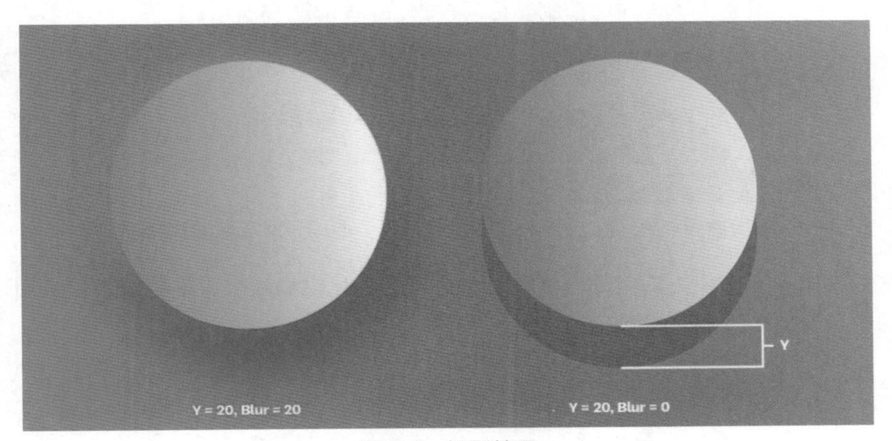

图 2.8 投影效果

- 柔和的投影：那些看起来自然的投影是决定设计好坏的重要影响因素之一。看起来自然的方法就是避免使用纯黑色投影和直接使用本体的主色。纯黑色使得对比度过大，看起来显脏且不自然，不同的投影效果如图2.9所示。
- 内阴影：内阴影在UI设计中是比较少见的，它具有投影一样的参数，它是出现在对象内部的。大多数界面都是由一系列的对象层叠起来的，在这种情况下，一个外部投影就可以实现想要的效果，而内部阴影从另一方面表现出对象上面有个洞。内部阴影效果如图2.10所示。

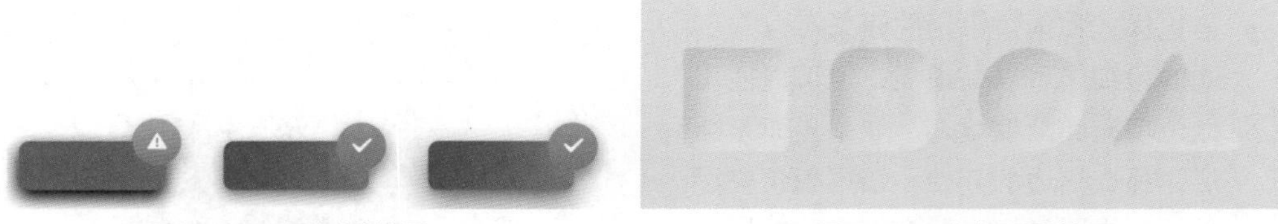

图 2.9　不同投影效果　　图 2.10　内部阴影效果

- 高斯模糊：高斯模糊的效果会使效果均匀地分散到每个方向。影响效果的是半径的值，半径越大，模糊效果就越明显。高斯模糊是最常见的模糊方式，可以使用它来过渡背景，或者是有选择性地对一些背景进行模糊处理，从而达到真实的景深效果。高斯模糊效果如图2.11所示。

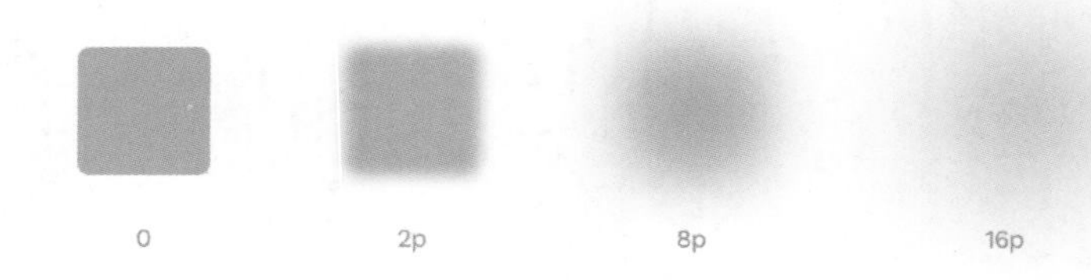

图 2.11　高斯模糊效果

- 背景模糊：使用这种效果，会把物体下面一层的东西模糊掉，背景模糊效果如图2.12所示。
- 运动模糊：模拟物体沿着某个方向运动时由于速度过快产生的残影，和高斯模糊的工作原理一样，只是多了方向的控制。运动模糊效果如图2.13所示。

图 2.12　背景模糊效果　　图 2.13　运动模糊效果

- 变焦模糊：当物体由内向外模糊时，就会发生羽化模糊效果，这种效果常被用于摄影图像中。变焦模糊效果如图2.14所示。

图 2.14　变焦模糊效果

2.3　UI 设计的常用软件

选择一个好的制图软件可以帮助设计者更好地完成设计工作，UI 设计常用的软件包括 Axure、Photoshop、Sketch、After Effects、Illustrator 等。

1. Axure

Axure RP 是一款产品经理必备的快速原型交互设计工具，这款软件在通用性、专业性以及实用性方面表现突出。无论是 PC 端还是移动端产品，包括产品界面布局、样式设定、功能配置以及用户交互，都可以快速地进行原型设计。在原型设计软件中，Axure RP 具备较高知名度，深受众多互联网产品人士的认可与喜爱。它是产品经理或者交互设计师对产品的需求、规格、设计功能和界面进行定义的应用软件。对于一个产品交互设计师来说它是一款必备的制作软件，也是 UI 设计公司常用的一款设计软件。Axure 工作界面如图 2.15 所示。

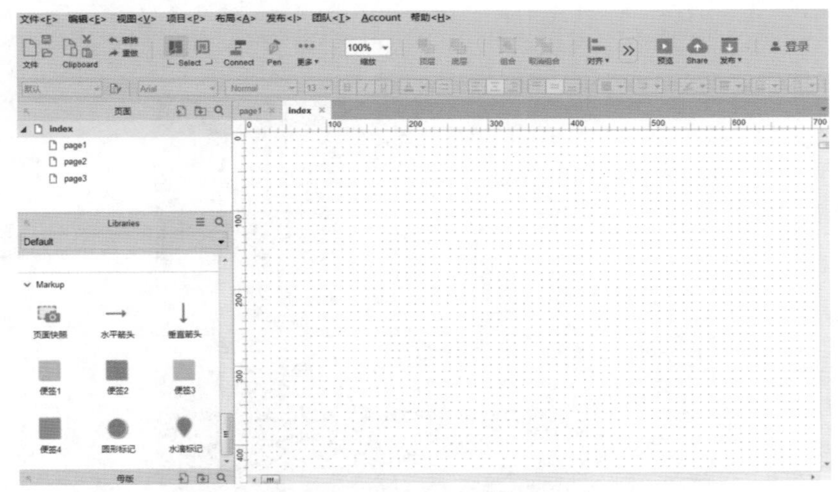

图 2.15　Axure 工作界面

2. Photoshop

Photoshop 是平面设计中应用最广泛、功能最强大的设计软件之一。在设计服务业中，Photoshop 是所有设计的基础。平面设计已经成为现代销售推广中不可缺少的广告设计方式，所以 Photoshop 软件在设计中的地位越来越高。在 UI 设计中，Photoshop 常用的功能包括文字、图形、颜色等，Photoshop 工作界面如图 2.16 所示。

图 2.16　Photoshop 工作界面

3. Sketch

Sketch 中文版是一款功能强大的矢量图片绘制工具。Sketch 中文版软件提供了丰富完整且强大的绘图功能，其目的在于帮助用户快速地制作适用于网页、图标以及软件界面的矢量图片。该软件操作简单，轻松易上手，减少了用户在软件熟悉期的时间，使用户专注于设计。除了矢量编辑的功能之外，它还添加了一些基本的位图工具，比如模糊和色彩校正。Sketch 工作界面如图 2.17 所示。

图 2.17　Sketch 工作界面

4. After Effects

After Effects 简称 AE，是 Adobe 公司开发的一个视频剪辑及设计软件，是制作动态影像设计不可或缺的辅助工具，是视频后期合成处理的专业非线性编辑软件。After Effects 应用范围广泛，涵盖影片、电影、广告、多媒体以及网页等，时下最流行的一些电脑游戏，很多都是使用它进行合成制作的。在 UI 设计中主要用于制作产品界面的交互动效的设计，也是一般动画和视频制作公司常用的一款动画制作软件，例如现在常见的 MG 动画大多都是使用这款软件制作出来的。强大的动效制作能力也是 UI 设计师常常会使用的一款工具。比如一些动效融入的动画、3D 设计、阴影表现，给用户带来前所未有的立体感和交互感。After Effects 工作界面如图 2.18 所示。

5. Illustrator

Illustrator 是一款应用于出版、多媒体和在线图像的工业标准矢量插画的软件。作为一款性能非常好的矢量图形处理工具，该软件主要应用于印刷出版、海报书籍排版、专业插画、多媒体图像处理和互联网页面的制作等。其最大优点是可以制作出随意放大或缩小的矢量图而不会失真，它的强项在于对矢量图的处理。Illustrator 工作界面如图 2.19 所示。

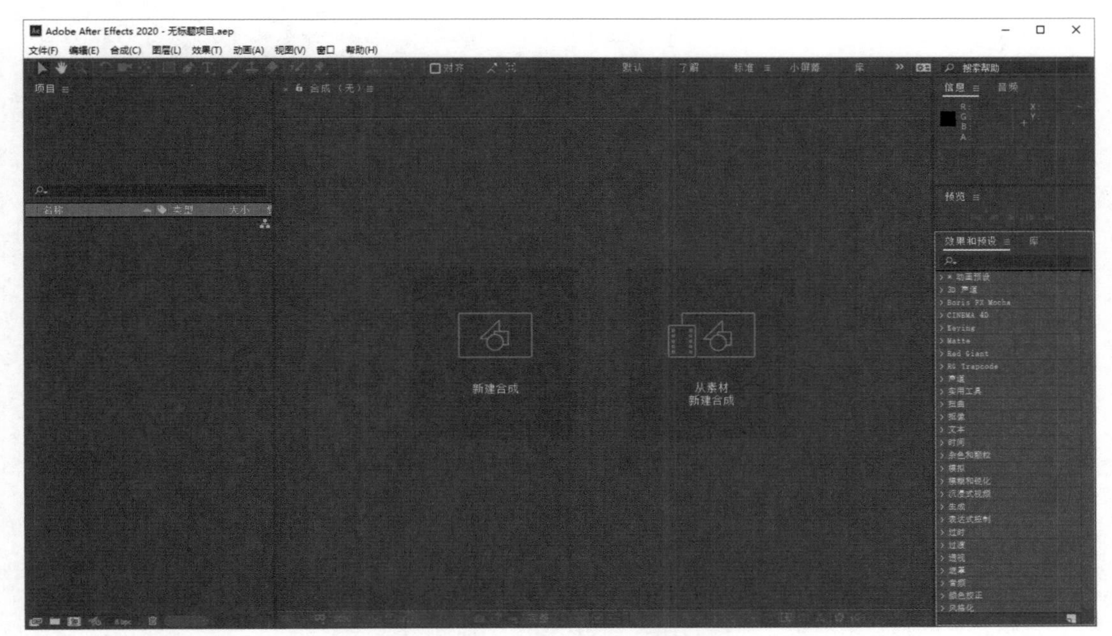

图 2.18　After Effects 工作界面

图 2.19　Illustrator 工作界面

2.4　UI 与应用的关系

UI 设计，作为信息设计的一部分正悄然地出现在人们的生活中。一个好的用户界面设计不仅可使软件个性化、有品位，而且还可使软件的操作舒适、简单、自由，充分体现了软件的定位和特点。

随着人们的审美需求日益增加，整体设计和界面的规划显得尤为重要。面对众多的显示器，设计颜色的选择和匹配非常重要。使用色调、亮度和纯度进行调试可以增强人们的记忆，从而使用户产生好感。色彩回声的使用，设计时应该注意使用重色，使界面可以完美呈现，这对平衡有很大的影响。

1. 界面布局

设计的布局要求设计师综合各种知识，科学地组合各种元素，并根据实际情况和要表达的内容确定界面设计的主题，认真研究格式，从点、线、面的构成入手，注重平面美的原则，尤其是密度关系的处理。

2. 界面尺寸

一般来说，界面的大小与显示屏的大小和分辨率有关，如果界面超出限制，应该考虑滚动条的排列。多屏幕显示在设计中经常被使用，所以上层的折叠应该仔细地建造，所有的界面应该重复，确保风格完全一致。

3. 外观造型

界面的外观设计通常采用经典的几何形状。常见的形状包括圆形、矩形、菱形、梯形、平行四边形等。圆形代表完整、柔软、团结和稳定等。矩形代表一种适度、平衡、和谐的视觉感受。钻石代表平衡、个性、公平等。也有许多界面，主要是一种类型，并结合各种形状，以显示和平、活泼等特点。

4. 文本

文本是整个界面信息内容的主要展示部分，字体、字号、颜色的选择搭配与组合，以及设计中的字、行、字块等要通篇协调，在整个界面的视觉上给人以美感。

5. 图片参考

所谓图文并茂，是指文字和图片有互补的视觉效果。图文互相衬托，不仅能激活界面，还能使整体表现丰富多彩。

6. 多媒体应用

为了吸引用户，界面可以使用 2D/3D 动画效果来允许更多的多媒体参与，例如声音、动画、视频等。多媒体可以丰富界面的多层次性能，充分调动用户的五官体验。

7. 界面背景

使用各种纹理作为背景，尤其使用正确的背景，是成功的前提。背景的画面通常要柔和，主要是作为陪衬，实现统一风格以及无缝集成。

8. 色彩运用

颜色直接影响人的感觉和行为。不同的颜色使人有不同的心理感受和不同的心理状态。

- 深度对比搭配：在深色背景上使用亮色文本，在图片上叠加颜色，这样视觉重心就会停留在文本和相应的按钮上。弹出式菜单通常使用深色主题。由于可以使用各种字体和对比色，深色风格更加完善和受欢迎。
- 纯色的配色：纯色配色强调单一颜色或同色系不同饱和度或明度的结合，使用极简风格来创造一套用户愿意接受的美学风格和技巧，不会让客户有多彩色搭配产生的眼花缭乱的感觉，给用户一种一致化的感受，可以创造出赏心悦目的效果。

- 色彩协调：为了使设计更有吸引力，科学的颜色选择是一个很好的做法。这是烘托主题的重要手段。例如，颜色匹配可以打破单一视觉，促进互动行为。在选择不同的配色技术时，设计师应该考虑如何更好地将颜色与品牌结合起来为用户服务，为了产生最佳效果，有必要为特定目的使用颜色。通过设计吸引用户，无论使用浅色还是深色，或者纯色和流行色的混合色，颜色都会影响用户对设计的识别和使用频率。

2.5 UI设计中的规范

2.5.1 基础规范

在设计之初应当明白UI设计中的基础规范，比如经常梳理UI和UX的关系，了解用户的需求，调整设计等。

1. 深度理解UI和UX的关系

UI是UX的一部分，UI涉及人机交互、视觉和声音设计等，而UX是指用户体验，它是用户使用产品的一种体验和感受，包括体验的行为、情感等。UI可以理解为是UX的一个分支，UX设计更关注产品的信息架构、内容、策略设计等，需要从整个流程中考虑产品是否能解决用户的诉求。而UI设计师更关注产品以怎样的视觉方式呈现。

2. 了解用户需求

在设计产品时，最重要的因素之一就是用户。如果计划设计一个用户会喜欢的产品，就必须清楚地了解目标用户真正的诉求是什么。在开始设计之前，把用户放在第一位是很重要的，避免了一味地堆积功能，并保持良好的用户体验。

3. 调整设计以缩短注意广度

注意广度又称注意范围，指同一时间内能清楚地把握对象的数量。设计师需要调整设计以应对这种行为，目的是让人们尽快获得需要的信息。产品需要提供给用户可以消化的、有意义的内容。设计师可通过删除不必要的信息来简化界面，但这并不是一味地删除信息，而是需要对信息进行分级梳理划分，在适当的流程中展示必要的信息。使用较少的视觉信息，文字将更引人注目，并会增加对用户的影响。

4. 依据设计产品随时调整设计流程

一个清晰而简洁的用户体验开发流程，可使为用户创造令人惊叹的体验成为可能，UX具体执行流程在很大程度上取决于项目。很多人认为，可以将一种通用的UX流程应用于所有项目，事实上并没有一种适合所有项目的流程，这意味着要创造最佳的用户体验，设计师应该根据项目的具体情况来调整设计流程。

5. 注重原型设计阶段

原型是所提出解决方案的简单实验的模型，可快速、廉价地测试和验证概念。所以原型的本质作用也是它最大的价值化方向——测试和验证。

6. 设计时使用真实数据

几乎每个产品都是基于内容的，无论是文本、图像还是视频，可以说设计是对内容的增强。然而，许多设计师在设计阶段并没有考虑到内容，在设计过程中使用假数据和虚拟占位符。虽然这样的设计从设计师的视角来看效果很不错，但当同一个设计充满真实数据时，二者整体视觉效果会完全不同。

7. 保持简单和一致性

在数字产品的背景下，简单意味着容易理解，容易与产品产生交互，用户不需要操作说明来理解如何使用产品。在设计过程中要注意设计风格的一致性。为了使设计显得更有创意，许多设计师故意在风格上做不一致的设计。熟悉设计元素很重要，每一次都要加强设计中最重要的元素，保证其在产品设计中的应用原则。

8. 遵循上下文原则

向用户展示可以识别的元素以提高可用性，从而使用户无须从头开始回忆流程。由于人们记忆的局限性，设计师应该确保用户能够自动识别如何使用产品的某些功能，而不是让用户思考这些信息。设计应使信息和界面功能可见且易于访问，尽量减少用户认知负荷。

9. 保持产品的可访问性

在设计过程中设计师往往只关注外观和视觉表现力，而不太关注功能性和可访问性，大多数人都尝试让设计看起来很美，这常常导致设计师普遍认为美学比可用性更为重要。美学的确是很重要的一方面，同时设计师也应该努力使设计变得更好，但前提是要拥有可用的产品。

10. 遵循设计的迭代过程

UX 设计流程不是一个线性过程。UX 流程中各个阶段（构思、原型设计、测试）通常有相当多的重叠和反复，当了解足够多的信息时，有必要重新审视当前的解决方案是否是最优的。

11. 提供信息反馈

系统状态的可见性是 UX 设计中最重要的原则之一，用户希望在任何给定的时间内了解系统中的上下文。系统不应该让用户猜测，应该通过适当的视觉反馈来告诉用户发生了什么。

12. 避免重复性设计

重新设计的最佳方法是慢慢地进行，一点点地改变。研究表明，用户不喜欢一次性就对现有产品进行巨大的改变，即使这些改变会使自己受益。这一现象被称为韦伯定律差异法则，该法则指出事物的微小变化不会导致明显的差异。

2.5.2 视觉原则

在 UI 交互设计中文字与视觉都是同等重要的交互设计元素。文字就是交互，但那些视觉元素（比如图标、菜单、图像等）才是用户实际要操作的元素。情感是用户体验的关键，视觉设计优秀的网站能使用户放松，提升可信度和易用性。

1. 视觉的主导地位

视觉影响行为，也影响体验，对于交互设计这意味着在不知不觉间对产品做出的每一项视觉上的决策，都对交互有极大的影响。交互设计的目标之一就是让用户尽可能少地思考。好的视觉设计可以提升销量，提高注册量和转化率，激发某些特定的用户行为。由于交互设计就是要创造人们想用的东西，有吸引力的事物更激发人的渴求，因此好的视觉设计更能发挥提升销量的作用。

2. 清晰的方向与指引

导航、链接、菜单、搜索框和可点击的图标都是基于视觉的手段，建立方向和指引。谈到主导航时，需要让它给人留下强烈的视觉印象。

3. 确保视觉统一

不只是视觉，一致性在交互设计的所有方面都非常重要，视觉上的不一致是非常醒目的。一致性展现了网站在设计和排列方面的逻辑，创造更加令人愉悦的体验，因此，不一致的地方越少，交互就越顺畅，用户体验就越好。

4. 将UI设计模式作为基准

UI设计模式，可以理解为特定情况的最佳设计实践，用户已经熟悉各种设计模式，使用它们降低了界面的学习曲线。常见的UI模式包括旋转木马、相关链接、幻灯片等。

5. 利用风格指南创建一致性

风格指南是一部手册，列出了产品的特殊偏好，这些部分很难记忆，比如全站内容的尺寸和字体、主导航的主色与辅助色的颜色梯度、按钮点击状态的表现等。

2.5.3 尺寸设置

UI和平面设计不一样的地方，就是极其关注元素属性的具体数值，平面排版无论是海报或画册，使用百分比、目测的形式就足以做出很多优秀的作品，而无须紧盯着其中出现的每个元素的长、宽、高数值。在UI设计中，无论字体、图标还是按钮，都需要严谨地定义它们的长、宽、高。这么做的原因是因为在电子屏幕中，图像的呈现是由屏幕中的像素点来完成的，像素点是最小的显示单位，一个点只能显示一个颜色，所以如果设置了带有小数点的数值，那么这个元素的边缘就会虚化。所以为了避免这种现象出现，需要用整数来定义元素的长和宽。

2.5.4 切图命名

规范的切图命名可以更好地与工程师对接工作，提升整体的设计效率。

1. 界面命名

整个主程序	App	搜索结果	Search results	活动	Activity	信息	Messages
首页	Home	应用详情	App detail	探索	Explore	音乐	Music
软件	Software	日历	Calendar	联系人	Contacts	新闻	News
游戏	Game	相机	Camera	控制中心	Control center	笔记	Notes
管理	Management	照片	Photo	健康	Health	天气	Weather
发现	Find	视频	Video	邮件	Mail	手表	Watch
个人中心	Personal center	设置	Settings	地图	Maps	锁屏	Lock screen

2. 系统控件库

状态栏	Status bar	搜索栏	Search bar	提醒视图	Alert view	弹出视图	Popovers
导航栏	Navigation bar	表格视图	Table view	编辑菜单	Edit menu	开关	Switch
标签栏	Tab bar	分段控制	Segmented Control	选择器	Pickers	弹窗	Popup
工具栏	Tool bar	活动视图	Activity view	滑杆	Sliders	扫描	Scanning

3. 功能命名

确定	Ok	添加	Add	卸载	Uninstall	选择	Select
默认	Default	查看	View	搜索	Search	更多	More
取消	Cancel	删除	Delete	暂停	Pause	刷新	Refresh
关闭	Close	下载	Download	继续	Continue	发送	Send
最小化	Min	等待	Waiting	导入	Import	前进	Forward
最大化	Max	加载	Loading	导出	Export	重新开始	Restart
菜单	Menu	安装	Install	后退	Back	更新	Update

4. 资源类型

图片	Image	滚动条	Scroll	进度条	Progress	线条	Line
图标	Icon	标签	Tab	树	Tree	蒙版	Mask
静态文本框	Label	勾选框	Checkbox	动画	Animation	标记	Sign
编辑框	Edit	下拉框	Combo	按钮	Button	播放	Play
列表	List	单选框	Radio	背景	Backgroud		

5. 常见状态

普通	Normal	获取焦点	Focused	已访问	Visited	默认	Default
按下	Press	点击	Highlight	禁用	Disabled	选中	Selected
悬停	Hover	错误	Error	完成	Complete	空白	Blank

6. 位置排序

顶部	Top	底部	Bottom	第二	Second	页头	Header
中间	Middle	第一	First	最后	Last	页脚	Footer

2.6 图标设计原则

图标代表着产品的视觉形象，是产品内涵的最直接的传达，出色的图标设计可以增加对用户的吸引力。

2.6.1 图标基调

1. 识别性

识别性是一个图标应该具备的最基本的特性，这里的可识别性主要从两个方面来讲。

图标易于理解。图标代表的是一个产品的属性和功能作用。优秀的图标应该让用户一眼就能够感知到应用的属性和功能，很好地传达出产品的定位。因为用户喜欢通过最简单的方式来获取他们想要的App。因此，简单且易于理解的图标往往会比复杂的图标有更多的用户转换率。

图标简洁易辨认。因为App在手机上显示时，图标相对较小，能否清晰辨认显得尤为重要。虽然简洁的图形设计形式可以提升图标的设计品质，但是过于缺乏细节又会显得单调，缺乏个性，所以在设计过程中要注意把控。另外图标除了在应用市场使用，还会被使用在其他地方，比如官网、宣传物料等。所以应用图标不要太过于复杂，要能让用户很容易识别和记忆，尤其在不同的应用场景下都能够清晰地识别。

2. 差异性

移动互联网经过多年发展，目前在市场上的应用图标数量巨大，同类图标造型十分相近、同质化。所有这些图标都在争夺用户的注意力，要想在数百万的应用图标中脱颖而出，在设计过程中，就要对竞争对手进行分析，从视觉和表意的准确性上进行客观的分析，借鉴优点，同时突出产品的核心特征和属性，强调应用图标的差异性和独特性。只有通过差异化地设计打造图标的独特性，才会让图标在众多的可应用图标中脱颖而出，给用户留下深刻的印象。

3. 关联性

图标要与名称有关联性，与产品的功能属性有关联性，品牌深厚的企业进军移动互联网或进入新的领域时，与原有品牌有关联性，让品牌的积淀继续发挥作用，并且让品牌形象延续，从而赋予品牌更强的生命力。通过这些关联性，让用户对产品有更多的认知，降低认知成本，从而提高用户的下载意愿，提高转化率。

4. 统一性

在设计图标时，运用图标栅格网格作为设计参考。它可以帮助设计者更好地统一图标的大小，使设计的图标更加统一，保证用户手机屏幕上图标的一致性，让手机屏幕更有秩序，营造出良好的用户体验。当然，这个也不是一成不变的，相比突出属性、功能和差异性，统一性的重要性可以不那么突出。有些图标为了更好地突出应用的属性和功能，而放弃了统一性，还有些图标为了更加有差异性，也放弃了统一性，这些在设计中都可以根据实际情况进行权衡和取舍。

5. 合适的颜色

色彩与情感之间的紧密联系，使色彩变得非常主观，不同的颜色带给人不同的心理感受。比如，红色代表热情、欢乐，给人心跳加快以及马上行动的感觉，而蓝色具有责任、信赖、正直、诚实和效率的积极含义。贴合行业属性的色彩能呈现出令人印象深刻的品质形象。合理的色彩搭配，干净明快的色彩，可以给图标带来更多的关注度。但色彩的数量也不宜太多太杂，只要能使图标在显示屏幕中可以与任何背景对比明显，能被用户快速识别就好。

6. 多场景测试

当图标设计完成后，应该通过不同的人进行测试，让其反馈这个应用图标是否有吸引力，是否有认知困难等，通过反馈意见决定是否要对图标进行进一步的优化。同时在测试图标时，也要考虑到图标的展示场景，避免图标展示出现问题。在不同尺寸下可适当添加或删减细节，大尺寸场景下添加一些细节，可保证图标的品质感，小尺寸场景下适当删减细节，可保证图标能被清晰地识别。

2.6.2 颜色形式

1. 单色图标

单色图标通常会以品牌色为主，背景有颜色或图形有颜色，可以很好地突出品牌色，同时便于主体图形的视觉突出。虽然图标很简洁且识别性强，但是单色图标显得单调，对此可以运用其他设计手法使主体图形更丰富，更富有细节。

2. 多色图标

多色图标通常运用了两种及两种以上的颜色，会大面积地使用主色，其他颜色作为辅色用来点缀，当然，有些图标会有多个颜色比较均衡的情况出现。多色图标相比较单色图标而言，整体视觉层次更加丰富，更富有细节。当图标使用多个颜色时，要注意整体的协调性，避免颜色过多造成的混乱。

3. 单色渐变图标

相较于单色图标，添加了简单渐变的图标更具有空间感，细节丰富，质感更好，并且应用比较广泛。在设计过程中要注意拉开结构转换的地方、背景交接的地方的对比，保证图标清晰和易识别。

4. 多色渐变图标

多色渐变图标通常有两种及两种以上的渐变颜色，可以营造出更强的空间感，使图标更加立体，颜色更加丰富，细节更加细腻。多色渐变图标要注意对比度，一是图形衔接处的对比度，二是背景的对比度。颜色的应用上要和谐，过多的颜色如果使用不当会导致图标花哨，降低品质感。

5. 颜色叠加图标

单色或多色均可叠加，通过更改透明度或叠加图层样式等方式制作。叠加颜色后的图标非常通透，具有空间感，细节丰富，品质感强。合理选择叠加图层样式，避免叠加后出现很脏或者很亮的颜色。

6. 色相环运用

主体图形大多以某个元素复制绕转形成一个环状图形，这样的图标设计构图饱满、色彩丰富，给用户传递轻松、愉快、热情的心理感受。由于图标包含颜色过多，所以一般图标的背景颜色应选择白色或浅色。

2.6.3 图标轮廓

1. 中文字体

国内比较常见的一种图标设计形式，通常提取应用名称的某个字或几个字进行字体设计，通过对字体的笔画、结构等进行调整，达到差异化的设计。由于汉字的笔画较多，在使用汉字作为图标时，要注意文字不能过多。过多的文字会使图标变得复杂，并且影响识别性，一般一行最多3个字，汉字最多不超过两行。

2. 文字加图形

通过添加简单的图形，突出文字内容，让图标的层次感更加丰富，增加图标的形式感。添加的图形不宜复杂，以免喧宾夺主，盖过字体的风头。

3. 文字图形化

一般为单个字体，并且字体不会特别复杂，这种设计方式适用范围较窄，需要结合实际需求考虑适不适合采用这种形式。结合得好的话非常有特点，并且非常巧妙。设计时需要注意在保证图形化的同时文字的识别性也要有，如果最后看不出是什么字了，那就背离了设计初衷。

4. 文字加IP形象

这种形式主要由应用名称提取的字体和IP形象组成。添加了IP形象的图标，在保证识别性的前提下增加了亲和力和趣味性，拉近了与用户之间的距离，使用户更有点击欲望。想设计这种形式的图标首先得有一个品牌IP。

5. 英文字母

国内产品通常选取产品名称拼音的某一部分进行设计。国外产品通常使用单词、单词缩写、单词首字母的组合，也有些产品会使用全部名称。英文字母造型简单，像图形一样，可扩展性强，可以结合产品属性加入创意，达到识别性、创意性。在进行字母设计的时候同样需要注意识别性，内容越多越拥挤，识别性自然就越差。另外不同英文字体所占宽度不一样，设计时可以根据实际效果选择字体样式。

6. 英文字母加图形

通过添加简单的图形，突出英文字母，让图标的层次感更加丰富，增加图标的形式感。添加的图形不宜复杂，以免喧宾夺主，盖过英文字母的风头。

7. 英文字母图形化设计

因为英文字母本身比较简洁，并且和图形很贴近，所以可以巧妙地将英文字母设计成图形，通过对字母进行演变或者给字母添加一些其他的元素组合成新的图形。图形化后的英文字母更加有特点，并可以结合行业属性进行设计，更加有差异性和记忆点。在进行英文字母图形化设计时一定要保证其识别性。

8. 数字设计

数字的特点是便于记忆，并且识别性好。由于数字字形特别简单，所以有时会让人感觉单调。通常在使用数字作为应用图标时，会对数字进行一些设计，增加细节、丰富层次，使其图形化，这样会更有特点，增加差异性。

9. 符号设计

常用的符号分类主要有星座符号、货币符号和常用英文符号及一些有特殊含义的符号。因为每个符号代表了不同的含义，所以在使用符号作为应用图标时，一定要先理解所要使用的符号代表什么含义，是否能体现出要表达的意思。一般符号结构较为简单，所以很少直接拿来使用。通过对符号进行设计，增加细节、丰富层次，使其图形化，这样会更有特点，增加差异性。

10. 几何图形

几何图形简单、现代，表现形式也非常丰富，通过不同的设计形式可以给用户带来不同的心理感受。单个图形简约有个性，多个图形可以营造出丰富、热闹的心理感受。通过对图形切割或划分还可以营造出空间感，运用几何图形进行图标设计应用范围特别广，通过对多个几何图形的合并、分割可以得到更多形式的图形。

11. 剪影图形

将生活中复杂的事物简单化，去掉无关紧要的细节，通过刻画事物的主要特征来增加辨识度，这样做出来的图标非常醒目，识别性好，因为细节较少，即使将图标缩放到很小，也依然可以辨认。同时，因为剪影图形细节少，所以对形体的把控非常重要，以优美的图形为基础才能够展现出剪影图形的美感。

12. 线性图形

不同的线性图形能给人不同的心理感受。直线简洁、大方，给人专业、诚信、正直等心理感受。斜线代表运动、速度，有张力，视觉上看起来很活跃。曲线具有灵活性、流动性、时尚感、飘逸感、柔软感。设计过程中可以根据不同的产品定位选择不同的线的形式。

13. 动物形象

动物可爱、亲切，好识别，是人类的好朋友。这种情感化的设计会拉近产品和用户之间的距离，让产品更有温度。用户识别动物图标比识别品牌图标要容易得多，而且容易记住，有助于表达企业想要传达的价值观与自身的品牌含义。

14. 卡通形象

卡通形象具有通俗、直观，易于理解和记忆的特点。它们有的活泼可爱，有的沉稳内敛，体现出生命力、亲和力、可辨识性和时代特征，对产品的塑造和推广起到了很好的效果。在绘制卡通形象的时候，往往很容易陷入低龄化。如果不是儿童类的应用，一定要注意这个问题。

15. 功能图形提取

功能图形的提取，要求设计师对信息进行分析归纳，形成明确的目的。设计师在设计的过程中可以从生活里提取素材并将其图形化，这样会让用户倍感亲切，降低认知成本，能很好地传达出产品的信息。图形提取过程必须控制，图形太复杂或者太简单，识别度都会大大降低。

2.6.4 图标背景

图标背景除了常用的单色、渐变等形式外，还有背景添加图形与图标主体图形相呼应的方式，以及颜色丰富的炫彩背景方式等。通常单色和渐变背景比较常见。

1. 背景添加图形与图标主体图形相呼应

通过添加背景图形营造氛围感，可以突出产品的气质或行业属性。要注意背景需要和文字有较强的对比，不能影响文字的识别。当文字不能很好地识别时，可以适当给文字添加投影拉开对比。

2. 炫彩背景

一般通过网格渐变、晶格化、颜色拼接等方式制作而成的炫彩背景，表现力丰富，视觉冲击力强。背景颜色可以多，但是不能乱，色彩要把握好度，主体图形形体和颜色不宜太过复杂，通过简和繁的对比可以更好地突出主体图形。

2.6.5 设计手法

1. 对比

对比手法是设计中最常见的手法，常见的对比手法主要包括大小对比、长短对比、虚实对比、稀疏对比、方向对比、颜色对比、局部与整体对比等。通过对比，能形成强大的反差，有张力和美感，给人眼前一亮的感觉。

2. 对称

在设计中，对称可以给人平衡、和谐、秩序之美。自然界中的对称无处不在，也许正是这种无处不在的状态让人们发现了对称的美。把原本很平常的图形与元素实施了一个对称的方法之后，这个图标就有了很特别的视觉冲击力。

3. 分割

黄金分割比 0.618 是公认的最具有审美意义的比例数字。而图形设计中，分割也随处可见，它可以是图形的分割、颜色的分割，分割可以划分层级、丰富层次、增加美感，提高识别性。

4. 重复

重复是指相同或近似的元素不间断地连续排列的一种方式。运用重复的设计手法形成的画面会给人一种规律、整齐的节奏感和美感，有强调的作用。如果基本图形过于复杂，不仅不易于组合，还容易使画面凌乱。

5. 重叠

重叠是指两个或两个以上元素之间的叠加，由此产生上下、前后、左右的空间关系，在保证能识别的情况下，每个元素都能发挥一定的作用。在图形设计中运用重叠表现手法可以增加关联性，减少单调，富有设计感，丰富用户的视觉感知。

6. 立体化

立体化设计的图标脱离了平面的限制，有非常强的空间感，能够突出主体，增加了独特性和趣味性，使画面更有吸引力，更有丰富的视觉感受。

7. 正负形

正负形是比较常见的图形设计手法，通过对两个或多个事物的共性进行设计，从而达到一语双关的设计效果。在正负形的图形当中，负形在画面中起到协调画面空间、虚实与疏密的作用。运用正负形设计的图形非常巧妙，它可以把简洁的图形传达的语义最大化，创意性十足，非常有记忆点。

8. 拟人化

拟人化是将事物人格化，适度抽象、附加情感，让图形更加生动、形象。把人的表情、动作、服饰等放到其他事物上，既表现了产品的某个特点也传达了某种情感，让产品更加亲民，容易被用户接受。

9. 放大局部

将图标的局部进行放大，就会产生很强烈的视觉冲击力，并且可以看到更多的细节，使图标特征更加明显。

10. 移花接木

移花接木，直白一点说就是把元素的某一部分嫁接到另一个元素上。通过移花接木能够在完整保持物体视觉特征的同时，借助其他具有相似性或特征性的形状来对物体进行替换，从而构成非现实组合形式，达到多重表达的目的。通过图形表达产品的内涵，用户通过对图形的观看可以了解到产品的特征，从而减少对图形的思考，了解其中的内容。

11. 场景化设计

场景化设计中经常采用的形式是截取生活中的某一个场景片段，场景化设计中的场景就像是真实的故事：什么人、什么时候、在哪里、做什么、结果怎样，这些都有很强的代入感，能激发用户的参与意愿。

12. 非常规构图

非常规的构图形态，就是一种无定法的构图形态，打破正常的构图规律可以出奇制胜。

2.7 UI 设计中的尺寸及规范

2.7.1 iOS 尺寸概念

在进行移动端 UI 设计初期，设计者往往对界面的一些尺寸规范不是十分清楚，很多时候都是凭借感觉和经验去绘制界面，并没有一个清晰的概念，这导致设计出来的页面总是不尽如人意。本节整理汇总了一些界面设计中常用的尺寸规范和方法，如控件间距、适配、标注、切图等，设计师在设计时并不一定要严格遵守，但对这些规范应有所了解，并融会贯通。

1. 像素密度 -PPI

像素密度是指显示屏幕每英寸的长度上排列的像素点数量，PPI（Pixels Per Inch）越高，代表屏幕显示效果越精细，1 英寸是一个固定长度，等于 2.54 厘米。Retina 屏比普通屏清晰很多，就是因为它的像素密度高。

2. 计量单位

iOS 和 Android 平台都定义了各自的像素计量单位，iOS 的尺寸单位为 pt，Android 的尺寸单位为 dp。无论画布设成多大，设计的还是基准倍率的界面样式，而且开发人员需要的单位都是逻辑像素。为了保证准确高效的沟通，双方都需要以逻辑像素尺寸来描述和理解界面。

3. 界面设计尺寸及栏高度

- 以iOS设备为例，主要有iPhone SE（4英寸）、iPhone 6s/7/8（4.7英寸）、iPhone 6s/7/8 Plus（5.5英寸）、iPhone X（5.8英寸），它们都采用了Retina视网膜屏幕，其中iPhone 6s/7/8 Plus和iPhone X采用的是3倍率的分辨率，其他采用的都是2倍率的分辨率。无论是栏高度还是应用图标，设计师提供给开发人员的切片大小，前者始终是后者的1.5倍。关于iPhone的几款手机界面的物理对角线尺寸如图2.20所示。

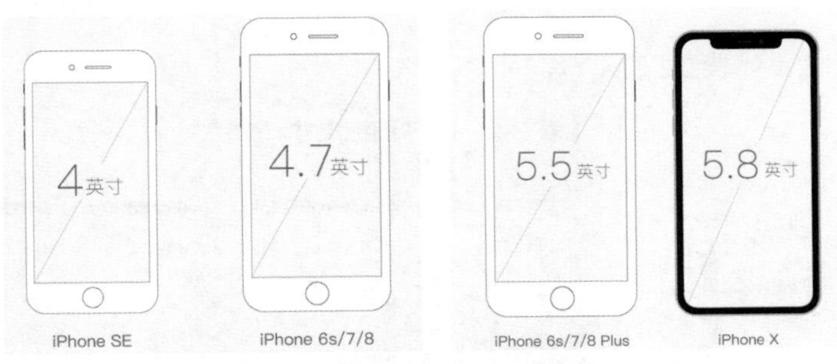

图 2.20　iPhone 手机界面物理对角线尺寸

iOS 严格规定了应用中的栏，包括状态栏、导航栏、标签栏、工具栏等的高度，在进行设计时可使画布或者文档大小的设置有依据。其像素分辨率大小如图 2.21 所示。

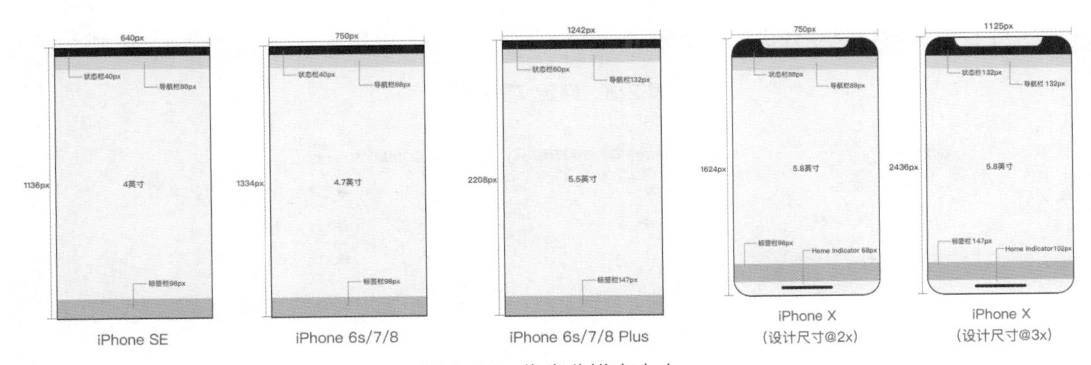

图 2.21　像素分辨率大小

2.7.2 iOS 尺寸规范

iOS 分辨率和显示规格如表 2.1 所示。

表 2.1　iOS 分辨率和显示规格

设备名称	屏幕尺寸（in）	PPI	Asset	竖屏点（point）	竖屏分辨率（px）
iPhone XS MAX	6.5	458	@3x	414 x 896	1242 x 2688
iPhone XS	5.8	458	@3x	375 x 812	1125 x 2436
iPhone XR	6.1	326	@2x	414 x 896	828 x 1792
iPhone X	5.8	458	@3x	375 x 812	1125 x 2436
iPhone 8+ , 7+ , 6s+ , 6+	5.5	401	@3x	414 x 736	1242 x 2208
iPhone 8, 7, 6s, 6	4.7	326	@2x	375 x 667	750 x 1334
iPhone SE, 5, 5S, 5C	4.0	326	@2x	320 x 568	640 x 1136
iPhone 4, 4S	3.5	326	@2x	320 x 480	640 x 960
iPhone 1, 3G, 3GS	3.5	163	@1x	320 x 480	320 x 480
iPad Pro 12.9	12.9	264	@2x	1024 x 1366	2048 x 2732
iPad Pro 10.5	10.5	264	@2x	834 x 1112	1668 x 2224
iPad Pro, iPad Air 2, Retina iPad	9.7	264	@2x	768 x 1024	1536 x 2048
iPad Mini 4, iPad Mini 2	7.9	326	@2x	768 x 1024	1536 x 2048
iPad 1, 2	9.7	132	@1x	768 x 1024	768 x 1024

iOS 图标尺寸大小如表 2.2 所示。

表 2.2　iOS 图标尺寸

设备名称	应用图标（px）	App Store图标（px）	Spotlight图标（px）	设置图标（px）
iPhone X, 8 , 7 , 6s , 6	180 x 180	1024 x 1024	120 x 120	87 x 87
iPhone X, 8, 7, 6s, 6, SE，5s, 5c, 5, 4s, 4	120 x 120	1024 x 1024	80 x 80	58 x 58
iPhone 1, 3G, 3GS	57 x 57	1024 x 1024	29 x 29	29 x 29
iPad Pro 12.9, 10.5	167 x 167	1024 x 1024	80 x 80	58 x 58
iPad Air 1 & 2, Mini 2 & 4, 3 & 4	152 x 152	1024 x 1024	80 x 80	58 x 58
iPad 1, 2, Mini 1	76 x 76	1024 x 1024	40 x 40	29 x 29

iOS 自定义图标尺寸大小如表 2.3 所示。

表 2.3　自定义图标尺寸

设备名称	导航栏和工具栏图标尺寸（px）	标签栏图标尺寸（px）	
iPhone 8 , 7 , 6 , 6s	66 x 66	75 x 75	最大144 x 96
iPhone 8, 7, 6s, 6, SE	44 x 44	50 x 50	最大96 x 64
iPad Pro, iPad, iPad mini	44 x 44	50 x 50	最大96 x 64

iOS 常见字体大小如表 2.4 所示。

表 2.4　常见字体大小

元素	字重	字号(pt)	字距(pt)
Title 1	Light	28	13
Title 2	Regular	22	16
Title 3	Regular	20	19
Headline	Semi-Bold	17	-24
Body	Regular	17	-24
Callout	Regular	16	-20
Subhead	Regular	15	-16
Footnote	Regular	13	-6
Caption 1	Regular	12	0
Caption 2	Regular	11	6
Nav Bar Title	Medium	17	0.5
Nav Bar Button	Regular	17	0.5
Search Bar	Regular	13.5	0
Tab Bar Button	Regular	10	0.1
Table Header	Regular	12.5	0.25
Table Row	Regular	16.5	0
Table Row Subline	Regular	12	0
Table Footer	Regular	12.5	0.2
Action Sheets	Regular / Medium	20	0.5

2.7.3 Android 尺寸设计规范

Android 单位和度量如表 2.5 所示。

表 2.5　Android 单位和度量

名称	分辨率 (px)	dpi	像素比	示例 (dp)	对应像素 (px)
xxxhdpi	2160 x 3840	640	4.0	48	192
xxhdpi	1080 x 1920	480	3.0	48	144
xhdpi	720 x 1280	320	2.0	48	96
hdpi	480 x 800	240	1.5	48	72
mdpi	320 x 480	160	1.0	48	48

Android 图标尺寸如表 2.6 所示。

表 2.6　Android 图标尺寸

屏幕大小 (px)	启动图标 (px)	操作栏图标 (px)	上下文图标 (px)	系统通知图标(白色)(px)	最细笔画 (px)
320×480	48×48	32×32	16×16	24×24	不小于2
480×800 480×854 540×960	72×72	48×48	24×24	36×36	不小于3
720×1280	48×48	32×32	16×16	24×24	不小于2
1080×1920	144×144	96×96	48×48	72×72	不小于6

Android 系统 dp/sp/px 换算如表 2.7 所示。

表 2.7　Android 系统 dp/sp/px 换算表

名称	分辨率	比率 rate (针对320px)	比率 rate (针对640px)	比率 rate (针对750px)
idpi	240×320	0.75	0.375	0.32
mdpi	320×480	1	0.5	0.4267
hdpi	480×800	1.5	0.75	0.64
xhdpi	720×1280	2.25	1.125	1.042
xxhdpi	1080×1920	3.375	1.6875	1.5

2.7.4 主流浏览器的界面参数

主流浏览器的界面参数如表 2.8 所示。

表 2.8　主流浏览器的界面参数

浏览器	状态栏(px)	菜单栏 (px)	滚动条 (px)	市场份额(国内) (%)
Chrome 浏览器	22（浮动出现）	60	15	8
火狐浏览器	20	132	15	1
IE浏览器	24	120	15	35
360 浏览器	24	140	15	28
遨游浏览器	24	147	15	1
搜狗浏览器	25	163	15	5

2.7.5 常见的屏幕尺寸大全

常见的手机屏幕尺寸如表 2.9 所示。

表 2.9　手机屏幕尺寸

手机设备名称	操作系统	尺寸(in)	PPI	纵横比	宽 x 高 (dp)	宽 x 高(px)	密度
iPhone X	iOS	5.8	458	19 : 9	375 x 812	1125 x 2436	3.0 xxhdpi
iPhone 8+ (8+, 7+, 6S+, 6+)	iOS	5.5	401	16 : 9	414 x 736	1242 x 2208	3.0 xxhdpi
iPhone 8 (8, 7, 6S, 6)	iOS	4.7	326	16 : 9	375 x 667	750 x 1334	2.0 xhdpi
iPhone SE（SE, 5S, 5C)	iOS	4.0	326	16 : 9	320 x 568	640 x 1136	2.0 xhdpi
Android One	Android	4.5	218	16 : 9	320 x 569	480 x 854	1.5 hdpi
Google Pixel	Android	5.0	441	16 : 9	411 x 731	1080 x 1920	2.6 xxhdpi
Google Pixel XL	Android	5.5	534	16 : 9	411 x 731	1440 x 2560	3.5 xxxhdpi
Moto X	Android	4.7	312	16 : 9	360 x 640	720 x 1280	2.0 xhdpi
Moto X 二代	Android	5.2	424	16 : 9	360 x 640	1080 x 1920	3.0 xxhdpi
Nexus 5	Android	5.0	445	16 : 9	360 x 640	1080 x 1920	3.0 xxhdpi
Samsung Galaxy S8	Android	5.8	570	18.5 : 9	360 x 740	1440 x 2960	4.0 xxxhdpi
Samsung Galaxy S8+	Android	6.2	529	18.5 : 9	360 x 740	1440 x 2960	4.0 xxxhdpi
Samsung Galaxy Note 4	Android	5.7	515	16 : 9	480 x 853	1440 x 2560	3.0 xxhdpi
Samsung Galaxy Note 5	Android	5.7	518	16 : 9	480 x 853	1440 x 2560	3.0 xxhdpi
Samsung Galaxy S5	Android	5.1	432	16 : 9	360 x 640	1080 x 1920	3.0 xxhdpi
Samsung Galaxy S7	Android	5.1	576	16 : 9	360 x 640	1440 x 2560	4.0 xxxhdpi
Samsung Galaxy S7 Edge	Android	5.5	534	16 : 9	360 x 640	1440 x 2560	4.0 xxxhdpi
Smartisan T2	Android	4.95	445	16 : 9	360 x 640	1080 x 1920	3.0 xxhdpi
Smartisan M1	Android	5.15	428	16 : 9	360 x 640	1080 x 1920	3.0 xxhdpi

常见的平板屏幕尺寸如表 2.10 所示。

表 2.10　平板屏幕尺寸

iPad设备名称	操作系统	尺寸(in)	PPI	纵横比	宽 x 高 (dp)	宽 x 高(px)	密度
iPad mini 4 (mini 4, mini 2)	iOS	7.9	326	4 : 3	768 x 1024	1536 x 2048	2.0 xhdpi
iPad Air 2 (Air 2, Air)	iOS	9.7	264	4 : 3	768 x 1024	1536 x 2048	2.0 xhdpi
iPad Pro 9.7	iOS	9.7	264	4 : 3	768 x 1024	1536 x 2048	2.0 xhdpi
iPad Pro 10.5	iOS	10.5	264	4 : 3	834 x 1112	1668 x 2224	2.0 xhdpi
iPad Pro 12.9	iOS	12.9	264	4 : 3	1024 x 1336	2048 x 2732	2.0 xhdpi
Google Pixel C	Android	10.2	308	4 : 3	900 x 1280	1800 x 2560	2.0 xhdpi
Nexus 9	Android	8.9	288	4 : 3	768 x 1024	1536 x 2048	2.0 xhdpi
Surface 3	Windows	10.8	214	16 : 9	720 x 1080	1080 x 1920	1.5 hdpi
小米平板 2	Android	7.9	326	16 : 9	768 x 1024	1536 x 2048	2.0 xhdpi

常见的智能手表屏幕尺寸如表 2.11 所示。

表 2.11　智能手表屏幕尺寸

watch 设备名称	操作系统	尺寸(in)	PPI	纵横比	宽 x 高 (dp)	宽 x 高(px)	密度
Apple Watch 38mm	watch OS	1.5	326	5 : 4	136 x 170	272 x 340	2.0 xhdpi
Apple Watch 42mm	watch OS	1.7	326	5 : 4	156 x 195	312 x 390	2.0 xhdpi
Moto 360	Android	1.6	205	32 : 29	241 x 218	320 x 290	1.3 tvdpi
Moto 360 v2 42mm	Android	1.4	263	65 : 64	241 x 244	320 x 325	1.3 tvdpi
Moto 360 v2 46mm	Android	1.6	263	33 : 32	241 x 248	320 x 330	1.3 tvdpi

2.8　UI 设计中的色彩学

1. 色彩术语

色彩术语构成了色彩知识的基础。色彩术语，如色相、色调和阴影等通常被看作是可以用来开发独特调色板的工具。色彩术语的表现效果如图 2.22 所示。

- 色相：色相是色彩的一个技术术语。色相是指母色，即没有添加白色或黑色的饱和色。
- 淡色：当白色加入到一个色相中时，就会产生一个色彩。
- 色度：当黑色加入到一个色相中时，就会产生一个色度。
- 色调：色调不是指颜色的性质，而是对作品整体颜色的概括评价，是一幅作品色彩外观的基本倾向。在明度、纯度、色相这三个要素中，某种因素起主导作用，我们就称之为某种色调。
- 明度：明度是指颜色的明暗程度。它表示反射光的数量。
- 饱和度：饱和度是指颜色的亮度和强度。高饱和度的色彩鲜艳夺目，而低饱和度的色彩则暗淡无光。

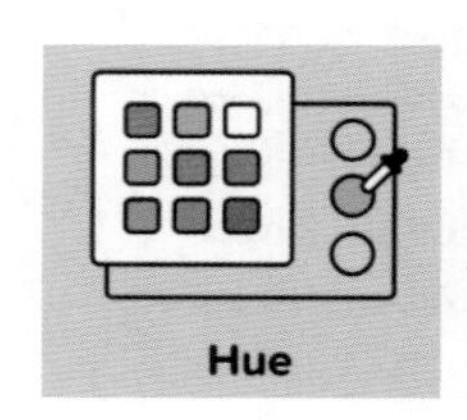

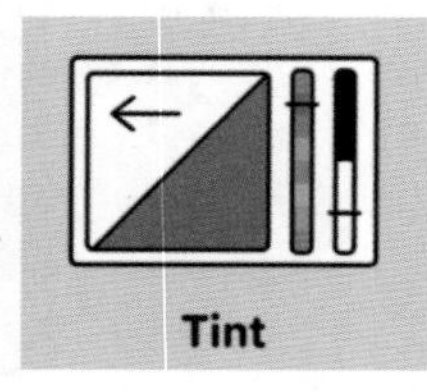

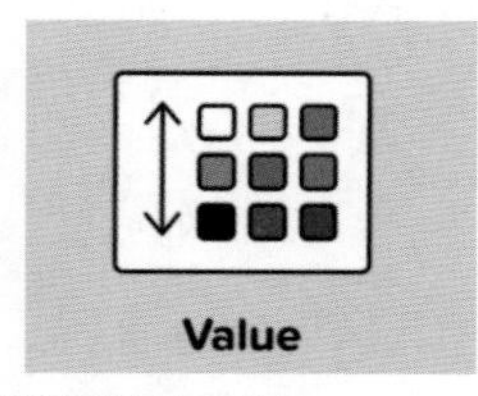

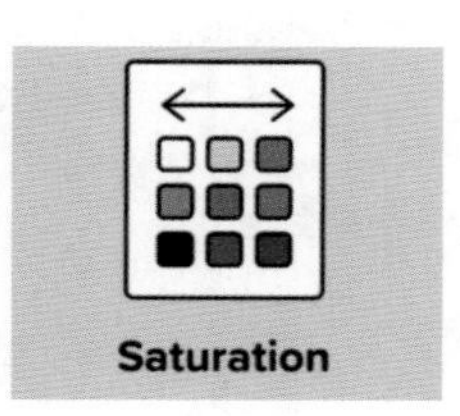

图 2.22　色彩术语表现效果

2. 层次结构

当一个元素的外观与周围环境形成对比时，说明该元素具有较高的重要性。使用颜色和颜色权重可以来建立界面中的层次结构。通过使用颜色的色调可以给元素分配不同的重要性。如果一个元素比另一个元素更重要，它的视觉权重就应该更高。这样可以方便用户快速浏览页面，区分重要和不重要的信息。更突出、更大胆的信息首先会吸引用户，然后用户会转向它下面的辅助信息。富有层次结构的设计效果如图 2.23 所示。

3. 表现力

在令人难忘的时刻展示品牌颜色，可以强化品牌的独特风格。当在界面上添加颜色来强化品牌时，要考虑好添加的时间和地点。界面表现力色彩效果如图 2.24 所示。

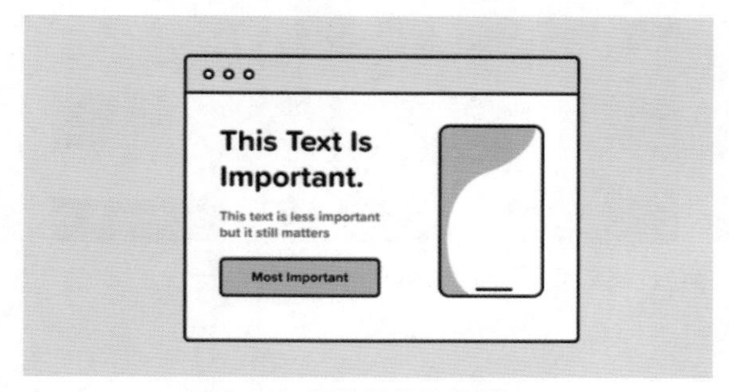

图 2.23 层次结构设计效果

图 2.24 界面表现力色彩效果

4. 包容性

设计产品与建造图书馆或学校等公共建筑类似，它需要包容所有人。设计准则要求确保界面中的颜色对有运动、听觉和认知障碍的人来说是无障碍的。例如，文字要求至少有 4.5:1 的对比度。在试图设计出好看的东西时，不可忽略了与产品互动的不同用户。包容性设计效果如图 2.25 所示。

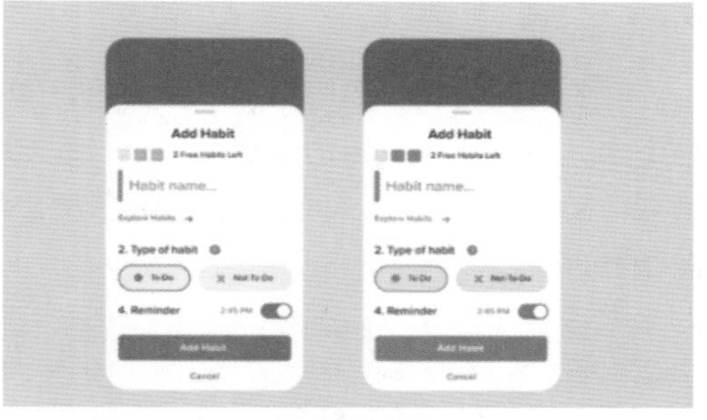

图 2.25 包容性设计效果

5. 含义

颜色会唤起不同的感觉或情绪，所以通过了解并利用颜色的心理学，可以与目标受众产生具有共鸣性的品牌颜色。重要的是要认识到受众是谁，不同文化和地区对颜色的认知是不同的。对颜色及其含义了解得越多，它的力量就越大。企业在品牌和营销中，无时无刻不在使用色彩作为影响人们情绪的策略。几乎每家快餐店都会在品牌中使用红色和黄色，这是因为红色能引发刺激、食欲、饥饿感，它能吸引人们的注意力，而黄色则能引发快乐和友好的感觉。不同的颜色所代表的含义如图 2.26 所示。

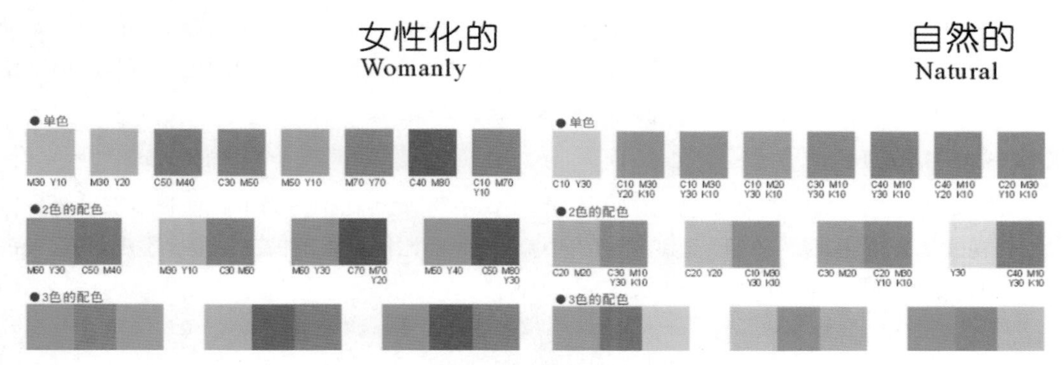

图 2.26 颜色含义

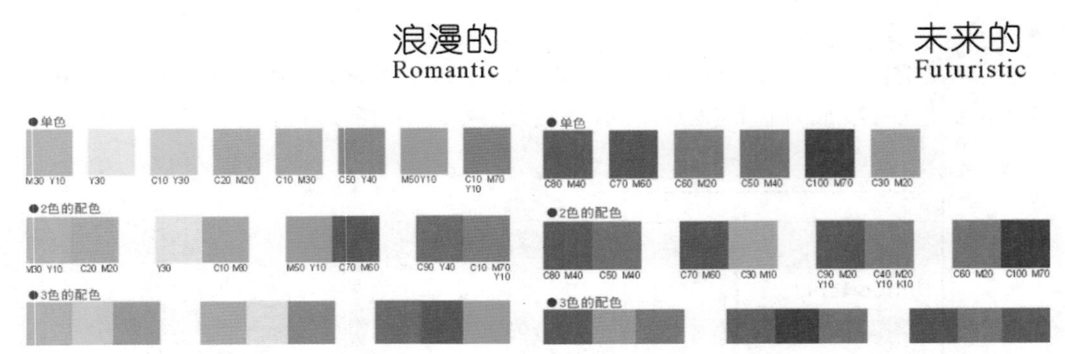

图 2.26　颜色含义（续）

6. 限制颜色

通过限制应用程序中颜色的使用，使有颜色的区域会得到更多的关注，例如文本、图像和按钮等单个元素。限制性的颜色界面如图 2.27 所示。

7. 状态信息

颜色可以提供一个应用程序及其组件和元素的状态信息。颜色是界面中显示状态变化的一种方式。通过淡化按钮的颜色来表示按钮已被禁用，或者使用红色高亮显示按钮来表示出现了错误。除此之外，还应该为错误颜色配上错误信息和图标，以确保清晰，状态信息效果如图 2.28 所示。

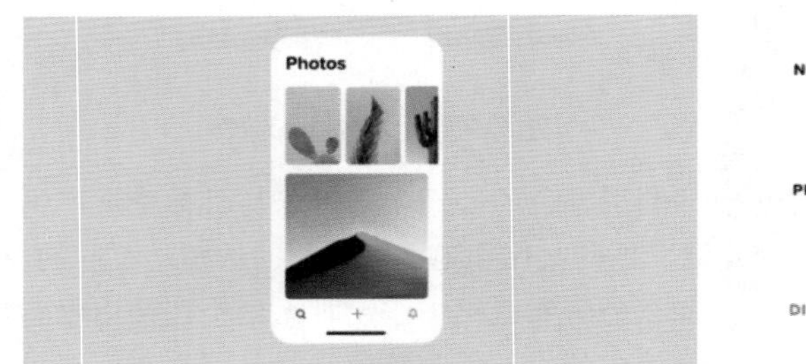

图 2.27　限制性颜色界面

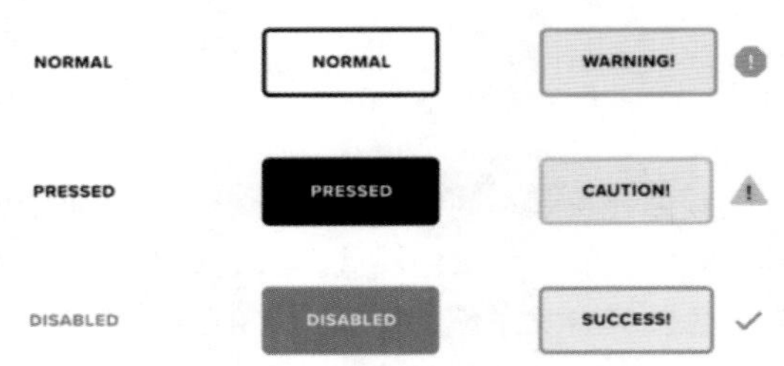

图 2.28　状态信息效果

8. 一致性

界面中的颜色使用应该一致，所以即使上下文发生变化，颜色的含义也总是相同的。如果在设计中已使用了红色，那么应该避免使用它来作为通知有关错误状态的颜色。对此，可以使用黄色等替代颜色来避免混淆。一致性原则效果如图 2.29 所示。

9. 60-30-10 原则

60% 是主导色，30% 是辅助色，10% 是重点色。采用此种比例是为了给色彩带来平衡，让人们的视线从一个焦点舒适地移动到下一个焦点。按照此比例可以确保在色彩上不走形式，60-30-10 原则效果如图 2.30 所示。

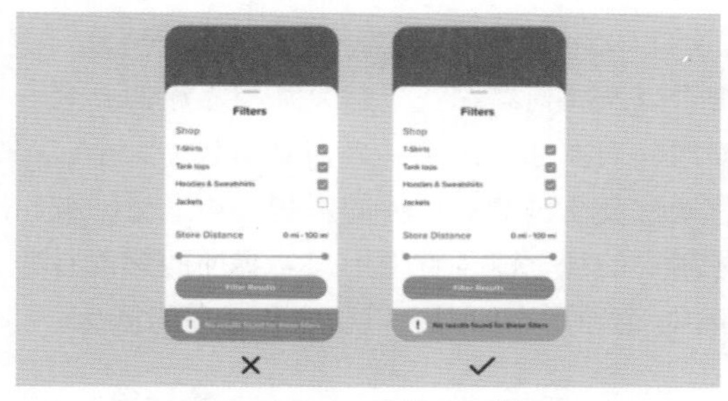

图 2.29　一致性原则效果

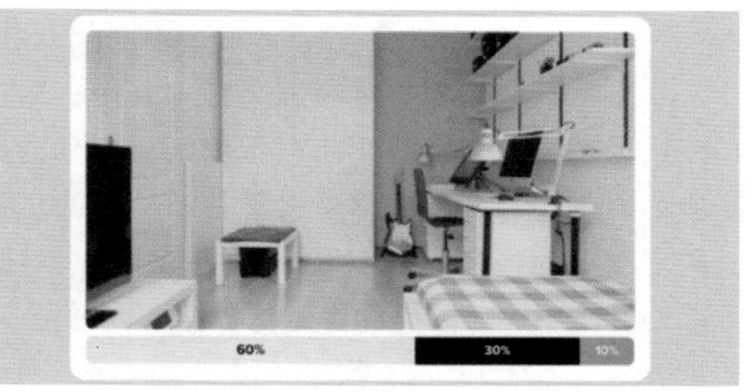

图 2.30　60-30-10 原则效果

2.9　UI 设计中的心理学

2.9.1　7±2 法则

根据研究，人脑处理信息的能力有限，所以它通过把信息分成块和单元来处理复杂问题，人们短时记忆广度大约为 7 个单位，即每次只能处理 5 ～ 9 件事情。

- 如果导航或选项卡内容很多，可以用一个层级结构来展示各段及其子段，并注意其深广度的平衡。
- 把大块整段的信息分割成各个小段，并显著标记每个信息段和子段，以便清晰地确认各自的内容。

2.9.2　格式塔原则

1. 连续性

人的视觉具有一种运动的惯性，会追随一个方向延伸，以便把元素连接在一起成为一个整体。人们倾向于完整地连接一个图形，而不是观察残缺的线条或形状。

2. 放错原则

在过程失误发生之前加以防止，在作业过程中采用自动作用、报警、标识等手段，使作业人员不特别注意也不会失误的方法。在登录时输入框中没有内容或邮箱格式不正确时，“登录”按钮处于禁用状态，只有两者都满足了才可以正常点击。比如登录某个 App 时，在没有填写完整的手机号码和密码前，底部的“登录”按钮是不可点击的。只有两项都填写完整，“登录”按钮才会变成可点击状态。

3. 封闭性

人的眼睛在观看时，大脑并不是在一开始就区分各个单一的组成部分，而是将各个部分组合起来，使之成为一个更易于理解的统一体，一般称之为截断式设计。为了让用户感知到还有内容，一般会使用截断式设计。

4. 相近性

单个元素之间的相对距离会影响人们感知它是否以及如何组织在一起。互相靠近的元素看起来属于一组，而那些距离较远的则自动划为另一组。需要注意的是，人们对形状、大小、共同运动、方向、颜色的感受权重是不一样的，颜色属性会覆盖其他属性的影响。相近原则被广泛应用于页面内容的组织以及分组设计中，对引导用户的视觉流及方便用户对界面的解读有非常重要的作用。对同类内容进行分组，同时留下间距，会给用户的视觉以秩序和合理的休憩。

5. 相似性

人的潜意识里会根据形状、大小、颜色、亮度等，将视线内一些相似的元素自动整合成集合或整体。

2.9.3 费茨定律

1. 点击区域

按钮等可点击区域在合理的范围之内越大越容易点击，反之，可点击区域越小，越不容易操作。将按钮放置在离开始点较近的地方，相关按钮之间距离近点更易于点击。根据研究表明，人们在使用手机的时候，75% 的交互操作都是由拇指驱动的，而拇指悬停的位置恰恰就是屏幕下方，表现效果如图 2.31 所示。

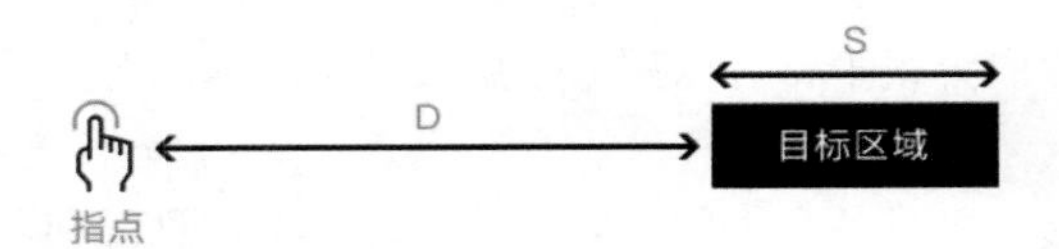

图 2.31　点击按钮表现效果

2. 元素排列

屏幕的边和角很适合放置像菜单栏和按钮这样的元素，因为边角是巨大的目标，它们无限高或无限宽，鼠标无法超过它们，无论移动了多远，鼠标最终会停在屏幕的边缘，并定位到按钮或菜单的上面。

2.9.4 雷斯托夫效应

某个元素越是违反常理，就越引人瞩目，从而受到更多的关注。如果想突出某个重要内容，就要通过色彩、尺寸、留白等设计手段使其特殊化。

2.9.5 席克定律

在简单判断的场景中，一个人面临的选择越多，他所需要做出决定的时间就越长。在人机交互界面中选项越多，意味着用户做出决定的时间越长，这时就需要对选项进行分类，以减轻用户做出决定的负担。

2.10 新拟物化设计要点

1. 深色模式

自从 OLED 屏幕推出以来，纯黑色低耗能的特性就成了时尚。如果说采用深色模式的目的是为了节约电量，那么从一开始应当会看到更多极简又注重功能性的界面以黑色作为主色，而非深灰。采取深色模式的另一个主要原因在于缓解视觉压力。在这种情况下，柔和的深色模式必然要美观得多。深色模式界面效果如图 2.32 所示。

图 2.32　深色模式界面效果

2. 插图和 3D

插图设计作为当前流行的风格，略不成比例的身体结构和松散的线条已然随处可见，这很快就会造成审美疲劳。很多插图看起来都不错，但是过于相似。插图其实是突出画面最好的方式之一，前提是要尝试多种方案以免同质化，如果使用 3D 将会是一个不一样的风格，插图和 3D 对比效果如图 2.33 所示。

图 2.33　插图和 3D 对比效果

3. 动画

过渡和场景搭建会更受重视，JavaScript 库的推出，极大地方便了复杂 2D 和 3D 过渡效果的制作，如图 2.34 所示。

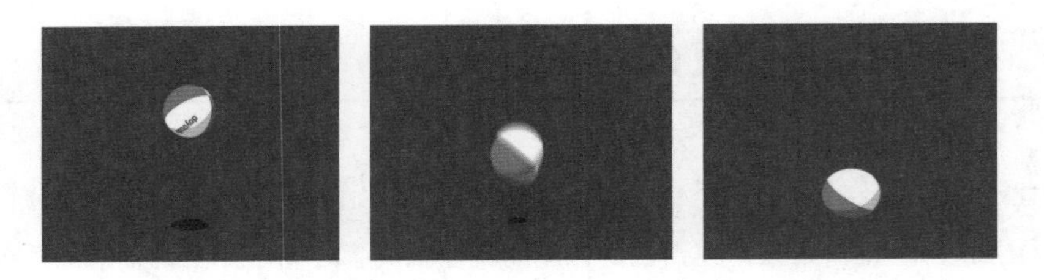

图 2.34　动画效果

2.11　提升 UI 界面趣味的设计技巧

1. 真实模拟增强细节

拟物化行为的设计，模拟真实的使用场景。将日常生活中习以为常的小细节融入到页面的设计中去。这也最能体现设计师的观察力及对细节的把控力，比如 iOS 手电筒开关设计和飞行模式的设置就是这样。手电筒开关的时候，上面的小按钮也会跟着开和关，飞行模式的开关则有一个向右的飞行路径，并不是生硬地出现，然后消失。iOS 手电筒开关设计效果如图 2.35 所示。

图 2.35　iOS 手电筒开关设计效果图

2. 打破常规

对于熟悉的行为人们会产生枯燥的情绪，然后随之会忽略。当在熟悉的情境下，出现了意想不到的小彩蛋时，必然会加深用户的印象，提高注意力，并使用户产生积极愉快的情感。比如 Facebook 的聊天表情，在输入时长按，就会变成超大的表情，好比在说给对方一个大大的赞，给对方一个大大的爱心。这样的设计非常讨人喜欢，不同的点赞效果如图 2.36 所示。

图 2.36　不同的点赞效果

3. 贴心设计

金融类的 App，界面中会涉及很多隐私，比如金额数量等，隐藏资产的设计很好地解决了这个问题，在保护私密性的同时操作起来也不会显得那么尴尬，这才是真正地替用户考虑。银行卡隐私设计界面如图 2.37 所示。

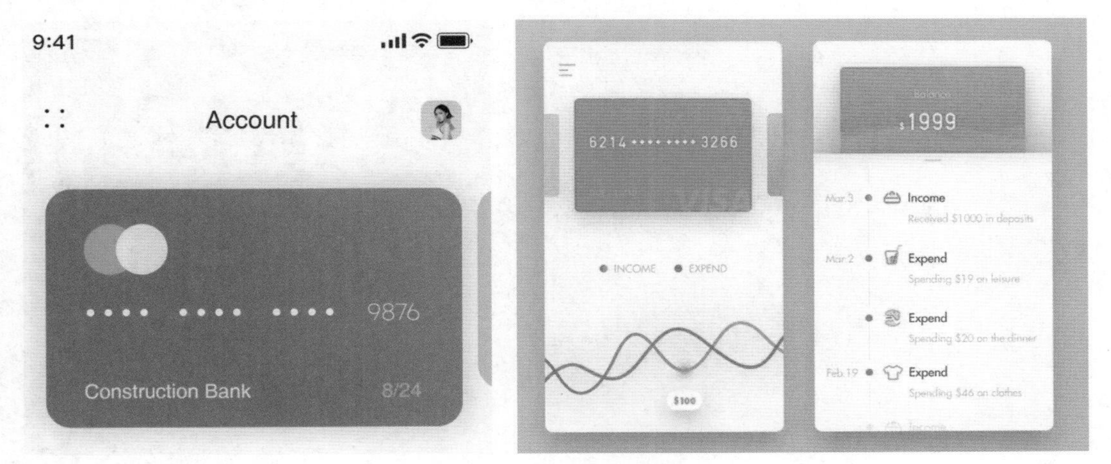

图 2.37 银行卡隐私设计

4. 感官刺激增强代入感

声音的提示可以起到未见其人先闻其声的效果。声音作为操作行为的一种反馈，提示用户的同时，可以增强代入感。比如一些应用在发送消息时的声音、截图时的咔嚓声等都会带给用户一种感官刺激。

第3章

基础 UI 控件制作

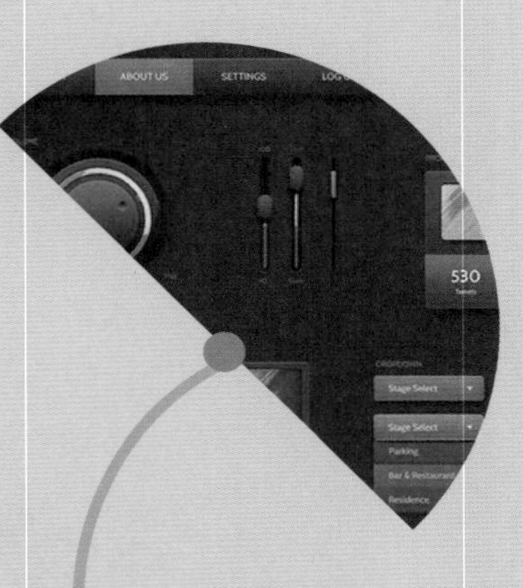

内容摘要

本章主要讲解UI基础控件设计。在日常UI设计过程中，基础类控件是界面的基础，通过制作这些基础控件，将其组合成一个完美的整体。本章列举了一些十分实用的控件制作基础知识，比如什么是UI控件、UI控件与UI之间的关系、标签栏控件设计规范、下拉菜单的设计规范、UI控件的使用范围等。通过对这些控件基础制作的学习，可以了解UI控件的基础知识，再进行针对性的实战训练，比如制作简洁开关控件、制作开机控件、制作滑块控件等，学习实战类控件设计过程中可以掌握大部分基础类UI设计知识，为后面真正的UI设计打下扎实基础。

教学目标

- 了解什么是UI控件
- 认识UI控件与UI之间的关系
- 学习标签栏控件设计规范
- 学习制作简洁开关控件
- 学会制作开机控件
- 学会制作载入进度条控件
- 掌握制作滑块控件的方法

3.1　什么是 UI 控件

UI 控件主要是指在一个完整界面中的按钮、进度条、滚动条、工具栏等小部件。通过熟悉这些基本的控件名称在对界面进行设计的时候，思路就会清晰很多，就会知道自己设计的这部分的名称，这部分为什么这么设计，它在程序里面用的是哪部分控件，到底是做什么用的，等等。并且和开发者沟通的时候，双方都会明白彼此要说的是哪部分的内容。适当地去了解一些控件名称和规范是很有必要的，这有助于提高设计者对于整体产品设计把握的意识，常见的 UI 控件效果如图 3.1 所示。

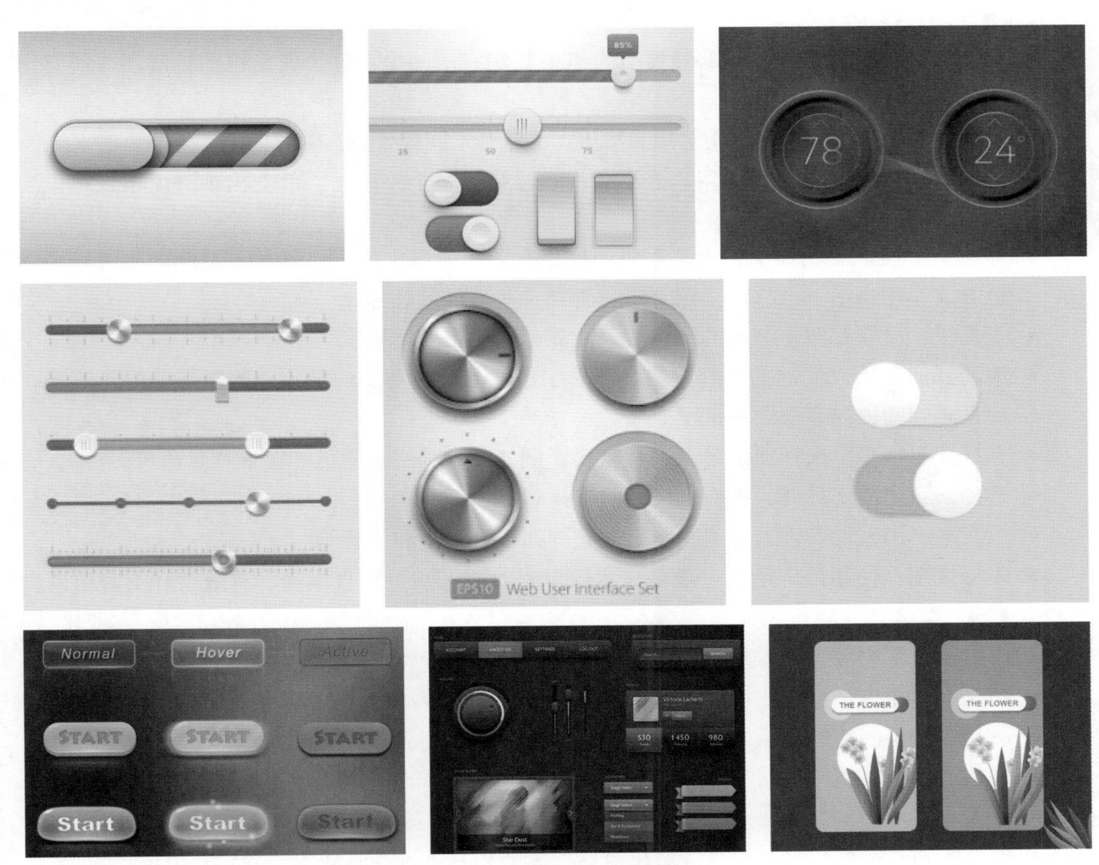

图 3.1　常见的 UI 控件效果

3.1.1　UI 控件的分类细则

UI 控件从交互来讲通常分为三大类，细分的话又分为窗口、视图、按钮等多种。

1. 交互

- 活动控件：它是代表一系列可以活动的控件，指可接收与用户的交互。这类控件会响应用户最基本的手势操作，例如点击、触摸等操作。当控件被操作时，可以激发控件绑定的相应的事件，从而达到开发者所想要呈现的效果。
- 静态控件：静态控件可以理解为就只是用于显示应用的某种状态或者某个视图，用户不会通过静态控件执行任何的操作。
- 被动控件：被动控件其实往往就是用于接受用户输入的值，并不会激发任何的事件方法和事件响应。

2. 控件分类

- 窗口：有很多面的视图，一般在App最底层的位置，然后一层一层往上堆叠。
- 视图：设计整个界面的一个基础，相当于在设计软件中使用的画布，在上面可以任意去组合摆放各个控件。
- 视图控制器：有了视图，必然要有可以去控制它的一个控件，就是视图控制器，所有的UI视图都由它管理、控制。
- 按钮：做UI设计的时候经常会用到按钮，按钮有不同的状态，例如选中、悬停、按下等。
- 进度条：有的时候需要让用户去下载视频，打开一个小动画，就会出现进度条，可以看见下载的进度。
- 导航条：通常放在顶部，由于手机的屏幕有限，所以出现了由导航条控制的层级目录浏览方式，相当于一个容器，用来阻止管理一些事件的添加。
- 工具栏：没有存储多级别的结构，只能显示一层级的结构。
- 滚动视图：可以调动的内容视图，随着手指的变动调节相应的点，知道何时停止滚动，而且必须知道内容视图的范围。
- 选择按钮：多个选择项都可以进行设置，例如改变画线的颜色、设置背景色等。
- 选择条：多用于日期、省份、时间的选择。
- 示文本：用来设置输入文本一些属性，例如改变大小和位置等。
- 表格视图：使用最广泛，一般是显示数据时使用，支持垂直滚动，有分组和不分组两种样式。
- 文本视图：用键盘输入想要输入的文本内容，相当于作图时的文字内容输入。
- 短文本：相当于标签，可以设置字体、字号、颜色等。
- 图片：设置图片的显示方式，如居中、居右、是否缩放等。
- 嵌入地图：在应用中加入地图，支持第三方导航功能，可以绘制导航路线，选择定位等。
- 警告视图：类似于提示信息，弹出对话框，让用户去选择是或否，确定或取消等。
- 动作表单：在选项比较多的时候可用其对表单进行操作。
- 滑动：对音量的大小进行滑动控制。
- 开关：一般在设置里面用的比较多，对程序的允不允许定位进行开或关等。
- 选择按钮：通常会包含至少2个选项，用户可以选择其中的一个，选择按钮大多出现在移动端界面上。

- 多选按钮：是复选框的一种通用替代品，用户可以选择其中多个选项，而这种按钮也大多应用在移动端设备上。

3.1.2 基础UI控件的制作方法

1. 按钮

- 按钮高度：设计按钮时，优先要从高度入手，再去定义宽度。
- 按钮宽度：主流的按钮都是横向的长方形，正方形也有，但是不能变成纵向的矩形。根据内容来设置按钮左右的宽度，最大宽度应该小于内容距离上下的2倍。
- 按钮圆角：在设计圆角的过程中，一定要仔细感受圆角在画面中的和谐性。圆角的设置范围，不大于高度的四分之一。

2. 输入框

输入框是比较常用的元素之一，它和按钮有非常接近的外形。最常见的就是登录页的账号、密码输入框，以及首页上方的搜索栏，输入框的使用高度尺寸通常在36~56pt之间。

3. 步进器

步进器是输入框和按钮的结合，左右有两个用来增加数量的按钮，中间是允许直接输入数字的输入框，在尺寸上，它介于两者之间，高度在28~40pt之间。

4. 下拉菜单

下拉菜单包含多种状态，例如默认、展开和选中。默认状态与输入框类似，主流的高度也使用36~56pt，菜单的宽度正常情况下与默认状态相同，而高度根据里面包含的选项数量确定。

5. 开关

开关也是按钮的一种形式，通常出现在设置页的列表中。在设计开关的时候，要先确定一个矩形区域，高度使用24~32pt，宽度则用1:2的比例。

6. 滑块

滑块形式接近于开关，通常在中间有一个操作节点，下面有一个用来表示区间的线条，其直径在16~28pt之间，而下面的横线宽度由所在内容区域的宽决定，高度一般在1~4pt之间。

7. 指示器

指示器用来展示元素序列，指示器主要是圆形和矩形两种形式。

8. 提示红点

提示红点也是大多数应用会使用的一个控件，其大小在24~32pt之间。

9. 分页控件

分页控件主要应用在头部和页面中部的组件中。一个完整的分页控件，里面会包含两个或两个以上的选项，一种是选项少时直接进行均分显示，另一种是选项较多时采取定宽模式，宽度最小在64pt以上才不会显得拥挤。

3.2 UI 控件与 UI 之间的关系

UI 控件在设计和制作过程中要遵循一定的原则，处理好控件与 UI 之间的关系，在 UI 界面中准确把握好整体设计原则可以让整个界面协调统一。

3.2.1 上下文菜单

1. 使用小图标

小图标帮助用户理解其功能，如果操作菜单包含子菜单，系统会自动在图标位置展示箭头，示意用户此处有附加操作。

2. 将操作分组

将操作依据类型进行分组，可以提高用户的浏览速度。例如编辑类分为一组、分享类分为一组，通常不能超过三组。

3. 高频操作

例如针对一封邮件，使用【回复】或者【移动邮件位置】是合理的，而【设置格式】或【邮箱操作】就不合理，如果呈现了太多操作选项，用户就会迷失在其中。

4. 置顶高频操作

用户的视觉焦点在一个区域看起来就会最快最方便。

5. 利用子菜单来控制菜单的复杂性

提供简洁直观的标题让用户易懂，这样不用展开子菜单，用户就可以判断是否需要操作。子菜单设计一级就够。

3.2.2 编辑菜单

点击长按或者双击文本字段、文本视图、Web 视图或图像视图中的元素，就会出现编辑选项。

1. 针对当前内容展示合理的操作选项

如果未选中任何内容，则菜单不应显示【复制】、【剪切】这种需要选中内容才能执行的操作。同理，如果已经选中内容，则菜单不应显示【选中内容】这个操作。

2. 自定义操作

自定义操作功能可以扩展，在排序上系统操作是在前面的。由于用户对系统操作更熟悉更顺手，此外还要控制自定义操作功能的数量，避免给用户增加认知负担和操作成本，还要注意文案精简，尽量使用动词，如果使用英文的话，记得首字母要大写。

3. 允许用户撤销操作

编辑菜单的操作是不需要向用户再次确认就可以立即执行的，提供撤销和重做操作可以降低用户的犯错成本。

4. 支持复制选中的内容

用户可能希望将选中的内容添加到邮件、消息、搜索中，复制功能可以免去类似输入大量文字的烦琐操作。

3.2.3 分段控制器

分段控制器包含两个以上的分段按钮，彼此功能互斥，宽度等分，可以呈现文字或者图片。

1. 分段数量

按钮越宽越容易点击。在手机上分段不应超过 5 个，否则难以点击。

2. 按钮上的字数

尽量使各个按钮上的字数大致相等，这样在视觉上可呈现出疏密一致，美观对称。

3. 按钮上的元素

在设计按钮上的元素时，可以选择全部使用文字，或者全部使用图标，需要做到统一。

3.2.4 页面控制器

页面控制器是一排小圆点，个数代表页数，实心点表示当前页面，并展示当前页面所处位置。

1. 翻页

翻页可以通过点击页面控制器的头部或者尾部进行操作，但小圆点不可点击，翻页只能按顺序进行，不能跳过。

2. 页数

页数不能超过 10 个，页面太多就要考虑更换版式。

3. 位置

页面控制器应居中放在内容底部或者屏幕底部。

3.2.5 标签

标签呈现静态文本内容，无法编辑，但可支持将其复制。标签的文本长度不受限制，最好保持简短。标签需要保证文本清晰可读，尽管可自定义文本的字体、颜色、对齐方式，但保持内容的可读性至关重要。标签支持动态类型，可以让用户更改设备上的文字大小，同时依旧可以保持文本清晰易读，另外还应该测试在启用辅助功能后的展示效果。

3.2.6 内容刷新控件

内容刷新控件是活动指示器的一种特殊类型，默认情况下为隐藏状态，向下拖动需要刷新的内容后才会展示。在设计内容刷新控件时，不要让用户依赖手动刷新来更新内容，系统要定期更新数据。

3.2.7 进度指示

在设计内容加载或数据处理的进度指示时，通常使用活动指示器或者进度条，提示用户应用在正常工作，并且让用户知道还需要等待多长时间。

3.3 标签栏控件设计规范

当设计出完整界面时，标签栏是在表现层层面向用户展现产品框架的最直接控件，它是向用户展现产品框架的关键控件，连接着整个产品最重要的顶层信息，而所有的功能分支又都是镶嵌在一个一个的顶层页面中的。所以一旦选择了采用标签栏来承载产品框架信息，就一定要确保用户不会因为设计者的失误而在使用产品的过程中产生挫败感。

1. 什么是标签栏

出现在应用程序屏幕底部，并架构了多个屏幕之间页面内容切换的容器叫做标签栏。标签栏在任何目标页面中的高度都是不变的。在 iOS 中规定它的高度为 98px，但因为 iPhone X 之后的全面屏手机引入了 HomeBar，所以在进行界面适配的时候，务必要加上 HomeBar 自身的 68px 高度，不能让 HomeBar 遮挡标签栏中标签的展示，这会让两个控件发生操作手势冲突。

2. 标签数量

标签栏几乎是所有控件中唯一一个有拉平顶级信息结构，并提供一次访问多个对等信息类别作用的控件，所以需要确保标签栏表现清晰、反馈及时。为了让标签栏表现清晰，标签栏内的标签个数为 3~5 个，因为标签过多，一是会增加产品结构的复杂性，二是会使每一个单元标签的可触空间降低，容易导致用户发生误触。

iOS 人机交互规范指明标签栏虽然可以包含任意数量的标签，但可见标签的数量会根据设备的大小方向而自适应变化。如果由于水平空间有限而无法显示某些标签时，最后的一个可见标签将会被系统强行转换为【更多】选项，需要用户点击【更多】选项之后，系统才将在单独屏幕上的列表中显示其他被隐藏的标签。

3. 标签排版

比较常见的标签排版方式是在每个标签在标签栏中平均分配，且图标与标签文字采用上下结构。

4. 视觉分割

缺少视觉分割会让用户分不清标签栏与内容界面，它们看起来会更像一个平级。让用户用视觉区分内容主次的设计，其实是不友好的设计。为了帮助用户进行标签栏与内容区域的视觉分割，iOS 的标签栏带有毛玻璃效果，虽然这会消耗一部分运行性能，但国内许多应用程序还是沿用了这个效果。

3.4 下拉菜单的设计规范

3.4.1 下拉菜单类型

根据需要输入的内容的性质，下拉菜单的外观可能会有所变动，这样可方便处理不同类型的信息。在设计下拉菜单的时候，需要保持足够的灵活性，提高可用性，兼顾不同的输入类型，这一点很重要。常见的下拉菜单类型如图 3.2 所示。

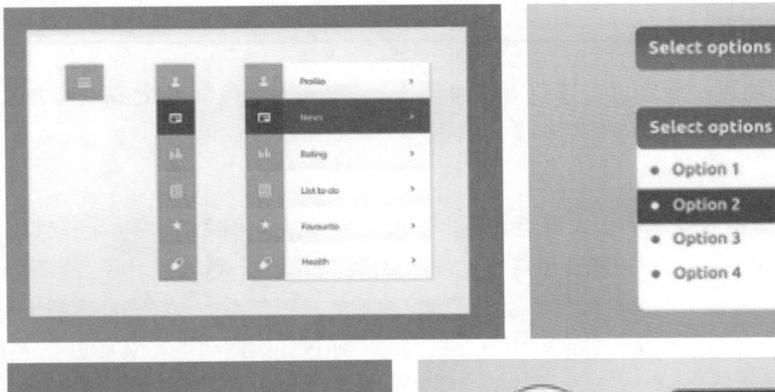

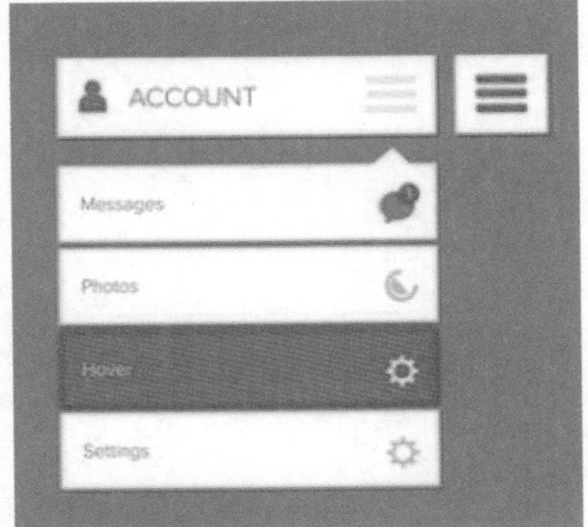

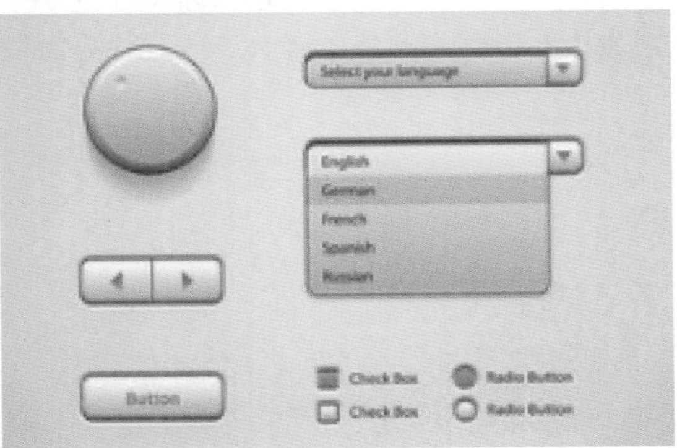

图 3.2　下拉菜单类型

3.4.2 下拉菜单状态

基于不同的交互状态，下拉菜单有多个不同的状态。每个状态在视觉上都比较相似，但是在设计的时候，要让用户能够清晰地区分开来。下拉菜单通常有默认、激活、悬停、禁用、聚焦和出错这几种状态，效果如图 3.3 所示。

图 3.3　下拉菜单状态效果

3.4.3 下拉菜单原则

通过遵循下拉菜单的设计原则可以避免错误的设计，在设计中不但可以将下拉菜单与界面完美地统一协调，而且这些原则还可以提升设计效率。

1. 避免过多选项

下拉菜单选项多，是下拉菜单的一大特点，但是如果选项太多，可能会对体验产生负面的影响。比如选项超过 15 个的时候，用户极有可能会觉得不知所措。此外，选项过多还会出现滚动浏览的问题。用户只有将光标置于下拉框当中才能正常浏览，而如果用户不小心将光标挪到了下拉框之外，则可能让整个页面滚动，这是一种非常不友好的设计。通过使用自动填写来帮助用户补完信息和将搜索功能集成在输入框当中可以避免这种情况的发生。下拉菜单选项数量对比如图 3.4 所示。

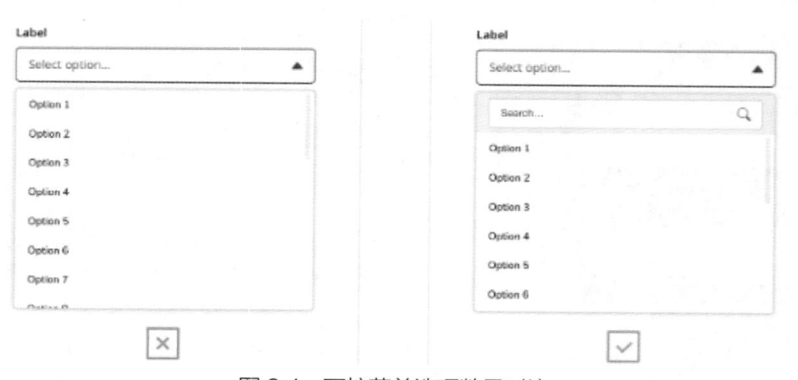

图 3.4　下拉菜单选项数量对比

2. 慎用下拉菜单

如果选项太少，依然使用下拉框就会显得过于浪费，此时可以使用普通的按钮或者选择器控件来代替此功能，这可能比下拉菜单来得更加直观和易用。相比之下下拉框还会隐藏信息，在没有太多选项的时候尽量不要使用下拉菜单，选项较少效果如图 3.5 所示。

图 3.5　选项较少效果

3. 以灰色代替不可用选项

某个选项存在，但是与不可选、不提供该选项是两种截然不同的情况。如果直接不显示，就意味着逻辑和界面一致性发生了失衡。所以，最好让不可用的、被禁用的选项保留并以灰色显示且不可选，效果如图 3.6 所示。

图 3.6　以灰色代替选项效果

4. 逻辑排列选项

列举出的选项应该符合一定的规律方便用户定位和筛选。最常见的情况，是按照字母顺序或者数字顺序来排列，这样用户有清晰的预期和搜索定位的依据，排列选项效果如图 3.7 所示。

图 3.7　排列选项效果

5. 下拉菜单与输入速度

在有的情形下，输入可能比在下拉菜单中选择来得更快。一种比较典型的情况是：输入信用卡的有效期。输入日期这样的信息，比在两个下拉菜单中挨个选择要快。尽管用户输入内容需要程序进行验证和匹配，但从可用性的角度上来说，直接输入依然是更好的选择，因为它减少了操作和认知负担。下拉菜单的使用与不使用对比效果如图 3.8 所示。

图 3.8　对比效果

6. 功能与交互的协调性

当某些数据和信息可以自动匹配的时候，此时没有必要反复找用户去确认。这种情况最典型的是，当系统可以根据信用卡号来匹配相应的卡的类型，不需要用户使用下拉菜单去挨个选择。功能与交互的协调性效果如图 3.9 所示。

图 3.9　功能与交互的协调性效果

7. 操作便捷

通过自定义下拉框的设计来减少操作的次数，一个经典的案例是选择日期的下拉菜单的设计。比如普通的下拉菜单，可能需要三个，但是使用自定义的下拉菜单，就会方便很多。操作便捷的设计效果如图 3.10 所示。

图 3.10　操作便捷的设计效果

8. 简明文本

用户主要通过下拉菜单中的标签文本信息来进行筛选，因此需要在有限的空间中让信息尽可能地清晰，使用识别率更高的大小写结合的拼写方式，可使表达方式清晰，直指目标。

3.5 UI 控件的使用范围

UI 控件的主要作用是起到控制界面的功能，通过对控件的分类及其定义使用范围可以更好地认识控件的名称及其功能。UI 控件的使用范围主要有以下几种。

1. 搜索

用户通过输入的关键词，搜索到用户想要的信息。当应用内包含大量信息的时候，用户通过搜索可快速地定位到特定的内容。

2. 开关

开关按钮展示了两个互斥的选项和状态。仅在列表中使用，在列表中使用开关按钮可让用户从某一项的两个互斥状态中指定一个，比如是 / 否、开 / 关。开关的效果如图 3.11 所示。

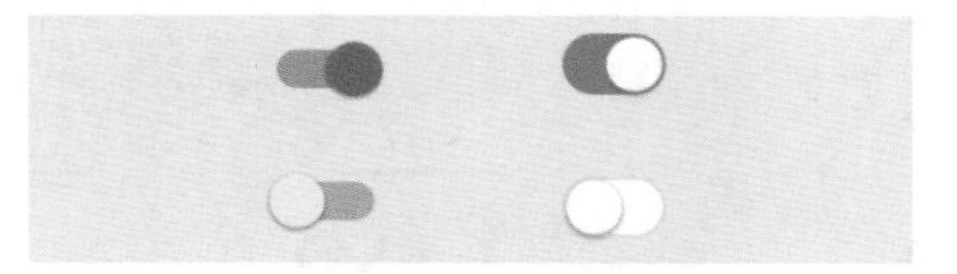

图 3.11　开关效果

3. 页面控制器

页面控件告诉用户当前共打开了多少个视图，还有它们正处在于哪种状态。页面控制器包含一系列圆点，圆点的个数代表当前打开的视图数量。应避免圆点显示太多，一般不超过 6 个，超过 6 个很难让用户一目了然。

4. 图标

图标是界面中的一种图形元素，用来执行应用程序中定义的操作。当单击它时，它能执行指定的功能操作。文字及图标必须能让人轻易地识别为按钮，并能轻易地与点击后展示的内容联系起来。

5. 滑块

滑块控件通过在连续或间断的区间内拖动滑块来选择某个合适的数值。区间最小值放在左边，对应地，最大值放在右边。滑块可以在滑动条的左右两端设定图标来反映数值的强度。这种交互特性使得它在设置诸如音量、亮度、色彩饱和度等需要反映强度等级的选项时成为一种极好的选择。

- 连续滑块：在不要求精准、以主观感觉为主的设置中使用连续滑块，让使用者做出更有意义的调整。连续滑块效果如图3.12所示。
- 带有可编辑数值的滑块：用于使用者需要设定精确数值的设置项，可以通过点触缩略图、文本框来进行编辑。带有可编辑数值的滑块效果如图3.13所示。

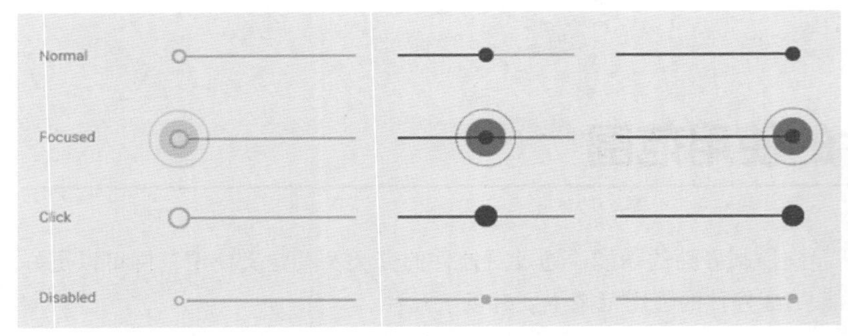

图 3.12　连续滑块效果

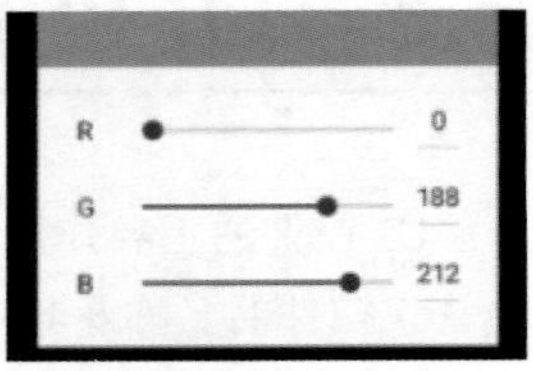

图 3.13　带有可编辑数值的滑块效果

- 附带数值标签的滑块：用于使用者需要知晓精确数值的设置项。附带数值标签的滑块效果如图3.14所示。

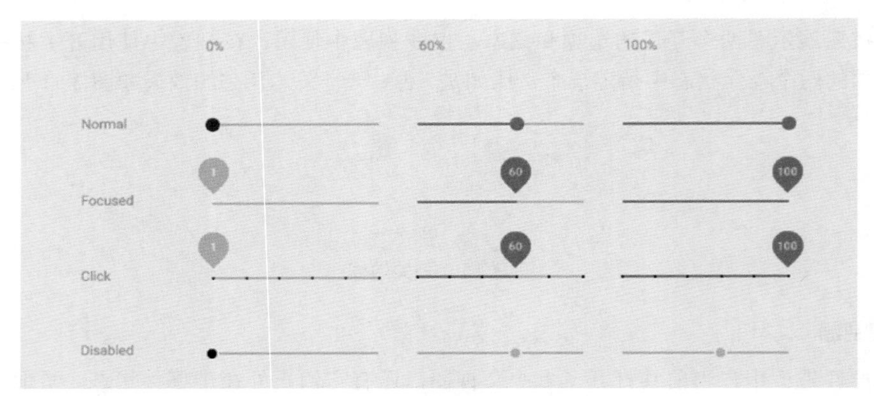

图 3.14　附带数值标签的滑块效果

6. 进度

在刷新加载或者提交内容时，需要一个时间过渡，在执行这个过程时需要一个进度和动态的设计。尽可能地减少视觉上的变化，尽量使用令人愉快的加载过程。每次操作只能有一个活动指示器呈现。例如，对于刷新操作，不能既用刷新条，又用动态圆圈来指示。指示器包括线形进度指示器及圆形进度指示器两种类型，可以使用其中任何一项来指示确定性和不确定性的操作。在操作中，对于完成部分在不确定的情况下，用户需要等待一定的时间，无需告知后台的情况以及所需时间，这时可以使用不确定的指示器。线形进度条和圆形进度指示器效果如图 3.15 所示。

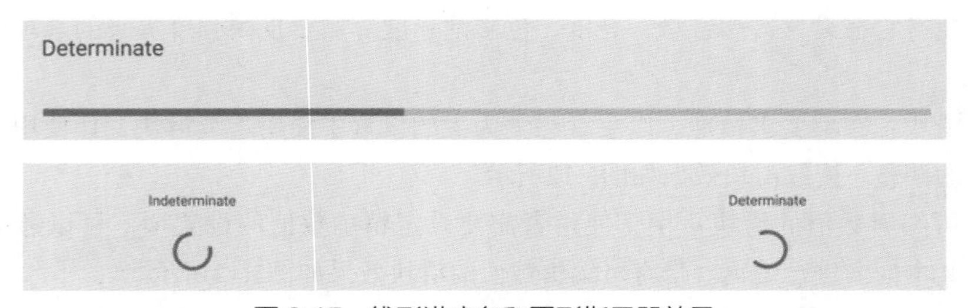

图 3.15　线形进度条和圆形指示器效果

7. 选框

选框分为单选框和复选框两类。单选框是指只允许用户从一组选项中选择一个，复选框是指允许用户从一组选项中选择多个。如果需要在一个列表中出现多组开或关选项，复选框是一种节省空间的好方式。如果只有一组开或关选项，就不要使用复选框，而应该替换成单选框。单选框及复选框效果如图 3.16 所示。

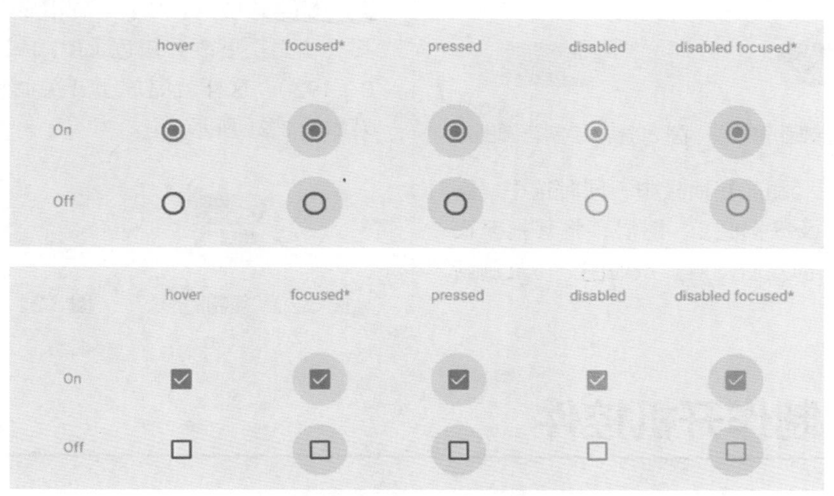

图 3.16　单选框及复选框效果

3.6　制作简洁开关控件

实例分析

本例制作简洁开关控件，其制作过程比较简单，通过绘制圆角矩形及正圆图形即可组合成开关控件效果。最终效果如图 3.17 所示。

难　　度：☆
素材文件：无
案例文件：源文件 \ 第 3 章 \ 制作简洁开关控件 .psd
视频文件：视频教学 \ 第 3 章 \3.6　制作简洁开关控件 .mp4

图 3.17　最终效果

步骤 01 执行菜单栏中的【文件】|【新建】命令，在弹出的对话框中设置【宽度】为 600 像素，【高度】为 400 像素，【分辨率】为 72 像素 / 英寸，新建一个空白画布。

步骤 02 选择工具箱中的【圆角矩形工具】，在选项栏中设置【填充】为蓝色（R：77，G：183，B：241），【描边】为无，【半径】为 50 像素，在画布中绘制一个圆角矩形，此时将生成一个【圆角矩形 1】图层，如图 3.18 所示。

步骤 03 选择工具箱中的【椭圆工具】，在选项栏中设置【填充】为白色，【描边】为无，在圆角矩形靠左侧位置按住 Shift 键绘制一个正圆图形，将生成一个【椭圆 1】图层，如图 3.19 所示。

图 3.18　绘制圆角矩形

图 3.19　绘制正圆图形

步骤 04 在【图层】面板中，同时选中【圆角矩形 1】及【椭圆 1】图层，将其拖至面板底部的【创建新图层】按钮上，复制新图层。

步骤 05 在图像中将复制生成的图像向下移动，按 Ctrl+T 组合键对其执行【自由变换】命令。单击鼠标右键，从弹出的快捷菜单中选择【水平翻转】命令。完成之后按 Enter 键确认，如图 3.20 所示。

步骤 06 选中【圆角矩形 1 拷贝】图层，将其【填充】更改为灰色（R：192，G：192，B：192），这样就完成了开关制作，最终效果如图 3.21 所示。

图 3.20　复制图形

图 3.21　最终效果

3.7　制作开机控件

实例分析

本例制作简洁开机控件。本例中的控件制作非常简单，通过绘制正圆并与环形图形相结合，即可完成开机控件的制作，最终效果如图 3.22 所示。

难　　度：☆
素材文件：无
案例文件：源文件 \ 第 3 章 \ 制作开机控件 .psd
视频文件：视频教学 \ 第 3 章 \3.7　制作开机控件 .mp4

图 3.22　最终效果

步骤 01 执行菜单栏中的【文件】|【新建】命令，在弹出的对话框中设置【宽度】为 600 像素，【高度】为 400 像素，【分辨率】为 72 像素 / 英寸，新建一个空白画布。

步骤 02 选择工具箱中的【椭圆工具】，在选项栏中设置【填充】为红色（R：230，G：62，B：79），【描边】为无，按住 Shift 键绘制一个正圆图形，将生成一个【椭圆】图层，如图 3.23 所示。

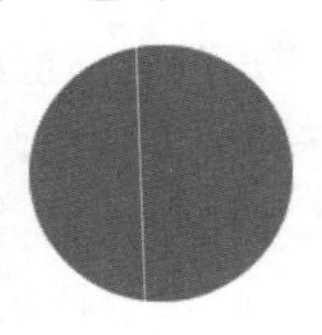

图 3.23　绘制图形

步骤 03 在【图层】面板中，选中【椭圆 1】图层，将其拖至面板底部的【创建新图层】按钮上，复制一个新【椭圆 1 拷贝】图层。

步骤 04 选中【椭圆 1 拷贝】图层，在画布中按 Ctrl+T 组合键对其执行【自由变换】命令，将图形等比例缩小，设置完成后按 Enter 键确认。在选项栏中设置【填充】为无，【描边】为白色，【设置形状描边宽度】为 10，如图 3.24 所示。

步骤 05 选择工具箱中的【添加锚点工具】，分别在圆的左上角及右上角位置单击添加锚点，如图 3.25 所示。

图 3.24 绘制图形

图 3.25 添加锚点

步骤 06 选择工具箱中的【直接选择工具】，选中圆顶部锚点将其删除，效果如图 3.26 所示。

步骤 07 选中【椭圆 1 拷贝】图层，在选项栏中单击【设置形状描边类型】按钮，在弹出的面板中单击【端点】下方按钮，在弹出的选项中选择第 2 种端点类型，效果如图 3.27 所示。

图 3.26 删除锚点 图 3.27 更改端点类型

步骤 08 选择工具箱中的【圆角矩形工具】，在选项栏中设置【填充】为白色，【描边】为无，【半径】为 50，绘制一个细长圆角矩形，这样就完成了开机控件的制作，最终效果如图 3.28 所示。

图 3.28 最终效果

3.8 制作载入进度条控件

实例分析

本例制作载入进度条控件。本例的制作以长条形圆角矩形为主视觉，通过添加条纹图像并制作出载入效果，最后添加指示文字完成制作，最终效果如图 3.29 所示。

难　　度：☆
素材文件：无
案例文件：源文件 \ 第 3 章 \ 制作载入进度条控件 .psd
视频文件：视频教学 \ 第 3 章 \3.8 制作载入进度条控件 .mp4

图 3.29 最终效果

1. 制作进度图像

步骤 01 执行菜单栏中的【文件】|【新建】命令，在弹出的对话框中设置【宽度】为 600 像素，【高度】为 400 像素，【分辨率】为 72 像素 / 英寸，新建一个空白画布，将画布填充为蓝色（R：0，G：57，B：83）。

步骤 02 选择工具箱中的【圆角矩形工具】，在选项栏中设置【填充】为蓝色（R：0，G：

192，B：234），【描边】为无，【半径】为 30 像素，在画布中绘制一个细长圆角矩形，此时将生成一个【圆角矩形 1】图层，如图 3.30 所示。

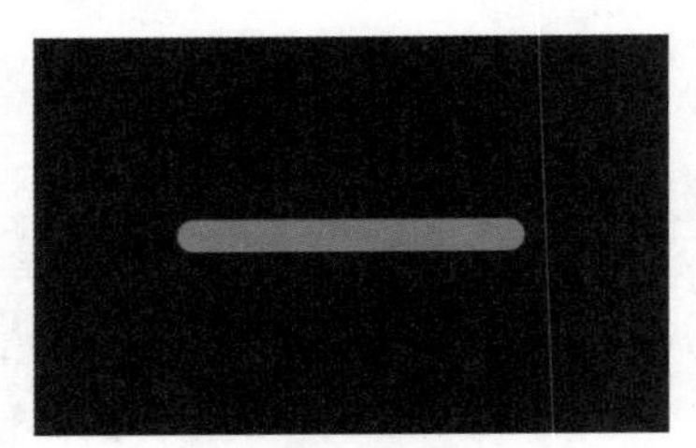

图 3.30　绘制图形

步骤 03 在【图层】面板中，选中【圆角矩形 1】图层，将其拖至面板底部的【创建新图层】按钮⊞上，复制一个【圆角矩形 1 拷贝】图层。

步骤 04 在【图层】面板中，选中【圆角矩形 1】图层，单击面板底部的【添加图层样式】按钮 fx，在下拉菜单中选择【内阴影】命令。

步骤 05 在弹出的对话框中将【不透明度】设置为 40%，取消选中【使用全局光】复选框，设置【角度】为 90 度，【距离】为 1 像素，【大小】为 1 像素，如图 3.31 所示。

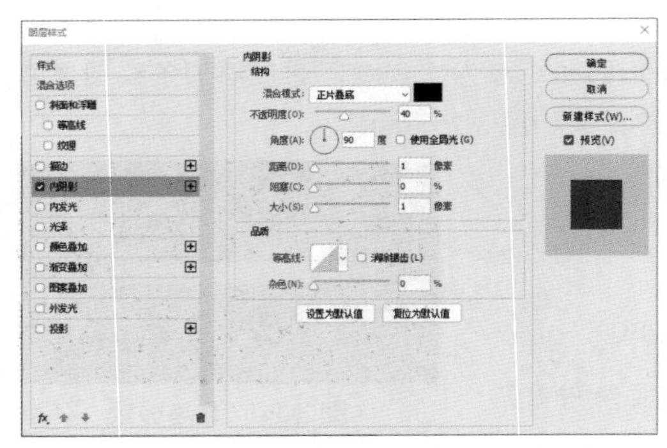

图 3.31　设置内阴影

步骤 06 勾选【投影】复选框，设置【混合模式】为【叠加】，【颜色】为白色，【不透明度】为 50%，【距离】为 1 像素，【大小】为 1 像素，设置完成后单击【确定】按钮，如图 3.32 所示。

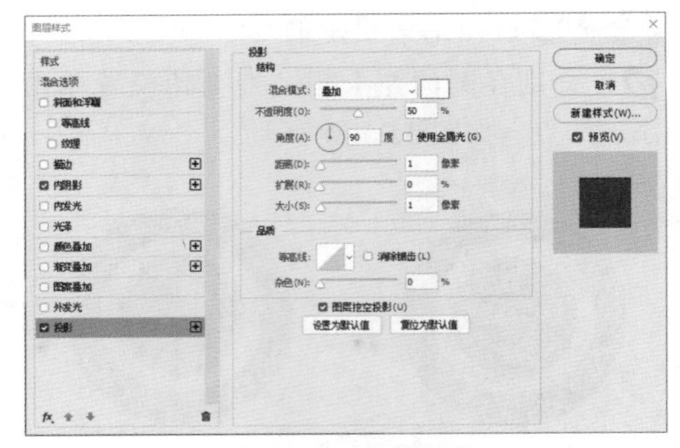

图 3.32　设置投影

步骤 07 选中【圆角矩形 1 拷贝】图层，将其图形颜色设置为白色，再按 Ctrl+T 组合键对其执行【自由变换】命令，分别将图形宽度和高度缩小，设置完成后按 Enter 键确认，如图 3.33 所示。

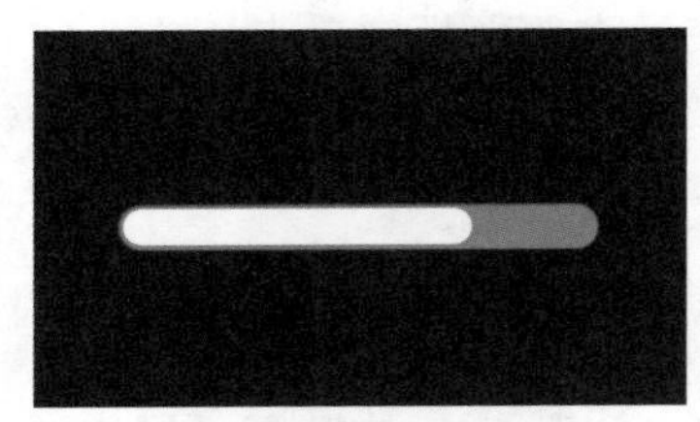

图 3.33　缩小图形

技巧

更改图形颜色是为了更好地区分与下方图形之间的颜色，从而方便对图形进行缩小变形。

提示

在绘制图形的时候注意上下图形之间的空隙。

步骤 08 在【图层】面板中，选中【圆角矩形 1 拷贝】图层，单击面板底部的【添加图层样式】按钮 fx，在下拉菜单中选择【渐变叠加】命令。

步骤 09 在弹出的对话框中设置【渐变】为蓝色（R：184，G：242，B：255）到蓝色（R：234，G：251，B：255），设置完成后单击【确定】按钮，如图 3.34 所示。

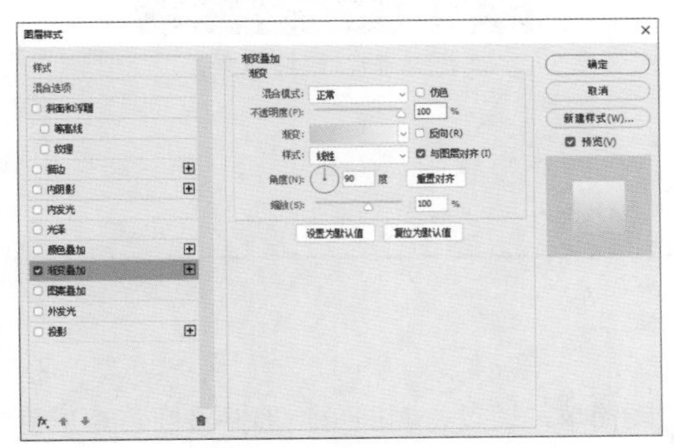

图 3.34 设置渐变叠加

步骤 10 勾选【内阴影】复选框，设置【混合模式】为【叠加】，【颜色】为白色，【距离】为 1 像素，设置完成后单击【确定】按钮，如图 3.35 所示。

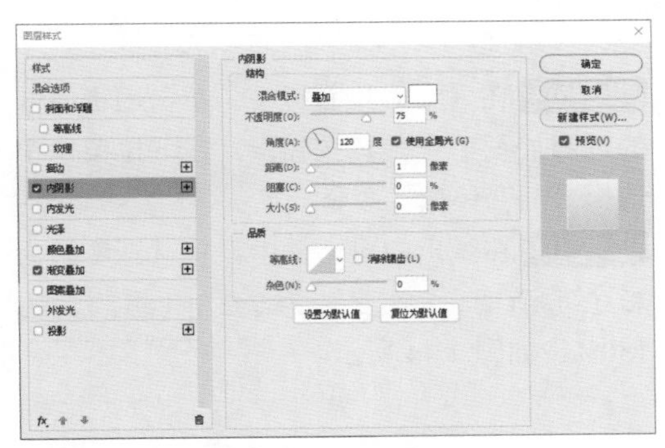

图 3.35 设置内阴影

2. 添加条纹特效

步骤 01 选择工具箱中的【矩形工具】，在选项栏中设置【填充】为黑色，【描边】为无，在画布中绘制一个矩形并适当旋转。此时将生成一个【矩形 1】图层，如图 3.36 所示。

步骤 02 选中【矩形 1】图层，按住 Alt+Shift 组合键向右侧拖动将其复制若干份，如图 3.37 所示。

图 3.36 绘制图形

步骤 03 选中所有和【矩形 1】相关图层，按 Ctrl+E 组合键将其合并，将生成的图层名称更改为【条纹】，如图 3.38 所示。

图 3.37 复制图形　　图 3.38 合并图层

步骤 04 在【图层】面板中，选中【条纹】图层，单击面板底部的【添加图层蒙版】按钮，为其添加图层蒙版。

步骤 05 按住 Ctrl 键单击【圆角矩形 1 拷贝】图层缩览图，将其载入选区。执行菜单栏中的【选择】|【反向】命令将选区反向，将选区填充为黑色，将部分图形隐藏，设置完成后按 Ctrl+D 组合键将选区取消，如图 3.39 所示。

图 3.39 隐藏图像

步骤 06 在【图层】面板中，选中【条纹】图层，将其图层混合模式设置为【叠加】，如图 3.40 所示。

步骤 07 选择工具箱中的【横排文字工具】T，在画布适当位置添加文字，这样就完成了载入进度条控件的制作，最终效果如图 3.41 所示。

图 3.40　设置图层混合模式

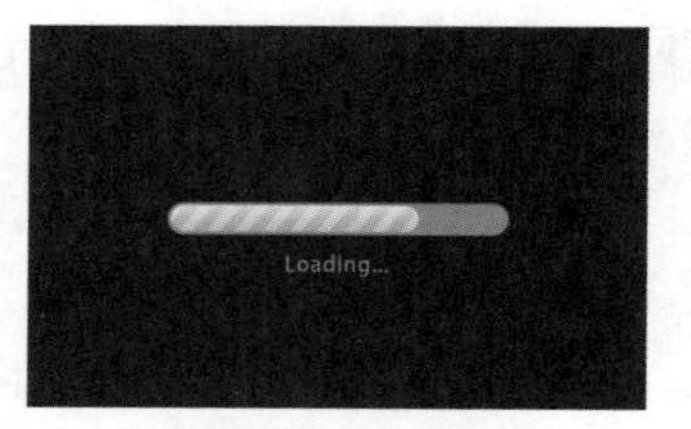

图 3.41　最终效果

3.9　制作滑块控件

实例分析

本例制作滑块控件。本例中的控件制作过程比较简单，通过绘制圆角矩形并将圆角矩形复制，再添加图层样式制作出滑块效果，最终效果如图 3.42 所示。

难　　度：☆☆
素材文件：无
案例文件：源文件 \ 第 3 章 \ 制作滑块控件 .psd
视频文件：视频教学 \ 第 3 章 \3.9　制作滑块控件 .mp4

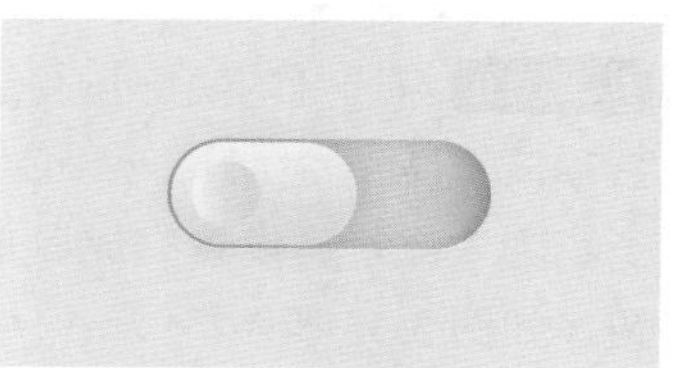
图 3.42　最终效果

1. 绘制基础图形

步骤 01 执行菜单栏中的【文件】|【新建】命令，在弹出的对话框中设置【宽度】为 600 像素，【高度】为 400 像素，【分辨率】为 72 像素 / 英寸，新建一个空白画布，将画布填充为灰色（R：239，G：239，B：239）。

步骤 02 选择工具箱中的【圆角矩形工具】，在选项栏中设置【填充】为黑色，【描边】为无，【半径】为 100 像素，在画布中绘制一个圆角矩形，此时将生成一个【圆角矩形 1】图层，如图 3.43 所示。

图 3.43　绘制圆角矩形

步骤 03 在【图层】面板中，单击面板底部的【添加图层样式】按钮fx，在下拉菜单中选择【渐变叠加】命令。

步骤 04 在弹出的对话框中设置【渐变】为彩色系渐变，【角度】为 0 度，【缩放】为 150%，如图 3.44 所示。

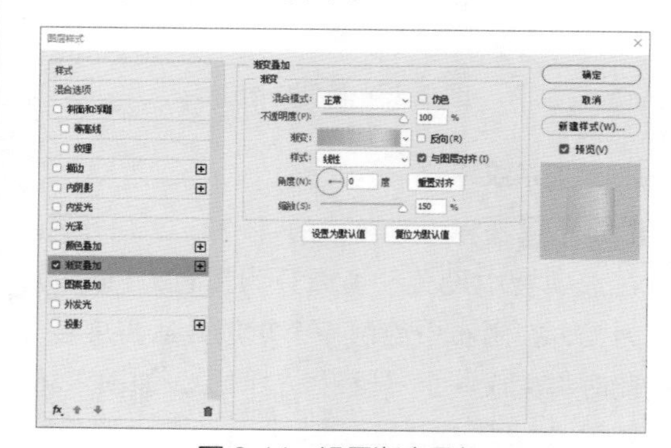
图 3.44　设置渐变叠加

步骤 05 勾选【内发光】复选框，设置【混合模式】为【叠加】，【不透明度】为 45%，【颜色】为黑色，【大小】为 18 像素，设置完成后单击【确定】按钮，如图 3.45 所示。

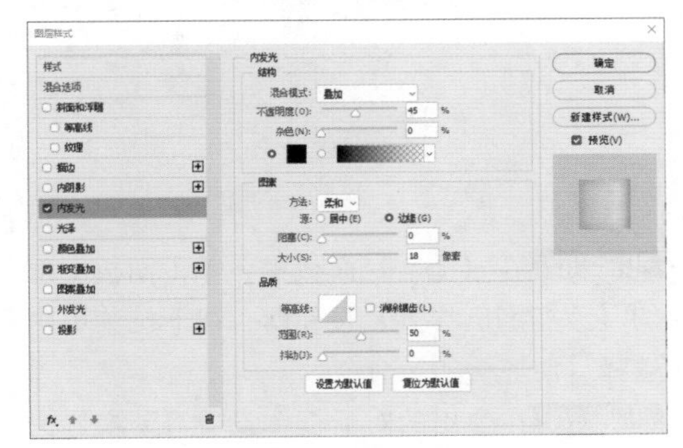

图 3.45 设置内发光

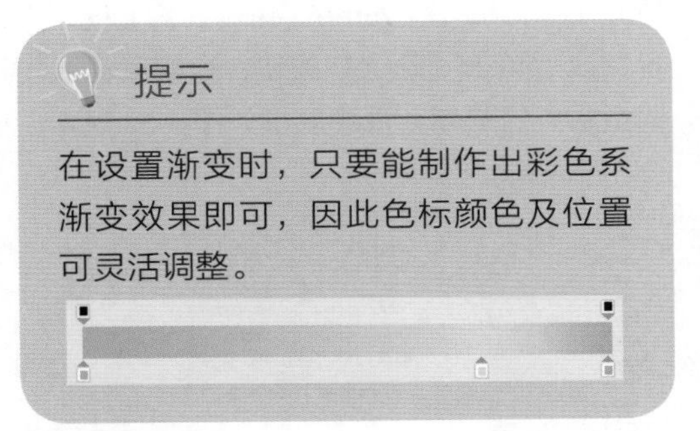

提示

在设置渐变时，只要能制作出彩色系渐变效果即可，因此色标颜色及位置可灵活调整。

步骤 06 勾选【投影】复选框，设置【混合模式】为【正常】，【颜色】为白色，【不透明度】为 100%，取消选中【使用全局光】复选框，设置【角度】为 90 度，【距离】为 1 像素，【大小】为 1 像素，设置完成后单击【确定】按钮，如图 3.46 所示。

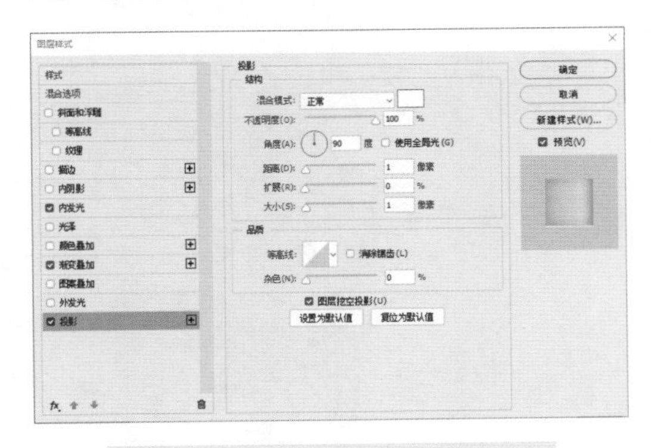

图 3.46 设置投影

2. 制作滑块

步骤 01 选择工具箱中的【圆角矩形工具】，在选项栏中设置【填充】为黑色，【描边】为无，【半径】为 100 像素，再次绘制一个圆角矩形，此时将生成一个【圆角矩形 2】图层，如图 3.47 所示。

图 3.47 绘制圆角矩形

步骤 02 在【图层】面板中，单击面板底部的【添加图层样式】按钮*fx*，在下拉菜单中选择【渐变叠加】命令。

步骤 03 在弹出的对话框中设置【渐变】为灰色（R：230，G：233，B：235）到灰色（R：245，G：249，B：250），如图 3.48 所示。

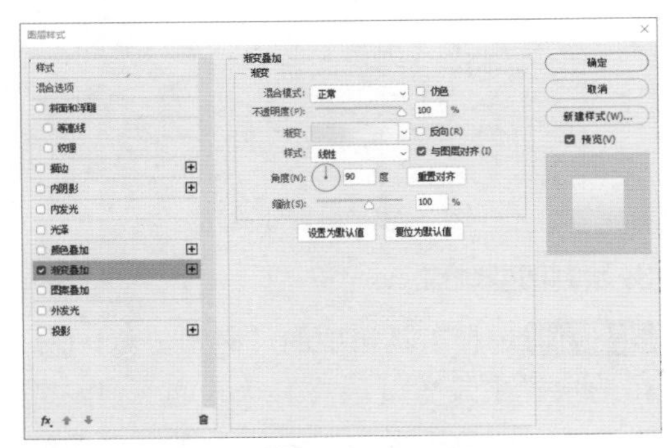

图 3.48 设置渐变叠加

步骤 04 勾选【内发光】复选框，设置【混合模式】为【正常】，【不透明度】为 100%，【颜色】为白色，【阻塞】为 2%，【大小】为 2 像素，如图 3.49 所示。

步骤 05 勾选【外发光】复选框，设置【混合模式】为【叠加】，【不透明度】为 35%，【颜色】为黑色，【大小】为 32 像素，设置完成后单击【确定】按钮，如图 3.50 所示。

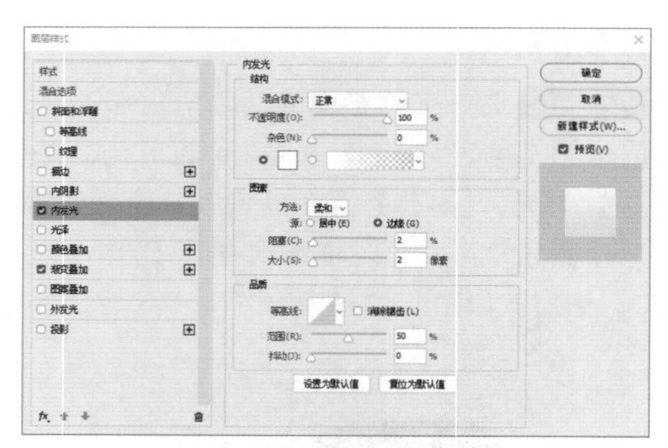

图 3.49　设置内发光

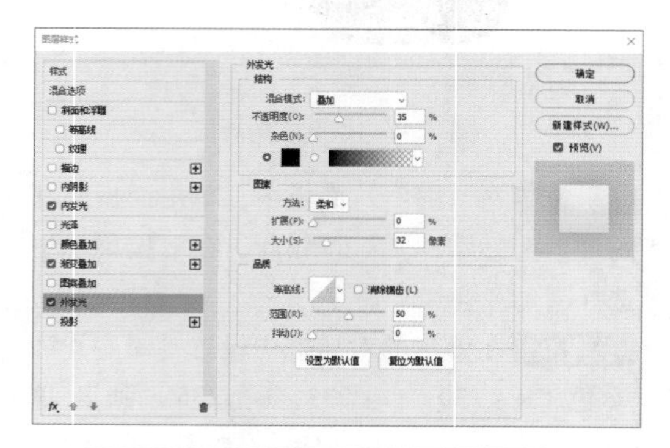

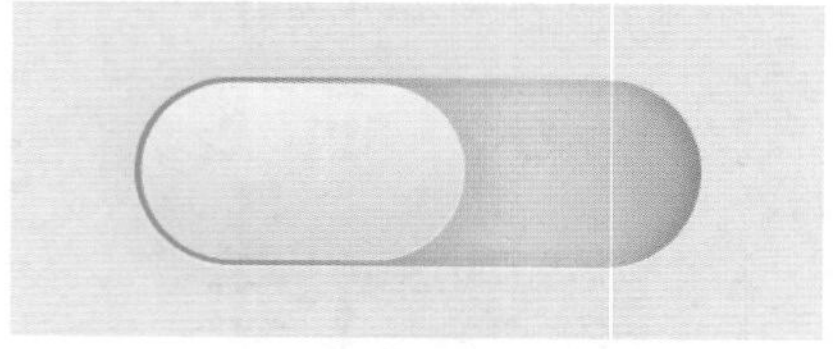

图 3.50　设置外发光

3. 绘制凹型触点

步骤 01 选择工具箱中的【椭圆工具】，在选项栏中设置【填充】为白色，【描边】为无，在圆角矩形靠左侧位置按住 Shift 键绘制一个正圆图形，将生成一个【椭圆 1】图层，如图 3.51 所示。

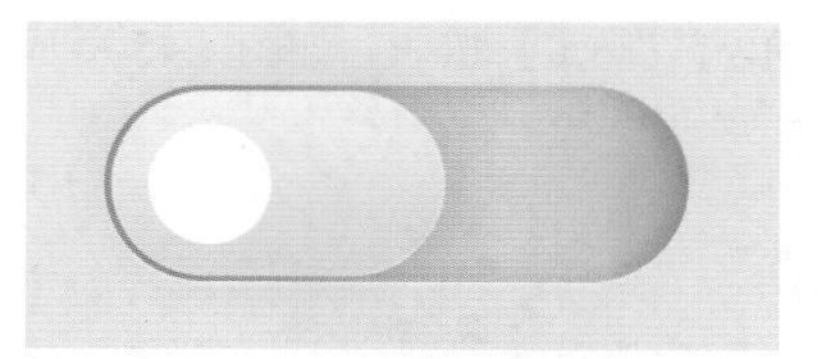

图 3.51　绘制正圆图形

步骤 02 在【图层】面板中，单击面板底部的【添加图层样式】按钮fx，在下拉菜单中选择【渐变叠加】命令。

步骤 03 在弹出的对话框中设置【渐变】为灰色（R：250，G：250，B：250）到灰色（R：230，G：230，B：230），【角度】为 0 度，设置完成后单击【确定】按钮，这样就完成了凹型触点的制作，最终效果如图 3.52 所示。

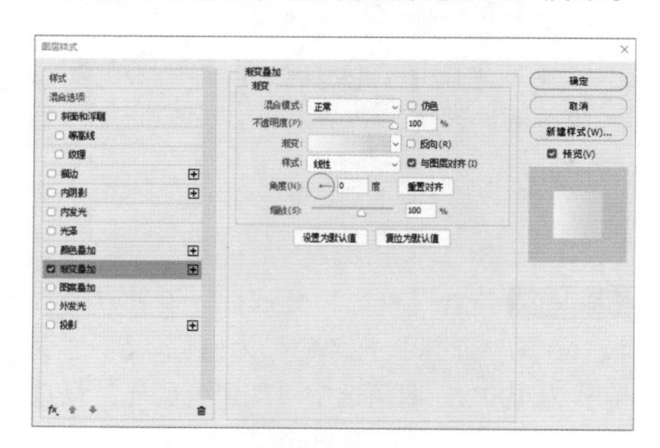

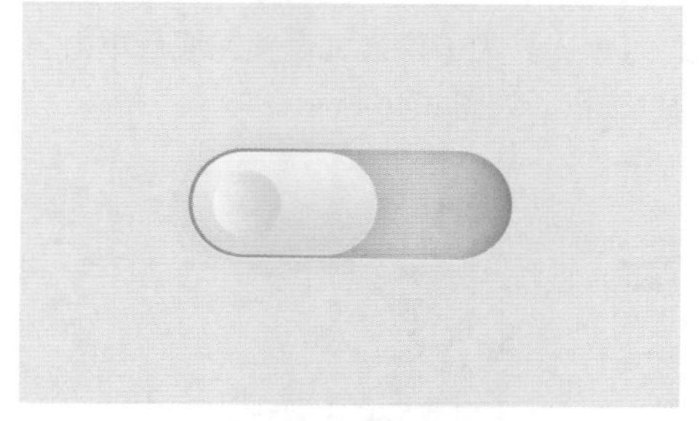

图 3.52　最终效果

3.10　制作透明按钮

实例分析

本例制作透明按钮。本例中按钮制作比较简单，首先绘制圆角矩形，并为其添加图层样式，经过简单处理后即可，最后再添加文字信息即可完成整个按钮制作，最终效果如图 3.53 所示。

难　　度：☆☆
素材文件：无
案例文件：源文件\第3章\制作透明按钮.psd
视频文件：视频教学\第3章\3.10　制作透明按钮.mp4

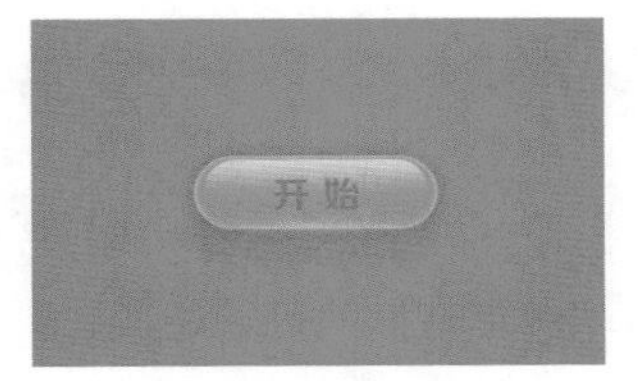

图3.53　最终效果

1. 绘制按钮轮廓

步骤01 执行菜单栏中的【文件】|【新建】命令，在弹出的对话框中设置【宽度】为600像素，【高度】为450像素，【分辨率】为72像素/英寸，新建一个空白画布。

步骤02 选择工具箱中的【圆角矩形工具】，在选项栏中设置【填充】为白色，【描边】为无，【半径】为50像素，绘制一个圆角矩形，此时将生成一个【圆角矩形1】图层，如图3.54所示。

步骤03 在【图层】面板中，选中【圆角矩形1】图层，将其拖至面板底部的【创建新图层】按钮上，复制一个【圆角矩形1拷贝】图层，分别将其图层名称更改为【高光】、【轮廓】，如图3.55所示。

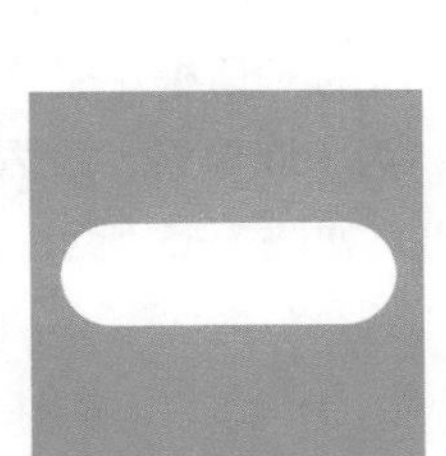
图3.54　绘制圆角矩形

图3.55　复制图层

步骤04 在【图层】面板中，选中【轮廓】图层，单击面板底部的【添加图层样式】按钮fx，在下拉菜单中选择【内发光】命令，在弹出的对话框中设置【混合模式】为【正常】，【不透明度】为100%，【颜色】为黄色（R：253，G：244，B：0），【大小】为10像素，如图3.56所示。

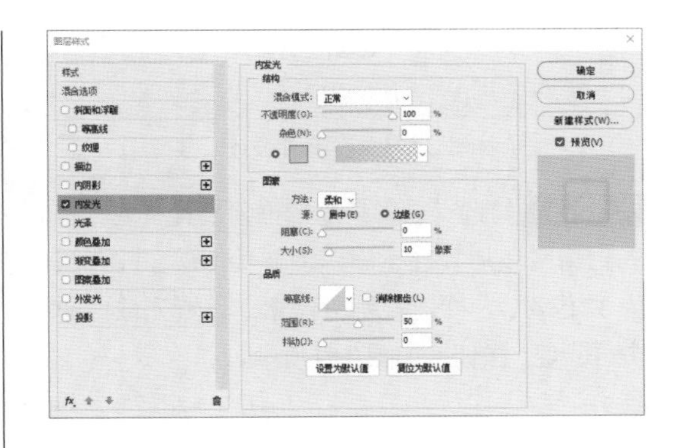
图3.56　设置内发光

步骤05 勾选【渐变叠加】复选框，将【渐变】设置为橙色（R：254，G：138，B：0）到橙色（R：254，G：138，B：0），将第2个色标【不透明度】设置为0%，如图3.57所示。

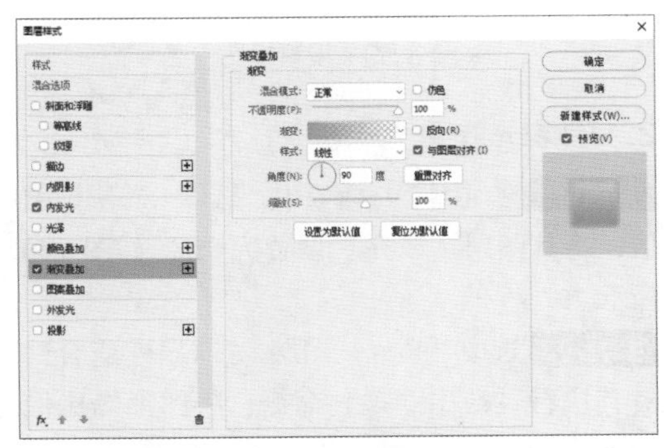
图3.57　设置渐变叠加

步骤06 勾选【外发光】复选框，设置【混合模式】为【正片叠底】，【不透明度】为40%，【颜色】为橙色（R：223，G：138，B：28），【大小】为20像素，如图3.58所示。

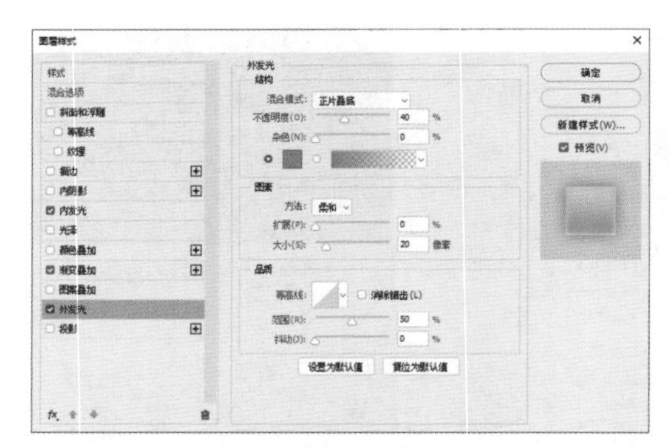

图 3.58　设置外发光

步骤 07 勾选【投影】复选框，设置【混合模式】为【叠加】，【不透明度】为 20%，【距离】为 37 像素，【大小】为 20 像素，设置完成后单击【确定】按钮，如图 3.59 所示。

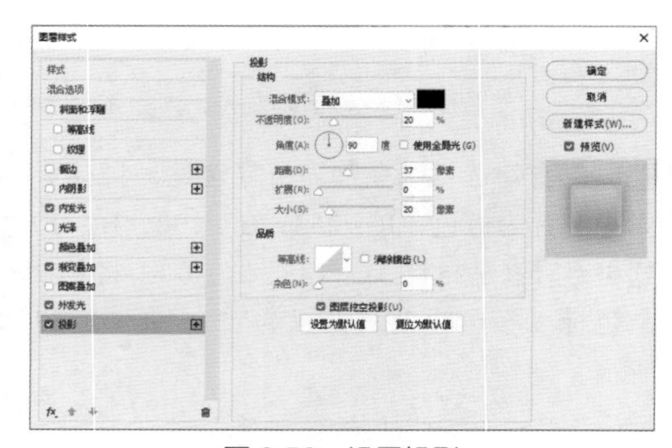

图 3.59　设置投影

2. 打造发光效果

步骤 01 在【图层】面板中，选中【轮廓】图层，将其图层【填充】设置为 0%，如图 3.60 所示。

步骤 02 选中【高光】图层，按 Ctrl+T 组合键对其执行【自由变换】命令，将图形等比例缩小，设置完成后按 Enter 键确认，如图 3.61 所示。

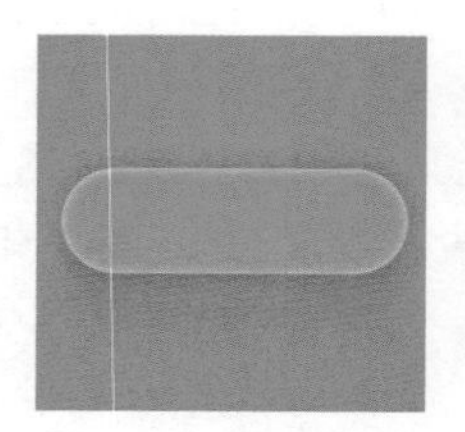

图 3.60　设置填充

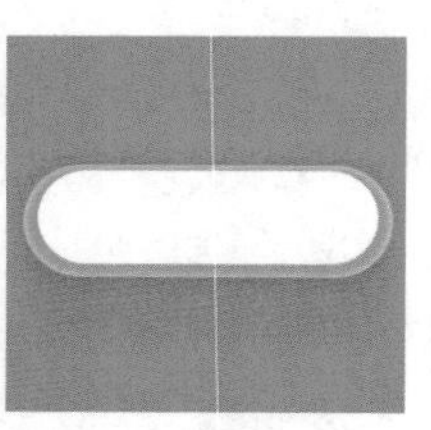

图 3.61　缩小图形

步骤 03 在【图层】面板中，选中【高光】图层，单击面板底部的【添加图层蒙版】按钮，为其添加图层蒙版。

步骤 04 选择工具箱中的【渐变工具】，编辑黑色到白色的渐变，单击选项栏中的【线性渐变】按钮，在图形上拖动将部分图形隐藏，如图 3.62 所示。

步骤 05 选择工具箱中的【椭圆工具】，在选项栏中设置【填充】为白色，【描边】为无，在按钮底部绘制一个椭圆图形，此时将生成一个【椭圆 1】图层，如图 3.63 所示。

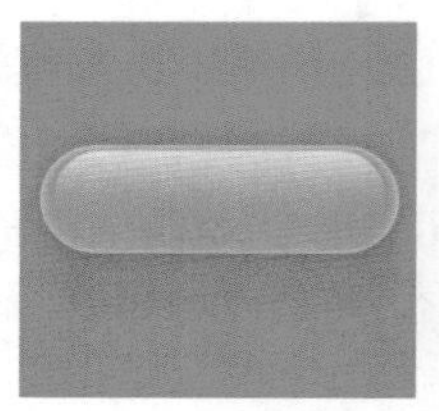

图 3.62　隐藏图形

图 3.63　绘制图形

步骤 06 执行菜单栏中的【滤镜】|【模糊】|【高斯模糊】命令，在弹出的对话框中单击【栅格化】按钮，然后在弹出的对话框中设置【半径】为 4 像素，设置完成后单击【确定】按钮，如图 3.64 所示。

步骤 07 执行菜单栏中的【滤镜】|【模糊】|【动感模糊】命令，在弹出的对话框中设置【角度】为 0 度，【距离】为 100 像素，设置完成后单击【确定】按钮，如图 3.65 所示。

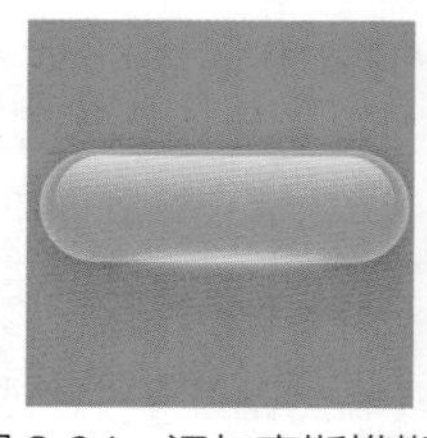

图 3.64　添加高斯模糊

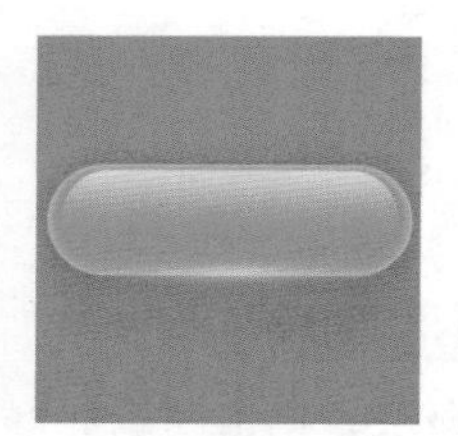

图 3.65　添加动感模糊

3. 添加文字信息

步骤 01 选中【椭圆 1】图层，将其图层混合模式设置为【叠加】，如图 3.66 所示。

步骤 02 选择工具箱中的【横排文字工具】T，在按钮位置添加文字（方正正粗黑简体），如图 3.67 所示。

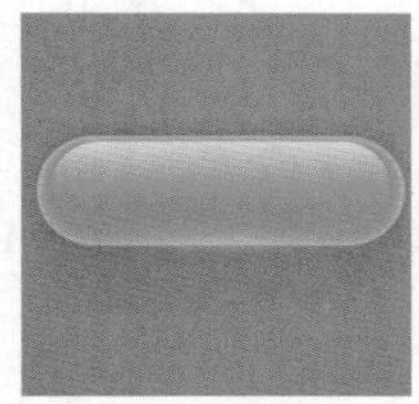

图 3.66　设置图层混合模式

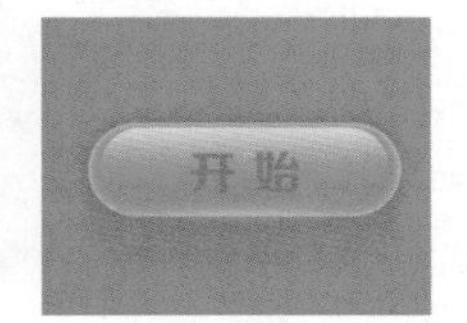

图 3.67　添加文字

步骤 03 在【图层】面板中，选中【开始】图层，单击面板底部的【添加图层样式】按钮 *fx*，在下拉菜单中选择【内发光】命令。

步骤 04 在弹出的对话框中设置【混合模式】为【正常】，【不透明度】为 100%，【颜色】为橙色（R：231，G：111，B：24），【大小】为 3 像素，如图 3.68 所示。

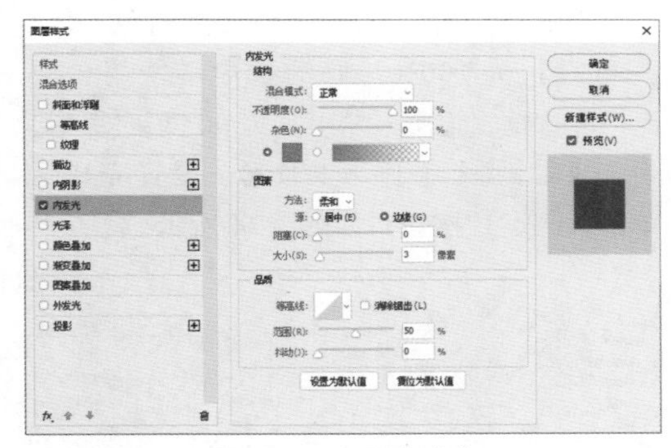

图 3.68　设置内发光

步骤 05 勾选【投影】复选框，设置【混合模式】为【叠加】，【颜色】为白色，【不透明度】为 50%，【距离】为 1 像素，【大小】为 1 像素，设置完成后单击【确定】按钮，这样就完成了透明按钮制作，最终效果如图 3.69 所示。

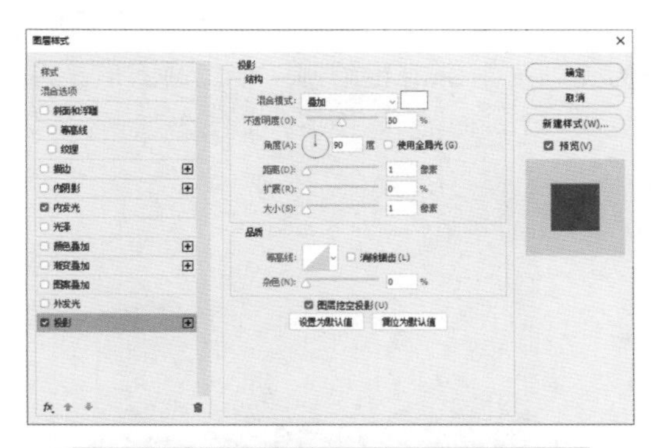

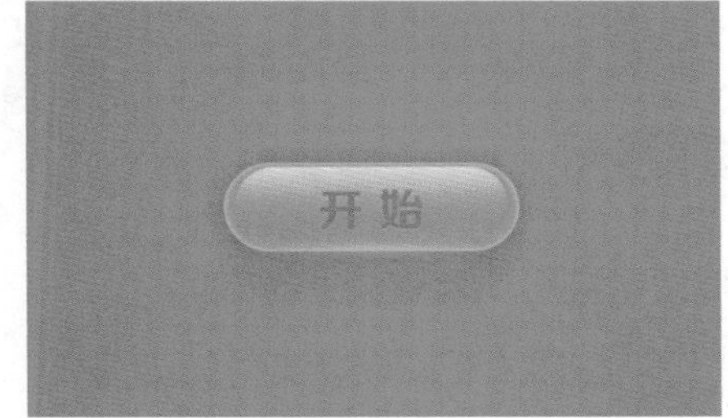

图 3.69　最终效果

3.11　制作增益调节旋钮

实例分析

本例制作增益调节旋钮。此款调节旋钮是电器上十分常见的一种控件，通过绘制旋钮表现出电器调节的特征。整个制作过程比较简单，最终效果如图 3.70 所示。

难　　度：☆☆☆
素材文件：无
案例文件：源文件 \ 第 3 章 \ 制作增益调节旋钮 .psd
视频文件：视频教学 \ 第 3 章 \3.11　制作增益调节旋钮 .mp4

图 3.70　最终效果

1. 绘制旋钮轮廓

步骤 01 执行菜单栏中的【文件】|【新建】命令，在弹出的对话框中设置【宽度】为800像素，【高度】为600像素，【分辨率】为72像素/英寸，新建一个空白画布。

步骤 02 选择工具箱中的【椭圆工具】，在选项栏中设置【填充】为白色，【描边】为无，按住Shift键绘制一个正圆图形，将生成一个【椭圆 1】图层，如图3.71所示。

图3.71　绘制图形

步骤 03 在【图层】面板中，选中【椭圆 1】图层，将其拖至面板底部的【创建新图层】按钮上，复制一个新的【椭圆 1 拷贝】图层。

步骤 04 在【图层】面板中，选中【椭圆 1】图层，单击面板底部的【添加图层样式】按钮fx，在下拉菜单中选择【渐变叠加】命令。

步骤 05 在弹出的对话框中设置【渐变】为灰色（R：216，G：216，B：216）到灰色（R：174，G：174，B：174），如图3.72所示。

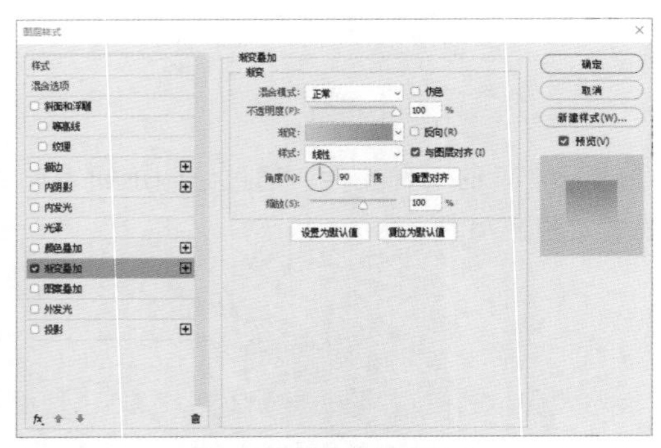

图3.72　设置渐变叠加

步骤 06 勾选【内阴影】复选框，设置【混合模式】为【叠加】，【不透明度】为100%，取消选中【使用全局光】复选框，设置【角度】为90度，【距离】为1像素，【大小】为1像素，如图3.73所示。

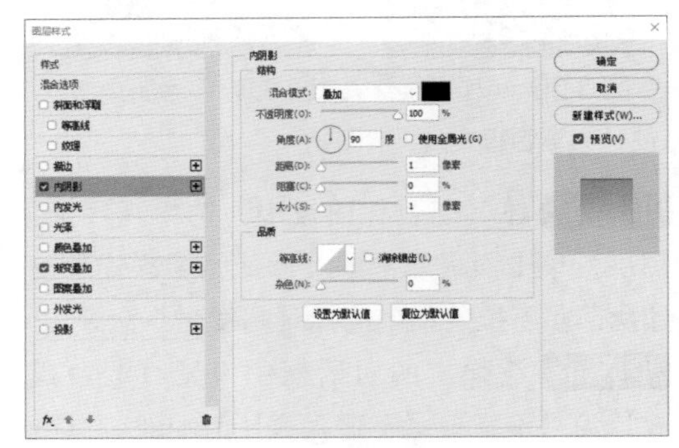

图3.73　设置内阴影

步骤 07 勾选【投影】复选框，设置【混合模式】为【叠加】，【颜色】为白色，【不透明度】为100%，取消选中【使用全局光】复选框，设置【角度】为90度，【距离】为1像素，【大小】为1像素，设置完成后单击【确定】按钮，如图3.74所示。

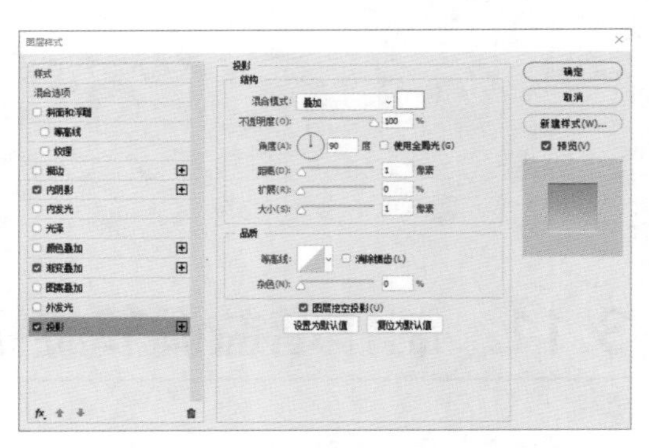

图3.74　设置投影

2. 制作转动图像

步骤 01 选中【椭圆 1 拷贝】图层，设置其图形颜色为灰色（R：217，G：217，B：217），在画布中按Ctrl+T组合键对其执行【自由变换】命令，将图像等比例缩小，设置完成后按Enter键确认，如图3.75所示。

图3.75　将图形缩小

步骤 02 在【图层】面板中，选中【椭圆 1 拷贝】图层，单击面板底部的【添加图层样式】按钮fx，在下拉菜单中选择【内阴影】命令。

步骤 03 在弹出的对话框中设置【混合模式】为【叠加】，【颜色】为白色，【不透明度】为100%，取消选中【使用全局光】复选框，设置【角度】为90度，【距离】为1像素，【大小】为1像素，如图3.76所示。

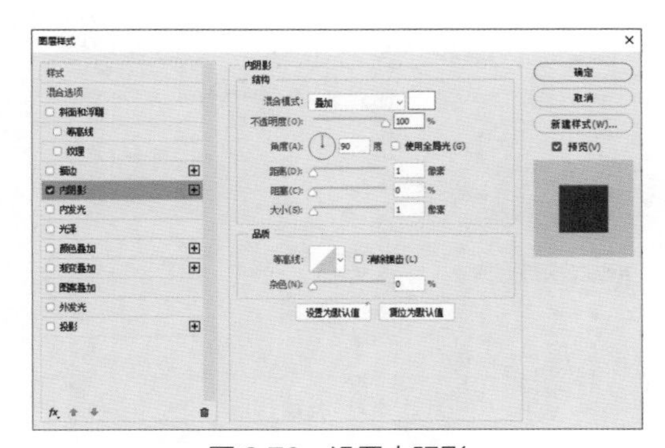

图3.76　设置内阴影

步骤 04 勾选【外发光】复选框，设置【混合模式】为【叠加】，【颜色】为白色，【大小】为2像素，如图3.77所示。

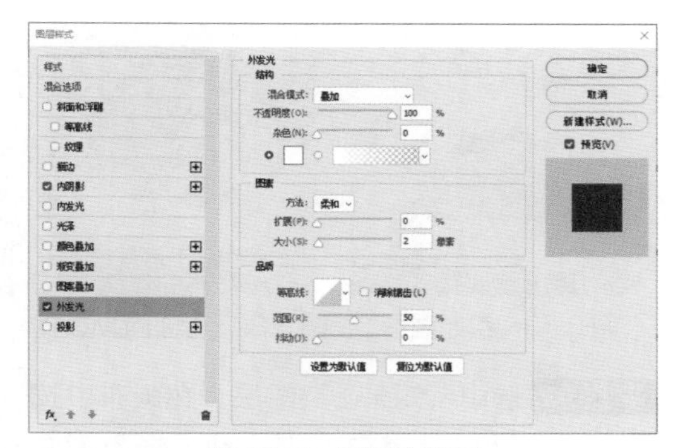

图3.77　设置外发光

步骤 05 勾选【投影】复选框，设置【混合模式】为【正常】，【颜色】为灰色（R：92，G：89，B：89），【不透明度】为100%，取消选中【使用全局光】复选框，设置【角度】为90度，【距离】为8像素，【大小】为18像素，设置完成后单击【确定】按钮，如图3.78所示。

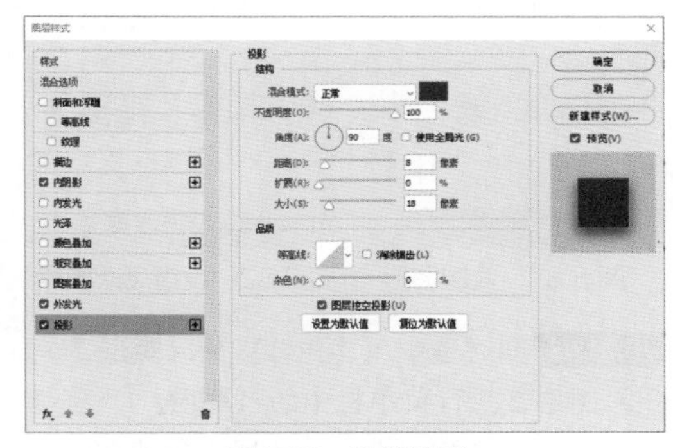

图3.78　设置投影

3. 添加立体造型

步骤 01 选择工具箱中的【矩形工具】，在选项栏中设置【填充】为白色，【描边】为无，绘制一个矩形，此时将生成一个【矩形 1】图层，如图3.79所示。

步骤 02 执行菜单栏中的【滤镜】|【模糊】|【高斯模糊】命令，然后在弹出的对话框中单击【转换为智能对象】按钮，再将【半径】设置为2像素，设置完成后单击【确定】按钮，如图3.80所示。

图 3.79　绘制图形

图 3.80　添加高斯模糊

步骤 03 选中【矩形 1】图层，在画布中按住 Alt+Shift 组合键向下方拖动，将图形复制，将生成一个【矩形 1 拷贝】图层，如图 3.81 所示。

步骤 04 在【图层】面板中，双击【矩形 1 拷贝】图层名称下方的【高斯模糊】，在弹出的对话框中将【半径】设置为 1 像素，设置完成后单击【确定】按钮，如图 3.82 所示。

图 3.81　复制图形

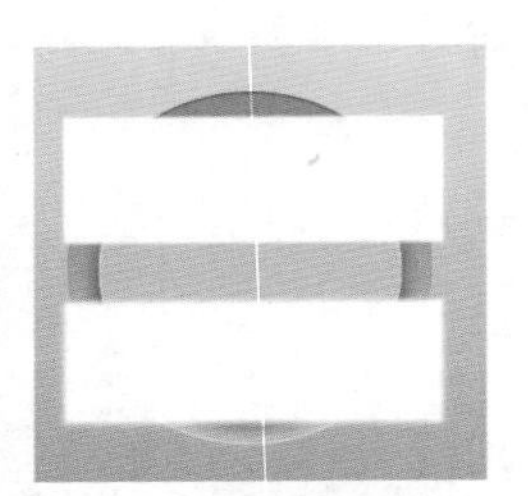
图 3.82　设置高斯模糊

步骤 05 同时选中【矩形 1】及【矩形 1 拷贝】图层，执行菜单栏中的【图层】|【创建剪贴蒙版】命令，为当前图层创建剪贴蒙版将部分图像隐藏，如图 3.83 所示。

步骤 06 同时选中【矩形 1】及【矩形 1 拷贝】图层，按 Ctrl+T 组合键对其执行【自由变换】命令，将图形适当旋转，设置完成后按 Enter 键确认，如图 3.84 所示。

图 3.83　创建剪贴蒙版

图 3.84　旋转图像

步骤 07 在【图层】面板中，选中【矩形 1】图层，单击面板底部的【添加图层样式】按钮 fx，在下拉菜单中选择【渐变叠加】命令。

步骤 08 在弹出的对话框中设置【渐变】为灰色（R：222，G：222，B：222）到灰色（R：174，G：174，B：174），设置【角度】为 50 度，【缩放】为 30%，如图 3.85 所示。

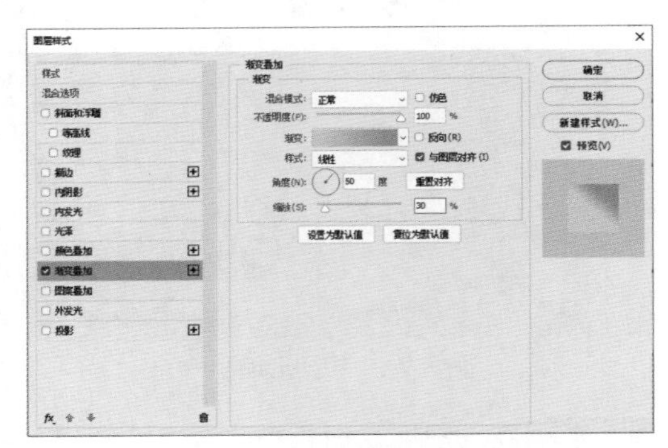
图 3.85　设置渐变叠加

步骤 09 勾选【投影】复选框，设置【混合模式】为【正常】，【颜色】为白色，【不透明度】为 100%，取消选中【使用全局光】复选框，设置【角度】为 152 度，【距离】为 1 像素，【大小】为 1 像素，设置完成后单击【确定】按钮，如图 3.86 所示。

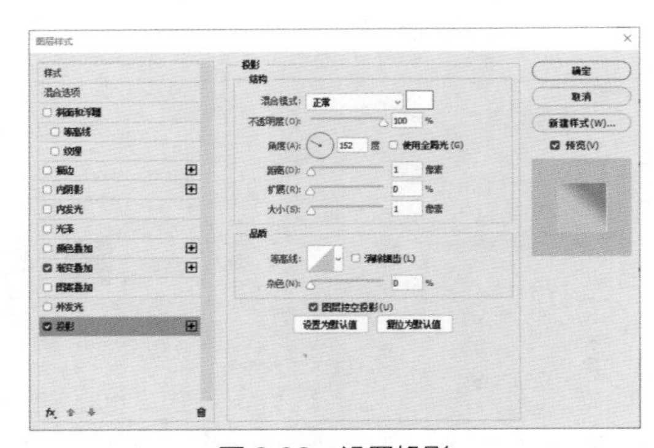
图 3.86　设置投影

步骤 10 在【图层】面板中，选中【矩形 1 拷贝】图层，单击面板底部的【添加图层样式】按钮 fx，在下拉菜单中选择【渐变叠加】命令。

步骤 11 在弹出的对话框中设置【渐变】为灰色（R：241，G：241，B：241）到灰色（R：207，G：207，B：207），设置【角度】为50度，【缩放】为100%，如图3.87所示。

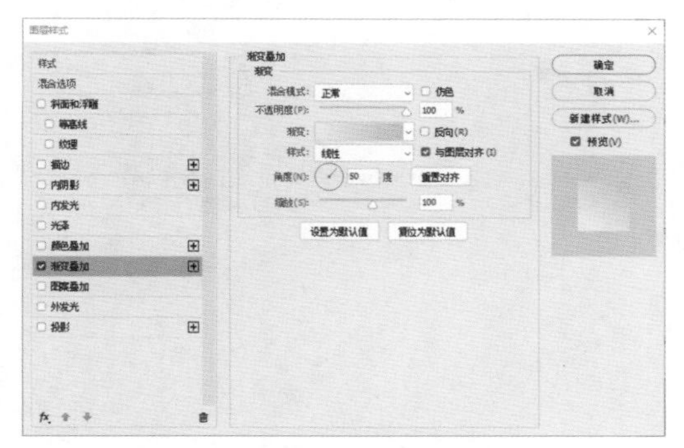

图3.87 设置渐变叠加

步骤 12 勾选【投影】复选框，设置【混合模式】为【正常】，【颜色】为白色，【不透明度】为100%，取消选中【使用全局光】复选框，设置【角度】为36度，【距离】为1像素，【大小】为1像素，设置完成后单击【确定】按钮，如图3.88所示。

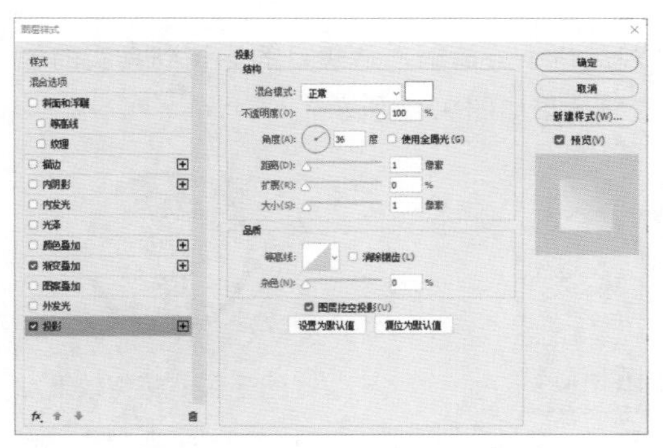

图3.88 设置投影

4. 制作指示器

步骤 01 选择工具箱中的【矩形工具】，在选项栏中设置【填充】为黑色，【描边】为无，绘制一个矩形并适当旋转，此时将生成一个【矩形 2】图层，如图3.89所示。

图3.89 绘制图形

步骤 02 在【图层】面板中，单击面板底部的【添加图层样式】按钮fx，在下拉菜单中选择【渐变叠加】命令。

步骤 03 在弹出的对话框中设置【渐变】为红色（R：168，G：34，B：35）到红色（R：208，G：2，B：4），设置【角度】为-50度，【缩放】为50%，如图3.90所示。

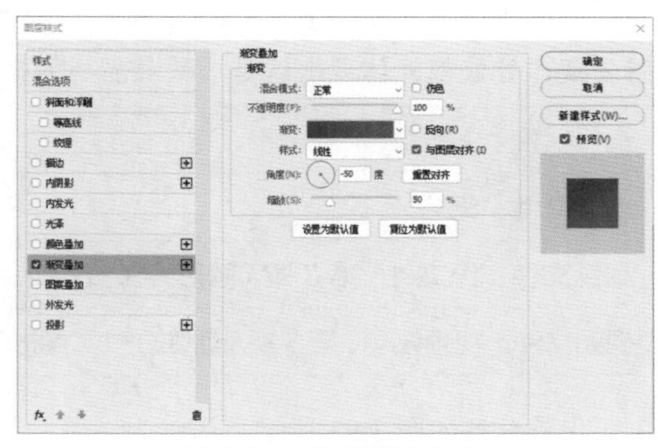

图3.90 设置渐变叠加

步骤 04 勾选【投影】复选框，设置【混合模式】为【叠加】，【颜色】为白色，【不透明度】为100%，取消选中【使用全局光】复选框，设置【角度】为90度，【距离】为2像素，【大小】为0像素，设置完成后单击【确定】按钮，这样就完成了增益调节旋钮的制作，最终效果如图3.91所示。

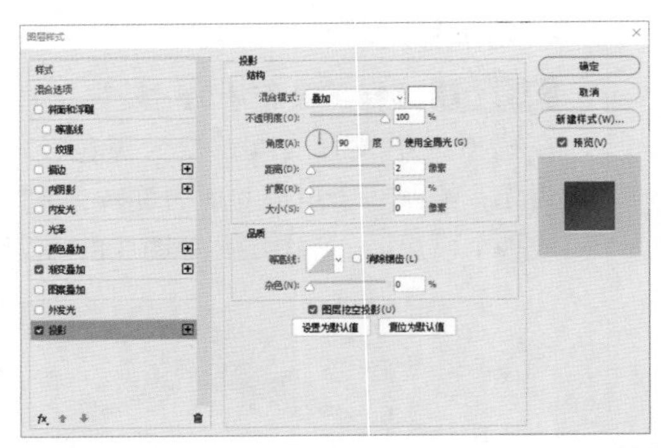

图 3.91　最终效果

3.12　拓展训练

按钮及旋钮类控件应用非常广泛，鉴于它的重要性，本节有针对性地安排了 2 个不同外观的按钮设计案例，作为课后习题以供练习，用于强化前面所学的知识，不断提升设计能力。

3.12.1　圆形开关按钮

实例分析

本例讲解的是圆形开关按钮制作。此款按钮外观风格十分简洁，从醒目的标识到真实的触感表现，处处都能体现出这是一款高品质的按钮。最终效果如图 3.92 所示。

难　　度：☆☆
素材文件：无
案例文件：源文件 \ 第 3 章 \ 圆形开关按钮 .psd
视频文件：视频教学 \ 第 3 章 \ 训练 3-1　圆形开关按钮 .mp4

图 3.92　最终效果

步骤分解如图 3.93 所示。

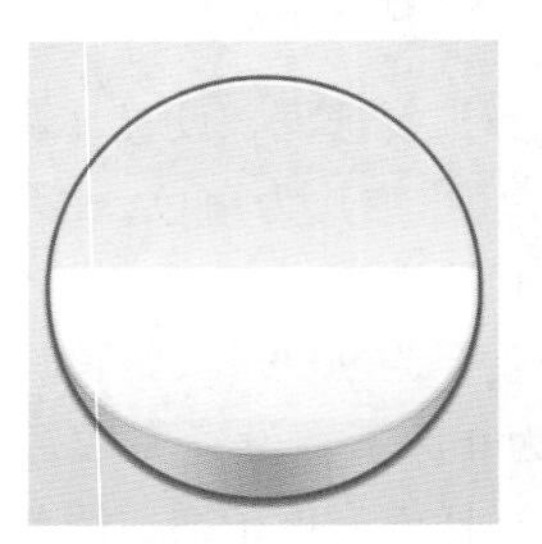

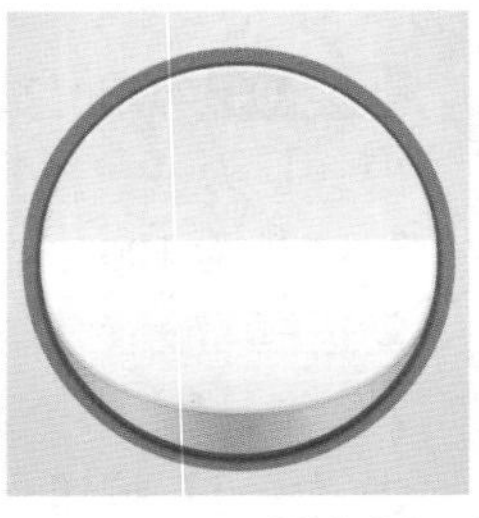

图 3.93　步骤分解图

3.12.2 音频调节控件

实例分析

本例主要讲解音频调节控件的制作。本例的制作类似于常见的界面控件，同样是以表达真实的质感为目的。它的操控区域明确，整个布局合理，十分符合用户的传统操作习惯。最终效果如图 3.94 所示。

难　　度：☆☆
素材文件：无
案例文件：源文件 \ 第 3 章 \ 音频调节控件 .psd
视频文件：视频教学 \ 第 3 章 \ 训练 3-2　音频调节控件 .mp4

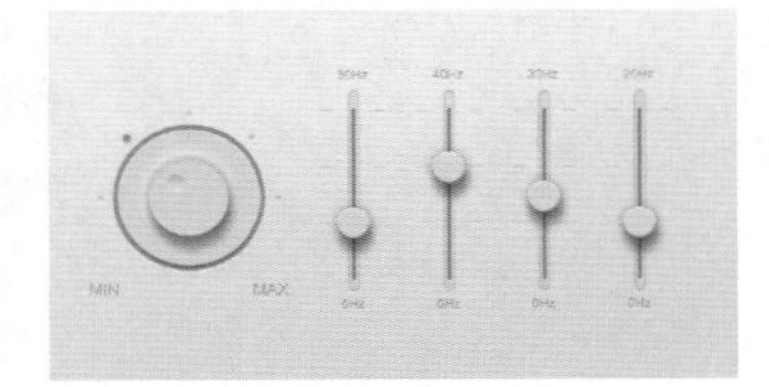

图 3.94　最终效果

步骤分解如图 3.95 所示。

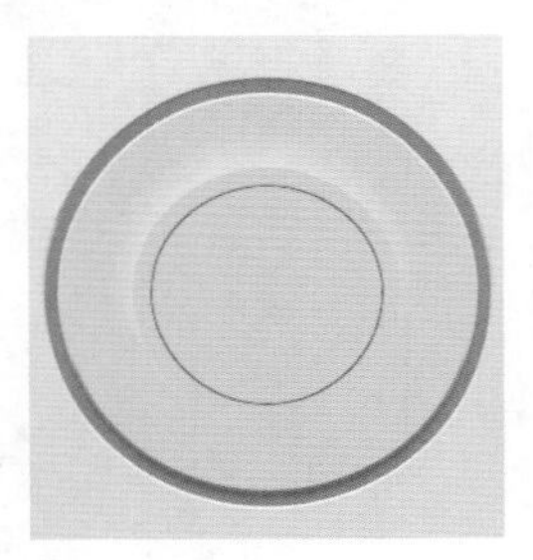

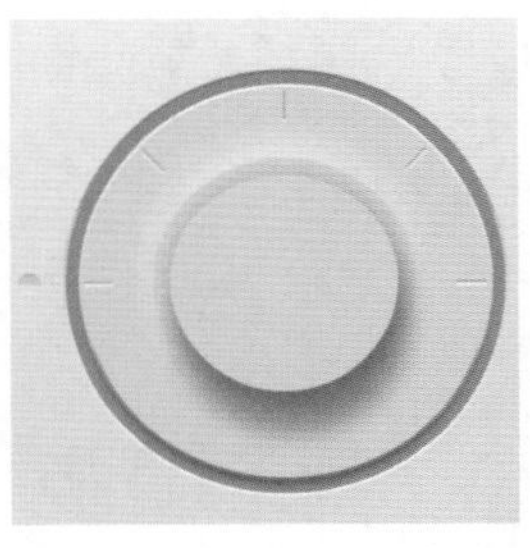

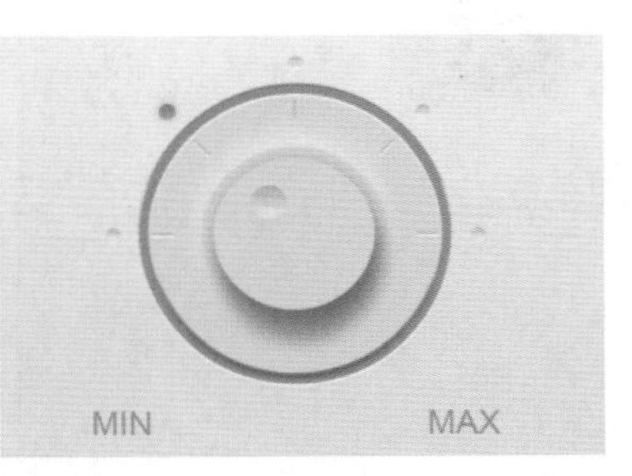

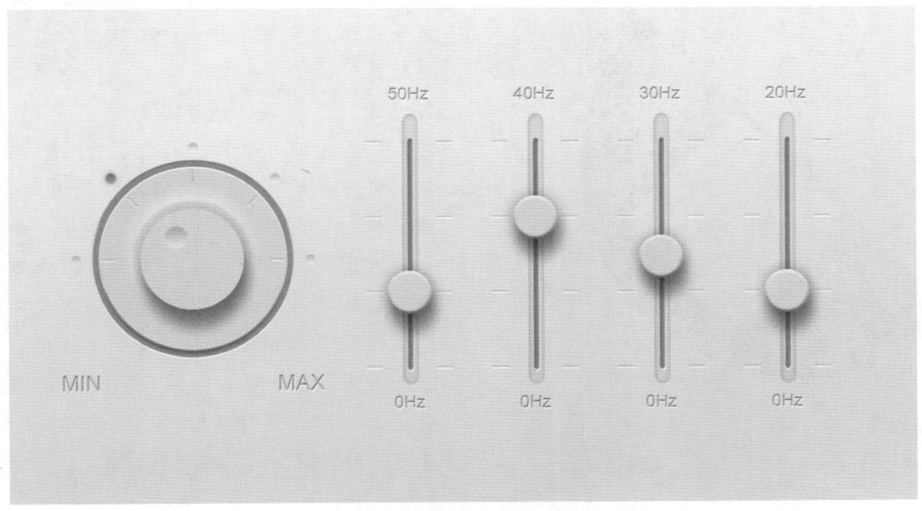

图 3.95　步骤分解图

第4章

简洁扁平化图标设计

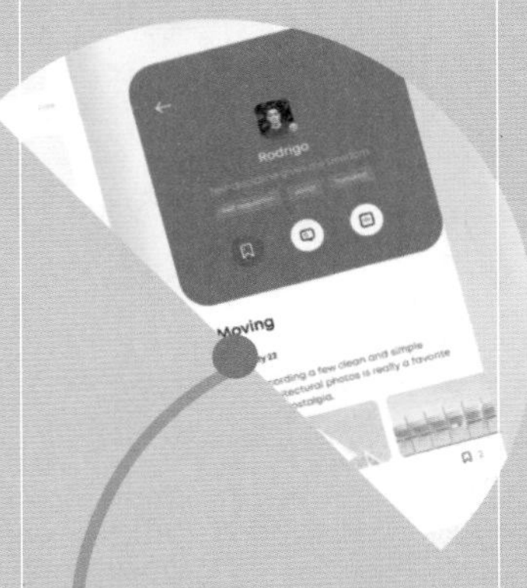

内容摘要

扁平化设计也叫简约设计、极简设计，它的核心就是在设计中去掉冗余的装饰效果，去掉多余的透视、纹理、渐变等能做出3D效果的元素，并且在设计元素上强调抽象、极简、符号化。扁平化设计与拟物化设计形成鲜明对比。扁平化在移动系统上不仅界面美观、简洁，而且能达到降低功耗、延长待机时间和提高运算速度的效果。作为手机领域的风向标的苹果手机最新推出的iOS使用了扁平化设计。本章就以扁平化为设计理念，将不同UI设计控件的扁平化设计案例进行解析，让读者对扁平化设计有充分的了解，进而掌握设计技巧。

教学目标

- 了解扁平化设计原理
- 了解扁平化设计优缺点
- 学习扁平化设计的四大原则
- 掌握扁平化图标的设计方法

4.1 理论知识——扁平化设计

4.1.1 什么是扁平化设计

扁平化设计也叫简约设计、极简设计，它的核心是先去掉冗余的装饰效果，再摒弃高光、阴影等能造成透视感的效果，通过抽象、简化、符号化的设计元素来表现。扁平化界面极简抽象、矩形色块、大字体、光滑、现代感十足，其交互核心在于功能本身的使用，所以去掉了冗余的界面和交互。

古希腊时，人们的绘画都是平面的，在二维的线条中讲述立体的世界。文艺复兴之后，写实风格日渐风行，艺术家们都追求用笔触还原生活里的真实。如今扁平化的返璞归真让绘画也汲取到了新鲜的养分。

作为手机领域的风向标的苹果手机最新推出的iOS使用了扁平化设计。随着iOS8的更新，以及更多Apple产品的出现，扁平化设计已经成为了UI类设计的大方向。这段时间以来，扁平化设计一直是设计师之间的热门话题，现在已经形成一种风气，其他的智能系统也开始扁平化，例如Windows、Mac OS、Android系统的设计已经往扁平化设计发展。扁平化尤其在如今的移动智能设备上应用广泛，比如手机、平板，更少的按钮和选项让界面更加干净整齐，使用起来格外简洁、明了。扁平化可以更加简单直接地将信息和事物的工作方式展示出来，减少认知障碍的产生。

扁平化设计目前最有力的典范是微软的Windows以及Windows Phone和Windows RT的Metro界面，Microsoft为扁平化用户体验开拓者。与扁平化设计相比，目前最为流行的是拟物化（skeuomorphic）设计，典型的就是苹果iOS系统中拟物化的设计，让人们感觉到虚拟物与实物的接近程度，iOS、安卓也已向扁平化改变。

4.1.2 扁平化设计的优点和缺点

扁平化设计与拟物化设计形成鲜明对比，扁平化在移动系统上不仅界面美观、简洁，而且能达到降低功耗、延长待机时间和提高运算速度。当然扁平化设计也有缺点。

1. 扁平化设计的优点

扁平化的流行不是偶然，它有自己的优点。

- 降低移动设备的硬件需求，提高运行速度，延长电池使用寿命和待机时间，使产品使用起来更加高效。
- 简约而不简单，搭配一流的网格、色彩，让看久了拟物化的用户感觉焕然一新。
- 突出内容主题，减弱各种渐变、阴影、高光等拟真视觉效果对用户视线造成的干扰，使信息传达更加简单、直观，缓解审美疲劳。

- 设计更容易，开发更简单，扁平化设计更加简约，条理清晰，在适应不同屏幕尺寸方面更加容易设计修改，有更好的适应性。

2. 扁平化设计的缺点

扁平化虽然有很多优点，但对于不适应的人来说，缺点也是有的。

- 因为在色彩和立体感上的缺失，用户体验度降低，特别是在一些非移动设备上，过于简单。
- 由于设计简单，造成直观感缺乏，有时候需要学习才可以了解，造成一定的学习成本。
- 简单的线条和色彩造成传达的感情不丰富，甚至过于冷淡。

4.1.3 扁平化设计的四大原则

扁平化设计虽然简单，但也需要特别的技巧，否则整个设计会因为过于简单而缺少吸引力，甚至没有个性，不能给用户留下深刻的印象。扁平化设计遵循的四大原则如下。

1. 拒绝使用特效

从扁平化的定义可以看出，扁平化设计属于极简设计，力求去除冗余的装饰效果，在设计上追求二维效果，所以在设计时要去掉修饰，比如阴影、斜面、浮雕、渐变、羽化，远离写实主义，通过抽象、简化或符号化的设计手法将其表现出来。因为扁平化设计属于二维平面设计，所以各个图片、按钮、导航等不要有交叉、重叠，以免产生三维感觉。扁平化效果如图 4.1 所示。

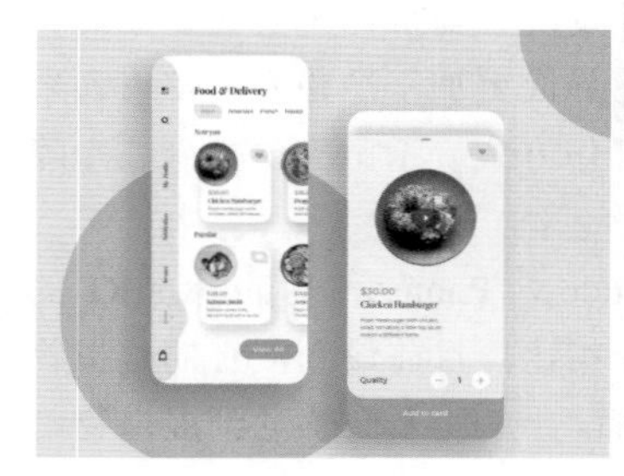
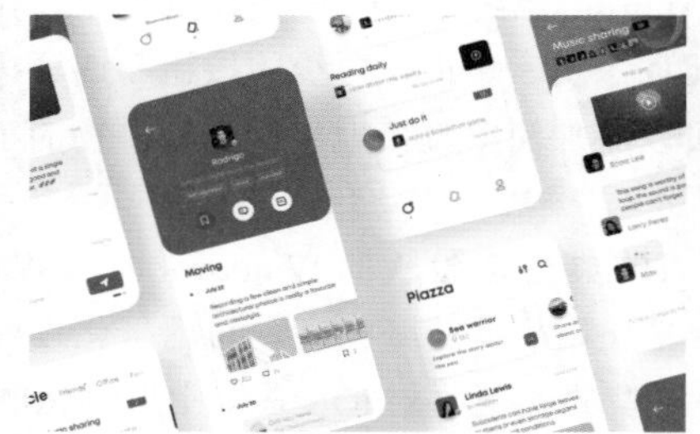

图 4.1　扁平化效果

2. 极简的几何元素

在扁平化设计中，按钮、图标、导航、菜单等设计多使用简单的几何元素，比如矩形、圆形、多边形等，使设计整体上趋近极简主义设计理念，通过简单的图形达到设计目的。对于相似的几何元素，可用不同的颜色填充来进行区别，从而简化按钮和选项，做到极简效果。极简几何元素如图 4.2 所示。

3. 注重版式设计

在扁平化设计时因为其简洁的特性，在排版上极易形成信息堆积，造成信息过度的负荷感觉，使用户在过量的信息表达中应接不暇，所以在版式设计上就有特别的要求——尽量减少用户界面中的元素，而且在字体和图形的设计上，要注意文字大小和图片大小；文字要多采用无衬线字体，而且要精减文字内容，还要注意选择一些特殊的字体，以起到醒目的作用；通过字体和图片大小以及比重来区分元素，以带来视觉上的宁静。扁平化版式设计效果如图 4.3 所示。

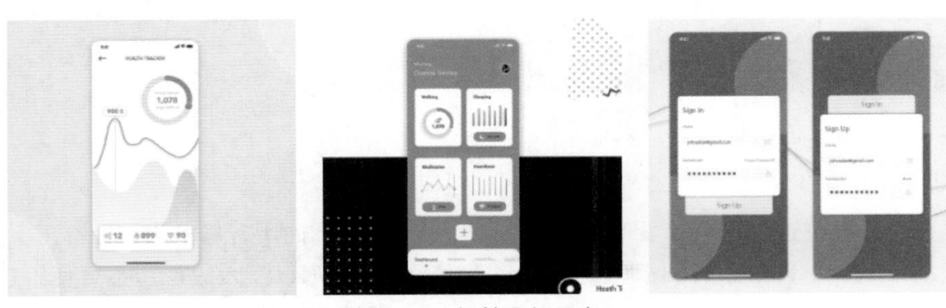

图 4.2　极简几何元素

图 4.3　扁平化版式设计

4. 颜色的多样性

扁平化设计中，颜色的使用是非常重要的，力求色彩鲜艳、明亮，在选色上要注意颜色的多样性，以更多的、更炫丽的颜色来划分界面不同范围，以免造成平淡的视觉感受。在颜色的选择上，有一些颜色特别受欢迎，设计者要特别注意，比如浅橙色、紫色、绿色、蓝色、青色等。颜色多样性效果如图 4.4 所示。

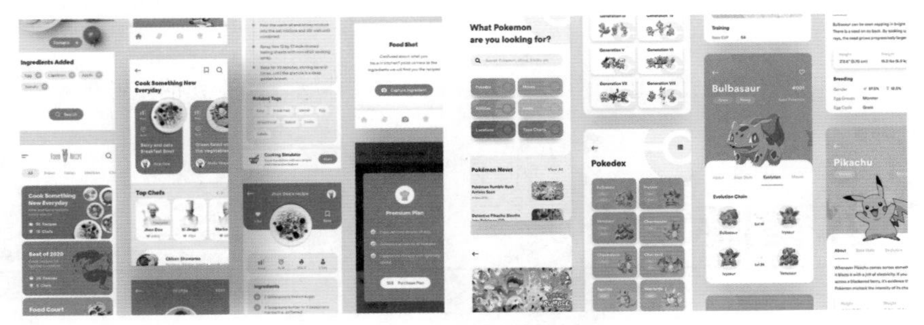

图 4.4　颜色多样性效果

4.1.4 扁平化设计的实用技巧

掌握扁平化设计的一些小技巧不但可以使设计效果出色，而且还能快速提升设计效率，同时与整体的界面融合得更加自然。

1. 巧用高光、渐变和投影

在扁平化设计中应当去掉过渡式高光、过渡式渐变、过渡式阴影。在设计过程中扁平化高光、阶梯式渐变以及所谓的长投影是可以使用的。

2. 使用扁平化图标

使用有明确含义的图标可以让设计不那么单调，并且耐看。

3. 色块的形状和颜色

色块在扁平化设计中占据着很重要的地位，几乎可以看到的所有扁平化设计都离不开色块。关于色块的形状，基础形状有圆形、三角形、四边形、五边形以及六边形，不要使用超过六条边的形状，因为这会使一些用户数形状的边数而忽略掉所传达的信息。在扁平化设计中更受欢迎的是使用带有圆角的基础形状，是一种不错的选择。使用温和、饱和度不高的颜色更加耐看，在扁平化设计中，如果追求可靠、稳定、安全、平静的风格，那么可以选择一种主色以及与主色同色系的四五种辅色。假如追求活泼、青春、充满生命力的风格，那么所选择的辅色和主色就应是完全不同的色系。在扁平化设计中，由于黑白以及不同程度的灰十分百搭，在不知道该用什么颜色的时候，黑白灰是不错的选择。

4. 色块的组合

除了基础的形状之外，还可以由基础形状衍生出更多的组合形状。在扁平化设计中，不能超过三种不同的基础形状组合，这样会让设计脱离扁平化简约的初衷。

5. 注重排版

在扁平化设计中尤其要注意排版，对齐、亲密性、重复、对比可以使整体界面更加舒适，在向色块里面放置文字的时候，要留出空间。

6. 图片的使用

扁平化设计中如果要用到图片，常见的处理方法有三种：普通的色块 + 文字 + 图片、压暗处理以及模糊处理。

7. 色块组合

使用不同饱和度的色块打造伪光影效果，能带给人立体感，扁平化的核心就是简洁。

4.2 通话图标设计

实例分析

本例讲解通话图标设计。本例中的图标制作过程非常简单，通过绘制简单图形并经过变形后再手绘通话图标即可完成图标效果制作，最终效果如图 4.5 所示。

难　　度：☆
素材文件：无
案例文件：源文件 \ 第 4 章 \ 通话图标设计 .psd
视频文件：视频教学 \ 第 4 章 \4.2　通话图标设计 .mp4

图 4.5　最终效果

步骤 01 执行菜单栏中的【文件】|【新建】命令，在弹出的对话框中设置【宽度】为600像素，【高度】为450像素，【分辨率】为72像素/英寸，新建一个空白画布。

步骤 02 选择工具箱中的【圆角矩形工具】，在选项栏中设置【填充】为蓝色（R：118，G：199，B：237），【描边】为无，【半径】为50像素，按住Shift键绘制一个圆角矩形，此时将生成一个【圆角矩形 1】图层，如图4.6所示。

步骤 03 选择工具箱中的【椭圆工具】，在选项栏中设置【填充】为白色，【描边】为无，绘制一个椭圆图形，此时将生成一个【椭圆 1】图层，如图4.7所示。

图 4.6　绘制圆角矩形　　图 4.7　绘制椭圆

步骤 04 选择工具箱中的【添加锚点工具】，在椭圆左下角位置单击添加两个锚点，如图4.8所示。

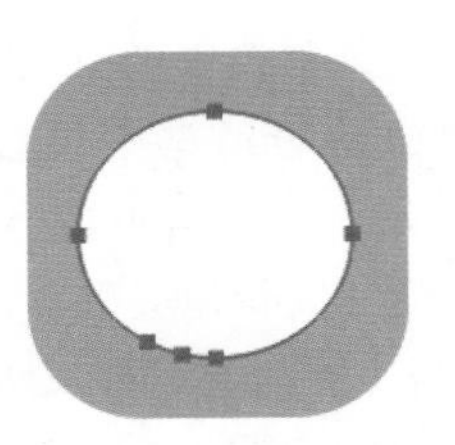

图 4.8　添加锚点

步骤 05 选择工具箱中的【转换点工具】及【直接选择工具】，单击或拖动锚点控制杆将图形变形，如图4.9所示。

步骤 06 选择工具箱中的【钢笔工具】，在选项栏中单击【选择工具模式】路径按钮，在弹出的选项中选择【形状】，设置【填充】为绿色（R：98，G：156，B：23），【描边】为无。

步骤 07 在图标位置绘制一个电话图形，这样就完成了通话图标的制作，最终效果如图4.10所示。

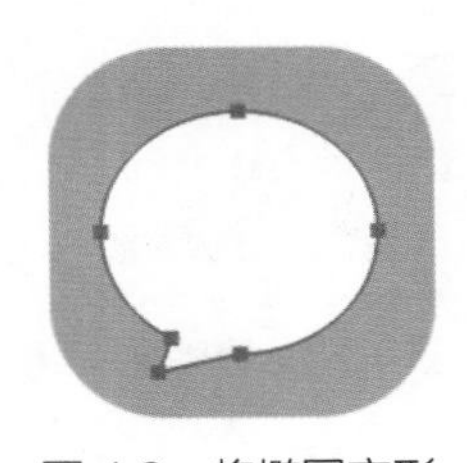

图 4.9　将椭圆变形

图 4.10　最终效果

4.3　邮件图标设计

实例分析

本例讲解邮件图标设计。本例图标制作比较简单，通过绘制矩形并将其变形成一种立体化的扁平视觉效果，最终效果如图4.11所示。

难　　度：☆☆
素材文件：无
案例文件：源文件\第 4 章\邮件图标设计 .psd
视频文件：视频教学\第 4 章\4.3　邮件图标设计 .mp4

图 4.11　最终效果

步骤 01 执行菜单栏中的【文件】|【新建】命令，在弹出的对话框中设置【宽度】为600像素，【高度】为450像素，【分辨率】为72像素/英寸，新建一个空白画布，将画布填充为灰色（R：215，G：224，B：234）。

步骤 02 选择工具箱中的【矩形工具】▭，在选项栏中设置【填充】为蓝色（R：0，G：163，B：182），【描边】为无，在画布中绘制一个矩形，此时将生成一个【矩形 1】图层，选中【矩形 1】图层，将其拖至面板底部的【创建新图层】按钮⊞上，复制一个【矩形 1 拷贝】图层，如图 4.12 所示。

步骤 03 将【矩形 1 拷贝】图层中的图形颜色设置为蓝色（R：0，G：147，B：164），选择工具箱中的【删除锚点工具】，单击【矩形 1 拷贝】图形右上角的锚点将其删除，如图 4.13 所示。

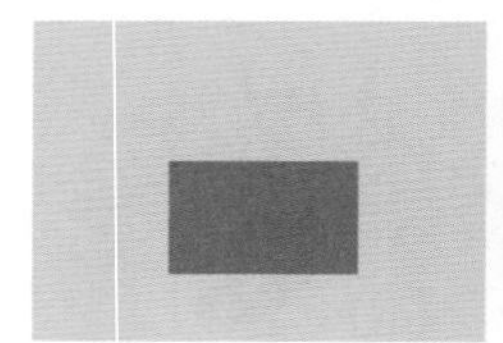

图 4.12　绘制矩形

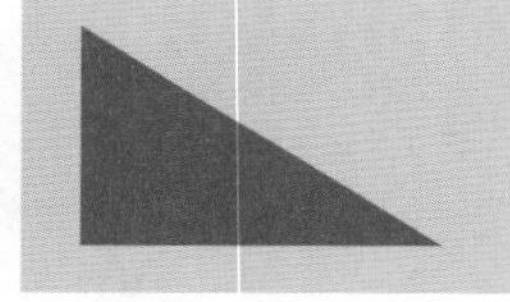

图 4.13　删除锚点

> 提示
>
> 为了方便观察变换图形锚点效果，在删除锚点之前可以先将【矩形 1】图层暂时隐藏。

步骤 04 在【图层】面板中，选中【矩形 1 拷贝】图层，将其拖至面板底部的【创建新图层】按钮⊞上，复制一个【矩形 1 拷贝 2】图层。

步骤 05 选中【矩形 1 拷贝 2】图层，将其图形颜色设置为蓝色（R：0，G：163，B：182），按 Ctrl+T 组合键对其执行【自由变换】命令。单击鼠标右键，从弹出的快捷菜单中选择【水平翻转】命令，设置完成后按 Enter 键确认，再将其移至【矩形 1 拷贝】图层下方，如图 4.14 所示。

步骤 06 选中【矩形 1】图层，将其图形颜色设置为深蓝色（R：0，G：128，B：143）。

步骤 07 选择工具箱中的【添加锚点工具】，在【矩形 1】图层的图形顶部的中间位置单击添加锚点，如图 4.15 所示。

图 4.14　变换图形

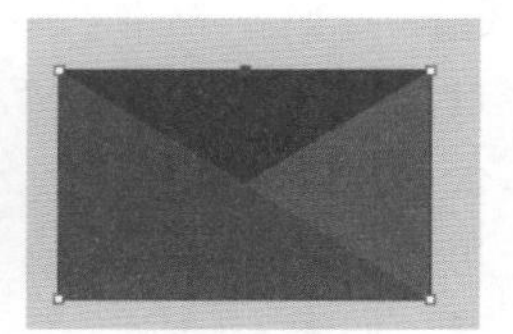

图 4.15　添加锚点

步骤 08 选择工具箱中的【转换点工具】，单击添加的锚点，如图 4.16 所示。

步骤 09 选择工具箱中的【直接选择工具】，选中锚点并拖动可将图形变形，如图 4.17 所示。

图 4.16　转换锚点

图 4.17　拖动锚点

步骤 10 选择工具箱中的【矩形工具】▭，在选项栏中设置【填充】为浅灰色（R：254，G：254，B：254），【描边】为无，在画布中绘制一个矩形，此时将生成一个【矩形 2】图层，将其移至【矩形 1】图层上方，如图 4.18 所示。

步骤 11 选择工具箱中的【矩形工具】▭，在选项栏中设置【填充】为灰色（R：215，G：224，B：234），绘制数个细长矩形，这样就完成了邮件图标的制作，最终效果如图 4.19 所示。

图 4.18　绘制矩形

图 4.19　最终效果

4.4　健康医疗图标设计

实例分析

本例讲解健康医疗图标设计。本例图标在制作时将圆角矩形与十字医疗标识图形相结合，完美表现出健康医疗应用的主题特征，最终效果如图 4.20 所示。

难　　度：☆
素材文件：无
案例文件：源文件 \ 第 4 章 \ 健康医疗图标设计 .psd
视频文件：视频教学 \ 第 4 章 \4.4　健康医疗图标设计 .mp4

图 4.20　最终效果

步骤 01 执行菜单栏中的【文字】|【新建】命令，在弹出的对话框中设置【宽度】为 700 像素，【高度】为 550 像素，【分辨率】为 72 像素 / 英寸，新建一个空白画布。

步骤 02 选择工具箱中的【圆角矩形工具】，在选项栏中设置【填充】为黑色，【描边】为无，【半径】为 100 像素。绘制一个圆角矩形，将生成一个【圆角矩形 1】图层，如图 4.21 所示。

图 4.21　绘制图形

步骤 03 在【图层】面板中，单击面板底部的【添加图层样式】按钮 fx，在下拉菜单中选择【渐变叠加】命令。

步骤 04 在弹出的对话框中设置【渐变】为蓝色（R：103，G：167，B：253）到浅蓝色（R：145，G：209，B：254），【角度】为 130 度，设置完成后单击【确定】按钮，如图 4.22 所示。

步骤 05 选择工具箱中的【圆角矩形工具】，在选项栏中设置【填充】为浅蓝色（R：246，G：252，B：255），【描边】为无，【半径】为 3 像素，绘制一个圆角矩形，将生成一个【圆角矩形 2】图层，如图 4.23 所示。

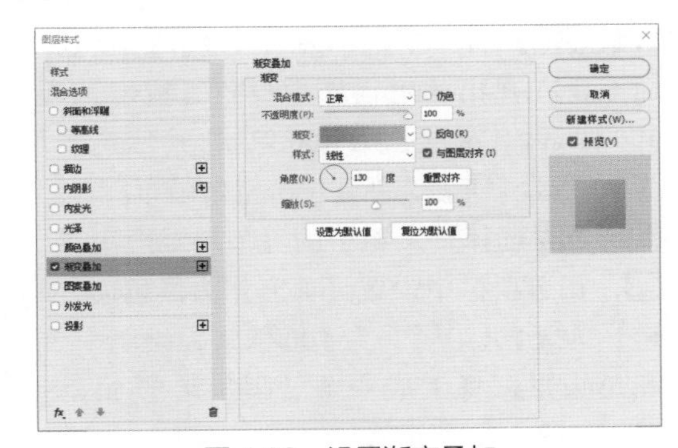

图 4.22　设置渐变叠加

步骤 06 在【图层】面板中，选中【圆角矩形 2】图层，将其拖至面板底部的【创建新图层】按钮上，复制一个【圆角矩形 2 拷贝】图层。

步骤 07 选中【圆角矩形 2 拷贝】图层，按 Ctrl+T 组合键执行【自由变换】命令，单击鼠标右键，从弹出的快捷菜单中选择【顺时针旋转 90 度】命令，设置完成后按 Enter 键确认，这样就完成了健康医疗图标的制作，最终效果如图 4.24 所示。

图 4.23　绘制图形

图 4.24　最终效果

4.5　导航图标设计

实例分析

本例讲解导航图标设计。本例图标在制作时以导航图形为主视觉标识，整体图标可识别性很强，最终效果如图 4.25 所示。

难度：☆
素材文件：无
案例文件：源文件 \ 第 4 章 \ 导航图标设计 .psd
视频文件：视频教学 \ 第 4 章 \4.5　导航图标设计 .mp4

图 4.25　最终效果

步骤 01 执行菜单栏中的【文字】|【新建】命令，在弹出的对话框中设置【宽度】为 500 像素，【高度】为 400 像素，【分辨率】为 72 像素 / 英寸，新建一个空白画布。

步骤 02 选择工具箱中的【圆角矩形工具】，在选项栏中设置【填充】为黑色，【描边】为无，【半径】为 100 像素，绘制一个圆角矩形，将生成一个【圆角矩形 1】图层，如图 4.26 所示。

图 4.26　绘制图形

步骤 03 在【图层】面板中，单击面板底部的【添加图层样式】按钮 fx，在下拉菜单中选择【渐变叠加】命令。

步骤 04 在弹出的对话框中设置【渐变】为蓝色（R：10，G：112，B：198）到蓝色（R：31，G：216，B：249），设置完成后单击【确定】按钮，如图 4.27 所示。

步骤 05 选择工具箱中的【椭圆工具】，在选项栏中设置【填充】为黑色，【描边】为无，按住 Shift 键绘制一个正圆图形，将生成一个【椭圆 1】图层，如图 4.28 所示。

步骤 06 选择工具箱中的【钢笔工具】，在选项栏中单击【选择工具模式】路径按钮，在弹出的选项中选择【形状】，单击【路径操作】按钮，在弹出的选项中选择【合并形状】，在正圆下方位置绘制 1 个图形，如图 4.29 所示。

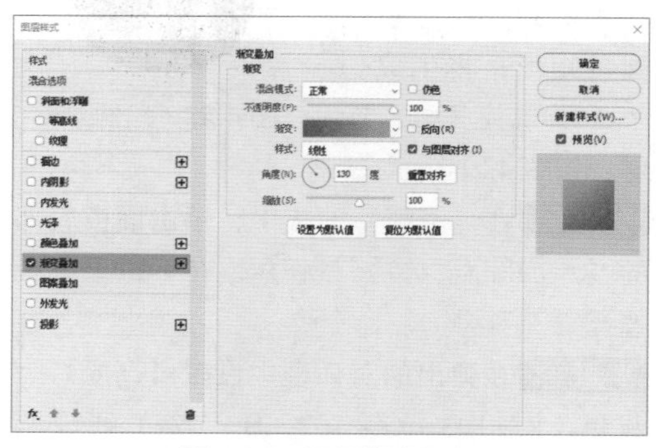

图 4.27　设置渐变叠加

图 4.28　绘制正圆

图 4.29　绘制图形

步骤 07 选择工具箱中的【椭圆工具】，在黑色图形顶部按住 Alt 键的同时绘制一个正圆路径，将部分图形减去，如图 4.30 所示。

提示

在绘制正圆路径的时候，注意选中【椭圆 1】图层。

步骤 08 在【图层】面板中，选中【椭圆 1】图层，单击面板底部的【添加图层样式】按钮fx，在下拉菜单中选择【渐变叠加】命令。

步骤 09 在弹出的对话框中设置【渐变】为浅蓝色（R：198，G：226，B：250）到浅蓝色（R：245，G：253，B：255），【角度】为 130 度，设置完成后单击【确定】按钮，这样就完成了导航图标的制作，最终效果如图 4.31 所示。

图 4.30 减去图形

图 4.31 最终效果

4.6 相册图标设计

实例分析

本例讲解相册图标设计。本例图标制作比较简单，通过绘制圆角矩形制作图标轮廓再添加图标主视觉元素即可完成图标制作，最终效果如图 4.32 所示。

难　　度：☆
素材文件：无
案例文件：源文件 \ 第 4 章 \ 相册图标设计 .psd
视频文件：视频教学 \ 第 4 章 \4.6　相册图标设计 .mp4

图 4.32 最终效果

步骤 01 执行菜单栏中的【文件】|【新建】命令，在弹出的对话框中设置【宽度】为 600 像素，【高度】为 450 像素，【分辨率】为 72 像素 / 英寸，新建一个空白画布。

步骤 02 选择工具箱中的【圆角矩形工具】，在选项栏中设置【填充】为白色，【描边】为无，【半径】为 30 像素，在画布中按住 Shift 键绘制一个圆角矩形，此时将生成一个【圆角矩形 1】图层，如图 4.33 所示。

图 4.33 绘制图形

步骤 03 选择工具箱中的【圆角矩形工具】，在选项栏中设置【填充】为浅红色（R：251，G：177，B：209），【描边】为无，【半径】为 30 像素，在画布中绘制一个圆角矩形，此时将生成一个【圆角矩形 2】图层，如图 4.34 所示。

步骤 04 选中【圆角矩形 2】图层，按 Ctrl+Alt+T 组合键对其执行复制变换命令，当出现变形框后，按住 Alt 键将中心点移动到右侧位置，在选项栏中【旋转】后方文本框中输入 45，将图形复制旋转，将其图形颜色更改为橙色（R：248，G：164，B：120），完成之后按 Enter 键确认，如图 4.35 所示。

图 4.34　绘制图形

图 4.35　旋转图形

步骤 05 选中【圆角矩形 2 拷贝】图层，按 Ctrl+Alt+Shift 组合键的同时按 T 键 6 次继续复制图形。

步骤 06 选中复制生成的图层，将图形颜色更改为其他相似颜色，如图 4.36 所示。

步骤 07 在【图层】面板中，同时选中所有和【圆角矩形 2】相关的图层，将其图层混合模式设置为【正片叠底】，这样就完成了相册图标的制作，最终效果如图 4.37 所示。

图 4.36　复制图形

图 4.37　最终效果

提示

旋转复制图形之后，可将图形适当移动使其中心点与图标中心点对齐。

4.7　无线标识图标设计

实例分析

本例讲解无线标识图标设计。无线标识图标的制作重点在于将标识图形与圆角矩形相结合而绘制出图标，最终效果如图 4.38 所示。

难　　度：☆
素材文件：无
案例文件：源文件 \ 第 4 章 \ 无线标识图标设计 .psd
视频文件：视频教学 \ 第 4 章 \4.7　无线标识图标设计 .mp4

图 4.38　最终效果

1. 绘制图标外观

步骤 01 执行菜单栏中的【文件】|【新建】命令，在弹出的对话框中设置【宽度】为 600 像素，【高度】为 450 像素，【分辨率】为 72 像素 / 英寸，新建一个空白画布。

步骤 02 选择工具箱中的【圆角矩形工具】，在选项栏中设置【填充】为白色，【描边】为无，【半径】为 40 像素，按住 Shift 键绘制一个圆角矩形，将生成一个【圆角矩形 1】图层，如图 4.39 所示。

图 4.39　绘制图形

步骤 03 选择工具箱中的【椭圆工具】，在选项栏中设置【填充】为无，【描边】为蓝色（R：107，G：222，B：253），按住 Shift 键绘制一个正圆图形，将生成一个【椭圆 1】图层，如图 4.40 所示。

步骤 04 选择工具箱中的【添加锚点工具】，分别在正圆左上角和右上角单击添加锚点，如图 4.41 所示。

图 4.40　绘制正圆

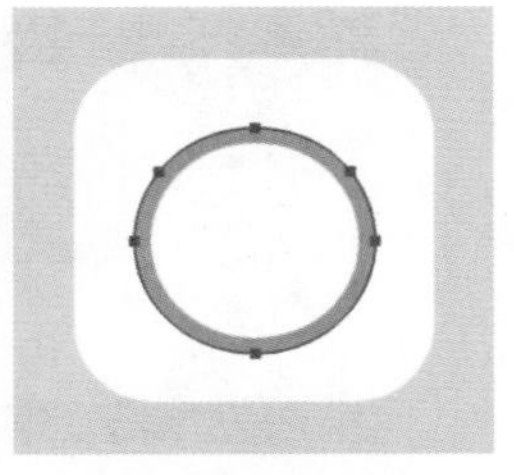

图 4.41　添加锚点

2. 制作标识图形

步骤 01 选择工具箱中的【直接选择工具】，选中正圆部分锚点将其删除，效果如图 4.42 所示。

步骤 02 选中【椭圆 1】图层，单击【设置形状描边类型】按钮，在弹出的面板中单击【端点】下方按钮，在弹出的选项中选择第 2 种端点类型，效果如图 4.43 所示。

图 4.42　删除锚点

图 4.43　更改端点

步骤 03 在【图层】面板中，选中【椭圆 1】图层，将其拖至面板底部的【创建新图层】按钮上，复制一个新【椭圆 1 拷贝】图层。

步骤 04 选中【椭圆 1 拷贝】图层，在画布中将图形向下垂直移动，再按 Ctrl+T 组合键对其执行【自由变换】命令，将图形等比例缩小，设置完成后按 Enter 键确认。

步骤 05 以同样的方法将图形再复制 1 份并缩小，如图 4.44 所示。

步骤 06 选择工具箱中的【椭圆工具】，在选项栏中设置【填充】为蓝色（R：107，G：222，B：253），【描边】为无，在无线图形底部位置按住 Shift 键绘制一个正圆图形，这样就完成了无线标识图标的制作，最终效果如图 4.45 所示。

图 4.44　缩小图形

图 4.45　最终效果

4.8　卡包管理图标设计

实例分析

本例讲解卡包管理图标设计。本例图标制作的重点在于表现出卡包管理图标的特点，通过绘制图标轮廓并添加卡包元素即可完成图标制作，最终效果如图 4.46 所示。

难　　度：☆☆
素材文件：无
案例文件：源文件 \ 第 4 章 \ 卡包管理图标设计 .psd
视频文件：视频教学 \ 第 4 章 \4.8　卡包管理图标设计 .mp4

图 4.46　最终效果

1. 绘制图标外观

步骤 01 执行菜单栏中的【文件】|【新建】命令，在弹出的对话框中设置【宽度】为 600 像素，【高度】为 450 像素，【分辨率】为 72 像素 / 英寸，新建一个空白画布。

步骤 02 选择工具箱中的【圆角矩形工具】▢，在选项栏中设置【填充】为白色，【描边】为无，【半径】为 40 像素，按住 Shift 键绘制一个圆角矩形，将生成一个【圆角矩形 1】图层。

步骤 03 以同样的方法再绘制一个【半径】为 10 的黑色小圆角矩形，将生成一个【圆角矩形 1】图层，将其图层名称更改为【卡片】，如图 4.47 所示。

图 4.47　绘制图形

步骤 04 在【图层】面板中，选中【卡片】图层，单击面板底部的【添加图层样式】按钮 fx，在下拉菜单中选择【渐变叠加】命令。

步骤 05 在弹出的对话框中设置【渐变】为蓝色（R：68，G：203，B：212）到蓝色（R：71，G：180，B：217），【角度】为 0 度，设置完成后单击【确定】按钮，如图 4.48 所示。

步骤 06 在【图层】面板中，选中【卡片】图层，单击面板底部的【创建新图层】按钮 ⊞ 复制两个新图层，分别将复制生成的两个新图层名称更改为【卡片 2】、【卡片 3】。

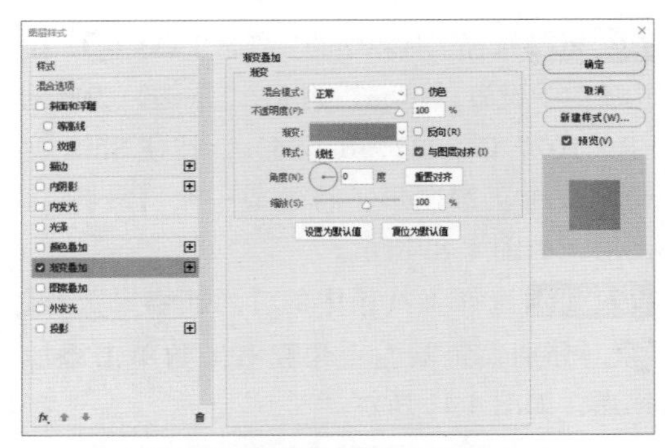

图 4.48　设置渐变叠加

步骤 07 双击【卡片 2】图层样式名称，在弹出的图层样式对话框中设置【渐变】为橙色（R：255，G：215，B：78）到橙色（R：255，G：169，B：61），设置完成后单击【确定】按钮，如图 4.49 所示。

步骤 08 双击【卡片 3】图层样式名称，在弹出的图层样式对话框中设置【渐变】为红色（R：255，G：108，B：50）到红橙色（R：219，G：45，B：34），设置完成后单击【确定】按钮，如图 4.50 所示。

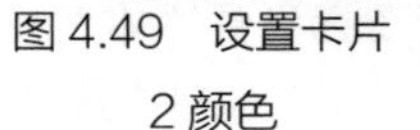
图 4.49　设置卡片 2 颜色

图 4.50　设置卡片 3 颜色

步骤 09 分别选中【卡片】及【卡片 2】图层，按 Ctrl+T 组合键对其执行【自由变换】命令，将图像适当旋转，设置完成后按 Enter 键确认，如图 4.51 所示。

图 4.51 旋转图形

2. 添加卡包细节

步骤 01 选择工具箱中的【圆角矩形工具】，在选项栏中设置【填充】为白色，【描边】为无，【半径】为 10 像素，绘制一个稍小的细长圆角矩形，将生成一个【圆角矩形 2】图层，如图 4.52 所示。

步骤 02 将绘制的小圆角矩形复制数份并放在不同位置，如图 4.53 所示。

图 4.52 绘制图形

图 4.53 复制图形

步骤 03 选择工具箱中的【椭圆工具】，在选项栏中设置【填充】为白色，【描边】为无，按住 Shift 键绘制一个正圆图形，将生成一个【椭圆 1】图层，将其【不透明度】设置为 30%，如图 4.54 所示。

图 4.54 绘制图形

步骤 04 选中【椭圆 1】图层，在画布中按住 Alt+Shift 组合键向右侧拖动将图形复制，如图 4.55 所示。

步骤 05 同时选中所有和【卡片 3】相关的图层，按 Ctrl+G 组合键将其编组，将生成的组名称更改为【卡片 3】。

步骤 06 选中【卡片 3】组，将其拖至面板底部的【创建新图层】按钮上，复制一个新【卡片 3 拷贝】组，执行菜单栏中的【图层】|【合并组】命令将组合并，此时将生成一个【卡片 3 拷贝】图层，再将【卡片 3】组隐藏，如图 4.56 所示。

图 4.55 复制图形

图 4.56 复制组

步骤 07 选择工具箱中的【钢笔工具】，在选项栏中单击【选择工具模式】路径按钮，在弹出的选项中选择【形状】，设置【填充】为白色，【描边】为无。

步骤 08 绘制一个不规则图形，将生成一个【形状 1】图层，如图 4.57 所示。

步骤 09 选中【形状 1】图层，将其图层【不透明度】设置为 70%，如图 4.58 所示。

图 4.57 绘制图形

图 4.58 设置图层不透明度

步骤 10 按住 Ctrl 键单击【形状 1】图层缩览图，将其载入选区，如图 4.59 所示。

步骤 11 选中【卡片 3 拷贝】图层，执行菜单栏中的【滤镜】|【模糊】|【高斯模糊】命令，在弹出的对话框中将【半径】设置为 3 像素，设置完成后单击【确定】按钮，这样就完成了卡包管理图标的制作，最终效果如图 4.60 所示。

图 4.59　载入选区

图 4.60　最终效果

4.9　天气图标设计

实例分析

本例讲解天气图标设计。天气图标是一种十分常见的图标形式，其制作形式多样，本例所讲解的是一种非常简单的天气图标制作，最终效果如图 4.61 所示。

难　　度：☆☆
素材文件：无
案例文件：源文件 \ 第 4 章 \ 天气图标设计 .psd
视频文件：视频教学 \ 第 4 章 \4.9　天气图标设计 .mp4

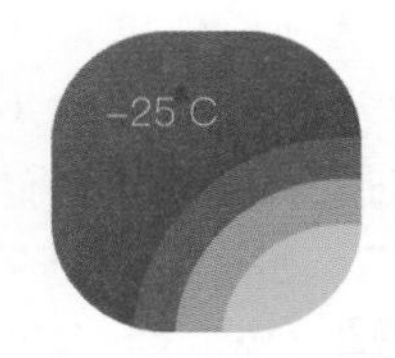

图 4.61　最终效果

1. 绘制外观

步骤 01 执行菜单栏中的【文件】|【新建】命令，在弹出的对话框中设置【宽度】为 500 像素，【高度】为 400 像素，【分辨率】为 72 像素 / 英寸，新建一个空白画布。

步骤 02 选择工具箱中的【圆角矩形工具】，在选项栏中设置【填充】为黑色，【描边】为无，【半径】为 80 像素，按住 Shift 键绘制一个圆角矩形，此时将生成一个【圆角矩形 1】图层，如图 4.62 所示。

图 4.62　绘制圆角矩形

步骤 03 在【图层】面板中，单击面板底部的【添加图层样式】按钮 *fx*，在下拉菜单中选择【渐变叠加】命令，在弹出的对话框中设置【渐变】为蓝色（R：30，G：110，B：216）到蓝色（R：15，G：166，B：224），【角度】为 130 度，设置完成后单击【确定】按钮，如图 4.63 所示。

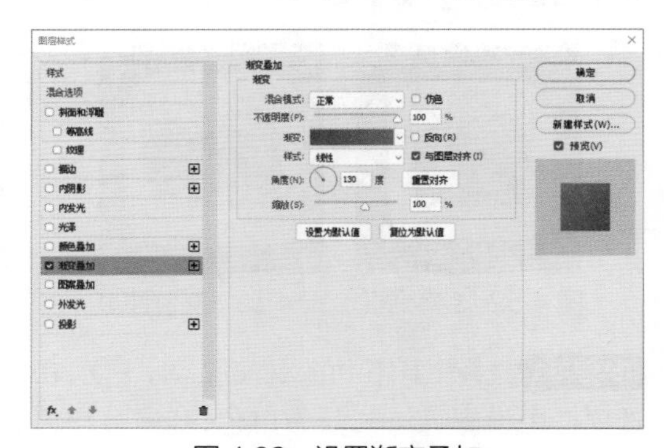

图 4.63　设置渐变叠加

步骤 04 选择工具箱中的【椭圆工具】，在选项栏中设置【填充】为黄色（R：255，G：248，B：44），【描边】为无，在圆角矩形右下角位置按住 Shift 键绘制一个正圆图形，将生成一个【椭圆 1】图层，如图 4.64 所示。

步骤 05 在【图层】面板中，选中【椭圆 1】图层，将其拖至面板底部的【创建新图层】按钮上，复制【椭圆 1 拷贝】及【椭圆 1 拷贝 2】两个新图层。

图 4.64　绘制图形

2. 添加修饰图形

步骤 01 选中【椭圆 1】图层，将其图层【不透明度】设置为 30%，如图 4.65 所示。

步骤 02 选中【椭圆 1 拷贝】图层，将其图层【不透明度】设置为 70%，再按 Ctrl+T 组合键对其执行【自由变换】命令，将图形等比例缩小，设置完成后按 Enter 键确认，如图 4.66 所示。

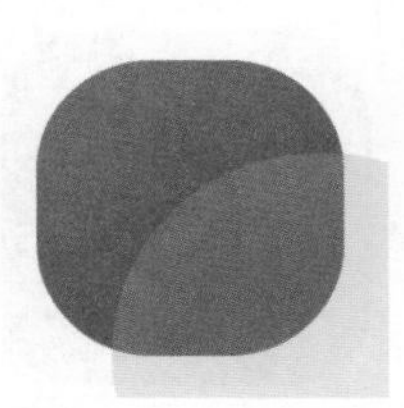

图 4.65　设置不透明度

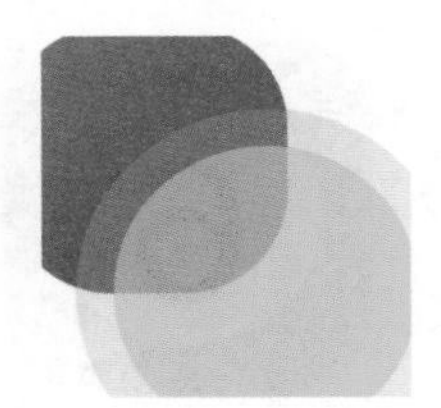

图 4.66　缩小图形

步骤 03 选中【椭圆 1 拷贝 2】图层，按 Ctrl+T 组合键对其执行【自由变换】命令，将图形等比例缩小，设置完成后按 Enter 键确认，如图 4.67 所示。

步骤 04 在【圆角矩形 1】图层名称上单击鼠标右键，在弹出的快捷菜单中选择【栅格化图层】命令。

步骤 05 同时选中 3 个圆所在图层，执行菜单栏中的【图层】|【创建剪贴蒙版】命令，为当前图层创建剪贴蒙版，将部分图像隐藏，如图 4.68 所示。

图 4.67　缩小图形

图 4.68　创建剪贴蒙版

步骤 06 选择工具箱中的【横排文字工具】**T**，添加文字（苹方体），如图 4.69 所示。

步骤 07 选择工具箱中的【椭圆工具】，在选项栏中设置【填充】为无，【描边】为白色，【宽度】为 0.5 像素，在文字与字母空隙位置按住 Shift 键绘制一个小圆环，这样就完成了天气图标制作，最终效果如图 4.70 所示。

图 4.69　添加文字

图 4.70　最终效果

4.10　日历图标设计

实例分析

本例讲解日历图标设计。日历图标的表现形式有多种，本例所讲解的是一种最为直观的日历图标，采用文字与圆角矩形相结合的形式，最终效果如图 4.71 所示。

难　　度：☆
素材文件：无
案例文件：源文件 \ 第 4 章 \ 日历图标设计 .psd
视频文件：视频教学 \ 第 4 章 \4.10　日历图标设计 .mp4

图 4.71　最终效果

1. 制作渐变背景

步骤 01 执行菜单栏中的【文字】|【新建】命令，在弹出的对话框中设置【宽度】为500像素，【高度】为400像素，【分辨率】为72像素/英寸，新建一个空白画布。

步骤 02 选择工具箱中的【圆角矩形工具】，在选项栏中设置【填充】为黑色，【描边】为无，【半径】为50像素，按住Shift键绘制一个圆角矩形，将生成一个【圆角矩形 1】图层，如图4.72所示。

图 4.72　绘制图形

步骤 03 在【图层】面板中，单击面板底部的【添加图层样式】按钮fx，在下拉菜单中选择【渐变叠加】命令。

步骤 04 在弹出的对话框中设置【渐变】为紫色（R：119，G：75，B：255）到紫色（R：146，G：89，B：255），设置完成后单击【确定】按钮，如图4.73所示。

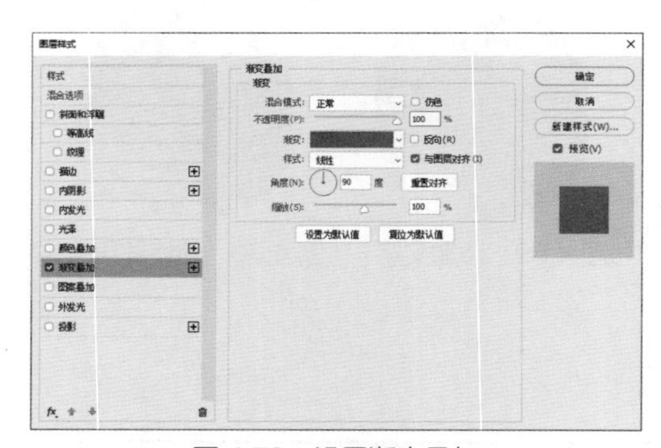

图 4.73　设置渐变叠加

2. 打造镂空效果

步骤 01 选择工具箱中的【椭圆工具】，在选项栏中设置【填充】为白色，【描边】为无，按住Shift键绘制一个正圆图形，将生成一个【椭圆 1】图层，如图4.74所示。

步骤 02 选择工具箱中的【横排文字工具】T，添加文字（苹方体），如图4.75所示。

图 4.74　绘制正圆　　图 4.75　添加文字

步骤 03 在【图层】面板中，选中【椭圆 1】图层，单击面板底部的【添加图层蒙版】按钮，为其添加图层蒙版。

步骤 04 按住Ctrl键单击DEC图层缩览图，将其载入选区，再按住Shift键同时单击数字6图层缩览图，将其加选载入选区，如图4.76所示。

图 4.76　载入选区

步骤 05 将选区填充为黑色，将部分图形隐藏，制作镂空效果，完成后按Ctrl+D组合键将选区取消，将文字图层隐藏，这样就完成了日历图标的制作，最终效果如图4.77所示。

图 4.77　最终效果

> **提示**
>
> 制作完成之后不要删除文字图层，这样可以方便后期对图标的文字镂空进行调整。

4.11 四叶草图标设计

实例分析

本例讲解四叶草图标设计。本例的图标制作比较简单，首先绘制出图标外观，再绘制主视觉图形并复制即可完成图标制作，最终效果如图 4.78 所示。

难　　度：☆☆
素材文件：无
案例文件：源文件 \ 第 4 章 \ 四叶草图标设计 .psd
视频文件：视频教学 \ 第 4 章 \4.11　四叶草图标设计 .mp4

图 4.78　最终效果

1. 制作图标外观

步骤 01 执行菜单栏中的【文件】|【新建】命令，在弹出的对话框中设置【宽度】为 600 像素，【高度】为 450 像素，【分辨率】为 72 像素 / 英寸，新建一个空白画布，将画布填充为绿色（R：20，G：137，B：4）。

步骤 02 选择工具箱中的【圆角矩形工具】，在选项栏中设置【填充】为浅灰色（R：253，G：253，B：253），【描边】为无，【半径】为 40 像素，在画布中按住 Shift 键绘制一个圆角矩形，此时将生成一个【圆角矩形 1】图层，选中【圆角矩形 1】图层，将其拖至面板底部的【创建新图层】按钮上，复制一个新【圆角矩形 1 拷贝】图层，如图 4.79 所示。

步骤 03 选中【圆角矩形 1】图层将其图形颜色设置为绿色（R：18，G：104，B：6），按 Ctrl+T 组合键对其执行【自由变换】命令，将图形高度缩小，设置完成后按 Enter 键确认，如图 4.80 所示。

图 4.79　绘制图形

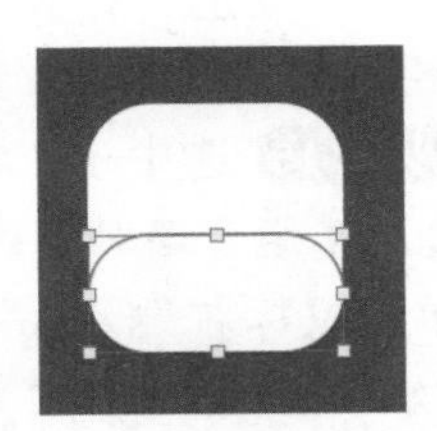
图 4.80　缩小图形高度

步骤 04 选中【圆角矩形 1】图层，执行菜单栏中的【滤镜】|【模糊】|【高斯模糊】命令，在弹出的对话框中单击【栅格化】按钮，在弹出的对话框中将【半径】设置为 8 像素，设置完成后单击【确定】按钮，如图 4.81 所示。

图 4.81　添加高斯模糊

2. 手绘四叶草

步骤 01 选择工具箱中的【钢笔工具】，在选项栏中单击【选择工具模式】路径 按钮，在弹出的选项中选择【形状】，设置【填充】为黑色，【描边】为无。

步骤 02 绘制一个不规则图形，将生成一个【形状 1】图层，如图 4.82 所示。

步骤 03 选中【形状 1】图层，在画布中按住 Alt+Shift 组合键向右侧拖动将图形复制将生成一个【形状 1 拷贝】图层。

步骤 04 选中【形状 1 拷贝】图层，按 Ctrl+T 组合键对其执行【自由变换】命令，单击鼠标右键，从弹出的快捷菜单中选择【水平翻转】命令，完成后按 Enter 键确认，并与原图形对齐，如图 4.83 所示。

步骤 05 选中【形状 1】及【形状 1 拷贝】图层，按 Ctrl+E 组合键将其合并，此时将生成一个【形状 1 拷贝】图层。

图 4.82　绘制图形　图 4.83　复制并变换图形

步骤 06 在【图层】面板中，选中【形状 1 拷贝】图层，单击面板底部的【添加图层样式】按钮fx，在下拉菜单中选择【渐变叠加】命令。

步骤 07 在弹出的对话框中设置【渐变】为绿色（R：19，G：136，B：4）到绿色（R：57，G：180，B：11），【缩放】为 60，设置完成后单击【确定】按钮，如图 4.84 所示。

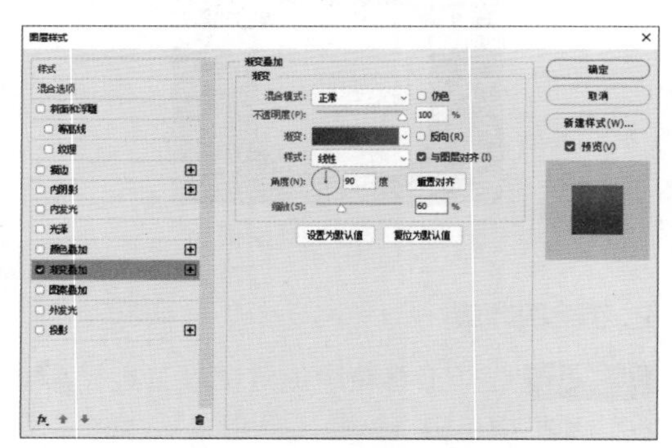

图 4.84　设置渐变叠加

步骤 08 在【图层】面板中，选中【形状 1 拷贝】图层，单击面板底部的【创建新图层】按钮⊞复制一个新【形状 1 拷贝 2】图层。

步骤 09 选中【形状 1 拷贝 2】图层，按 Ctrl+T 组合键对其执行【自由变换】命令，单击鼠标右键，从弹出的快捷菜单中选择【垂直翻转】命令，完成后按 Enter 键确认，并与原图形对齐，如图 4.85 所示。

步骤 10 双击【形状 1 拷贝 2】图层样式名称，在弹出的对话框中勾选【反向】复选框，设置完成后单击【确定】按钮，如图 4.86 所示。

图 4.85　复制并变换图形　图 4.86　设置渐变方向

步骤 11 在【图层】面板中，选中【形状 1 拷贝 2】图层，单击面板底部的【创建新图层】按钮⊞，复制一个新【形状 1 拷贝 3】图层。

步骤 12 选中【形状 1 拷贝 3】图层，按 Ctrl+T 组合键对其执行【自由变换】命令，单击鼠标右键，从弹出的快捷菜单中选择【逆时针旋转 90 度】命令，完成后按 Enter 键确认，并与原图形对齐，如图 4.87 所示。

步骤 13 双击【形状 1 拷贝 3】图层样式名称，在弹出的对话框中将【角度】设置为 180 度，设置完成后单击【确定】按钮。

图 4.87　设置角度

步骤 14 在【图层】面板中，选中【形状 1 拷贝 3】图层，单击面板底部的【创建新图层】按钮⊞，复制一个新【形状 1 拷贝 4】图层。

步骤 15 选中【形状 1 拷贝 4】图层，按 Ctrl+T 组合键对其执行【自由变换】命令，单击鼠标右键，从弹出的快捷菜单中选择【水平翻转】命令，完成后按 Enter 键确认，并与原图形对齐。

步骤 16 双击【形状 1 拷贝 4】图层样式名称，在弹出的对话框中设置【角度】为 0 度，设置完成后单击【确定】按钮，这样就完成了四叶草图标的制作，最终效果如图 4.88 所示。

图 4.88　最终效果

4.12　健身图标设计

实例分析

本例讲解健身图标设计。本例的重点在于制作健身标识图形，通过绘制圆形将图形进行组合，形成一种游泳圈视觉效果，最终效果如图 4.89 所示。

难　　度：☆☆
素材文件：无
案例文件：源文件 \ 第 4 章 \ 健身图标设计 .psd
视频文件：视频教学 \ 第 4 章 \4.12　健身图标设计 .mp4

图 4.89　最终效果

1. 制作图形主视觉

步骤 01 执行菜单栏中的【文件】|【新建】命令，在弹出的对话框中设置【宽度】为 600 像素，【高度】为 450 像素，【分辨率】为 72 像素 / 英寸，【颜色模式】为 RGB 颜色，新建一个空白画布，将画布填充为浅青色（R：230，G：254，B：255）。

步骤 02 选择工具箱中的【椭圆工具】，在选项栏中设置【填充】为青色（R：5，G：192，B：199），【描边】为无，按住 Shift 键绘制一个正圆图形，将生成一个【椭圆 1】图层，如图 4.90 所示。

步骤 03 在【图层】面板中，选中【椭圆 1】图层，单击面板底部的【创建新图层】按钮复制一个新【椭圆 1 拷贝】图层。

步骤 04 选中【椭圆 1 拷贝】图层，在画布中按 Ctrl+T 组合键对其执行【自由变换】命令，将图形等比例缩小，完成后按 Enter 键确认，设置【椭圆 1 拷贝】图层中的图形【填充】为无，【描边】为 35 像素，描边颜色为白色，如图 4.91 所示。

图 4.90　绘制图形

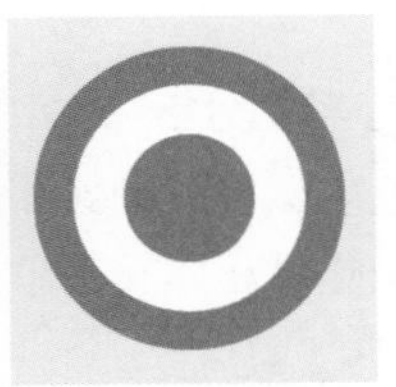

图 4.91　缩小图形

2. 添加装饰图形

步骤 01 选择工具箱中的【矩形工具】，在选项栏中设置【填充】为橙色（R：242，G：70，B：36），【描边】为无，绘制一个矩形，将生成一个【矩形 1】图层，如图 4.92 所示。

步骤 02 选中【矩形 1】图层，按 Ctrl+T 组合键对其执行【自由变换】命令，单击鼠标右键，从弹出的快捷菜单中选择【透视】命令，拖动变形框控制点将图像变形，完成后按 Enter 键确认，如图 4.93 所示。

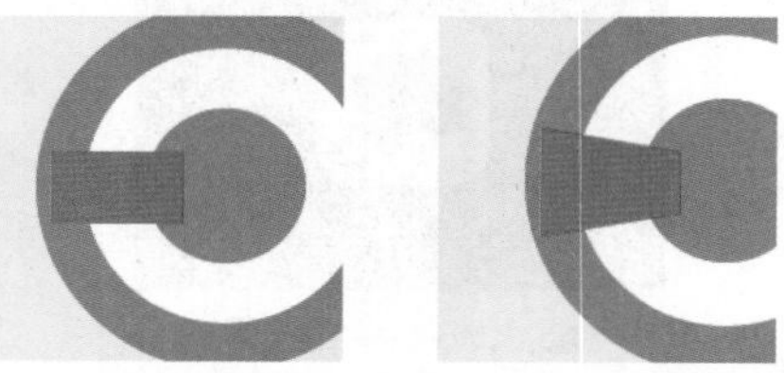

图 4.92　绘制图形　　图 4.93　将图形变形

步骤 03 选中【矩形 1】图层，执行菜单栏中的【图层】|【创建剪贴蒙版】命令，为当前图层创建剪贴蒙版，将部分图形隐藏，如图 4.94 所示。

步骤 04 在【图层】面板中，选中【矩形 1】图层，单击面板底部的【创建新图层】按钮⊞，复制一个新【矩形 1 拷贝】图层。

步骤 05 选中【矩形 1 拷贝】图层，按 Ctrl+T 组合键对其执行【自由变换】命令，单击鼠标右键，从弹出的快捷菜单中选择【水平翻转】命令，将图形向右侧平移至相对位置，完成后按 Enter 键确认，如图 4.95 所示。

步骤 06 以同样的方法再复制两份图形，并将其放在相对应位置，这样就完成了健身图标的制作，最终效果如图 4.96 所示。

图 4.94　创建剪贴蒙版

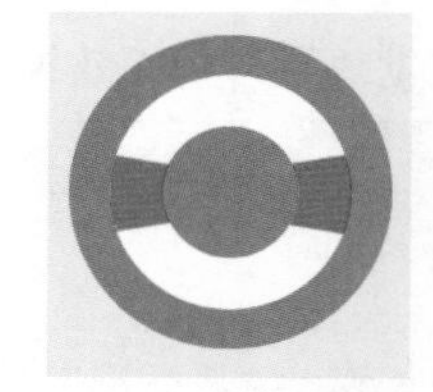

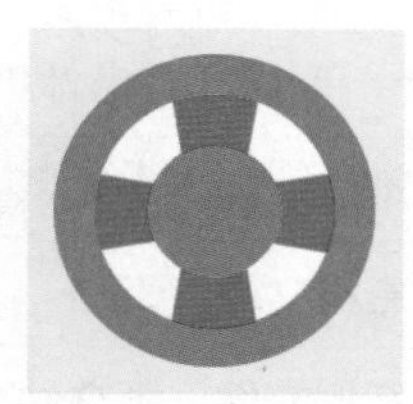

图 4.95　复制变换图形　　图 4.96　最终效果

4.13　经典相机图标设计

实例分析

本例讲解经典相机图标设计。本例图标外观简洁，造型美观，是一款十分经典的图标造型，其制作过程比较简单，最终效果如图 4.97 所示。

难　　度：☆☆
素材文件：无
案例文件：源文件 \ 第 4 章 \ 经典相机图标设计 .psd
视频文件：视频教学 \ 第 4 章 \4.13　经典相机图标设计 .mp4

图 4.97　最终效果

1. 绘制主体图像

步骤 01 执行菜单栏中的【文件】|【新建】命令，在弹出的对话框中设置【宽度】为 600 像素，【高度】为 450 像素，【分辨率】为 72 像素 / 英寸，新建一个空白画布，将画布填充为浅蓝色（R：178，G：218，B：250）。

步骤 02 选择工具箱中的【圆角矩形工具】，在选项栏中设置【填充】为白色，【描边】为无，【半径】为 25 像素，按住 Shift 键绘制一个圆角矩形，此时将生成一个【圆角矩形 1】图层，如图 4.98 所示。

步骤 03 选择工具箱中的【矩形工具】，在选项栏中设置【填充】为蓝色（R：92，G：163，B：225），【描边】为无，绘制一个矩形，将生成一个【矩形 1】图层，如图 4.99 所示。

图 4.98 绘制圆角矩形 图 4.99 绘制矩形

步骤 04 选中【矩形 1】图层，执行菜单栏中的【图层】|【创建剪贴蒙版】命令，为当前图层创建剪贴蒙版，将部分图像隐藏，如图 4.100 所示。

图 4.100 创建剪贴蒙版

步骤 05 选择工具箱中的【椭圆工具】，在选项栏中设置【填充】为浅红色（R：255，G：120，B：120），【描边】为无，在图标左上角位置按住 Shift 键绘制一个正圆图形，此时将生成一个【椭圆 1】图层，如图 4.101 所示。

步骤 06 选择工具箱中的【圆角矩形工具】，在选项栏中设置【填充】为浅蓝色（R：168，G：210，B：243），【描边】为无，【半径】为 5 像素，在图标右上角按住 Shift 键绘制一个圆角矩形，此时将生成一个【圆角矩形 2】图层，如图 4.102 所示。

图 4.101 绘制正圆 图 4.102 绘制圆角矩形

步骤 07 选择工具箱中的【矩形工具】，在圆角矩形顶部位置按住 Alt 键绘制一个细长路径，将部分图形减去，如图 4.103 所示。

步骤 08 选择工具箱中的【路径选择工具】，选中路径，将其向下复制两份，如图 4.104 所示。

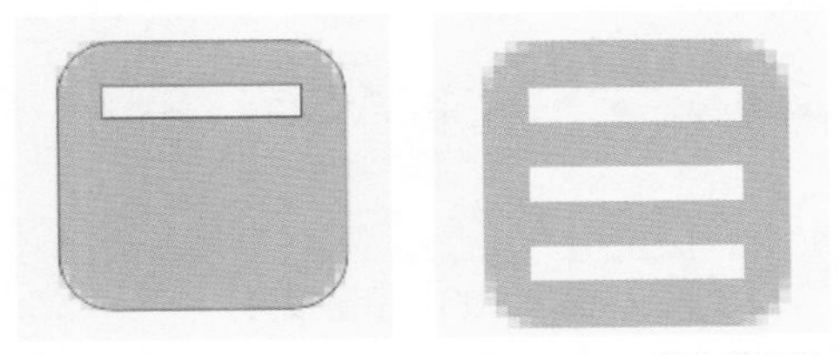

图 4.103 减去图形 图 4.104 复制图形

2. 制作镜头

步骤 01 选择工具箱中的【椭圆工具】，在选项栏中设置【填充】为深蓝色（R：30，G：54，B：102），【描边】为白色，描边宽度为 10 像素，在图标中间按住 Shift 键绘制一个正圆图形，此时将生成一个【椭圆 2】图层，如图 4.105 所示。

图 4.105 绘制正圆

步骤 02 在【图层】面板中，选中【椭圆 2】图层，将其拖至面板底部的【创建新图层】按钮⊞上，复制一个【椭圆 2 拷贝】图层。

步骤 03 在【图层】面板中，选中【椭圆 2】图层，单击面板底部的【添加图层样式】按钮fx，在下拉菜单中选择【投影】命令，在弹出的对话框中设置【不透明度】为 50%，取消选中【使用全局光】复选框，设置【角度】为 90 度，【距离】为 3 像素，【大小】为 7 像素，设置完成后单击【确定】按钮，如图 4.106 所示。

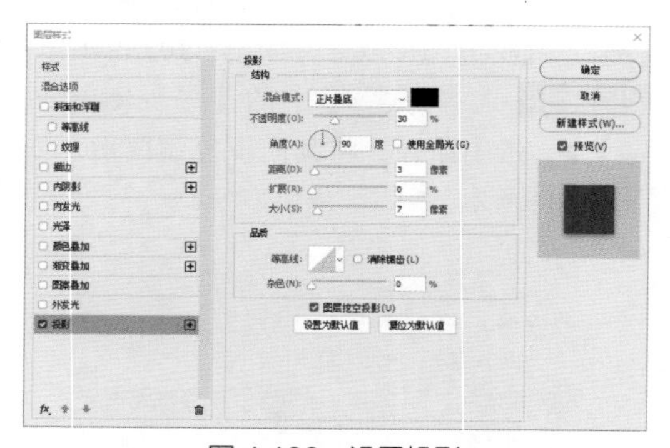

图 4.106　设置投影

步骤 04 将【椭圆 2 拷贝】图层中正圆【填充】设置为无，再将其等比例缩小，如图 4.107 所示。

步骤 05 在【图层】面板中，选中【椭圆 2 拷贝】图层，单击面板底部的【添加图层样式】按钮fx，在下拉菜单中选择【渐变叠加】命令，在弹出的对话框中设置【渐变】为蓝色系渐变，设置完成后单击【确定】按钮，如图 4.108 所示。

图 4.107　变换图形

图 4.108　添加渐变

> **提示**
>
> 在设置渐变颜色时，颜色值并非固定不变，可根据颜色渐变面板自由调整。
>
> 

步骤 06 选择工具箱中的【画笔工具】🖌，在画布中单击鼠标右键，在弹出的面板中选择 1 种圆角笔触，设置【大小】为 10 像素，【硬度】为 0%，如图 4.109 所示。

步骤 07 在【图层】面板中，单击面板底部的【创建新图层】按钮⊞，新建一个【图层 1】图层。

步骤 08 将前景色设置为白色，在图标中心位置单击添加高光，如图 4.110 所示。

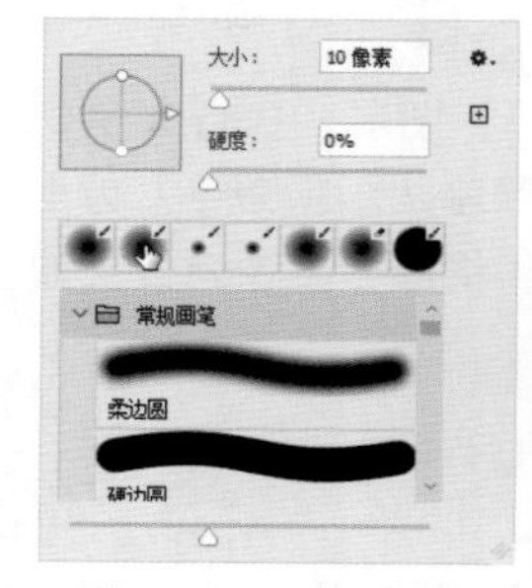

图 4.109　设置笔触

图 4.110　添加高光

步骤 09 适当缩小画笔笔触，在高光旁边位置再次单击添加高光效果，这样就完成了经典相机图标的制作，最终效果如图 4.111 所示。

图 4.111　最终效果

4.14　应用商店图标设计

实例分析

本例讲解应用商店图标设计。本例图标以一款蓝色购物袋呈现，整体设计过程比较简单，在设计过程中注意图形的结合即可，最终效果如图 4.112 所示。

难　　度：	☆☆
素材文件：	无
案例文件：	源文件 \ 第 4 章 \ 应用商店图标设计 .psd
视频文件：	视频教学 \ 第 4 章 \4.14　应用商店图标设计 .mp4

图 4.112　最终效果

1. 制作图标外观

步骤 01 执行菜单栏中的【文件】|【新建】命令，在弹出的对话框中设置【宽度】为 600 像素，【高度】为 450 像素，【分辨率】为 72 像素 / 英寸，新建一个空白画布。

步骤 02 选择工具箱中的【矩形工具】，在选项栏中设置【填充】为黑色，【描边】为无，绘制一个矩形，将生成一个【矩形 1】图层，如图 4.113 所示。

步骤 03 选择工具箱中的【圆角矩形工具】，在选项栏中设置【填充】为蓝色（R：3，G：169，B：245），【描边】为无，【半径】为 20 像素，绘制一个圆角矩形，将生成一个【圆角矩形】图层，如图 4.114 所示。

图 4.113　绘制矩形

图 4.114　绘制圆角矩形

步骤 04 选择工具箱中的【直接选择工具】，选中圆角矩形顶部的锚点并将其删除，再同时选中左上角及右上角锚点，然后向上拖动，适当增加图形高度，如图 4.115 所示。

图 4.115　删除锚点

步骤 05 在【图层】面板中，选中【矩形 1】图层，单击面板底部的【添加图层样式】按钮 *fx*，在下拉菜单中选择【颜色叠加】命令。

步骤 06 在弹出的对话框中设置【混合模式】为【正常】，【渐变】为蓝色（R：3，G：109，B：157）到蓝色（R：4，G：136，B：198），设置【缩放】为 20%，如图 4.116 所示。

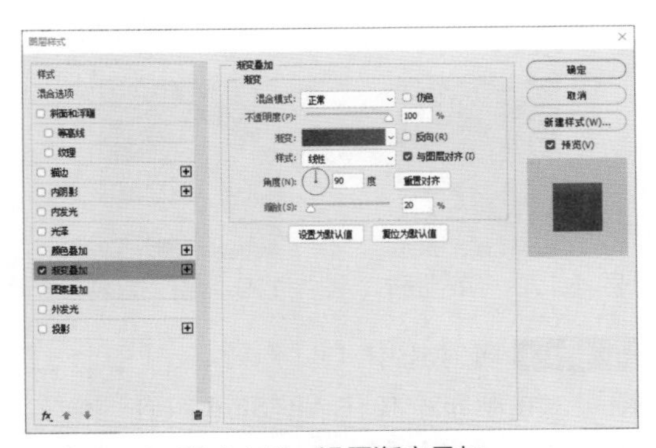

图 4.116　设置渐变叠加

步骤 07 勾选【内阴影】复选框，设置【混合模式】为【叠加】，【颜色】为白色，【不透明度】为 50%，取消选中【使用全局光】复选框，设置【角度】为 90 度，【距离】为 1 像素，【大小】为 1 像素，设置完成后单击【确定】按钮，如图 4.117 所示。

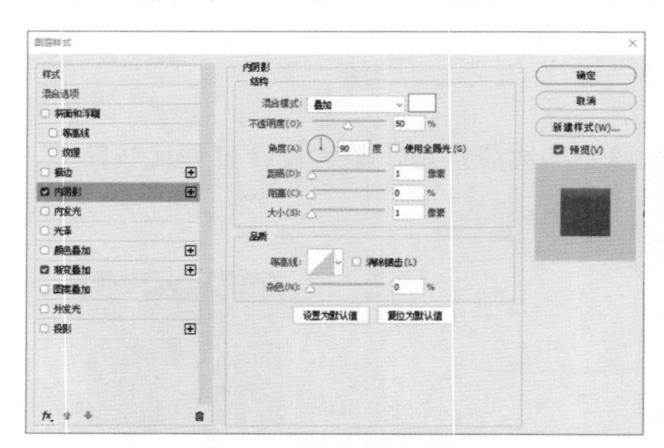

图 4.117 设置内阴影

2. 打造立体效果

步骤 01 选择工具箱中的【钢笔工具】，在选项栏中单击【选择工具模式】路径按钮，在弹出的选项中选择【形状】，设置【填充】为深蓝色（R：4，G：97，B：140），【描边】为无。

步骤 02 在刚才绘制的图形左上角位置绘制一个三角形，将生成一个【形状 1】图层，如图 4.118 所示。

步骤 03 再绘制一个三角形，将前后图形相连接组合成立体图形，将生成一个【形状 2】图层，如图 4.119 所示。

图 4.118 绘制图形

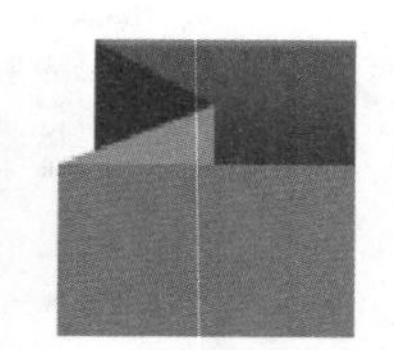

图 4.119 制作立体图形

步骤 04 同时选中【形状 1】及【形状 2】图层，在画布中按住 Alt+Shift 组合键向右侧拖动将图形复制，按 Ctrl+T 组合键对其执行【自由变换】命令，单击鼠标右键，从弹出的快捷菜单中选择【水平翻转】命令，完成后按 Enter 键确认，如图 4.120 所示。

图 4.120 复制并变换图形

步骤 05 选择工具箱中的【椭圆工具】，在选项栏中设置【填充】为蓝色（R：2，G：141，B：206），【描边】为无，按住 Shift 键绘制一个正圆图形，将生成一个【椭圆 1】图层，如图 4.121 所示。

步骤 06 选中【椭圆 1】图层，在画布中按住 Alt+Shift 组合键向右侧拖动将图形复制，如图 4.122 所示。

图 4.121 绘制图形

图 4.122 复制图形

3. 完善图标细节

步骤 01 选择工具箱中的【椭圆工具】，在选项栏中设置【填充】为无，【描边】为浅蓝色（R：247，G：252，B：255），绘制一个椭圆图形，将生成一个【椭圆 2】图层，如图 4.123 所示。

图 4.123 绘制图形

步骤 02 选择工具箱中的【直接选择工具】

，选中椭圆底部的锚点将其删除，如图4.124所示。

步骤03 单击【设置形状描边类型】按钮，在弹出的面板中单击【端点】下方按钮，在弹出的选项中选择第2种端点类型，如图4.125所示。

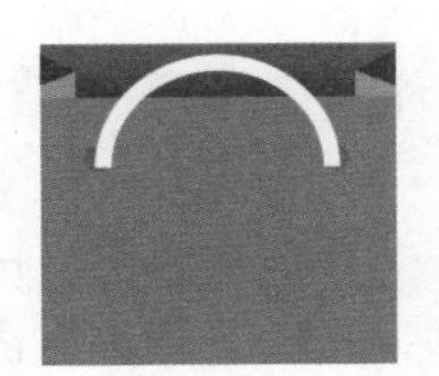

图4.124 删除锚点

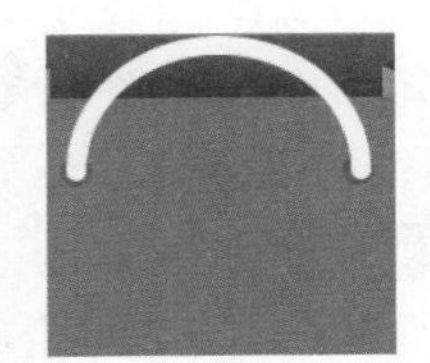

图4.125 更改端点类型

步骤04 在【图层】面板中，选中【椭圆2】图层，将其拖至面板底部的【创建新图层】按钮上，复制一个新【椭圆2拷贝】图层，将【椭圆2拷贝】图层移至背景图层上方，如图4.126所示。

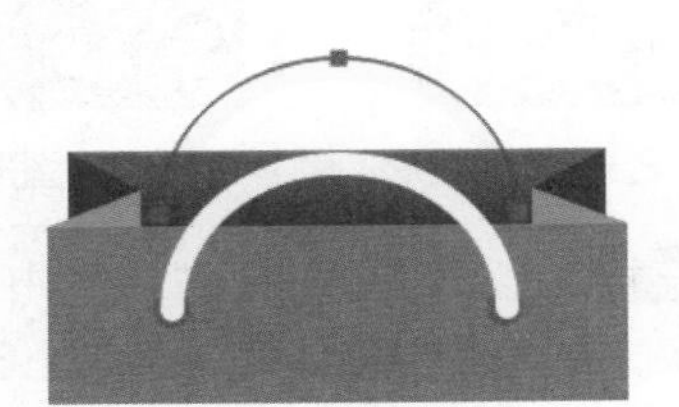

图4.126 复制图形

步骤05 在【图层】面板中，选中【椭圆2拷贝】图层，单击面板底部的【添加图层样式】按钮fx，在下拉菜单中选择【投影】命令。

步骤06 在弹出的对话框设置【混合模式】为【正常】，【颜色】为黑色，【不透明度】为10%，取消选中【使用全局光】复选框，设置【角度】为90度，【距离】为1像素，【大小】为20像素，设置完成后单击【确定】按钮，如图4.127所示。

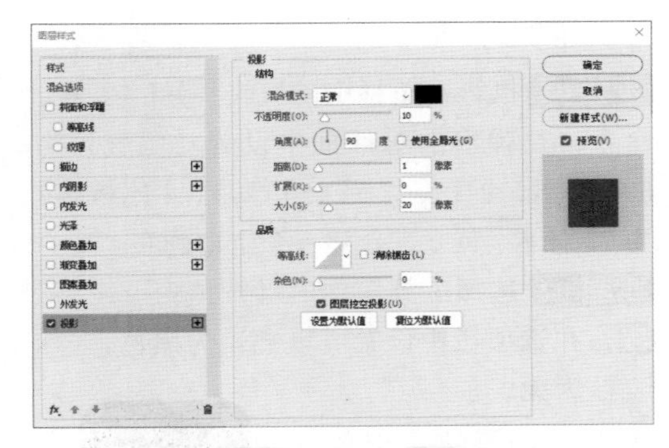

图4.127 设置投影

步骤07 选择工具箱中的【横排文字工具】T，添加文字（苹方体），这样就完成了应用商店图标的制作，最终效果如图4.128所示。

图4.128 最终效果

4.15 手电筒图标设计

实例分析

本例讲解手电筒图标设计。手电筒图标是一种十分常见的图标类型，它的制作重点在于表现出手电筒的特征。本例通过绘制手电筒外观并添加发光效果来完成整个图标的制作，最终效果如图4.129所示。

难　　度：☆☆
素材文件：无
案例文件：源文件 \ 第 4 章 \ 手电筒图标设计 .psd
视频文件：视频教学 \ 第 4 章 \4.15　手电筒图标设计 .mp4

图 4.129　最终效果

1. 制作图标外观

步骤 01 执行菜单栏中的【文件】|【新建】命令，在弹出的对话框中设置【宽度】为 600 像素，【高度】为 450 像素，【分辨率】为 72 像素 / 英寸，新建一个空白画布。

步骤 02 选择工具箱中的【圆角矩形工具】，在选项栏中设置【填充】为黑色，【描边】为无，【半径】为 30 像素，在画布中按住 Shift 键绘制一个圆角矩形，此时将生成一个【圆角矩形 1】图层，如图 4.130 所示。

图 4.130　绘制图形

步骤 03 在【图层】面板中，单击面板底部的【添加图层样式】按钮 fx，在下拉菜单中选择【渐变叠加】命令。

步骤 04 在弹出的对话框中设置【渐变】为紫色（R：62，G：15，B：150）到蓝色（R：54，G：182，B：255），设置完成后单击【确定】按钮，如图 4.131 所示。

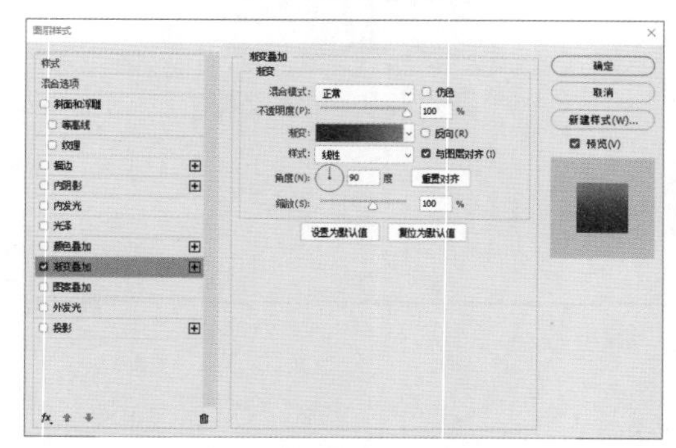

图 4.131　设置渐变叠加

步骤 05 选择工具箱中的【矩形工具】，在选项栏中设置【填充】为蓝色（R：54，G：182，B：255），【描边】为无，绘制一个矩形，此时将生成一个【矩形 1】图层，如图 4.132 所示。

步骤 06 按 Ctrl+T 组合键对矩形执行【自由变换】命令，单击鼠标右键，从弹出的快捷菜单中选择【透视】命令，拖动变形框控制点将图像变形，完成后按 Enter 键确认，如图 4.133 所示。

图 4.132　绘制图形

图 4.133　将图形变形

步骤 07 在【图层】面板中，选中【矩形 1】图层，单击面板底部的【添加图层蒙版】按钮，为该图层添加图层蒙版。

步骤 08 按住 Ctrl 键单击【圆角矩形 1】图层缩览图，将其载入选区，如图 4.134 所示。

步骤 09 执行菜单栏中的【选择】|【反选】命令将选区反向选择，将选区填充为黑色并将部分图形隐藏，完成后按 Ctrl+D 组合键将选区取消，如图 4.135 所示。

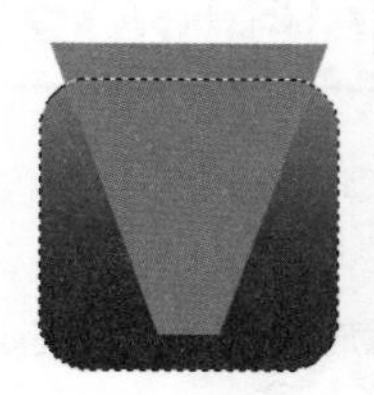

图 4.134　载入选区

图 4.135　隐藏图形

2. 添加发光特效

步骤 01 选择工具箱中的【椭圆工具】，在选项栏中设置【填充】为白色，【描边】为无，绘制一个椭圆图形，将生成一个【椭圆 1】图层，如图 4.136 所示。

步骤 02 执行菜单栏中的【滤镜】|【模糊】|【高斯模糊】命令，然后在弹出的对话框中单击【转换为智能对象】按钮，在出现的对话框中设置【半径】为 30 像素，设置完成后单击【确定】按钮，如图 4.137 所示。

图 4.136　绘制图形　图 4.137　添加高斯模糊

步骤 03 在【图层】面板中，选中【椭圆 1】图层，单击面板底部的【添加图层蒙版】按钮，为该图层添加图层蒙版。

步骤 04 按住 Ctrl 键单击【矩形 1】图层缩览图，将其载入选区，如图 4.138 所示 .

步骤 05 执行菜单栏中的【选择】|【反选】命令将选区反向选择，将选区填充为黑色，将部分图形隐藏，完成后按 Ctrl+D 组合键将选区取消，如图 4.139 所示。

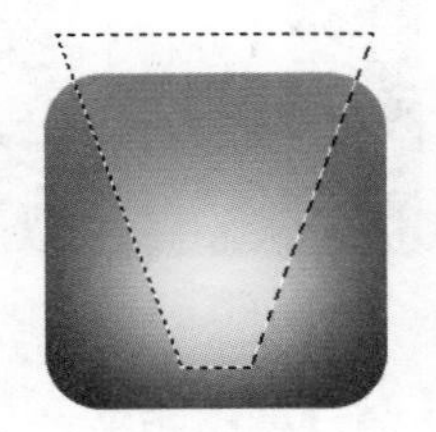

图 4.138　载入选区　图 4.139　隐藏图形

步骤 06 选择工具箱中的【圆角矩形工具】，在选项栏中设置【填充】为白色，【描边】为无，【半径】为 10 像素，绘制一个圆角矩形，将生成一个【圆角矩形 2】图层，如图 4.140 所示。

步骤 07 选择工具箱中的【直接选择工具】，选中圆角矩形底部的锚点并将其删除，如图 4.141 所示。

图 4.140　绘制图形　图 4.141　删除锚点

步骤 08 选择工具箱中的【圆角矩形工具】，在选项栏中设置【填充】为黑色，【描边】为无，【半径】为 20 像素，绘制一个圆角矩形，将生成一个【圆角矩形 3】图层，将其移至【圆角矩形 2】图层下方，如图 4.142 所示。

步骤 09 选择工具箱中的【矩形工具】，在选项栏中设置【填充】为白色，【描边】为无，绘制一个矩形，将生成一个【矩形 2】图层，如图 4.143 所示。

图 4.142　绘制图形　图 4.143　绘制矩形

3. 制作立体效果

步骤 01 在【图层】面板中，选中【圆角矩形 2】图层，单击面板底部的【添加图层样式】按钮*fx*，在下拉菜单中选择【渐变叠加】命令。

步骤 02 在弹出的对话框中设置【渐变】为灰色系，【角度】为 0 度，设置完成后单击【确定】按钮，如图 4.144 所示。

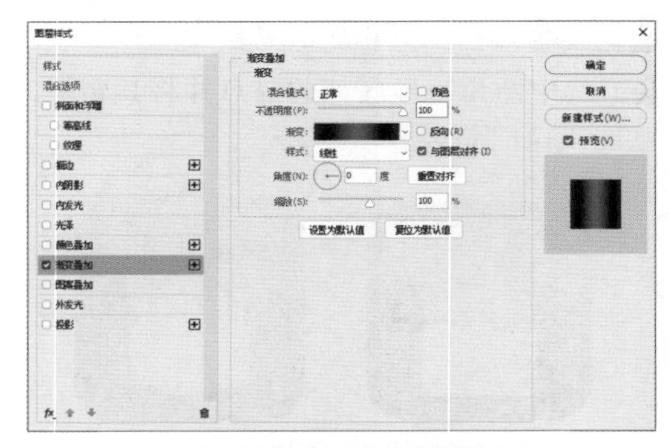

图 4.144　设置渐变叠加

步骤 03 以同样的方法为其他两个图形添加类似渐变，制作出手电筒立体效果，这样就完成了手电筒图标的制作，最终效果如图 4.145 所示。

提示

按照以下提示进行色标数量及位置的设置。

图 4.145　最终效果

4.16　标识图标设计

实例分析

本例讲解标识图标设计。标识图标主要是为了突出应用的功能，在制作过程中最主要是突出图标的功能性，最终效果如图 4.146 所示。

难　　度：☆☆
素材文件：无
案例文件：源文件 \ 第 4 章 \ 标识图标设计 .psd
视频文件：视频教学 \ 第 4 章 \4.16　标识图标设计 .mp4

图 4.146　最终效果

1. 绘制图标轮廓

步骤 01 执行菜单栏中的【文件】|【新建】命令，在弹出的对话框中设置【宽度】为 700 像素，【高度】为 550 像素，【分辨率】为 72 像素 / 英寸，新建一个空白画布，将画布填充为蓝色（R：42，G：62，B：153）。

步骤 02 选择工具箱中的【圆角矩形工具】，在选项栏中设置【填充】为灰色（R：253，G：253，B：253），【描边】为无，【半径】为 50 像素，按住 Shift 键绘制一个圆角矩形，将生成一个【圆角矩形 1】图层，如图 4.147 所示。

图 4.147 绘制图形

步骤 03 选择工具箱中的【矩形工具】▭，在选项栏中设置【填充】为黑色，【描边】为无，绘制一个矩形，将生成一个【矩形 1】图层，如图 4.148 所示。

步骤 04 选中【矩形 1】图层，在画布中按住 Alt+Shift 组合键向左侧拖动将图形复制，将生成的图形宽度缩小，如图 4.149 所示。

图 4.148 绘制图形

图 4.149 复制图形

2. 制作图标细节

步骤 01 选择工具箱中的【直接选择工具】，选中复制生成的矩形左上角锚点，并向下拖动，将其稍微变形，如图 4.150 所示。

图 4.150 将图形变形

步骤 02 在【图层】面板中，选中【矩形 1】图层，单击面板底部的【添加图层样式】按钮 fx，在下拉菜单中选择【渐变叠加】命令。

步骤 03 在弹出的对话框中设置【渐变】为蓝色（R：162，G：184，B：255）到浅蓝色（R：200，G：214，B：255），设置完成后单击【确定】按钮，如图 4.151 所示。

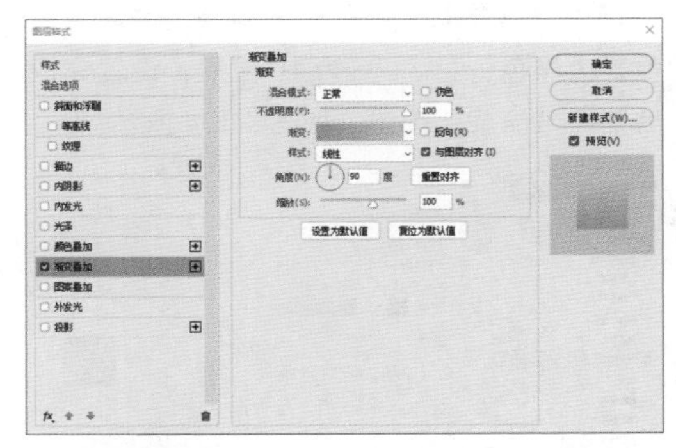

图 4.151 设置渐变叠加

步骤 04 在【矩形 1】图层名称上单击鼠标右键，从弹出的快捷菜单中选择【拷贝图层样式】命令，在【矩形 1 拷贝】图层名称上单击鼠标右键，从弹出的快捷菜单中选择【粘贴图层样式】命令，如图 4.152 所示。

步骤 05 选择工具箱中的【圆角矩形工具】▢，在选项栏中设置【填充】为深蓝色（R：52，G：61，B：110），【描边】为无，【半径】为 5 像素，按住 Shift 键绘制一个圆角矩形，将生成一个【圆角矩形 2】图层，如图 4.153 所示。

图 4.152 拷贝并粘贴图层样式

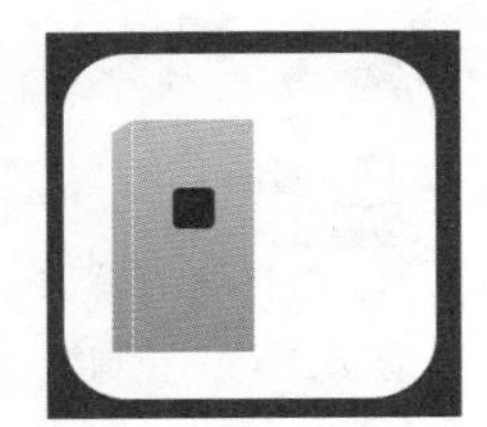
图 4.153 绘制图形

步骤 06 在【图层】面板中，单击面板底部的【添加图层样式】按钮 fx，在下拉菜单中选择【内发光】命令。

步骤 07 在弹出的对话框中设置【混合模式】为【正常】，【不透明度】为 35%，【颜色】为黑色，【大小】为 10 像素，设置完成后单击【确定】按钮，如图 4.154 所示。

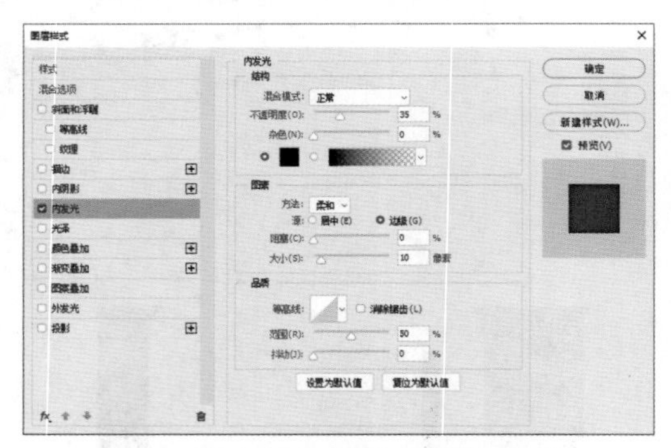

图 4.154 设置内发光

步骤 08 选中除【背景】及【圆角矩形 1】之外所有图层，按 Ctrl+G 组合键将其编组，将生成的组名称更改为【左侧】，选中【左侧】组，将其拖至【创建新图层】按钮⊞上，复制一个新组并将名称更改为【右侧】，如图 4.155 所示。

步骤 09 选中【右侧】组，将其向右侧平移，再按 Ctrl+T 组合键对其执行【自由变换】命令，单击鼠标右键，从弹出的快捷菜单中选择【水平翻转】命令，完成后按 Enter 键确认，如图 4.156 所示。

图 4.155 复制组

图 4.156 变换图形

步骤 10 选择工具箱中的【圆角矩形工具】，选中【右侧】组中的【矩形 1】图层，在图形左上角按住 Shift 键的同时绘制一个圆角矩形，如图 4.157 所示。

步骤 11 选择工具箱中的【路径选择工具】，选中绘制的图形，按住 Alt+Shift 组合键向下拖动，将图形复制，如图 4.158 所示。

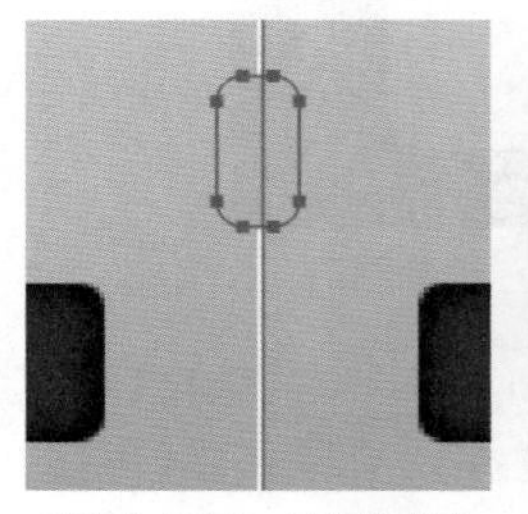

图 4.157 绘制图形

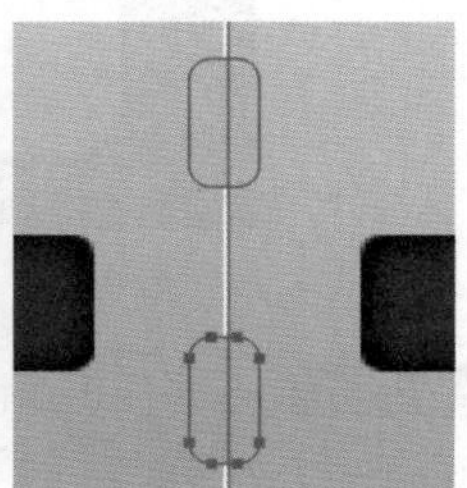

图 4.158 复制图形

步骤 12 在【图层】面板中，选中【右侧】组，单击面板底部的【添加图层样式】按钮 fx，在下拉菜单中选择【颜色叠加】命令。

步骤 13 在弹出的对话框中设置【颜色】为黑色，【不透明度】为 10%，设置完成后单击【确定】按钮，如图 4.159 所示。

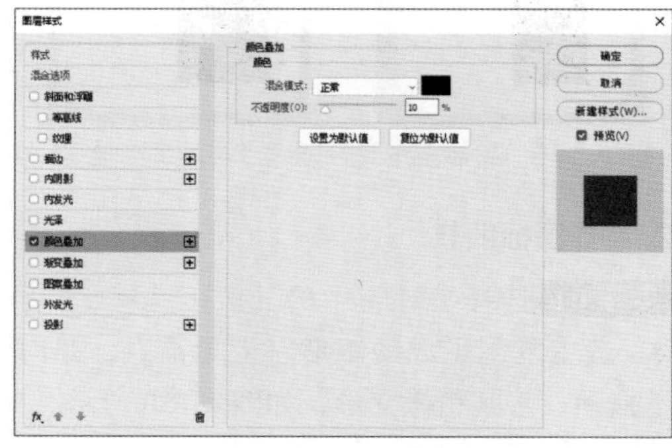

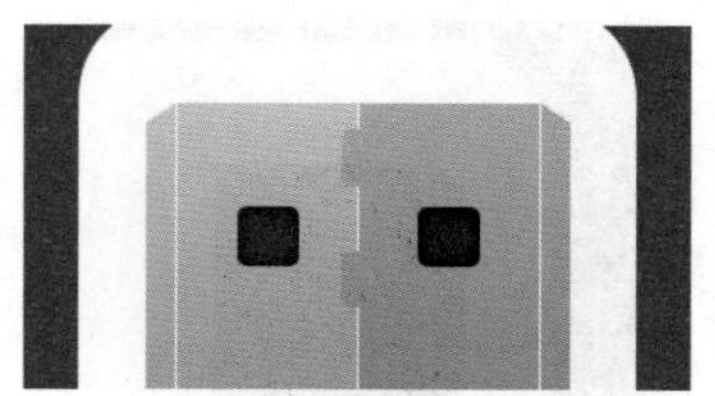

图 4.159 设置颜色叠加

3. 添加标识图形

步骤 01 选择工具箱中的【椭圆工具】，在选项栏中设置【填充】为白色，【描边】为无，绘制一个椭圆图形，将生成一个【椭圆 1】图层，如图 4.160 所示。

步骤 02 在【图层】面板中，选中【椭圆 1】图层，单击面板底部的【添加图层蒙版】

按钮■，为其添加图层蒙版。

步骤 03 按住 Ctrl 键单击【圆角矩形 1】图层缩览图，将其载入选区，执行菜单栏中的【选择】|【反选】命令将选区反向选择，将选区填充为黑色并将部分图形隐藏，完成后按 Ctrl+D 组合键将选区取消，如图 4.161 所示。

图 4.160　绘制图形

图 4.161　隐藏图形

步骤 04 在【图层】面板中，选中【椭圆 1】图层，单击面板底部的【添加图层样式】按钮fx，在下拉菜单中选择【渐变叠加】命令。

步骤 05 在弹出的对话框中设置【渐变】为蓝色（R：1，G：163，B：255）到蓝色（R：0，G：211，B：255），【角度】为 0 度，设置完成后单击【确定】按钮，如图 4.162 所示。

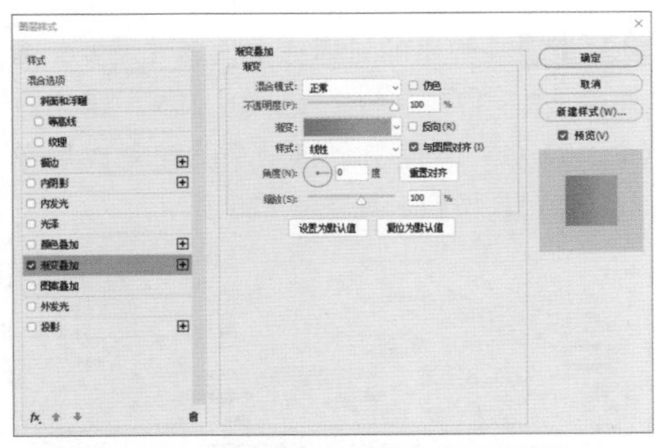

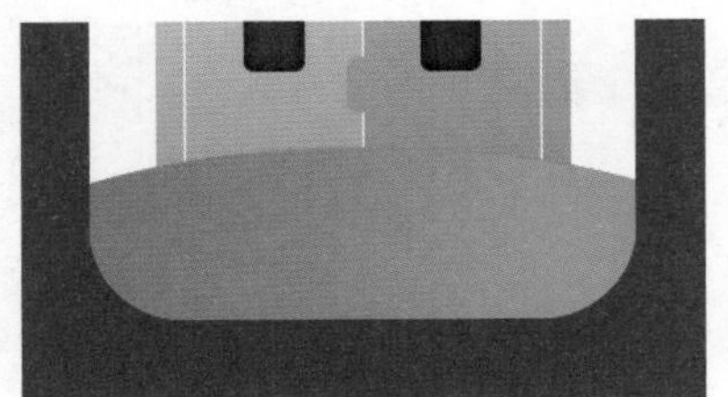

图 4.162　设置渐变叠加

步骤 06 选择工具箱中的【圆角矩形工具】▢，在选项栏中设置【填充】为黑色，【描边】为无，【半径】为 50 像素，绘制一个圆角矩形，将生成一个【圆角矩形 3】图层，如图 4.163 所示。

步骤 07 在【图层】面板中，选中【圆角矩形 3】图层，单击面板底部的【添加图层样式】按钮fx，在下拉菜单中选择【渐变叠加】命令。

步骤 08 在弹出的对话框中设置【渐变】为蓝色（R：1，G：81，B：255）到蓝色（R：87，G：27，B：255），设置【角度】为 0 度，设置完成后单击【确定】按钮，如图 4.164 所示。

图 4.163　绘制图形

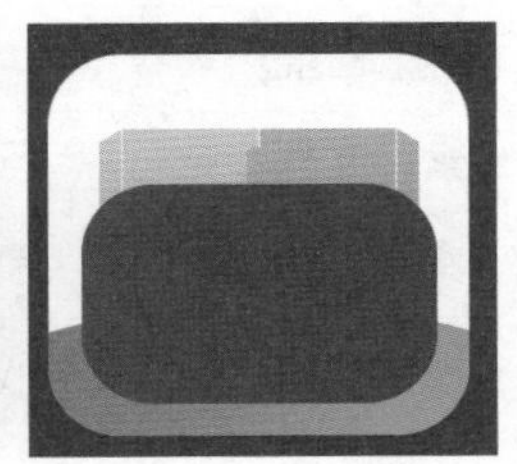

图 4.164　添加渐变叠加

步骤 09 在【图层】面板中，选中【圆角矩形 3】图层，单击面板底部的【添加图层蒙版】按钮■，为其添加图层蒙版。

步骤 10 按住 Ctrl 键单击【椭圆 1】图层缩览图，将其载入选区，如图 4.165 所示。

步骤 11 执行菜单栏中的【选择】|【反选】命令将选区反向选择，将选区填充为黑色，将部分图形隐藏，完成后按 Ctrl+D 组合键将选区取消，如图 4.166 所示。

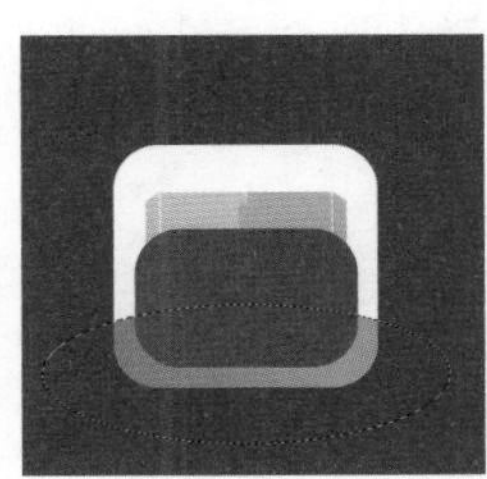

图 4.165　载入选区

图 4.166　隐藏图形

步骤 12 选择工具箱中的【横排文字工具】T，添加文字（MStiffHei PRC 体），这样就完成了标识图标的制作，最终效果如图 4.167 所示。

图 4.167　最终效果

4.17　旅行家图标设计

实例分析

本例讲解旅行家图标设计。本例图标的制作过程比较简单，主要通过绘制热气球图像来表现出旅行图标的特征，最终效果如图 4.168 所示。

难　　度：☆☆
素材文件：无
案例文件：源文件 \ 第 4 章 \ 旅行家图标设计 .psd
视频文件：视频教学 \ 第 4 章 \4.17　旅行家图标设计 .mp4

图 4.168　最终效果

1. 制作图标框架

步骤 01 执行菜单栏中的【文件】|【新建】命令，在弹出的对话框中设置【宽度】为 600 像素，【高度】为 450 像素，【分辨率】为 72 像素 / 英寸，【颜色模式】为 RGB 颜色，新建一个空白画布，将画布填充为浅绿色（R：226，G：249，B：221）。

步骤 02 选择工具箱中的【圆角矩形工具】，在选项栏中设置【填充】为白色，【描边】为无，【半径】为 50 像素，按住 Shift 键绘制一个圆角矩形，将生成一个【圆角矩形 1】图层，如图 4.169 所示。

图 4.169　绘制图形

步骤 03 在【图层】面板中，单击面板底部的【添加图层样式】按钮fx，在下拉菜单中选择【渐变叠加】命令。

步骤 04 在弹出的对话框中设置【渐变】为蓝色（R：172，G：231，B：255）到蓝色（R：0，G：148，B：250），设置完成后单击【确定】按钮，如图 4.170 所示。

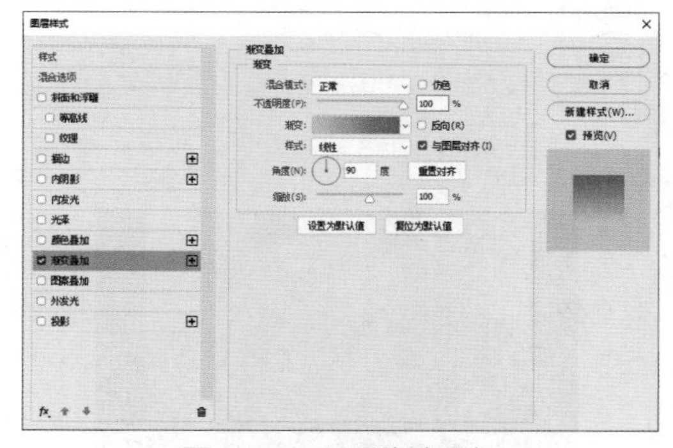
图 4.170　设置渐变叠加

步骤 05 选择工具箱中的【椭圆工具】，在选项栏中设置【填充】为浅绿色（R：226，G：249，B：221），【描边】为无，在圆角矩形左下角位置按住 Shift 键绘制一个正圆图形，将生成一个【椭圆 1】图层。

步骤 06 按住 Shift 键，同时再绘制若干个小正圆，如图 4.171 所示。

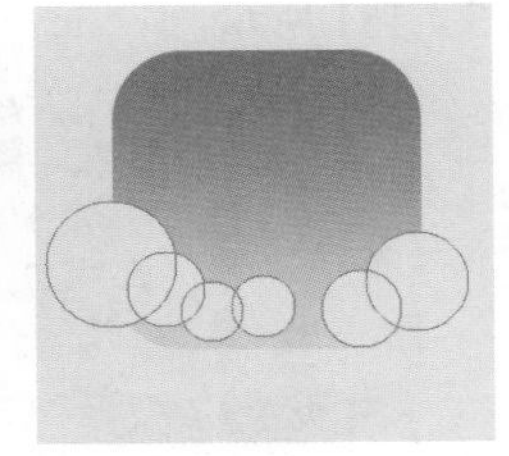

图 4.171　绘制正圆

步骤 07 选择工具箱中的【椭圆工具】，以同样的方法在图标底部位置再绘制两个白色椭圆，将生成一个【椭圆 2】图层，如图 4.172 所示。

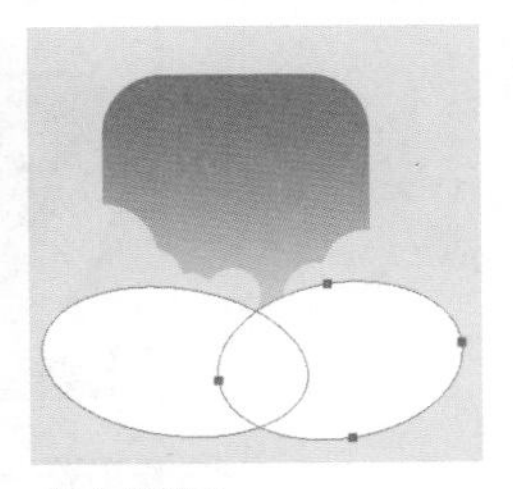

图 4.172　绘制椭圆

步骤 08 在【图层】面板中，单击面板底部的【添加图层样式】按钮fx，在下拉菜单中选择【渐变叠加】命令。

步骤 09 在弹出的对话框中设置【渐变】为绿色（R：97，G：164，B：0）到绿色（R：139，G：201，B：0），设置完成后单击【确定】按钮，如图 4.173 所示。

步骤 10 在【图层】面板中同时选中【椭圆 1】及【椭圆 2】图层，按 Ctrl+G 组合键将其编组，将生成的组名称更改为【白云和山】，单击面板底部的【添加图层蒙版】按钮，为该图层添加图层蒙版，如图 4.174 所示。

步骤 11 按住 Ctrl 键单击【圆角矩形 1】图层缩览图，将其载入选区，如图 4.175 所示。

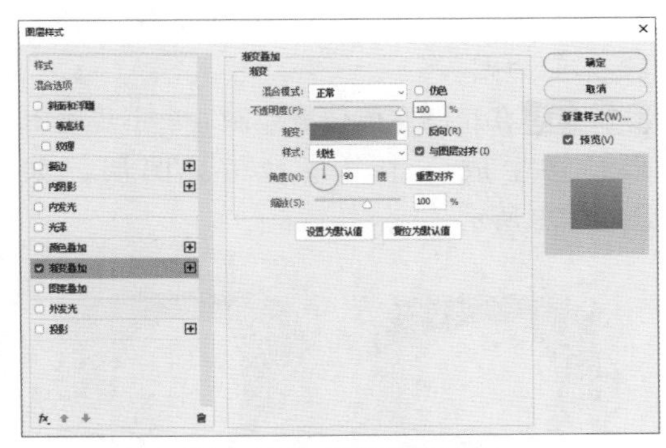

图 4.173　设置渐变叠加

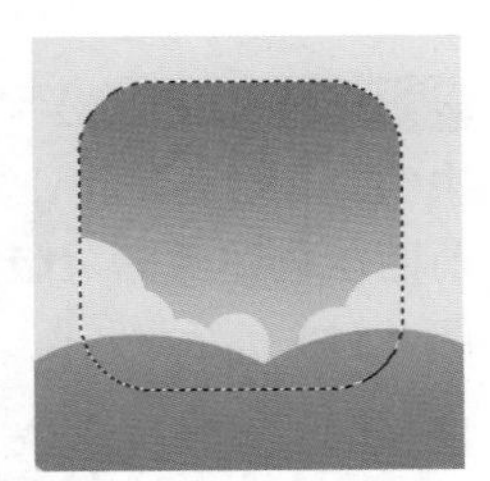

图 4.174　添加图层蒙版　图 4.175　载入选区

步骤 12 执行菜单栏中的【选择】|【反选】命令将选区反向选择，将选区填充为黑色，将部分图形隐藏，完成后按 Ctrl+D 组合键将选区取消，如图 4.176 所示。

图 4.176　隐藏图形

2. 绘制主视觉图形

步骤 01 选择工具箱中的【椭圆工具】，在选项栏中设置【填充】为白色，【描边】为无，按住 Shift 键绘制一个正圆图形，将生成一个【椭圆 3】图层，如图 4.177 所示。

步骤 02 选择工具箱中的【钢笔工具】，

在选项栏中单击【选择工具模式】路径按钮，在弹出的选项中选择【形状】，设置【填充】为蓝色（R：4，G：157，B：228），【描边】为无。

步骤 03 在正圆左侧位置绘制一个不规则图形，将生成一个【形状 1】图层，如图 4.178 所示。

图 4.177　绘制正圆　图 4.178　绘制图形

步骤 04 选中【形状 1】图层，执行菜单栏中的【图层】|【创建剪贴蒙版】命令，为当前图层创建剪贴蒙版，将部分图形隐藏，如图 4.179 所示。

图 4.179　创建剪贴蒙版

步骤 05 将【形状 1】图层复制一份并水平翻转后放置在另外一侧，如图 4.180 所示。

图 4.180　绘制图形

步骤 06 选择工具箱中的【椭圆工具】，在选项栏中设置【填充】为蓝色（R：4，G：157，B：228），【描边】为无，在白色正圆中间位置绘制一个椭圆图形，将生成一个【椭圆 4】图层。

步骤 07 选中【形状 1】图层，执行菜单栏中的【图层】|【创建剪贴蒙版】命令，为当前图层创建剪贴蒙版，将部分图形隐藏，如图 4.181 所示。

图 4.181　创建剪贴蒙版

步骤 08 同时选中【形状 1】、【形状 1 拷贝】及【椭圆 4】图层，按 Ctrl+T 组合键对其执行【自由变换】命令，将图形适当旋转，完成后按 Enter 键确认，如图 4.182 所示。

图 4.182　旋转图形

3. 添加修饰元素

步骤 01 选择工具箱中的【矩形工具】，在选项栏中设置【填充】为白色，【描边】为无，在正圆底部绘制一个矩形，将生成一个【矩形 1】图层，如图 4.183 所示。

步骤 02 按 Ctrl+T 组合键对矩形执行【自由变换】命令，单击鼠标右键，从弹出的快捷菜单中选择【变形】命令，单击选项栏中的【选择变形类型】按钮，在弹出的下拉选项中选择【扇形】，再将其稍微旋转，完成后按 Enter 键确认，如图 4.184 所示。

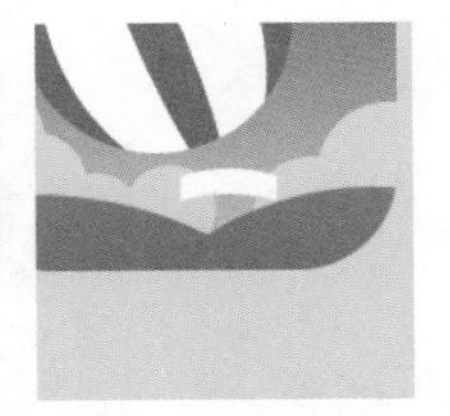

图4.183　绘制图形　图4.184　将图形变形

步骤03 在【图层】面板中，单击面板底部的【添加图层样式】按钮*fx*，在下拉菜单中选择【渐变叠加】命令。

步骤04 在弹出的对话框中设置【渐变】为橙色（R：254，G：203，B：85）到黄色（R：255，G：237，B：0）再到橙色（R：254，G：203，B：85），设置【角度】为0度，设置完成后单击【确定】按钮，如图4.185所示。

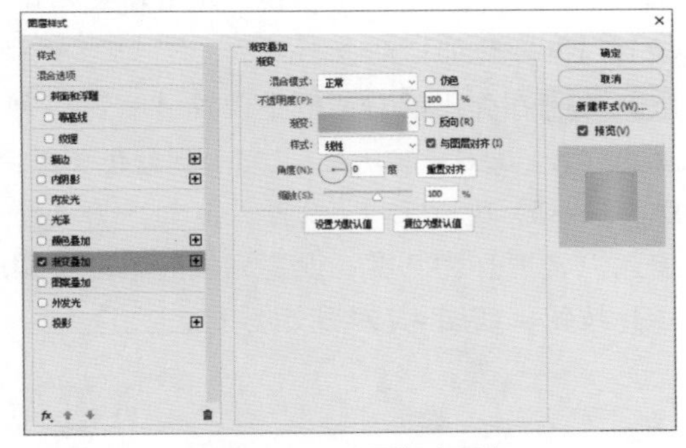

图4.185　设置渐变叠加

步骤05 选择工具箱中的【椭圆工具】，在选项栏中设置【填充】为深黄色（R：205，G：160，B：21），【描边】为无，在刚才绘制的图形底部位置绘制一个椭圆图形，将生成一个【椭圆5】图层，如图4.186所示。

步骤06 同时选中【椭圆4】、【椭圆5】图层，按Ctrl+T组合键对其执行【自由变换】命令，将图形适当旋转，完成后按Enter键确认，如图4.187所示。

图4.186　绘制图形　图4.187　旋转图形

步骤07 选择工具箱中的【直线工具】，在选项栏中设置【填充】为深黄色（R：205，G：160，B：21），【描边】为无，【粗细】为1像素，在刚才绘制的图形之间位置绘制一条线段，此时将生成一个【形状2】图层，如图4.188所示。

步骤08 以同样的方法再次绘制两条线段，将图形连接，这样就完成了旅行家图标的制作，最终效果如图4.189所示。

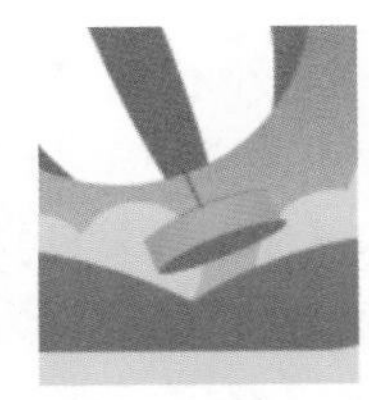

图4.188　绘制图形　图4.189　最终效果

4.18　卡片管理图标设计

实例分析

本例讲解卡片管理图标设计。本例的图标具有不错的视觉特征，通过圆润的圆角矩形外观进行排列，制作出略带立体视觉的扁平化效果，最终效果如图4.190所示。

难　　度：☆☆
素材文件：无
案例文件：源文件 \ 第 4 章 \ 卡片管理图标设计 .psd
视频文件：视频教学 \ 第 4 章 \4.18　卡片管理图标设计 .mp4

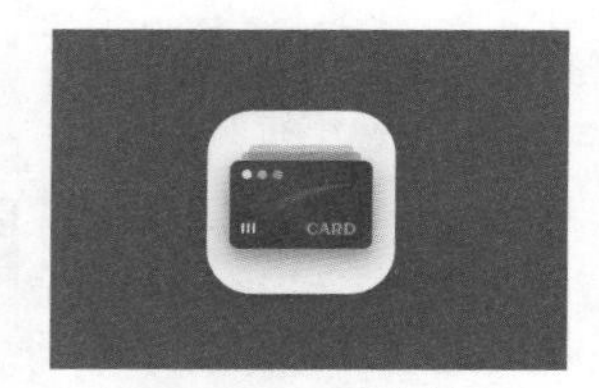

图 4.190　最终效果

1. 制作图标外观

步骤 01 执行菜单栏中的【文件】|【新建】命令，在弹出的对话框中设置【宽度】为 600 像素，【高度】为 450 像素，【分辨率】为 72 像素 / 英寸，【颜色模式】为 RGB 颜色，新建一个空白画布。

步骤 02 选择工具箱中的【圆角矩形工具】，在选项栏中设置【填充】为白色，【描边】为无，【半径】为 50 像素，按住 Shift 键绘制一个圆角矩形，将生成一个【圆角矩形 1】图层，如图 4.191 所示。

图 4.191　绘制图形

步骤 03 在【图层】面板中，单击面板底部的【添加图层样式】按钮*fx*，在下拉菜单中选择【投影】命令。

步骤 04 在弹出的对话框中设置【混合模式】为【叠加】，【颜色】为黑色，【不透明度】为 20%，取消选中【使用全局光】复选框，设置【角度】为 90 度，【距离】为 3 像素，【大小】为 30 像素，设置完成后单击【确定】按钮，如图 4.192 所示。

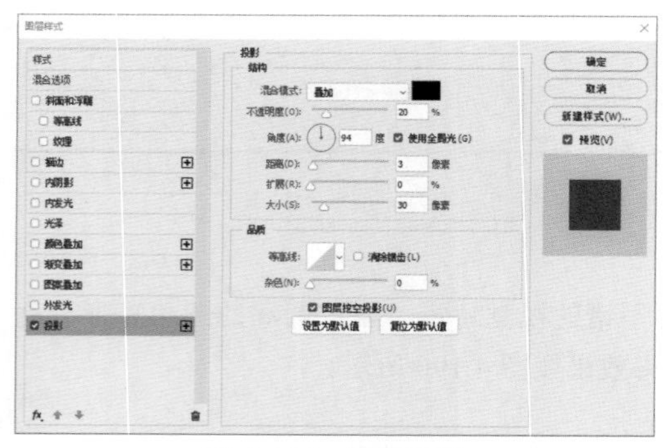

图 4.192　设置投影

步骤 05 选择工具箱中的【圆角矩形工具】，在选项栏中设置【填充】为黑色，【描边】为无，【半径】为 10 像素，绘制一个圆角矩形，将生成一个【圆角矩形 2】图层，如图 4.193 所示。

图 4.193　绘制图形

步骤 06 在【图层】面板中，单击面板底部的【添加图层样式】按钮*fx*，在下拉菜单中选择【渐变叠加】命令。

步骤 07 在弹出的对话框中设置【渐变】为蓝色（R：0，G：120，B：255）到蓝色（R：0，G：86，B：255），设置【样式】为【径向】，【角度】为 0 度，设置完成后单击【确定】按钮，如图 4.194 所示。

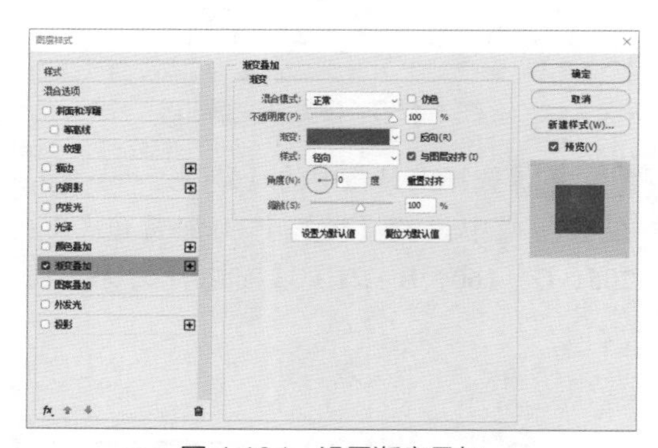

图 4.194　设置渐变叠加

2. 绘制细节图形

步骤 01 选择工具箱中的【椭圆工具】，在选项栏中设置【填充】为浅蓝色（R：230，G：240，B：255），【描边】为无，在圆角矩形左上角位置按住 Shift 键绘制一个正圆图形，将生成一个【椭圆 1】图层，如

图 4.195 所示。

步骤 02 选中【椭圆 1】图层，在画布中按住 Alt+Shift 组合键向右侧拖动将正圆复制两份，并将复制生成的两份新图形设置为不同的颜色，如图 4.196 所示。

图 4.195　绘制图形

图 4.196　复制图形

步骤 03 选择工具箱中的【钢笔工具】，在选项栏中单击【选择工具模式】路径按钮，在弹出的选项中选择【形状】，设置【填充】为白色，【描边】为无。

步骤 04 绘制一个不规则图形，将生成一个【形状 1】图层，如图 4.197 所示。

步骤 05 在【图层】面板中，选中【形状 1】图层，将其图层【填充】设置为 30%，如图 4.198 所示。

图 4.197　绘制图形

图 4.198　设置不透明度

步骤 06 在【图层】面板中，选中【形状 1】图层，单击面板底部的【添加图层蒙版】按钮，为其添加图层蒙版。

步骤 07 选择工具箱中的【渐变工具】，编辑一个黑色到白色的渐变，单击选项栏中的【线性渐变】按钮，在图形上拖动将部分图像隐藏，如图 4.199 所示。

图 4.199　隐藏图像

步骤 08 选择工具箱中的【圆角矩形工具】，在选项栏中设置【填充】为浅蓝色（R：230，G：240，B：255），【描边】为无，【半径】为 10 像素，绘制一个细长圆角矩形，将生成一个【圆角矩形 3】图层，如图 4.200 所示。

步骤 09 选中【圆角矩形 3】图层，在画布中按住 Alt+Shift 组合键向右侧拖动，将其复制两份，如图 4.201 所示。

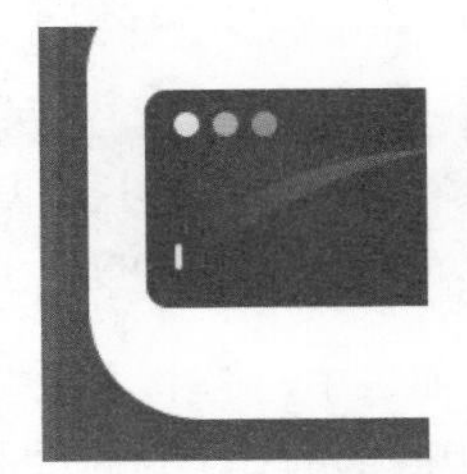

图 4.200　绘制图形

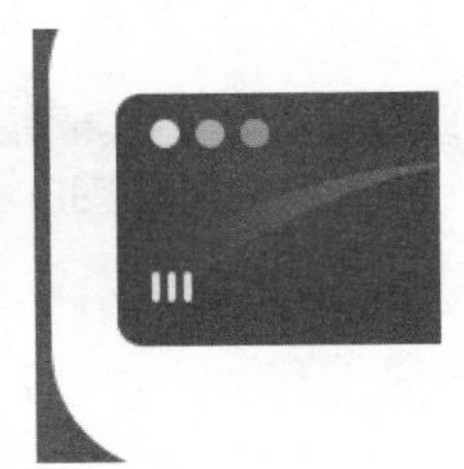

图 4.201　复制图形

3. 完善整体效果

步骤 01 双击【圆角矩形 2】图层样式名称，在弹出的对话框中勾选【投影】复选框，设置【混合模式】为【正常】，【颜色】为蓝色（R：0，G：89，B：255），【不透明度】为 50%，取消选中【使用全局光】复选框，设置【角度】为 90 度，【距离】为 10 像素，【大小】为 30 像素，设置完成后单击【确定】按钮，如图 4.202 所示。

步骤 02 选择工具箱中的【圆角矩形工具】，在选项栏中设置【填充】为蓝色（R：30，G：125，B：254），【描边】为无，【半径】为 5 像素，在图标上绘制一个圆角矩形，将生成一个【圆角矩形 4】图层，将其移至【圆角矩形 1】上方，如图 4.203 所示。

步骤 03 选中【圆角矩形 4】图层，将其图层【不透明度】设置为 30%，如图 4.204 所示。

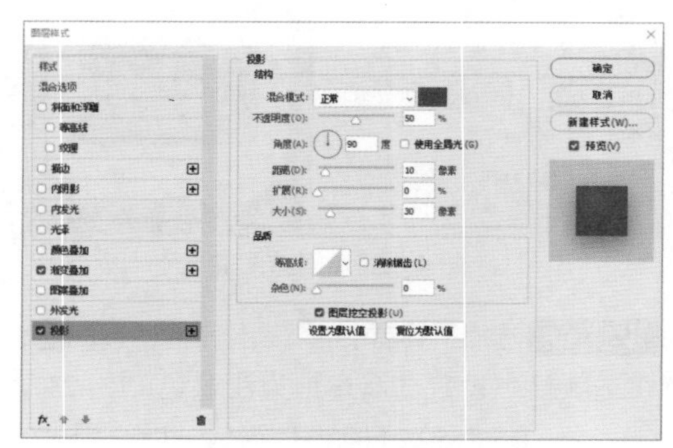

图 4.202 设置投影

图 4.203 绘制图形

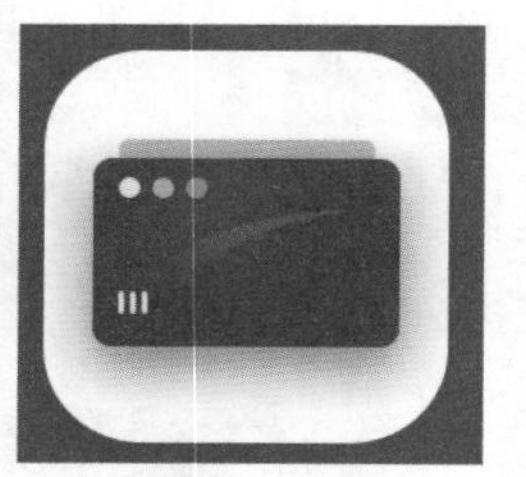

图 4.204 设置图层不透明度

步骤 04 在【图层】面板中，选中【圆角矩形 4】图层，单击面板底部的【创建新图层】按钮⊞，复制一个新【圆角矩形 4 拷贝】图层。

步骤 05 选中【圆角矩形 4 拷贝】图层，在画布中按 Ctrl+T 组合键对其执行【自由变换】命令，将图像等比例缩小，完成后按 Enter 键确认，将其图层【不透明度】设置为 20%，如图 4.205 所示。

图 4.205 变换图形

步骤 06 选择工具箱中的【横排文字工具】**T**，添加文字（Exotc350 Bd BT 体），如图 4.206 所示。

步骤 07 选中文字所在图层，将其图层【不透明度】设置为 50%，这样就完成了卡片管理图标的制作，最终效果如图 4.207 所示。

图 4.206 添加文字

图 4.207 最终效果

4.19 娱乐应用图标设计

实例分析

本例讲解娱乐应用图标设计。本例的图标制作相对比较简单，先绘制图标外观，再手绘音符图像，最后整合成一个完整的娱乐应用图标效果，最终效果如图 4.208 所示。

难　　度：☆☆
素材文件：无
案例文件：源文件 \ 第 4 章 \ 娱乐应用图标设计 .psd
视频文件：视频教学 \ 第 4 章 \4.19　娱乐应用图标设计 .mp4

图 4.208 最终效果

1. 打造图标轮廓

步骤 01 执行菜单栏中的【文件】|【新建】命令，在弹出的对话框中设置【宽度】为600像素，【高度】为450像素，【分辨率】为72像素/英寸，新建一个空白画布。

步骤 02 选择工具箱中的【圆角矩形工具】▢，在选项栏中设置【填充】为黑色，【描边】为无，【半径】为100像素，在画布中按住Shift键绘制一个圆角矩形，此时将生成一个【圆角矩形 1】图层，如图4.209所示。

图 4.209　绘制图形

步骤 03 在【图层】面板中，单击面板底部的【添加图层样式】按钮fx，在下拉菜单中选择【渐变叠加】命令。

步骤 04 在弹出的对话框中设置【渐变】为紫色（R：83，G：14，B：47）到深紫色（R：23，G：11，B：25），设置【角度】为50度，设置完成后单击【确定】按钮，如图4.210所示。

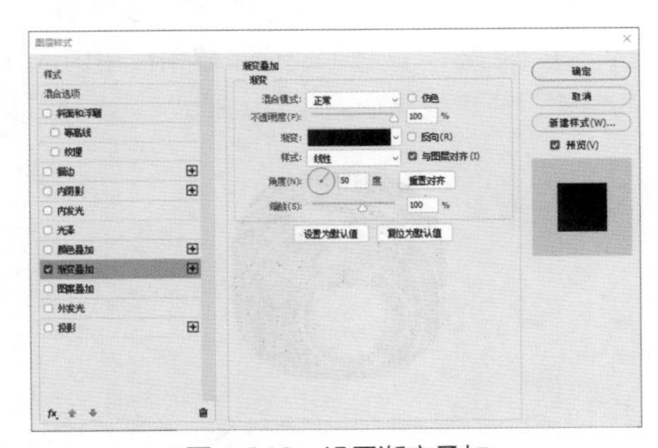

图 4.210　设置渐变叠加

2. 添加装饰图形

步骤 01 选择工具箱中的【椭圆工具】◯，在选项栏中设置【填充】为无，【描边】为白色，【大小】为3像素，在图标位置按住Shift键绘制一个正圆图形，此时将生成一个【椭圆 1】图层，如图4.211所示。

步骤 02 在【图层】面板中，选中【椭圆 1】图层，将其拖至面板底部的【创建新图层】按钮⊞上，复制【椭圆 1 拷贝】及【椭圆 1 拷贝 2】两个新的图层。

步骤 03 分别选中【椭圆 1 拷贝】及【椭圆 1 拷贝 2】图层，按Ctrl+T组合键对其执行【自由变换】命令，将图形等比例缩小，完成后按Enter键确认，如图4.212所示。

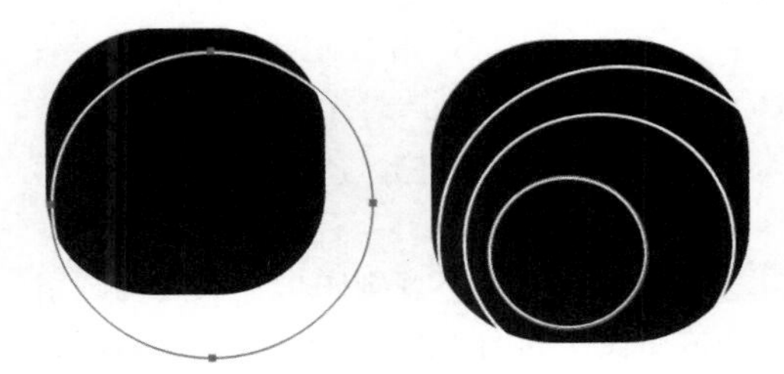

图 4.211　绘制图形　　图 4.212　变换图形

步骤 04 同时选中【椭圆 1】、【椭圆 1 拷贝】及【椭圆 1 拷贝 2】图层，按Ctrl+G组合键将其编组，此时将生成一个名称为【组 1】的组。

步骤 05 在【图层】面板中，选中【组 1】组，单击面板底部的【添加图层蒙版】按钮◘，为该图层添加图层蒙版。

步骤 06 按住Ctrl键单击【圆角矩形 1】图层缩览图，将其载入选区。执行菜单栏中的【选择】|【反向】命令将选区反向，将选区填充为黑色，将部分图像隐藏，完成后按Ctrl+D组合键将选区取消，如图4.213所示。

步骤 07 选择工具箱中的【椭圆工具】◯，在选项栏中设置【填充】为红色（R：255，G：

26，B：83)，【描边】为无，在画布靠左侧位置按住 Shift 键绘制一个正圆图形，此时将生成一个【椭圆 2】图层，如图 4.214 所示。

图 4.213　隐藏图形

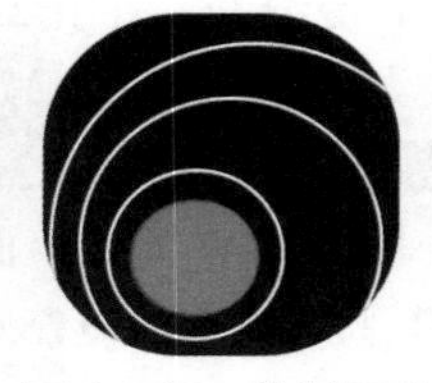
图 4.214　绘制图形

3. 微调图标细节

步骤 01 选择工具箱中的【钢笔工具】，在选项栏中单击【选择工具模式】路径按钮，在弹出的选项中选择【形状】，设置【填充】为红色（R：255，G：26，B：83)，【描边】为无，单击选项栏中的【路径操作】按钮，在弹出的选项中选择【合并形状】。

步骤 02 绘制一个不规则图形，与原椭圆组成音符图像，如图 4.215 所示。

步骤 03 在【图层】面板中，选中【椭圆 2】图层，将其拖至面板底部的【创建新图层】按钮上，复制一份【椭圆 2 拷贝】图层，将【椭圆 2 拷贝】图层中图形颜色填充为白色，在画布中将其向右侧稍微移动，如图 4.216 所示。

图 4.215　绘制图形

图 4.216　复制并移动图形

步骤 04 按住 Ctrl 键单击【椭圆 2】图层缩览图，将其载入选区。

步骤 05 执行菜单栏中的【选择】|【存储选区】命令，在弹出的对话框中设置【名称】为【音符选区】，设置完成后单击【确定】按钮，如图 4.217 所示。

图 4.217　存储选区

步骤 06 按住 Ctrl 键单击【椭圆 2 拷贝】图层缩览图，将其载入选区。

步骤 07 执行菜单栏中的【选择】|【载入选区】命令，在弹出的对话框中选择【通道】为【音符选区】，选中【从选区中减去】单选按钮，设置完成后单击【确定】按钮，如图 4.218 所示。

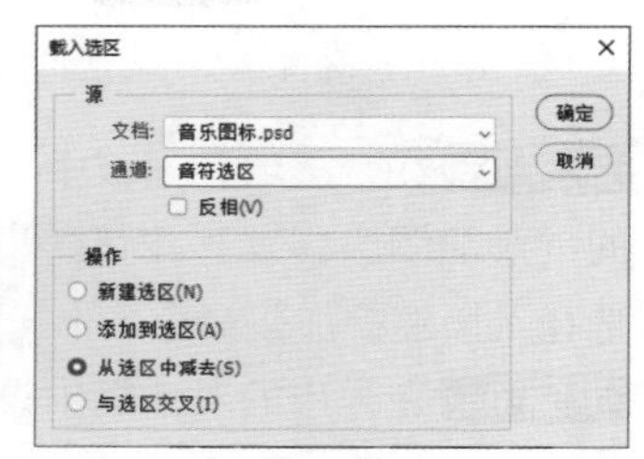

图 4.218　载入选区

步骤 08 在【图层】面板中，单击面板底部的【创建新图层】按钮，新建一个【图层 1】图层，将图层填充为青色（R：35，G：244，B：238)，这样就完成了娱乐应用图标的制作，最终效果如图 4.219 所示。

图 4.219　最终效果

4.20　拓展训练

本节通过 2 个扁平风格的课后习题安排，供读者练习，以巩固前面学习的内容，提高对扁平化风格图标设计的认知。

4.20.1 便签图标设计

实例分析

本例讲解便签图标设计制作。此款图标的配色及造型效果均十分简单并且可识别性极强，通过简洁的表达，十分完美地符合当下的图标流行趋势。最终效果如图 4.220 所示。

难　　度：☆☆
素材文件：无
案例文件：源文件 \ 第 4 章 \ 便签图标设计 .psd
视频文件：视频教学 \ 第 4 章 \ 训练 4-1　便签图标设计 .mp4

图 4.220　最终效果

步骤分解如图 4.221 所示。

图 4.221　步骤分解图

4.20.2 加速图标

实例分析

本例讲解加速图标制作。本例的可识别性极强，以十分形象的小火箭图形表现出加速的特点。整个绘制过程比较简单，最终效果如图 4.222 所示。

难　　度：☆☆
素材文件：无
案例文件：源文件 \ 第 4 章 \ 加速图标 .psd
视频文件：视频教学 \ 第 4 章 \ 训练 4-2　加速图标 .mp4

图 4.222　最终效果

步骤分解如图 4.223 所示。

 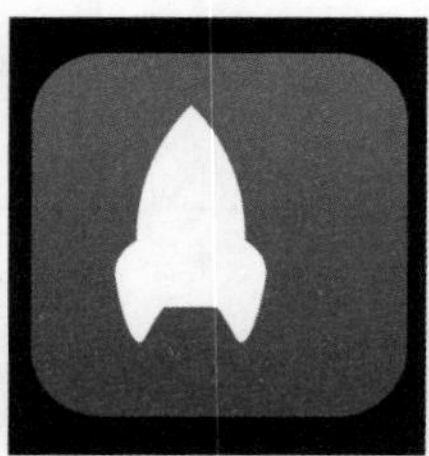  

图 4.223　步骤分解图

第5章

形象拟物化图标设计

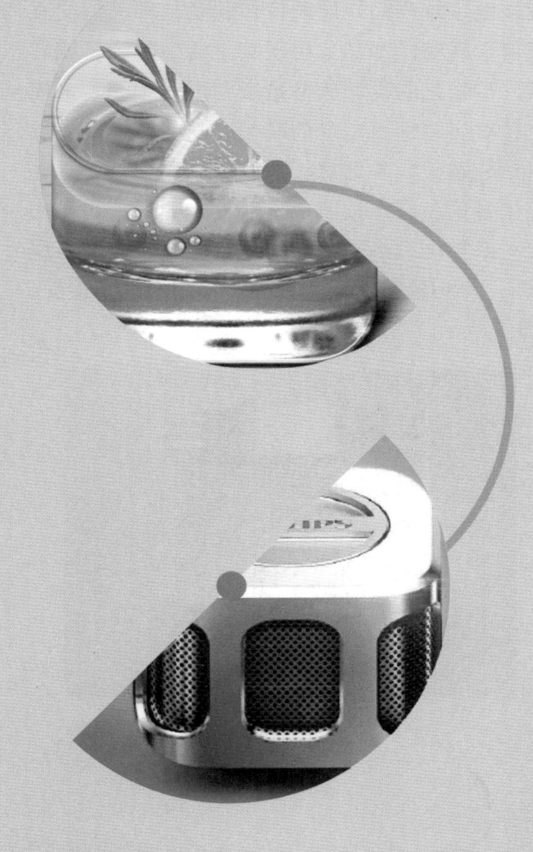

内容摘要

本章主要讲解形象拟物化图标设计。拟物化图标作为一种曾经十分火热的图标类型，它的出现引领了UI图标设计的潮流，具有逼真的外观与动感的造型，令整个图标极具专业化及视觉吸引力。本章在讲解的过程中采用理论基础知识与实战相结合的方式进行讲解，精选了诸如煎蛋图标设计、麦克风图标设计、数码音箱图标设计等实例，通过对这些基础知识的学习及实战的训练可以达到完全掌握形象拟物化图标设计的目的。

教学目标

- 了解什么是拟物化图标
- 学习拟物化图标基础知识
- 学习拟物化图标设计规范
- 学习时尚时钟图标设计技巧
- 学会设计煎蛋图标
- 掌握文件管理图标设计技巧
- 掌握麦克风图标设计

5.1 什么是拟物化图标

拟物化图标是手机中经常看到的一种 UI 图标。拟物化图标与实物相近，可以比较直观地让用户辨识。同时设计也更为烦琐、兼具美感。所谓拟物化原本是希腊词汇，是指对象仅仅保留了之前的装饰性元素，而这些元素对于当前的功能已不再是必要的。其设计核心就是利用一切装饰效果，诸如通过阴影、透视、纹理、渐变等手段再现原有物体效果，表现出真实世界的物体形态。拟物化设计的特点，就是让体验者能较快地了解产品，同时使体验者与产品的交互方式实现在模拟现实生活中，而所有的元素也都取自于现实，都是运用现实生活中的物体或者是能通过关联到的物体来体现的。在界面设计领域，拟物化的设计风格是指利用设计元素来模仿现实中的实物，创造出虚拟的三维效果，并产生针对实物性质本身的联想，从而使体验者较容易地做出选择判断。如图标设计中，话机代表电话、聊天代表信息、播放符代表视频等。乔布斯在早期的人机界面中也指出：当应用中的可视化对象和操作按照现实世界中的对象与操作进行模仿时，用户就能快速领会如何使用它。因此，拟物化风格的优势便是将原本包含较多现实元素的抽象内容具象化，使其更直观地传递给用户，不但能降低学习成本，使用户易于接受，而且能提高产品的认知度。常见的拟物化图标如图 5.1 所示。

图 5.1　拟物化图标

图 5.1　拟物化图标（续）

5.2　拟物化图标基础知识

在用户界面中，图标是不可或缺的元素。虽然绝大多数的图标都很小，甚至不被人注意到，但是它们帮助设计师和用户解决了许多问题。图标是可用性和导航的关键，虽然用户能够感知到图标的功用，但是只有设计师才会明白，想要让图标简约、可用，还富有表现力，就要耗费很多时间和精力。

5.2.1　图标的定义

一般而言，图标是具有高度概括性的、用于视觉信息传达的小尺寸图像。图标常常可以传达出丰富的信息，并且常常和词汇、文本相互搭配使用，两者互相支撑，或隐晦或直白地共同传递出其中所包含的意义、特征、内容和信息。在数字设计领域，图标作为网页或者 UI 界面中的象形图和表意文字而存在，是确保界面可用性的基础设施，也是达成人机交互这一目标的有效途径。

图标的表意功能，使得它可以有效地替代文本来使用。有研究表明，使用高度可识别的、清晰的图标，对于界面导航的可用性有极大的提升，对于人类而言，视觉信息的处理速度比起文本要快得多。不过，从另一方面来看，图标需要传递出相对清晰的概念才行，任何轻微的误读都会对整体体验造成极大的伤害，所以，图标的选取要慎之又慎，只有经过仔细的测试，才能达成良好的平衡，并且为目标受众所接受。

5.2.2 图标的使用历史

图标、标识都不是界面设计师所创造的概念，它的存在可以追溯到人类文明诞生之初。在漫长的历史长河当中，早期用来传达信息的图标演变为系统的文字，而在地图、图书、壁画和建筑等各种各样的地方，还存在着用来代表和传达特定概念的图标和标识。早期图标样式如图 5.2 所示。

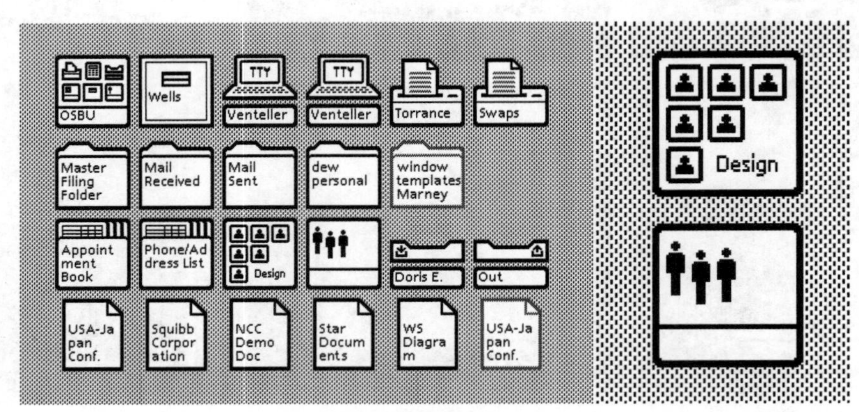

图 5.2　早期图标样式

5.2.3 以功能分类图标

许多操作系统和工具开始预制一些成体系的图标，诞生基于种种需求，越来越多的自制的、重设计的图标，逐步进入了人们的视野。图标类型很多，可以用不同的方式来划分它们。

1. 解释性图标

这些图标旨在阐明信息的图标类型。它们是用来解释和阐明特定功能或者内容类别的视觉标记。在某些情况下，它们并不是直接可交互的 UI 元素，在很多时候也会有辅助解释其含义的文案。同时，它们还常常会作为行为召唤类文本的视觉辅助元素而存在，以提高信息的可识别性。很多时候用户会借助这些解释性图标来获取信息，而不是借助与其相搭配的文本。不过，有的时候图标表达的含义可能还不够完整或者清晰，最好是将图标和文案搭配起来使用，降低误读的可能性。解释性图标效果如图 5.3 所示。

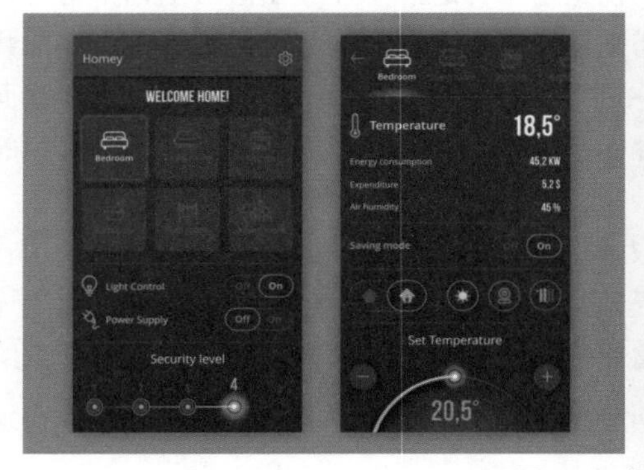

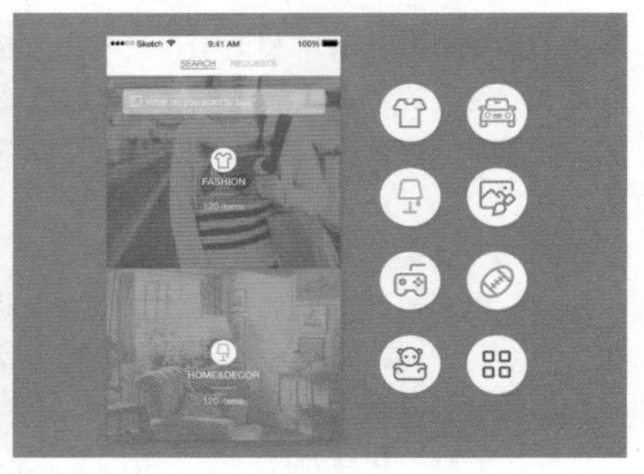

图 5.3　解释性图标

2. 交互图标

交互图标在 UI 中不只是用来展示的，它们还会参与到与用户的交互中来，是导航系统不可或缺的组成部分。它们可以被点击，并且随之响应，帮助用户执行特定的操作，触发相应的功能。交互图标效果如图 5.4 所示。

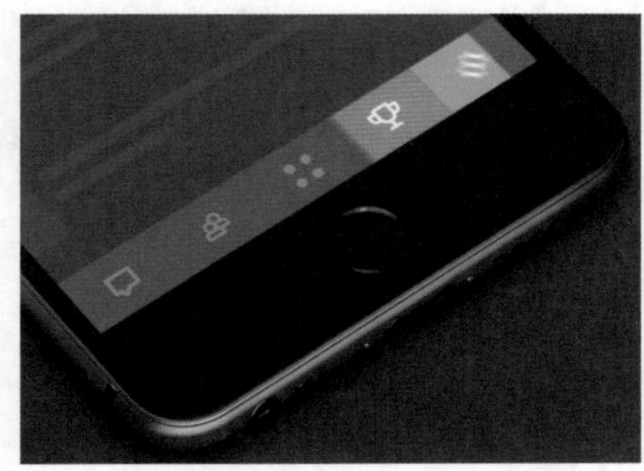

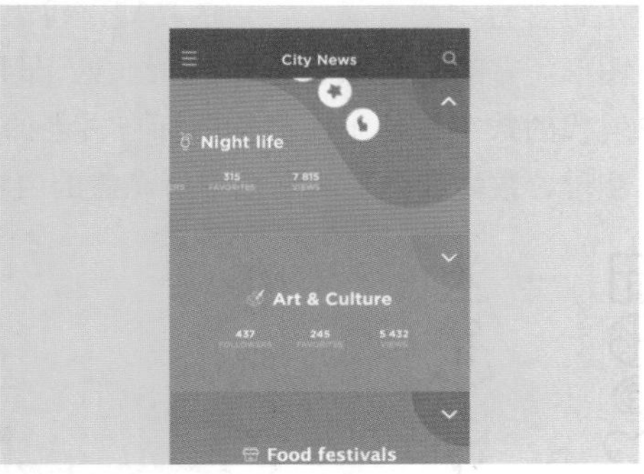

图 5.4 交互图标效果

3. 装饰和娱乐用图标

这种图标通常是用来提升整个界面的美感和视觉体验，并不具备明显的功能性。但是，它们同样是重要的。这类图标迎合了目标受众的偏好与期望，具有特定的风格外观，并且提升了整个设计的可靠性和可信度。更准确地说，这些装饰性的图标不仅可以吸引并留住用户，还可以让用户体验更加积极。装饰性图标通常呈现出季节性和周期性的特征。装饰和娱乐图标效果如图 5.5 所示。

4. 应用图标

应用图标是不同数字产品在各个操作系统平台的入口用来展示品牌的标识，它是这个数字产品的身份象征。在绝大多数情况下，它会将这个品牌的 Logo 和品牌用色融入到图标设计中来，也有的图标会采用吉祥物和企业视觉识别色的组合。真正优秀的应用图标设计，是结合市场调研和品牌设计的组合，它的目标在于创造一个让用户能够在屏幕上快速找到的醒目设计。应用图标效果如图 5.6 所示。

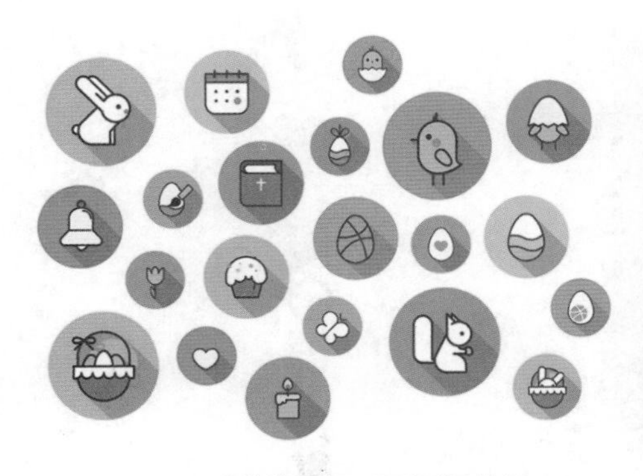

图 5.5 装饰和娱乐用图标效果

图 5.6 应用图标效果

5.2.4 以视觉分类图标

1. 字符图标

字符是读者和作家约定俗成的符号、字符集合中所包含的各种图形。在排版领域，符号图标通常是包含特定的含义、特定的功能，可表意，也可书写的类文字系统。它可以是字母，也可以是图形，有的时候甚至是两者的组合。早期字符图标如图 5.7 所示。

在现代的数字设计中，字符图标在古老的字符系统上有了新的发展。现在的字符图标同样包含了字母、数字和图形，它们中所涵盖的内容更加丰富。现代化字符图标如图 5.8 所示。

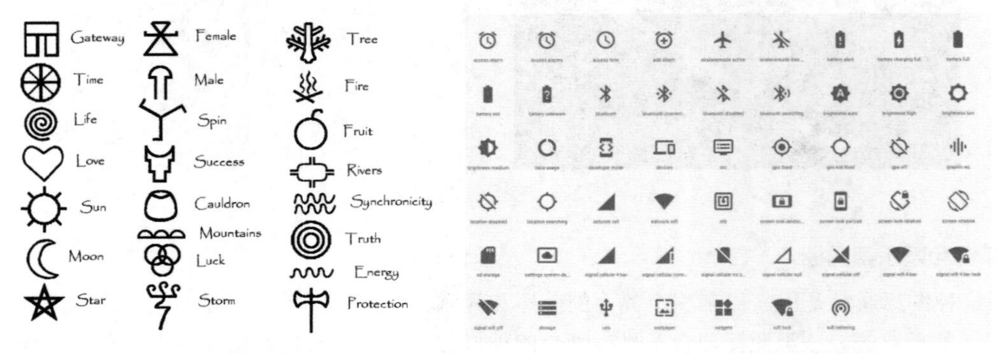

图 5.7 早期字符图标　　图 5.8 现代化字符图标

字符图标使用简化和通用的图形，当用户在使用它们的时候，将会拥有足够的识别度和灵活的适用场景。

2. 扁平和半扁平图标

扁平化的图标设计比起字符图标就要复杂得多，其中增加了色彩和其他元素的填充，比起由轮廓和笔画构成的字符图标，明显要高一个维度。然而和前者一样，扁平的图标同样专注于清晰而直观的视觉信息传达，为用户提供一目了然的视觉内容。扁平化的图标设计最突出的功能也就在此，在二维的平面上，不借助复杂的纹理和阴影来明了地、视觉化地传达信息，和拟物化图标正好相对。扁平化图标效果如图 5.9 所示。

图 5.9 扁平化图标效果

3. 拟物化图标

拟物化图标是扁平化图标的对立面，正如同拟物化图标设计师常说的一样，它就是超现实，尽量将现实世界中的形状、纹理、光影都融入到整个图标的设计，拟真是它的特点。拟物化图标这一设计趋势几乎是跟随着麦塔金的诞生和进化一步一步走过来的，走到极致，然后从UI设计领域开始，被扁平化设计所替代。不过，拟物化图标现在已被广泛地运用在不同领域，尤其在游戏设计和游戏类产品的图标设计当中，拟物化图标效果如图5.10所示。

图5.10　拟物化图标效果

5.2.5 拟物化图标设计原则

- 清晰：图标的意义是可理解的，可供受众吸收的。
- 有意义：传递出有意义的信息。
- 可识别：图标所包含的视觉符号应该能够被正确地识别和呈现。
- 简单：图标仅包含必要的元素，便于被快速地感知，不会让用户感到费劲。
- 吸引人：图标设计要比其他的视觉元素更突出，直觉而引人瞩目。
- 灵活可拓展：图标应该可缩放，并且不论大小都能被人理解，完整而易读。
- 一致：图标应该和应用保持一致的风格。

5.2.6 拟物化图标设计技巧

1. 简单

图标是非写实的表现，不需要担心图标不够真实，消除不必要的细节，用基本的形状只保留最基础的部分，让图标更容易被理解。有时候会因为图标有更多细节而传达了更复杂的思想。简单与复杂设计对比效果如图5.11所示。

2. 一致性

在整个图标系统中，图标要以同一种样式来确保图标完美协调。比如同样的形状、填充、描边粗细、尺寸等。要制定好可以被复用的栅格、规范和样式。图标一致性对比效果如图5.12所示。

图5.11　简单与复杂设计对比效果　　图5.12　一致性对比效果

3. 清晰

当设计非常小的图标的时候，图标的描边就要保持锐利，不能有模糊。注意半像素的情况出现，尽量避免小数点参数，清晰效果如图 5.13 所示。

4. 空间

确保图标的所有形状有足够的空间。笔画和空间过于狭小会使图标更难被理解，空间设置效果如图 5.14 所示。

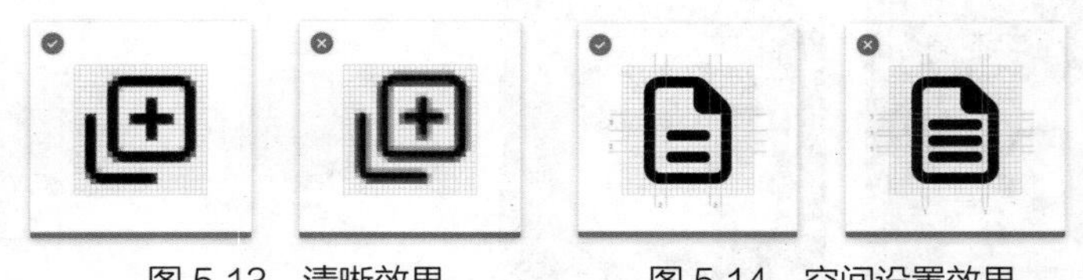

图 5.13　清晰效果　　　图 5.14　空间设置效果

5. 视觉调整

确保图标看起来是正确的，适当地调整元素的对齐可以达到视觉上的平衡。不能只关注参数，视觉调整最为重要。视觉调整效果如图 5.15 所示。

6. 布局规格

所有图标保持同样的尺寸，在图标周围定义一个可调整的内边距范围，尽量让元素设计在这个范围内。不要挤满所有元素，当图标需要额外控件时可以超出这个内边距范围，布局规格效果如图 5.16 所示。

图 5.15　视觉调整效果　　　图 5.16　布局规格效果

7. 测试验证

在设计阶段，图标可能看起来是完美的，但还是需要将图标放到实际的界面环境中，测试其是否完美，有没有可以调整的细节问题。

5.3　拟物化图标设计规范

App 图标大多以线性图标、面性图标为主，这些看似很简单的图标设计却包含很多设计节需要注意。

1. 栅格规范

一个界面中的图标通常可以看作是一些基本图形的组合，如横向矩形、纵向矩形、倾斜矩形、圆形、三角形、正方形。模糊地看它们具有相同的视觉重量，因为它们或多或少地变成了相同的斑点。如果一个图标因为一些突出的元素而在视觉上有更好的效果，那就让它们突出。栅格辅助设计图标如图 5.17 所示。

2. 清晰像素网格

为了使图标在非视网膜屏幕上清晰可见，尽量使用像素网格并在线性图标上优先使用 2 像素粗细的描边。2 像素居中对齐的描边通常会提供足够的粗细和清晰的轮廓。2 像素精细描边效果如图 5.18 所示。

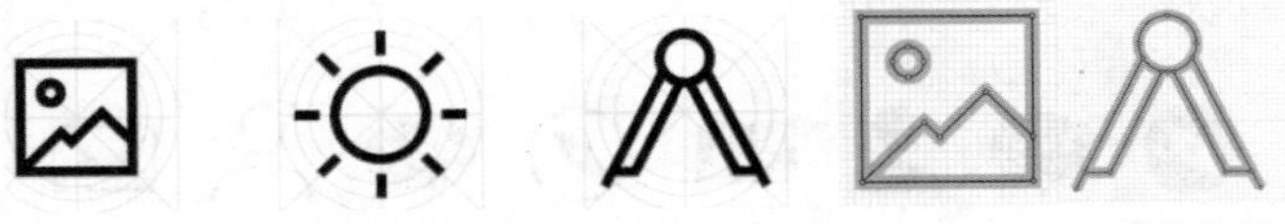

图 5.17　栅格辅助设计图标　　图 5.18　2 像素描边效果

3. 保持细节一致

最好从复杂的图标开始去创建一个图标集。它将定义详细程度，并且对设计具有相同视觉重量的图标有帮助。当图标的细节程度不一样时，细节越多的图标看起来视觉重量越大，越能吸引用户的注意力。细节程度对比效果如图 5.19 所示。

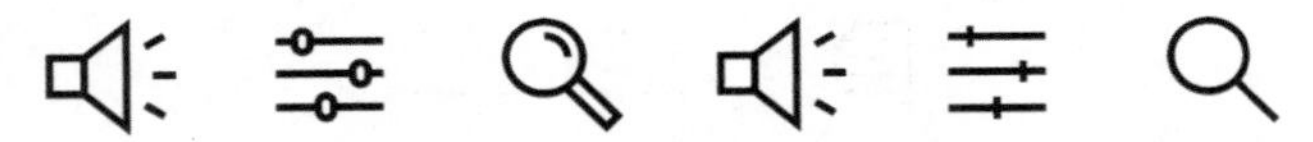

图 5.19　细节程度对比效果

4. 控制最小间隙

在整个图标集中，图标内部相邻元素的间距不应太小或不一致。定义最小间距并在各处以同样的方式使用。间隙统一对比效果如图 5.20 所示。

图 5.20　间隙统一对比效果

5. 删除重复部分

在图标集中，可能会有些重复的细节，删掉它们可让用户的注意力集中在不同的地方。看到的视觉干扰越少，用户对它的理解就越清晰，这条规则也适用于图标周围的装饰（框架，背景）。如果这些对图标的识别性没帮助，则它们就会对图标识别产生阻碍。删除重复部分效果如图 5.21 所示。

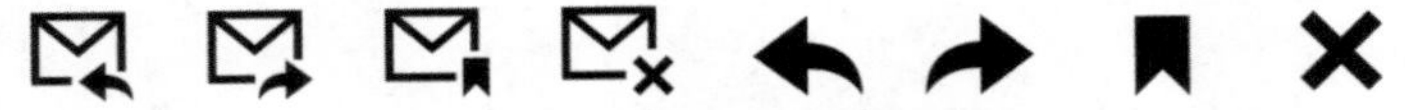

图 5.21　删除重复部分效果

6. 风格一致性

不要将不同样式，不同角度的元素混合在同一个图标集中。一致的风格会对用户识别图标有所帮助并让用户明白这些图标有同等的重要性和状态。差异化风格对比效果如图 5.22 所示。

图 5.22　差异化风格对比

风格一致性原理也适用于线型图标和面型图标。如果把它们混在一起，人们可能会认为它们有不同的重要性或状态。线型图标和面型图标效果一致性对比如图 5.23 所示。

图 5.23　线型图标和面型图标一致性对比效果

7. 形状简洁和精确

完美的形状对于产品中最终呈现正确而不失真的图标来讲是很重要的，图形中锚点数量达到最少并且相邻元素之间不要有间隙。简洁形状效果如图 5.24 所示。

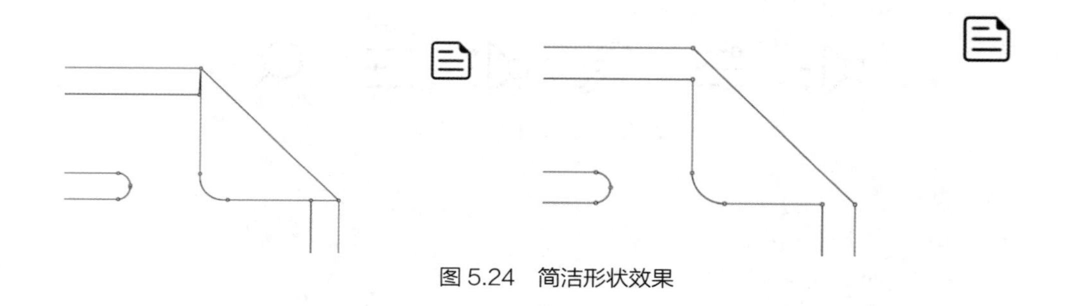

图 5.24　简洁形状效果

5.4　时尚时钟图标设计

实例分析

本例讲解时尚时钟图标设计。本例中的时钟图标外观颜色靓丽，造型圆润十分时尚。在制作过程中首先绘制图标，再为绘制的图标添加时尚元素即可完成效果制作，最终效果如图 5.25 所示。

难度：☆☆☆
素材文件：无
案例文件：源文件 \ 第 5 章 \ 时尚时钟图标设计 .psd
视频文件：视频教学 \ 第 5 章 \5.4　时尚时钟图标设计 .mp4

图 5.25　最终效果

1. 制作图标轮廓

步骤 01 执行菜单栏中的【文件】|【新建】命令，在弹出的对话框中设置【宽度】为600像素，【高度】为450像素，【分辨率】为72像素/英寸，新建一个空白画布。

步骤 02 选择工具箱中的【圆角矩形工具】，在选项栏中设置【填充】为白色，【描边】为无，【半径】为60像素，在画布中绘制一个圆角矩形，此时将生成一个【圆角矩形 1】图层，如图5.26所示。

图5.26 绘制图形

步骤 03 在【图层】面板中，选中【圆角矩形 1】图层，单击面板底部的【添加图层样式】按钮fx，在下拉菜单中选择【斜面和浮雕】命令，在弹出的对话框中设置【大小】为8像素，取消选中【使用全局光】复选框，设置【角度】为90度，【阴影模式】中的【不透明度】为15%，如图5.27所示。

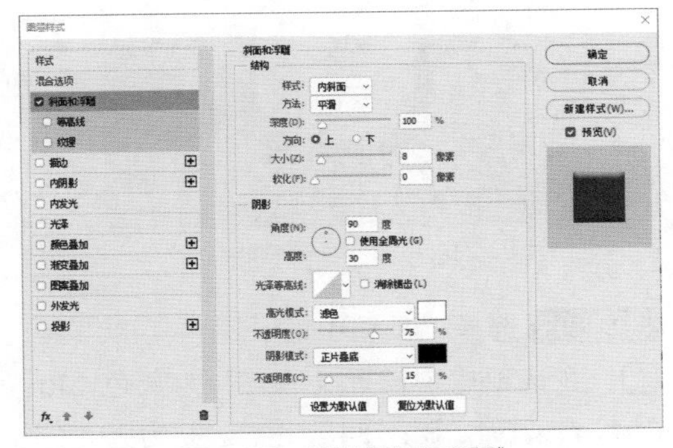

图5.27 设置斜面和浮雕

步骤 04 勾选【渐变叠加】复选框，设置【渐变】为绿色（R：91，G：147，B：4）到绿色（R：145，G：191，B：14），如图5.28所示。

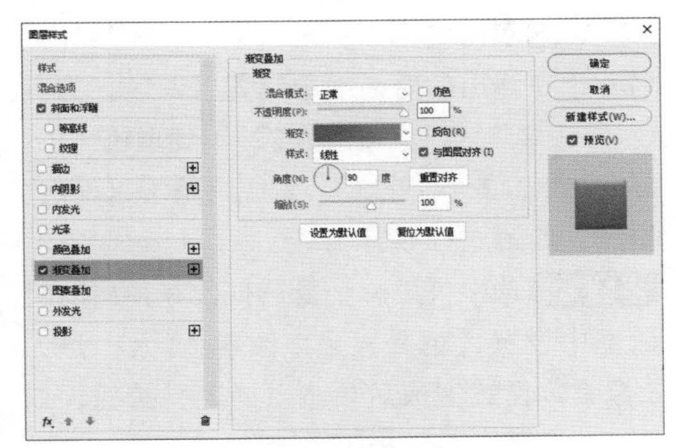

图5.28 设置渐变叠加

步骤 05 勾选【投影】复选框，设置【不透明度】为20%，取消选中【使用全局光】复选框，设置【角度】为90度，【距离】为8像素，【大小】为13像素，设置完成后单击【确定】按钮，如图5.29所示。

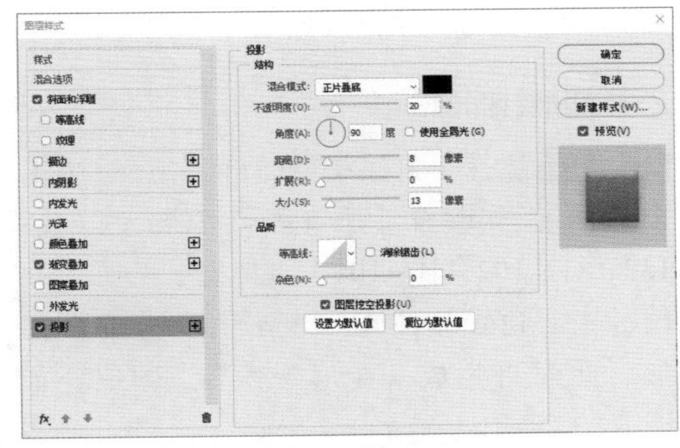

图5.29 设置投影

步骤 06 在【图层】面板中，选中【圆角矩形 1】图层，将其拖至面板底部的【创建新图层】按钮上，复制一个【圆角矩形 1 拷贝】图层。

步骤 07 选中【圆角矩形 1 拷贝】图层，在画布中按Ctrl+T组合键对其执行【自由变换】命令，将图像等比例缩小，完成后按Enter键确认，如图5.30所示。

图5.30 变换图形

步骤 08 双击【圆角矩形 1 拷贝】图层样式名称，在弹出的对话框中设置【渐变】为黄色（R：255,G：236,B：225）到黄色（R：255,G：243,B：235），完成后单击【确定】按钮，如图 5.31 所示。

步骤 09 选中【投影】复选框，在弹出的对话框中设置【距离】为 2 像素，【大小】为 5 像素，设置完成后单击【确定】按钮，如图 5.32 所示。

图 5.31　设置渐变叠加

图 5.32　设置投影

2. 添加指针图像

步骤 01 选择工具箱中的【椭圆工具】，在选项栏中设置【填充】为浅红色（R：152，G：102，B：101），【描边】为无，在图标中心位置按住 Shift 键绘制一个正圆图形，此时将生成一个【椭圆 1】图层，如图 5.33 所示。

图 5.33　绘制图形

步骤 02 选择工具箱中的【圆角矩形工具】，在选项栏中设置【填充】为灰色（R：204,G：191,B：184），【描边】为无，【半径】为 80 像素，在图标中心位置绘制一个圆角矩形并适当旋转，此时将生成一个【圆角矩形 2】图层，将【圆角矩形 2】图层移至【椭圆 1】图层下方制作出时针效果，如图 5.34 所示。

步骤 03 以同样的方法再次绘制两个不同颜色的圆角矩形并更改其图层顺序，分别制作分针和秒针，如图 5.35 所示。

图 5.34　制作时针

图 5.35　制作分针和秒针

提示

注意绘制的图层的前后顺序。

步骤 04 选择工具箱中的【椭圆工具】，在选项栏中设置【填充】为红色（R：220，G：87，B：86），【描边】为无，在图标中心位置按住 Shift 键绘制一个正圆图形，如图 5.36 所示。

图 5.36　绘制图形

步骤 05 选择工具箱中的【圆角矩形工具】，在选项栏中设置【填充】为灰色（R：204，G：191，B：184），【描边】为无，【半径】为 10 像素，在图标顶部位置绘制一个时间刻度，将生成一个【圆角矩形 5】图层，如图 5.37 所示。

步骤 06 选中【圆角矩形 5】图层，在画布中按住 Alt+Shift 组合键向下方拖动，将图形复制，如图 5.38 所示。

图 5.37　绘制图形

图 5.38　复制图形

步骤 07 以同样的方法将图形再复制两份并分别放在左右两侧位置后旋转 90 度，这样就完成了时尚时钟图标的制作，最终效果如图 5.39 所示。

图 5.39　最终效果

5.5　煎蛋图标设计

实例分析

本例讲解煎蛋图标设计。本例中的煎蛋图标制作过程比较简单，其制作重点在于表现出煎蛋的外观特征，最终效果如图 5.40 所示。

难　　度：☆☆☆
素材文件：无
案例文件：源文件 \ 第 5 章 \ 煎蛋图标设计 .psd
视频文件：视频教学 \ 第 5 章 \5.5　煎蛋图标设计 .mp4

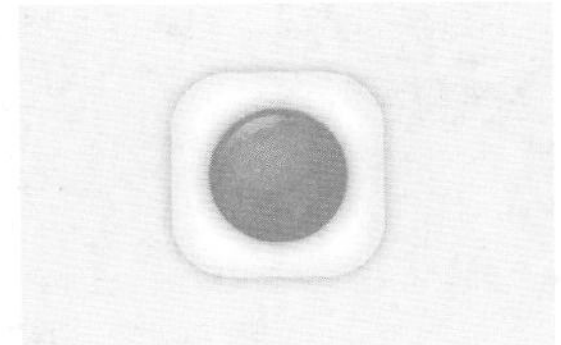
图 5.40　最终效果

1. 制作煎蛋轮廓

步骤 01 执行菜单栏中的【文件】|【新建】命令，在弹出的对话框中设置【宽度】为 800 像素，【高度】为 600 像素，【分辨率】为 72 像素 / 英寸，新建一个空白画布。

步骤 02 选择工具箱中的【圆角矩形工具】▢，在选项栏中设置【填充】为白色，【描边】为无，【半径】为 80 像素，在画布中按住 Shift 键绘制一个圆角矩形，此时将生成一个【圆角矩形 1】图层，如图 5.41 所示。

步骤 03 在【图层】面板中，单击面板底部的【添加图层样式】按钮 *fx*，在下拉菜单中选择【内发光】命令。

图 5.41　绘制图形

步骤 04 在弹出的对话框中设置【混合模式】为【正常】，【不透明度】为 100%，【颜色】为黄色（R：254，G：247，B：229），【大小】为 50 像素，如图 5.42 所示。

步骤 05 勾选【外发光】复选框，设置【混合模式】为【正常】，【不透明度】为 10%，【颜色】为深黄色（R：89，G：58，B：17），【大小】为 25 像素，如图 5.43 所示。

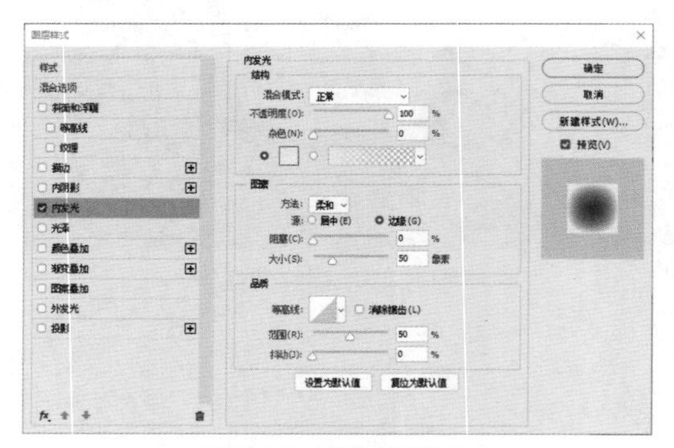

图 5.42　设置内发光

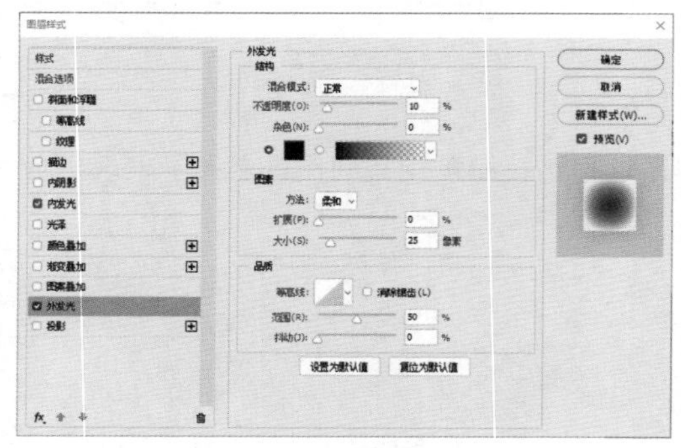

图 5.43　设置外发光

步骤 06 勾选【描边】复选框，设置【大小】为 2 像素，【位置】为【内部】，【混合模式】为【叠加】，【不透明度】为 50%，【颜色】为白色，设置完成后单击【确定】按钮，如图 5.44 所示。

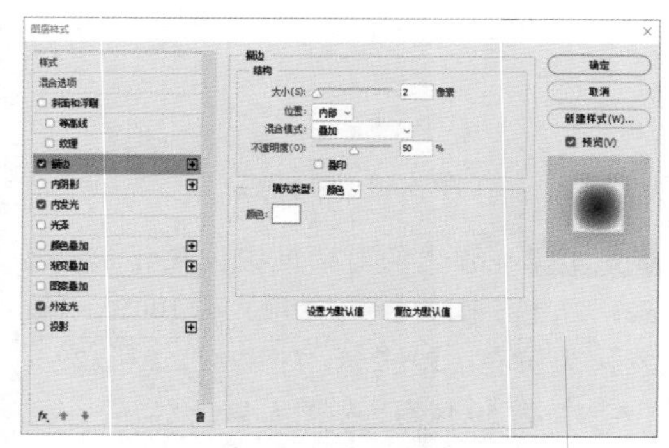

图 5.44　设置描边

2. 绘制蛋黄元素

步骤 01 选择工具箱中的【椭圆工具】，在选项栏中设置【填充】为橙色（R：255，G：151，B：18），【描边】为无，按住 Shift 键绘制一个正圆图形，将生成一个【椭圆 1】图层，如图 5.45 所示。

图 5.45　绘制图形

步骤 02 在【图层】面板中，单击面板底部的【添加图层样式】按钮 fx，在下拉菜单中选择【外发光】命令。

步骤 03 在弹出的对话框中设置【混合模式】为【正常】，【不透明度】为 50%，【颜色】为黄色（R：255，G：200，B：81），【大小】为 30 像素，如图 5.46 所示。

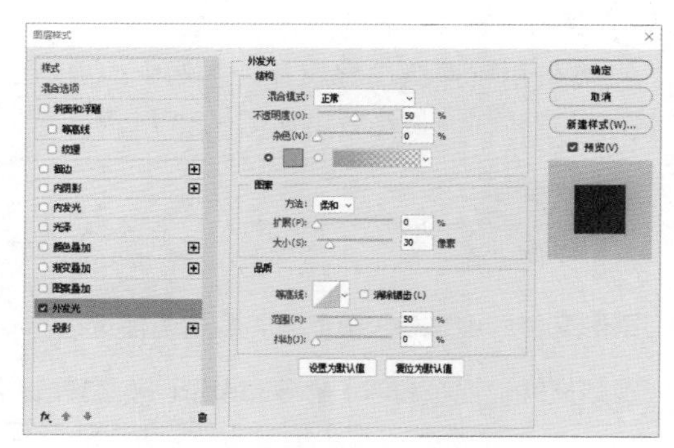

图 5.46　设置外发光

步骤 04 勾选【描边】复选框，设置【大小】为 1 像素，【位置】为【内部】，【不透明度】为 100%，【颜色】为黄色（R：255，G：210，B：65），设置完成后单击【确定】按钮，如图 5.47 所示。

步骤 05 选择工具箱中的【钢笔工具】，在选项栏中单击【选择工具模式】路径按钮，在弹出的选项中选择【形状】，设置【填充】为黄色（R：255，G：200，B：81），【描边】为无。

步骤 06 绘制一个不规则图形，将生成一个【形状 1】图层，如图 5.48 所示。

步骤 07 执行菜单栏中的【滤镜】|【模糊】|【高斯模糊】命令，然后在弹出的对话框中设置【半径】为 20 像素，设置完成后单击【确定】按钮，如图 5.49 所示。

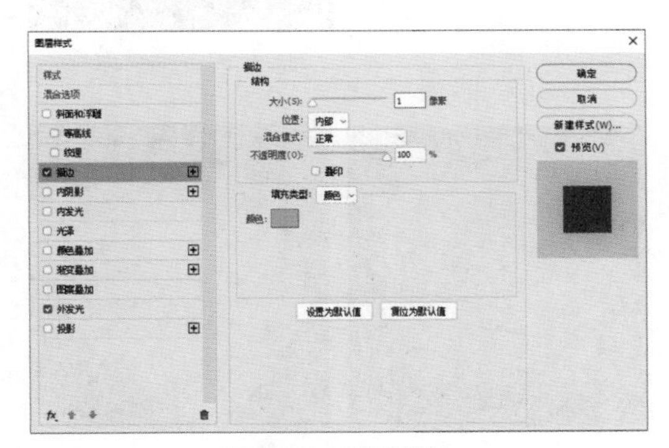

图 5.47　设置描边

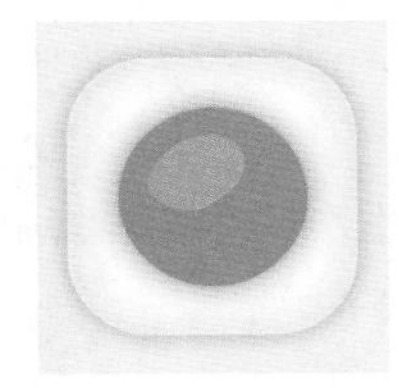

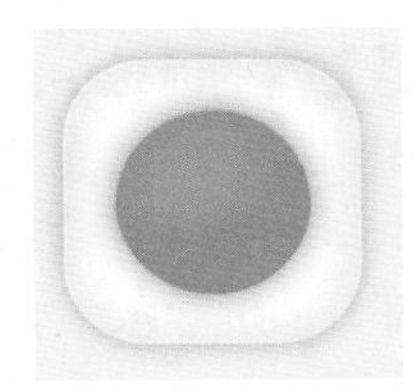

图 5.48　绘制图形　图 5.49　添加高斯模糊

步骤 08 选择工具箱中的【钢笔工具】，在选项栏中单击【选择工具模式】路径按钮，在弹出的选项中选择【形状】，设置【填充】为白色，【描边】为无。

步骤 09 绘制一个不规则图形，将生成一个【形状 2】图层，如图 5.50 所示。

图 5.50　绘制图形

步骤 10 在【图层】面板中，选中【形状 2】图层，单击面板底部的【添加图层蒙版】按钮，为该图层添加图层蒙版。

步骤 11 选择工具箱中的【画笔工具】，在画布中单击鼠标右键，在弹出的面板中选择 1 种圆角笔触，设置【大小】为 150 像素，【硬度】为 0%，如图 5.51 所示。

步骤 12 将前景色更改为黑色，在图像上部分区域涂抹将图形颜色减淡，如图 5.52 所示。

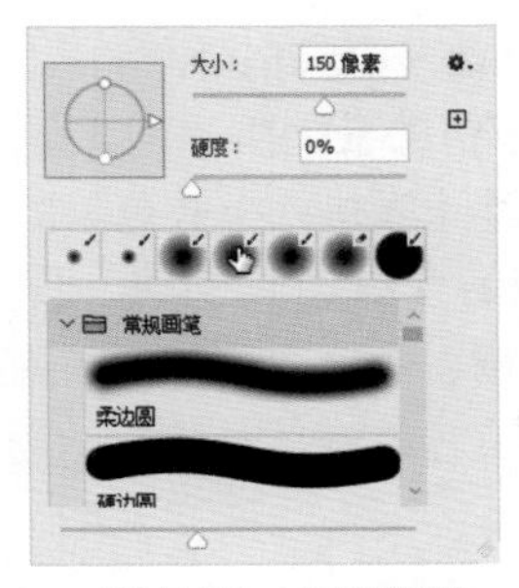

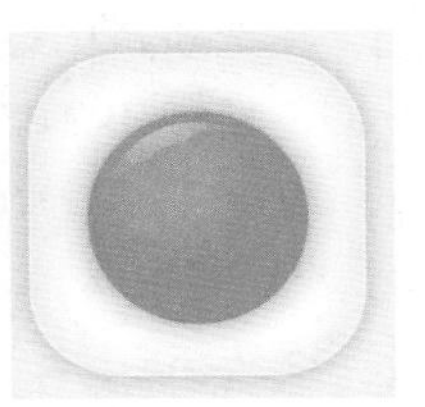

图 5.51　设置笔触　图 5.52　隐藏图像

步骤 13 以同样的方法再绘制一个不规则图形并降低不透明度，这样就完成了煎蛋图标的制作，最终效果如图 5.53 所示。

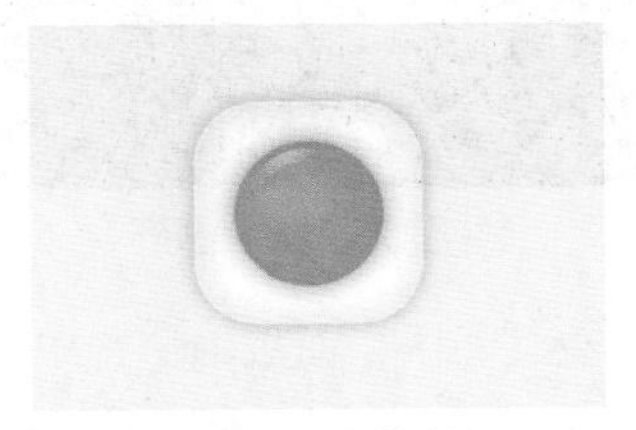

图 5.53　最终效果

5.6　文件管理图标设计

实例分析

本例讲解文件管理图标设计。本例中的图标通过叠加多个图形，制作出真实的文件夹堆叠效果，同时金属质感的元素点缀令整个图标质感很强，最终效果如图 5.54 所示。

难　　度：☆☆☆
素材文件：无
案例文件：源文件 \ 第 5 章 \ 文件管理图标设计 .psd
视频文件：视频教学 \ 第 5 章 \5.6　文件管理图标设计 .mp4

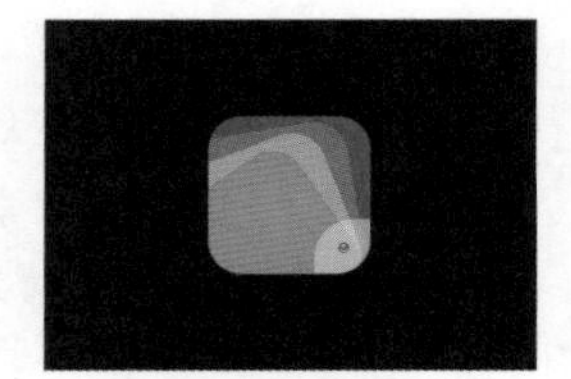

图 5.54　最终效果

1. 绘制基础图形

步骤 01 执行菜单栏中的【文件】|【新建】命令，在弹出的对话框中设置【宽度】为 600 像素，【高度】为 450 像素，【分辨率】为 72 像素 / 英寸，新建一个空白画布。

步骤 02 选择工具箱中的【圆角矩形工具】▢，在选项栏中设置【填充】为蓝色（R：0，G：116，B：255），【描边】为无，【半径】为 40 像素，在画布中绘制一个圆角矩形，此时将生成一个【圆角矩形 1】图层，如图 5.55 所示。

图 5.55　绘制图形

步骤 03 在【图层】面板中，选中【圆角矩形 1】图层，将其拖至面板底部的【创建新图层】按钮⊞上，复制一个新【圆角矩形 1 拷贝】图层。

步骤 04 选中【圆角矩形 1 拷贝】图层，在选项栏中设置【填充】为绿色（R：56，G：197，B：90），按 Ctrl+T 组合键对其执行【自由变换】命令，将图形适当旋转，完成后按 Enter 键确认。

步骤 05 以同样的方法再复制两份图形并更改为不同颜色后适当旋转，如图 5.56 所示。

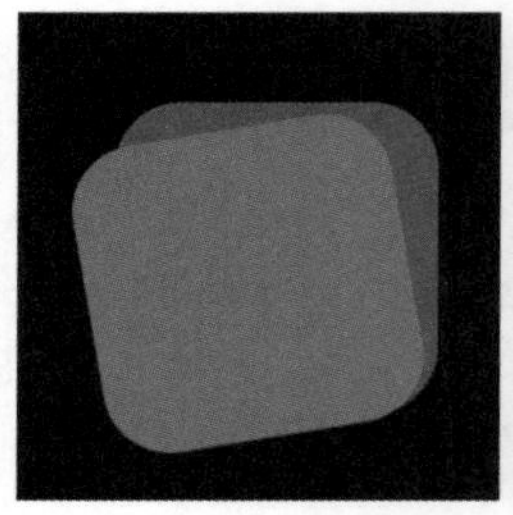
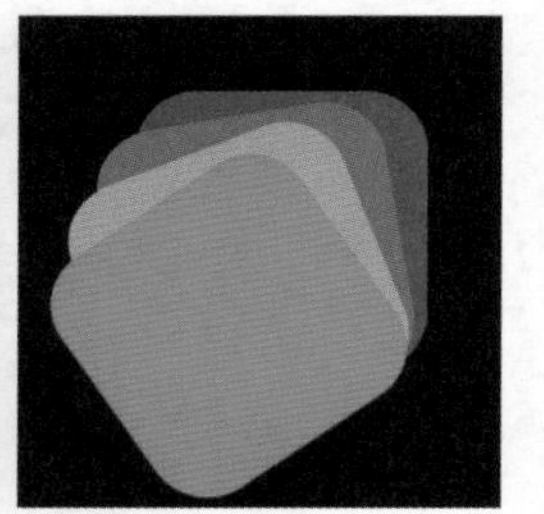

图 5.56　复制图形

步骤 06 同时选中除【圆角矩形 1】之外其他图层，执行菜单栏中的【图层】|【创建剪贴蒙版】命令，为当前图层创建剪贴蒙版，将部分图形隐藏，如图 5.57 所示。

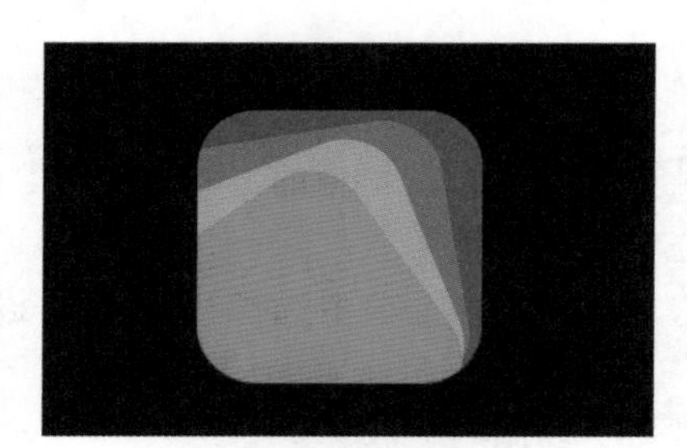

图 5.57　隐藏图形

步骤 07 在【图层】面板中，选中【圆角矩形 1 拷贝】图层，单击面板底部的【添加图层样式】按钮fx，在下拉菜单中选择【投影】命令。

步骤 08 在弹出的对话框中设置【混合模式】为【叠加】，【颜色】为黑色，【不透明度】为 10%，取消选中【使用全局光】复选框，设置【角度】为 -127 度，【距离】为 1 像素，【大小】为 1 像素，设置完成后单击【确定】按钮，如图 5.58 所示。

步骤 09 在【圆角矩形 1 拷贝】图层名称上单击鼠标右键，从弹出的快捷菜单中选择【拷贝图层样式】命令，同时选中其他两个拷贝图层，在其图层名称上单击鼠标右键，从弹出的快捷菜单中选择【粘贴图层样式】命令，如图 5.59 所示。

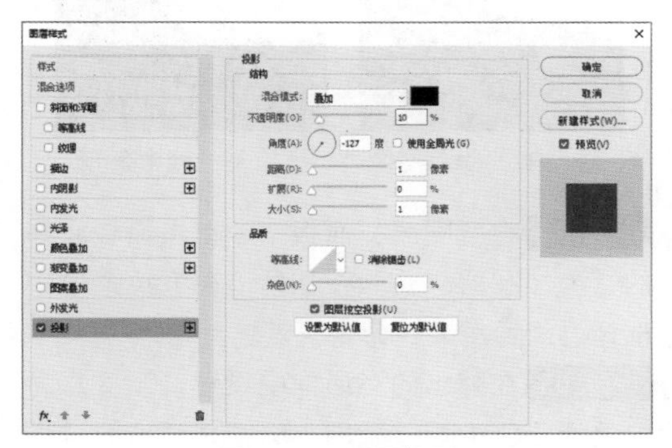

图 5.58　设置投影

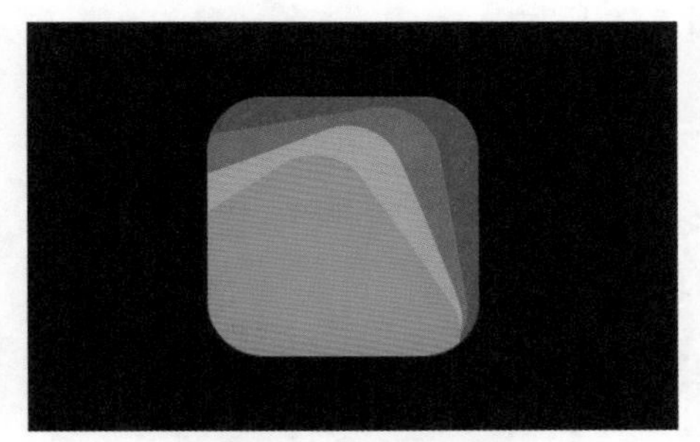

图 5.59　粘贴图层样式

步骤 10 同时选中除【背景】之外的所有图层，按 Ctrl+G 组合键将其编组，将生成一个【组 1】组。

步骤 11 选中【组 1】组，将其拖至面板底部的【创建新图层】按钮上，复制一个新【组 1 拷贝】组。选中【组 1 拷贝】组，执行菜单栏中的【图层】|【合并组】命令将组合并，将生成的图层名称更改为【磨砂】，如图 5.60 所示。

图 5.60　复制及合并组

2. 制作固定边角

步骤 01 选择工具箱中的【圆角矩形工具】，在选项栏中设置【填充】为白色，【描边】为无，【半径】为 40 像素，按住 Shift 键绘制一个圆角矩形，将生成一个【圆角矩形 2】图层，如图 5.61 所示。

步骤 02 选中【圆角矩形 2】图层，将其图层【不透明度】设置为 60%，如图 5.62 所示。

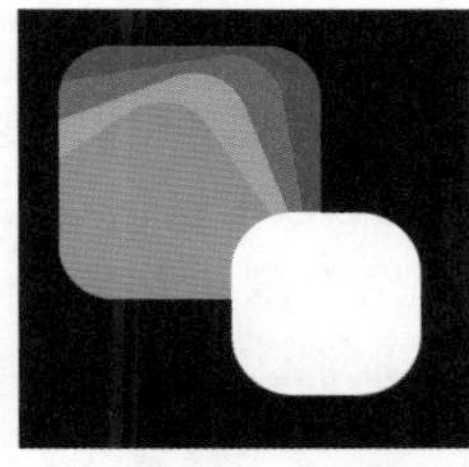

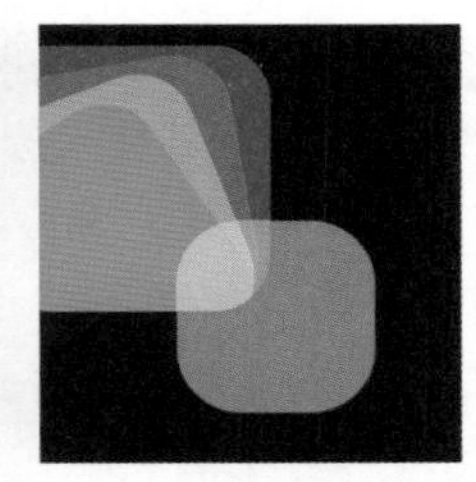

图 5.61　绘制图形　图 5.62　设置图层不透明度

步骤 03 按住 Ctrl 键单击【圆角矩形 2】图层缩览图，将其载入选区，如图 5.63 所示。

步骤 04 选中【磨砂】图层，执行菜单栏中的【滤镜】|【模糊】|【高斯模糊】命令，在弹出的对话框中设置【半径】为 1 像素，设置完成后单击【确定】按钮，如图 5.64 所示。

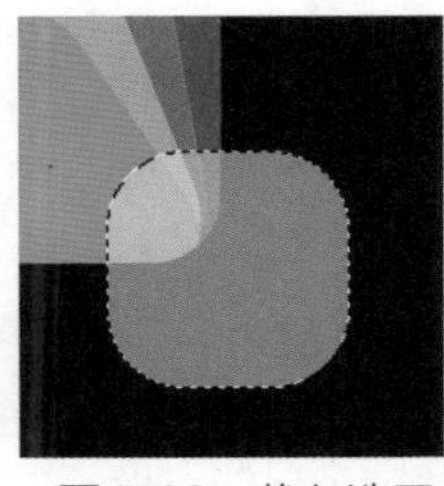

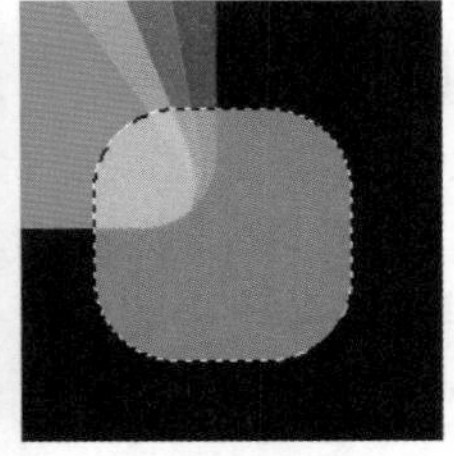

图 5.63　载入选区　图 5.64　添加高斯模糊

步骤 05 执行菜单栏中的【选择】|【反选】命令将选区反向选择，选中【磨砂】图层，按 Delete 键将选区中的图像删除，完成后按 Ctrl+D 组合键将选区取消，如图 5.65 所示。

步骤 06 在【图层】面板中，选中【圆角矩形 2】图层，单击面板底部的【添加图层蒙版】按钮，为其添加图层蒙版。

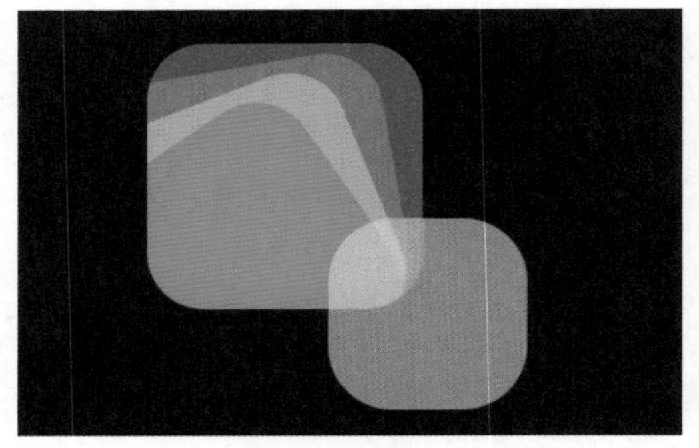

图 5.65　删除图像

步骤 07 按住 Ctrl 键单击【圆角矩形 1】图层缩览图，将其载入选区，执行菜单栏中的【选择】|【反选】命令将选区反向选择，将选区填充为黑色，将部分图像隐藏，完成后按 Ctrl+D 组合键将选区取消，如图 5.66 所示。

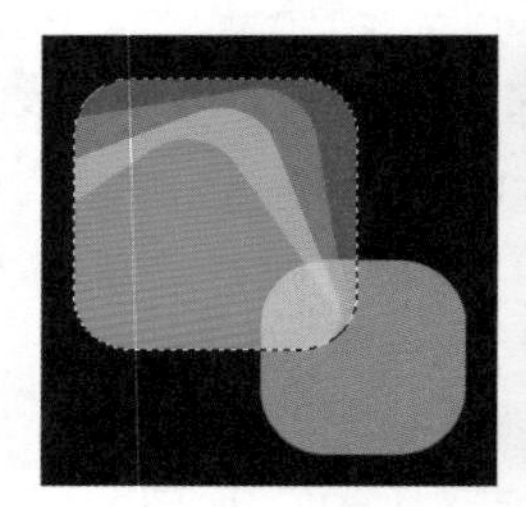

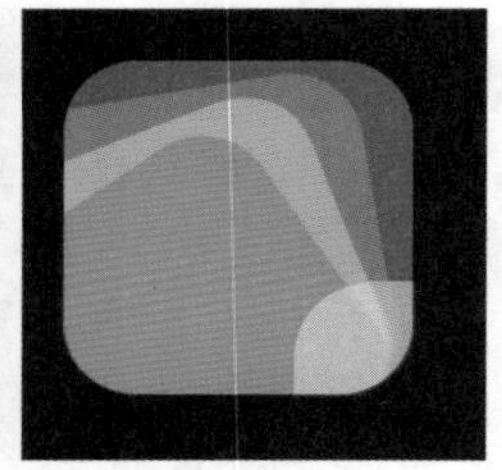

图 5.66　隐藏图像

3. 添加固定金属钉

步骤 01 在【图层】面板中，选中【磨砂】图层，单击面板底部的【添加图层蒙版】按钮，为其添加图层蒙版。

步骤 02 按住 Ctrl 键单击【圆角矩形 1】图层缩览图，将其载入选区。执行菜单栏中的【选择】|【反选】命令将选区反向选择，将选区填充为黑色，将部分图形隐藏，完成后按 Ctrl+D 组合键将选区取消，如图 5.67 所示。

步骤 03 选择工具箱中的【椭圆工具】，在选项栏中设置【填充】为白色，【描边】为无，按住 Shift 键绘制一个正圆图形，将生成一个【椭圆 1】图层，如图 5.68 所示。

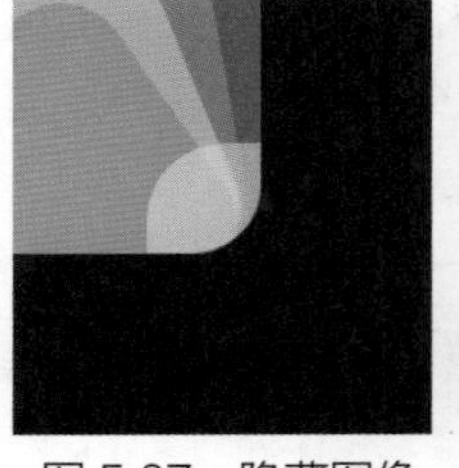

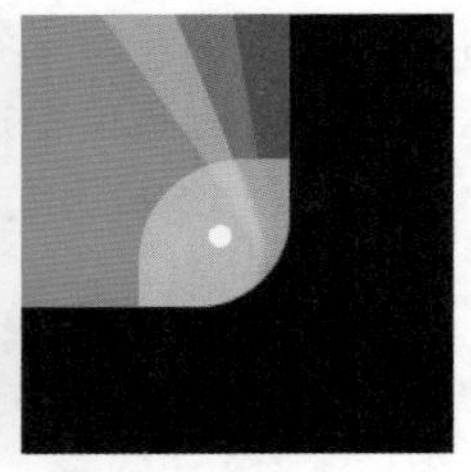

图 5.67　隐藏图像　　图 5.68　绘制图形

步骤 04 在【图层】面板中，单击面板底部的【添加图层样式】按钮fx，在下拉菜单中选择【渐变叠加】命令。

步骤 05 在弹出的对话框中设置【渐变】为白色到蓝色（R：64，G：81，B：131），【样式】为【径向】，【角度】为 90 度，如图 5.69 所示。

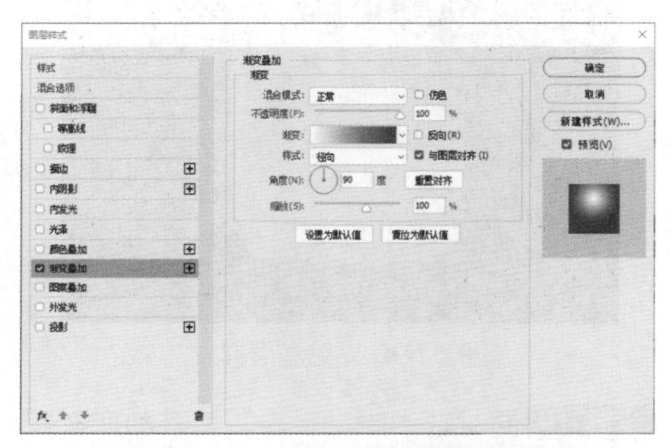

图 5.69　设置渐变叠加

步骤 06 勾选【内阴影】复选框，设置【混合模式】为【正常】，【颜色】为白色，【不透明度】为 100%，取消选中【使用全局光】复选框，设置【角度】为 -90 度，【距离】为 2 像素，【大小】为 1 像素，如图 5.70 所示。

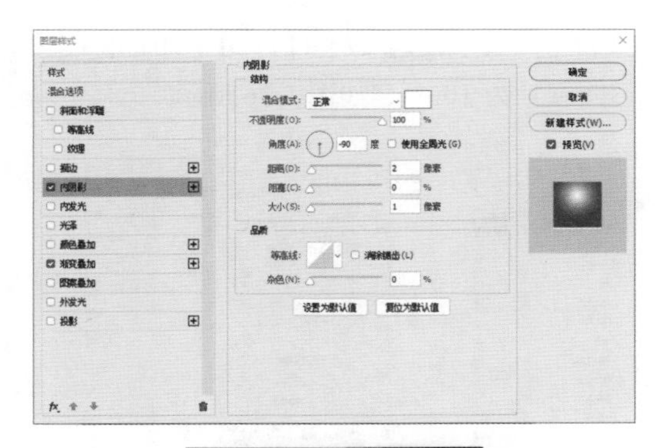

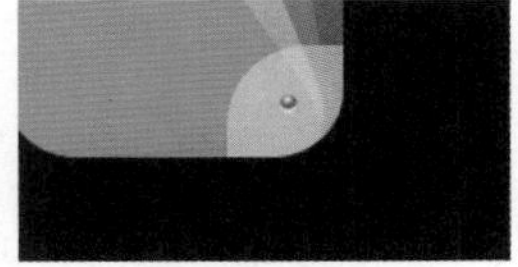

图 5.70　设置内阴影

步骤 07 勾选【外发光】复选框，设置【混合模式】为【正常】，【颜色】为深蓝色（R：35，G：45，B：72），【大小】为 1 像素，如图 5.71 所示。

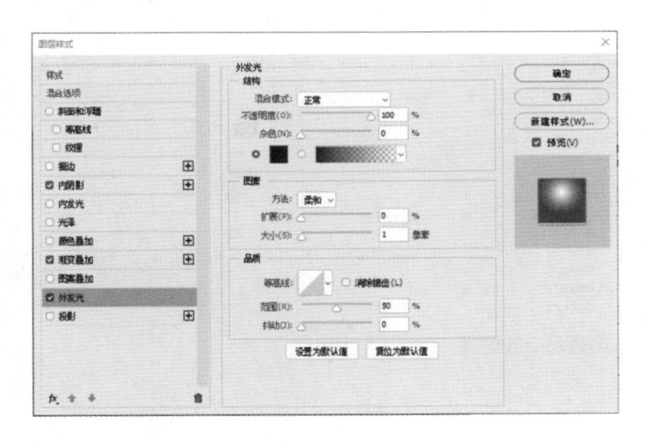

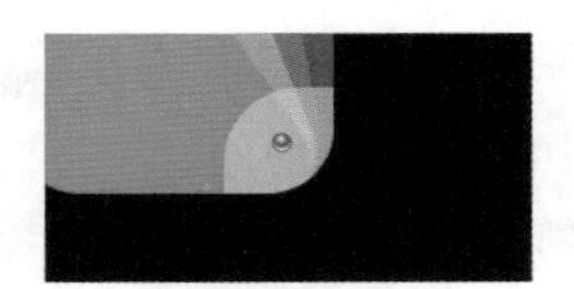

图 5.71　设置外发光

步骤 08 勾选【投影】复选框，设置【混合模式】为【正常】，【颜色】为黑色，【不透明度】为 100%，取消选中【使用全局光】复选框，设置【角度】为 90 度，【距离】为 0 像素，【大小】为 2 像素，设置完成后单击【确定】按钮，这样就完成了文件管理图标的制作，最终效果如图 5.72 所示。

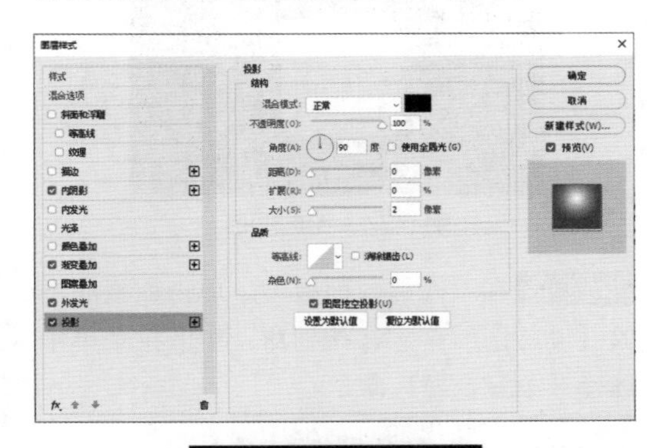

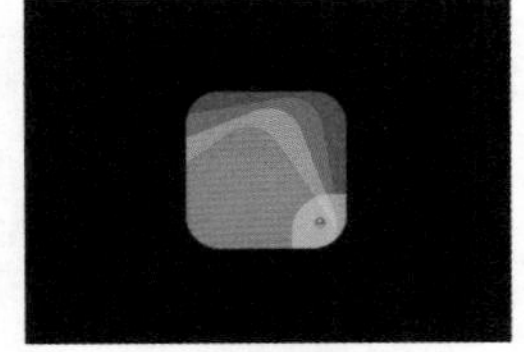

图 5.72　最终效果

5.7　麦克风图标设计

实例分析

本例讲解麦克风图标设计。此款图标制作比较简单，重点在于对图层样式的熟练运用，通过绘制圆角矩形使其与圆形相结合，表现出整个图标的特征，最终效果如图 5.73 所示。

难　　度：☆☆☆
素材文件：无
案例文件：源文件 \ 第 5 章 \ 麦克风图标设计 .psd
视频文件：视频教学 \ 第 5 章 \5.7　麦克风图标设计 .mp4

图 5.73　最终效果

1. 制作麦克风外观

步骤 01 执行菜单栏中的【文件】|【新建】命令，在弹出的对话框中设置【宽度】为600像素，【高度】为450像素，【分辨率】为72像素/英寸，新建一个空白画布。

步骤 02 选择工具箱中的【圆角矩形工具】，在选项栏中设置【填充】为白色，【描边】为无，【半径】为25像素，在画布中按住Shift键绘制一个圆角矩形，此时将生成一个【圆角矩形 1】图层，如图5.74所示。

图 5.74　绘制图形

步骤 03 在【图层】面板中，单击面板底部的【添加图层样式】按钮*fx*，在下拉菜单中选择【渐变叠加】命令。

步骤 04 在弹出的对话框中设置【渐变】为灰色（R：180，G：173，B：167）到灰色（R：232，G：230，B：223），如图5.75所示。

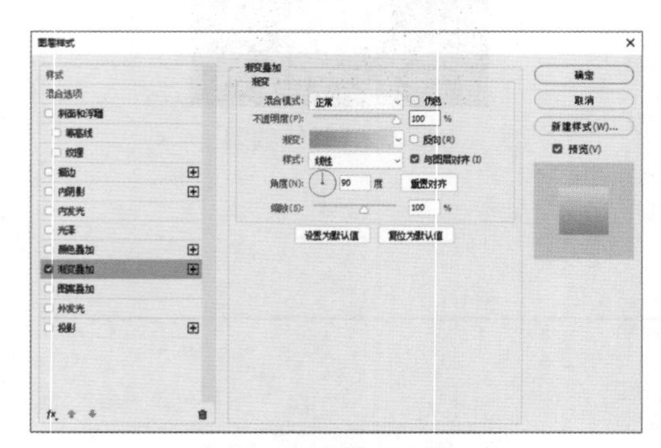

图 5.75　设置渐变叠加

步骤 05 勾选【斜面和浮雕】复选框，设置【大小】为6像素，【软化】为8像素，取消选中【使用全局光】复选框，设置【角度】为90度，【高光模式】中的【不透明度】为100%，【阴影模式】为【正常】，【颜色】为深黄色（R：123，G：114，B：107），【不透明度】为100%，如图5.76所示。

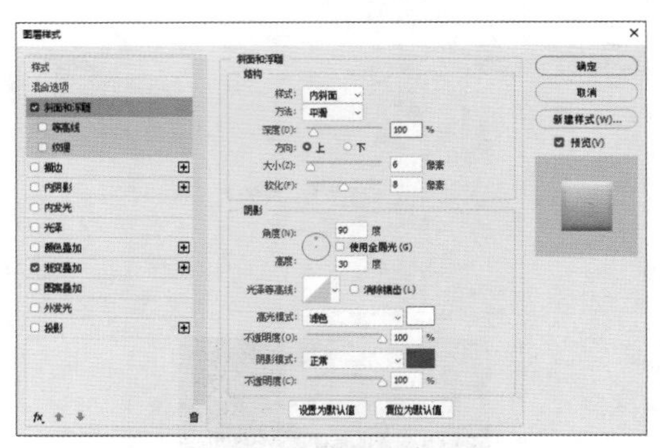

图 5.76　设置斜面和浮雕

步骤 06 勾选【投影】复选框，设置【混合模式】为【正常】，【颜色】为黑色，【不透明度】为50%，取消选中【使用全局光】复选框，设置【角度】为90度，【距离】为5像素，【大小】为10像素，设置完成后单击【确定】按钮，如图5.77所示。

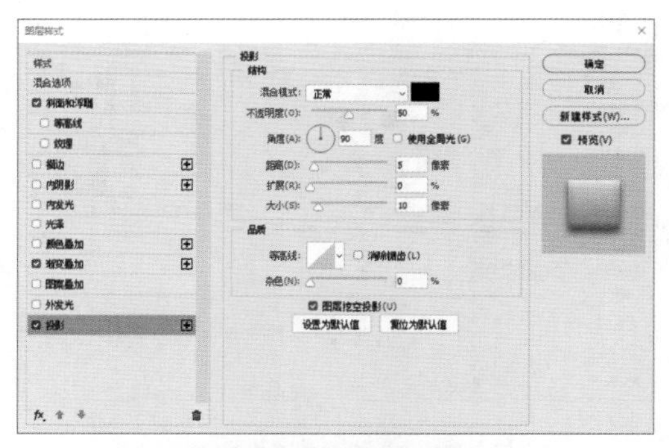

图 5.77　设置投影

2. 绘制音孔区域图像

步骤 01 选择工具箱中的【椭圆工具】，在选项栏中设置【填充】为深黄色（R：183，G：174，B：165），【描边】为无，按住Shift键绘制一个正圆图形，将生成一个

【椭圆 1】图层，如图 5.78 所示。

步骤 02 在【图层】面板中，选中【椭圆 1】图层，将其拖至面板底部的【创建新图层】按钮上，复制一个新图层，将这两个图层名称从下至上依次更改为【底座】及【内部】，如图 5.79 所示。

步骤 03 在【图层】面板中，选中【底座】图层，单击面板底部的【添加图层样式】按钮*fx*，在菜单中选择【内阴影】命令。

图 5.78　绘制图形

图 5.79　复制图层

步骤 04 在弹出的对话框中设置【混合模式】为【正常】，【不透明度】为 15%，取消选中【使用全局光】复选框，设置【角度】为 90 度，【距离】为 2 像素，【大小】为 4 像素，如图 5.80 所示。

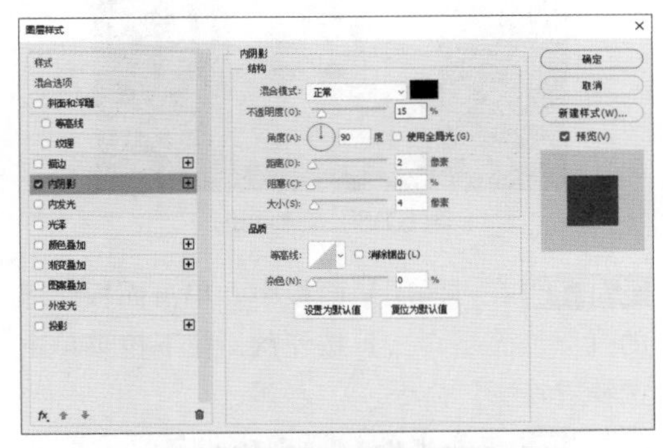

图 5.80　设置内阴影

> **提示**
>
> 为了便于观察添加的图层样式效果，可先将【底座】图层上方的两个图层暂时隐藏。

步骤 05 勾选【投影】复选框，设置【混合模式】为【正常】，【颜色】为白色，【不透明度】为 30%，取消选中【使用全局光】复选框，设置【角度】为 90 度，【距离】为 2 像素，【大小】为 1 像素，如图 5.81 所示。

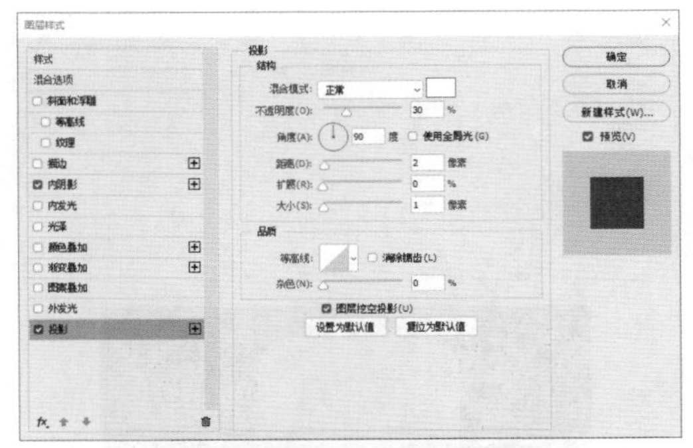

图 5.81　设置投影

步骤 06 选中【内部】图层，在画布中按 Ctrl+T 组合键对其执行【自由变换】命令，将图像等比例缩小，完成后按 Enter 键确认，如图 5.82 所示。

步骤 07 在【图层】面板中，单击面板底部的【添加图层样式】按钮*fx*，在下拉菜单中选择【渐变叠加】命令。

图 5.82　将图形缩小

步骤 08 在弹出的对话框中设置【渐变】为白色到灰色（R：170，G：164，B：157），如图 5.83 所示。

步骤 09 勾选【内阴影】复选框，设置【混合模式】为【叠加】，【不透明度】为 50%，取消选中【使用全局光】复选框，设置【角度】为 90 度，【距离】为 2 像素，【大小】为 2 像素，如图 5.84 所示。

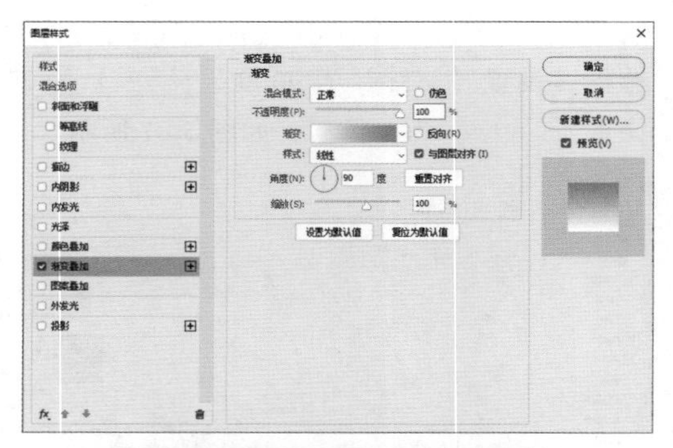

图 5.83　设置渐变叠加

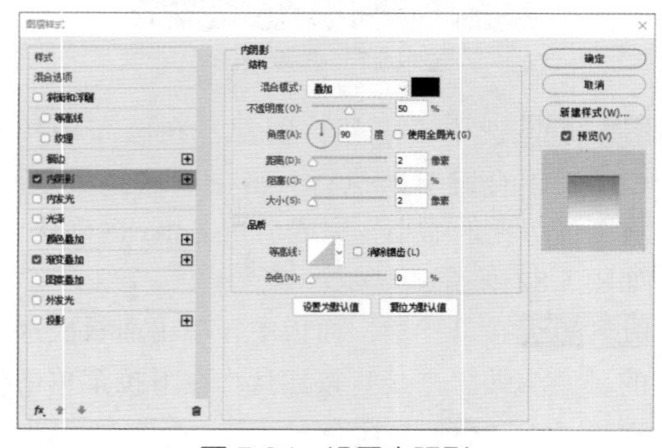

图 5.84　设置内阴影

步骤 10 勾选【外发光】复选框，设置【混合模式】为【叠加】，【不透明度】为 100%，【颜色】为白色，【大小】为 2 像素，设置完成后单击【确定】按钮，如图 5.85 所示。

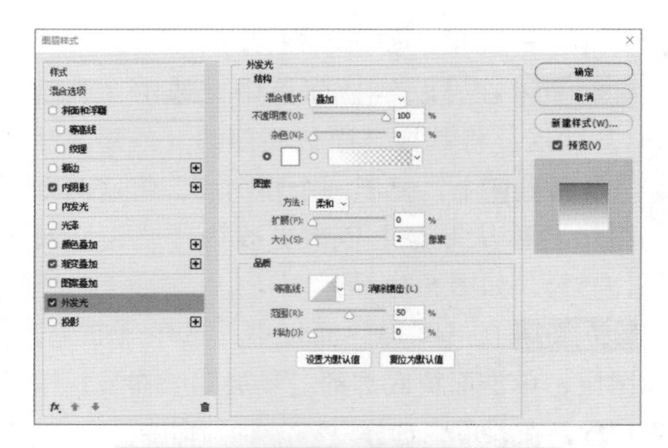

图 5.85　设置外发光

3. 制作音孔

步骤 01 选择工具箱中的【椭圆工具】，在选项栏中设置【填充】为深黄色（R：65，G：52，B：43），【描边】为无，在图标中心位置按住 Shift 键绘制一个正圆图形，将生成一个【椭圆 1】图层，如图 5.86 所示。

图 5.86　绘制图形

步骤 02 在【图层】面板中，单击面板底部的【添加图层样式】按钮 *fx*，在下拉菜单中选择【投影】命令。

步骤 03 在弹出的对话框中设置【混合模式】为【正常】，【颜色】为白色，【不透明度】为 60%，取消选中【使用全局光】复选框，设置【角度】为 90 度，【距离】为 2 像素，设置完成后单击【确定】按钮，如图 5.87 所示。

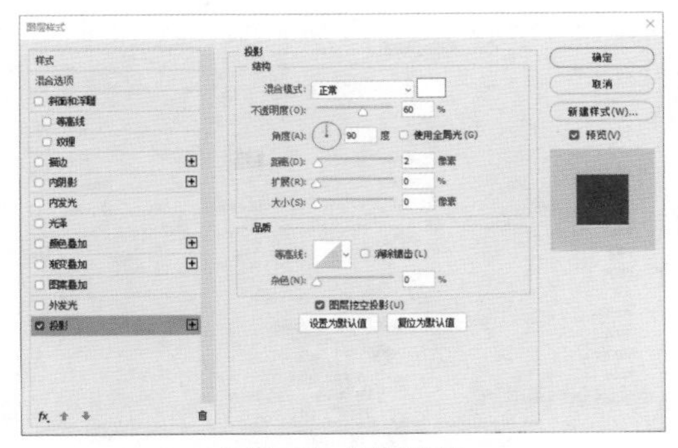
图 5.87　设置投影

步骤 04 在【图层】面板中，选中【椭圆 1】图层，将其拖至面板底部的【创建新图层】按钮上，复制数个新图层，如图 5.88 所示。

步骤 05 在【椭圆 1】图层名称上单击鼠标右键，从弹出的快捷菜单中选择【拷贝图层样式】命令，同时选中复制生成的图层，在其名称上单击鼠标右键，从弹出的快捷菜单中选择【粘贴图层样式】命令，这样就完成了麦克风图标的制作，最终效果如图 5.89 所示。

图 5.88　复制图形

图 5.89　最终效果

5.8　数码音箱图标设计

实例分析

本例讲解数码音箱图标设计。本例中的图标效果非常出色，以科幻的数码质感外观搭配精致的音箱细节，图标整体制作过程比较简单，最终效果如图 5.90 所示。

难　　度：☆☆☆
素材文件：无
案例文件：源文件 \ 第 5 章 \ 数码音箱图标设计 .psd
视频文件：视频教学 \ 第 5 章 \5.8　数码音箱图标设计 .mp4

图 5.90　最终效果

1. 制作音箱外壳

步骤 01 执行菜单栏中的【文件】|【新建】命令，在弹出的对话框中设置【宽度】为 700 像素，【高度】为 500 像素，【分辨率】为 72 像素 / 英寸，新建一个空白画布。

步骤 02 选择工具箱中的【圆角矩形工具】，在选项栏中设置【填充】为白色，【描边】为无，【半径】为 70 像素，在画布中按住 Shift 键绘制一个圆角矩形，此时将生成一个【圆角矩形 1】图层，如图 5.91 所示。

步骤 03 在【图层】面板中，选中【圆角矩形 1】图层，将其拖至面板底部的【创建新图层】按钮上，复制两个新图层，分别将图层名称更改为【装饰】、【轮廓】、【阴影】，如图 5.92 所示。

步骤 04 在【图层】面板中，选中【轮廓】图层，单击面板底部的【添加图层样式】按钮 *fx*，在下拉菜单中选择【斜面和浮雕】命令，在弹出的对话框中设置【大小】为 30 像素，取消选中【使用全局光】复选框，设置【角度】为 90 度，【阴影模式】中的【颜色】为深蓝色（R：45,G：44,B：70），【不透明度】为 30%，如图 5.93 所示。

图 5.91　绘制图形　　图 5.92　复制图层

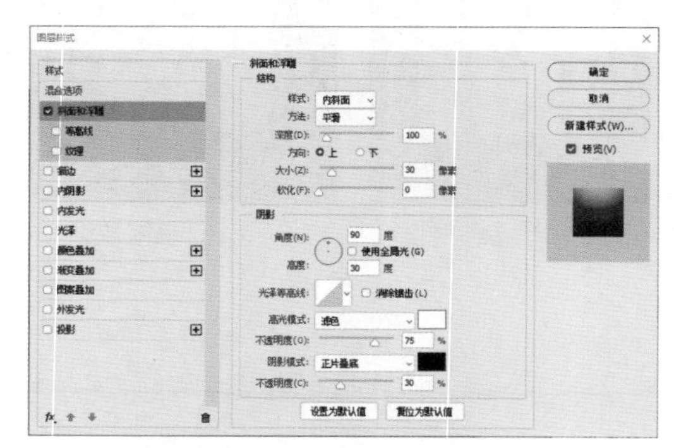

图 5.93　设置斜面和浮雕

步骤 05 勾选【渐变叠加】复选框，设置【渐变】为蓝色（R：195，G：212，B：233）到浅蓝色（R：240，G：247，B：255），如图 5.94 所示。

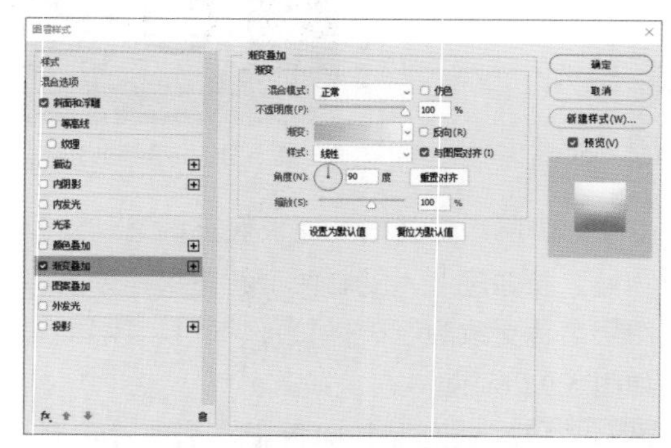

图 5.94　设置渐变叠加

步骤 06 勾选【投影】复选框，设置【混合模式】为【叠加】，【不透明度】为 50%，取消选中【使用全局光】复选框，设置【角度】为 90 度，【距离】为 2 像素，【大小】为 8 像素，设置完成后单击【确定】按钮，如图 5.95 所示。

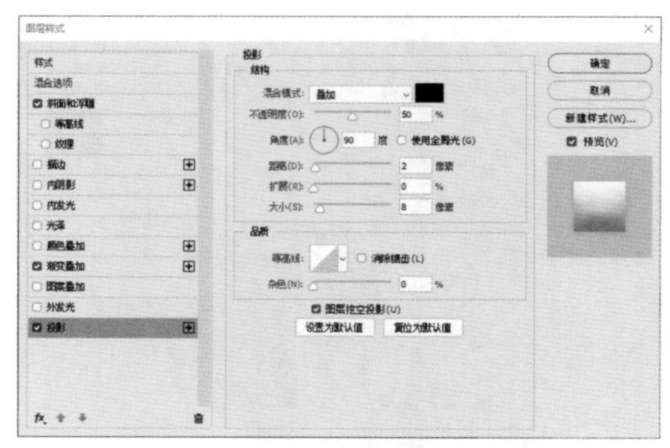

图 5.95　设置投影

步骤 07 选中【装饰】图层，设置【填充】为无，【描边】为白色，【大小】为 2 像素，按 Ctrl+T 组合键对其执行【自由变换】命令，将图形等比例缩小，完成后按 Enter 键确认，如图 5.96 所示。

图 5.96　缩小图形

步骤 08 在【图层】面板中，单击面板底部的【添加图层样式】按钮 *fx*，在下拉菜单中选择【渐变叠加】命令，在弹出的对话框中将【渐变】设置为灰色（R：156，G：158，B：170）到灰色（R：226，G：231，B：235），如图 5.97 所示。

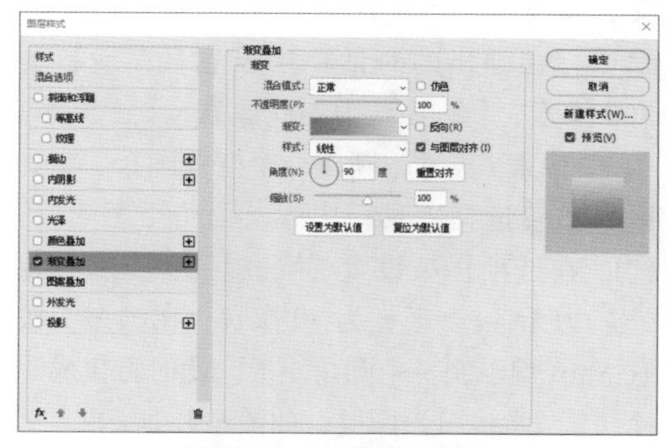

图 5.97　设置渐变叠加

步骤 09 勾选【投影】复选框，设置【混合模式】为【正常】，【颜色】为白色，取消选中【使用全局光】复选框，设置【角度】为 90 度，【距离】为 1 像素，【大小】为 1 像素，设置完成后单击【确定】按钮，如图 5.98 所示。

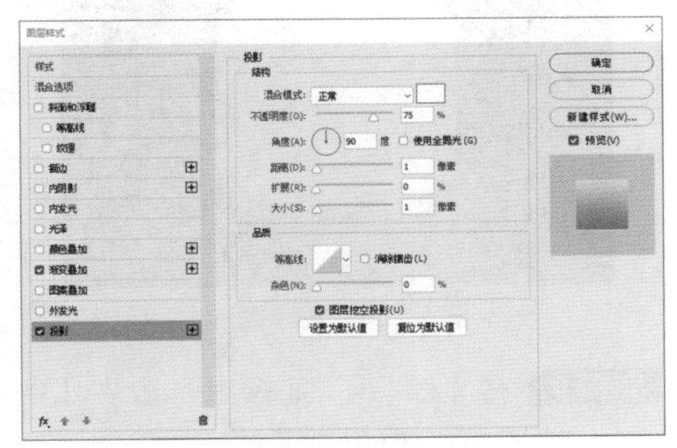

图 5.98　设置投影

2. 添加真实阴影

步骤 01 选中【阴影】图层，将其图形颜色设置为深蓝色（R：4，G：4，B：86），再按 Ctrl+T 组合键对其执行【自由变换】命令将图形适当缩小，完成后按 Enter 键确认，如图 5.99 所示。

步骤 02 执行菜单栏中的【滤镜】|【模糊】|【高斯模糊】命令，在弹出的对话框中单击【栅格化】按钮，在弹出的对话框中将【半径】设置为 5 像素，设置完成后单击【确定】按钮，如图 5.100 所示。

图 5.99　缩小图形

图 5.100　添加高斯模糊

步骤 03 执行菜单栏中的【滤镜】|【模糊】|【动感模糊】命令，在弹出的对话框中设置【角度】为 90 度，【距离】为 80 像素，设置完成后单击【确定】按钮，如图 5.101 所示。

图 5.101　添加动感模糊

3. 添加扬声器效果

步骤 01 选择工具箱中的【椭圆工具】，在选项栏中设置【填充】为白色，【描边】为无，在图标中间位置按住 Shift 键绘制一个正圆图形，此时将生成一个【椭圆 1】图层，如图 5.102 所示。

步骤 02 在【图层】面板中，选中【椭圆 1】图层，将其拖至面板底部的【创建新图层】按钮上，复制 3 个新图层，从下至上依次将图层名称更改为【外圆】、【中圆】、【内圆】，如图 5.103 所示。

图 5.102　绘制图形

图 5.103　复制图层

步骤 03 在【图层】面板中，选中【外圆】图层，单击面板底部的【添加图层样式】按钮 *fx*，在下拉菜单中选择【内阴影】命令，在弹出的对话框中设置【混合模式】为【正常】，【颜色】为白色，取消选中【使用全局光】复选框，设置【角度】为 90 度，【距离】为 1 像素，【大小】为 1 像素，如图 5.104 所示。

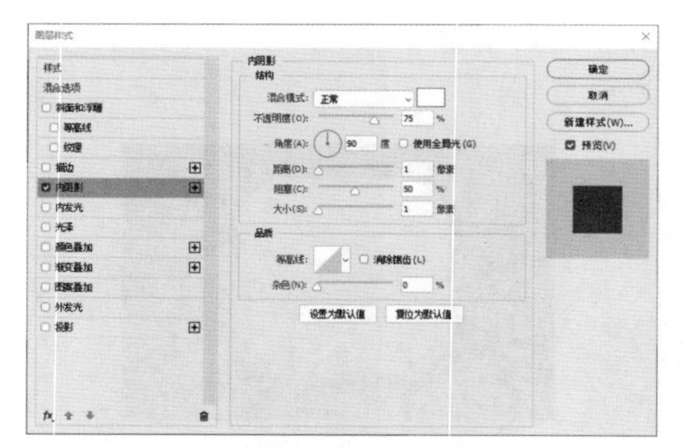

图 5.104　设置内阴影

步骤 04 勾选【渐变叠加】复选框，设置【渐变】为浅蓝色（R：195，G：212，B：233）到浅蓝色（R：240，G：247，B：255），如图 5.105 所示。

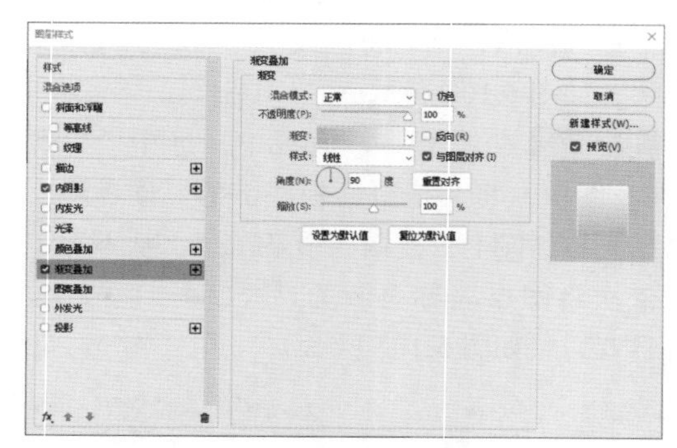

图 5.105　设置渐变叠加

步骤 05 勾选【投影】复选框，设置【混合模式】为【正常】，【颜色】为白色，取消选中【使用全局光】复选框，设置【角度】为 90 度，【距离】为 1 像素，【大小】为 1 像素，设置完成后单击【确定】按钮，如图 5.106 所示。

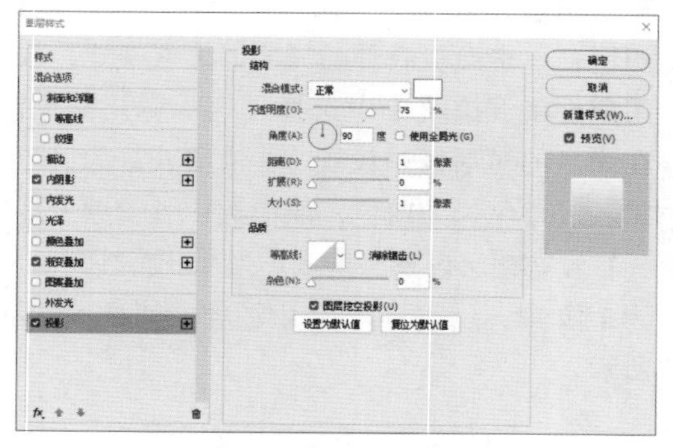

图 5.106　设置投影

步骤 06 选中【中圆】图层，按 Ctrl+T 组合键对其执行【自由变换】命令，将图形等比例缩小，完成后按 Enter 键确认，如图 5.107 所示。

图 5.107　缩小图形

步骤 07 在【图层】面板中，选中【中圆】图层，单击面板底部的【添加图层样式】按钮 *fx*，在下拉菜单中选择【内阴影】命令，在弹出的对话框中设置【不透明度】为 20%，取消选中【使用全局光】复选框，设置【角度】为 90 度，【距离】为 2 像素，【大小】为 2 像素，如图 5.108 所示。

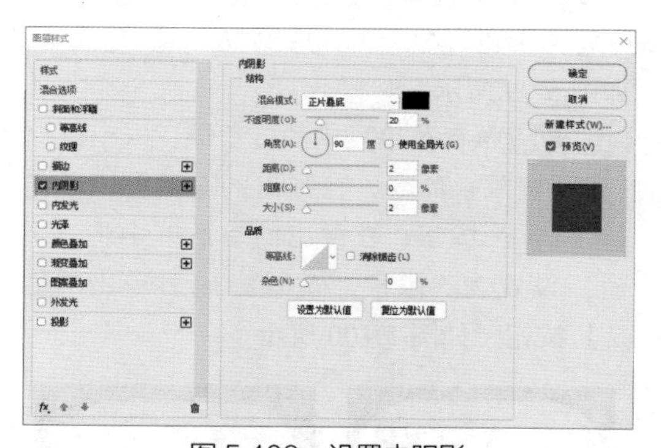

图 5.108　设置内阴影

步骤 08 勾选【渐变叠加】复选框，设置【渐变】为白色到浅蓝色（R：179，G：197，B：219），再到浅蓝色（R：240，G：247，B：255），将中间色标位置设置为 65，设置【样式】为【径向】，【缩放】为 150%，设置完成后单击【确定】按钮，如图 5.109 所示。

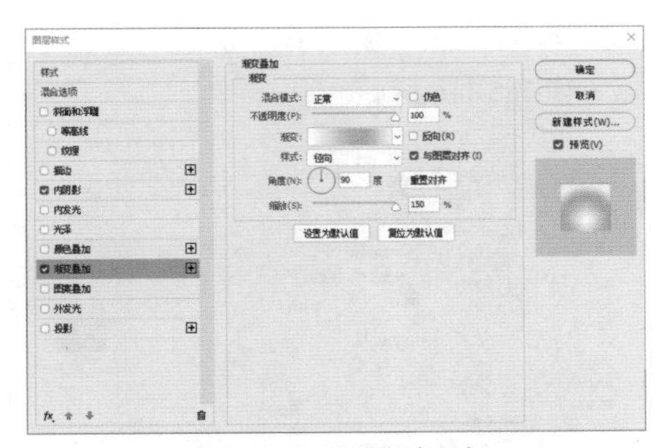

图 5.109　设置渐变叠加

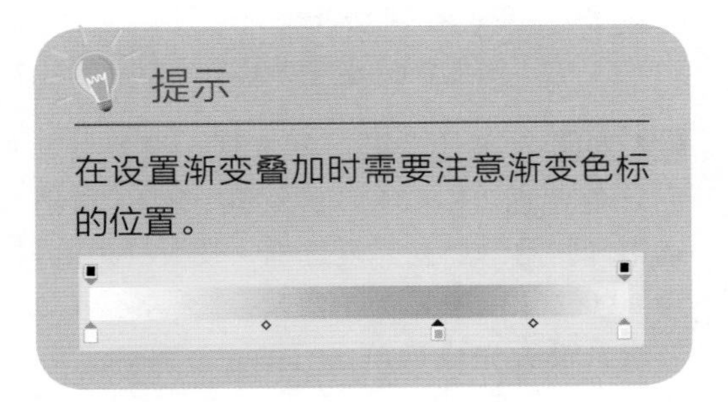

提示

在设置渐变叠加时需要注意渐变色标的位置。

步骤 09 选中【内圆】图层，在选项栏中设置【填充】为无，【描边】为黑色，【宽度】为 20 像素，再按 Ctrl+T 组合键对其执行【自由变换】命令，将图形等比例缩小，完成后按 Enter 键确认，如图 5.110 所示。

图 5.110　缩小图形

4. 制作装饰质感

步骤 01 单击面板底部的【创建新图层】按钮⊞，新建一个【图层 1】图层，将其填充为白色并将其移至【内圆】图层下方。

步骤 02 执行菜单栏中的【滤镜】|【杂色】|【添加杂色】命令，在弹出的对话框中选中【平均分布】单选按钮并勾选【单色】复选框，设置【数量】为 10%，设置完成后单击【确定】按钮，如图 5.111 所示。

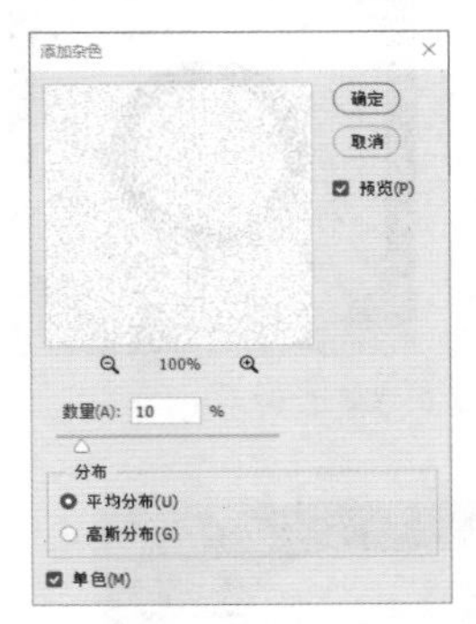

图 5.111　添加杂色

步骤 03 选中【图层 1】图层，执行菜单栏中的【滤镜】|【锐化】|【USM 锐化】命令，在弹出的对话框中设置【数量】为 50%，【半径】为 10 像素，设置完成后单击【确定】按钮，如图 5.112 所示。

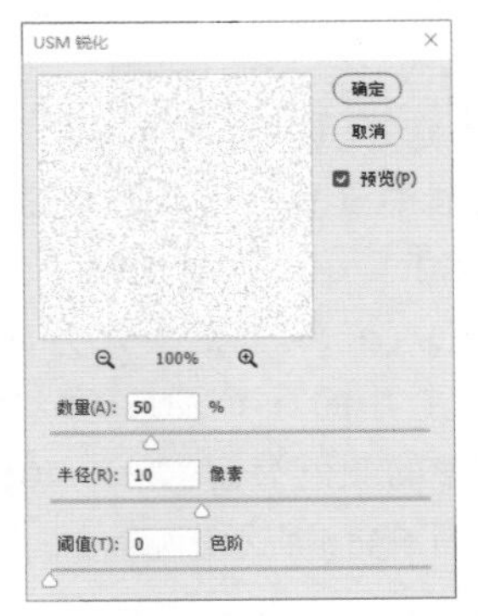

图 5.112　设置 USM 锐化

步骤 04 在【图层】面板中，选中【图层 1】图层，单击面板底部的【添加图层蒙版】按钮◘，为其添加图层蒙版。

步骤 05 按住 Ctrl 键单击【中圆】图层缩览图，将其载入选区。执行菜单栏中的【选择】|【反向】命令将选区反向，将选区填充为黑色，将部分图像隐藏，完成后按 Ctrl+D 组合键将选区取消，如图 5.113 所示。

步骤 06 在【图层】面板中，选中【图层 1】图层，将其图层混合模式设置为【颜色加深】，【不透明度】设置为 50%，如图 5.114 所示。

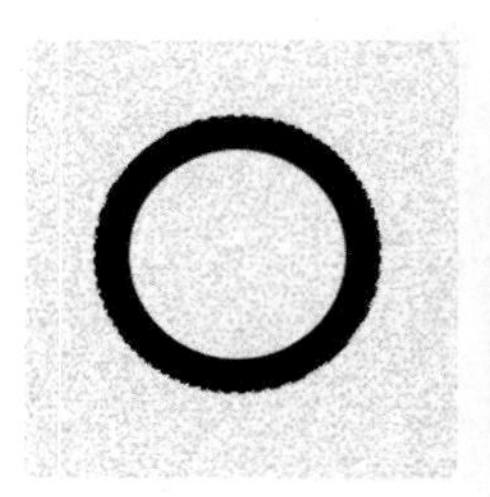

图 5.113　隐藏图像

图 5.114　设置图层混合模式

步骤 07 在【图层】面板中，选中【内圆】图层，单击面板底部的【添加图层样式】按钮fx，在下拉菜单中选择【斜面和浮雕】命令，在弹出的对话框中设置【大小】为 35 像素，取消选中【使用全局光】复选框，设置【角度】为 90 度，【光泽等高线】为高斯，设置【高光模式】中的【不透明度】为 35%，【阴影模式】中的颜色为蓝色（R：0，G：0，B：50），如图 5.115 所示。

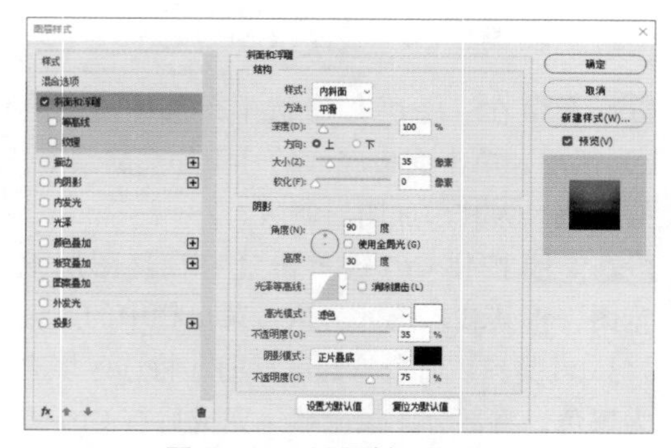

图 5.115　设置斜面和浮雕

步骤 08 勾选【外发光】复选框，设置【混合模式】为【正常】，【颜色】为浅蓝色（R：88，G：87，B：105），【大小】为 2 像素，如图 5.116 所示。

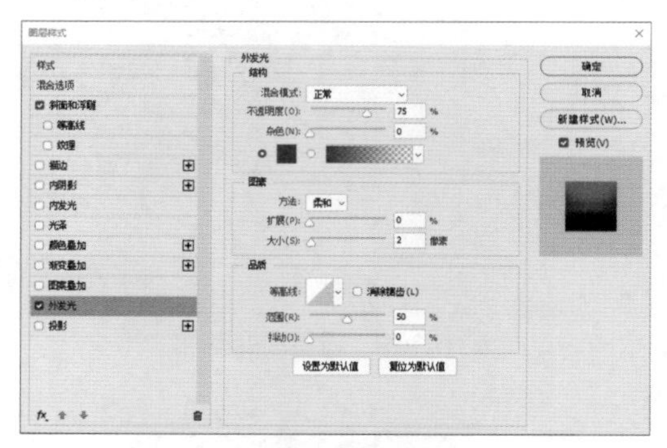

图 5.116　设置外发光

步骤 09 勾选【投影】复选框，设置【颜色】为蓝色（R：0，G：0，B：50），取消选中【使用全局光】复选框，设置【角度】为 90 度，【距离】为 1 像素，【大小】为 2 像素，设置完成后单击【确定】按钮，如图 5.117 所示。

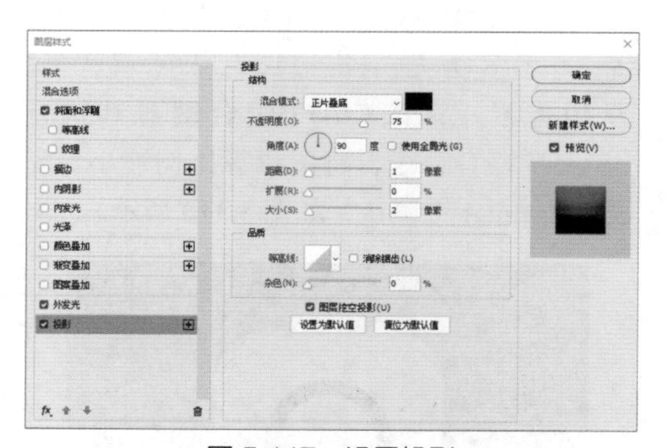

图 5.117　设置投影

5. 绘制指示灯效果

步骤 01 选择工具箱中的【椭圆工具】，在选项栏中设置【填充】为白色，【描边】为无，在图标右下角位置按住 Shift 键绘制一个正圆图形，将生成一个【椭圆 1】图层，如图 5.118 所示。

步骤 02 在【图层】面板中，选中【椭圆 1】图层，单击面板底部的【创建新图层】按钮，复制一个新【椭圆 1 拷贝】图层。

图 5.118 绘制图形

步骤 03 在【图层】面板中，选中【椭圆 1】图层，单击面板底部的【添加图层样式】按钮fx，在下拉菜单中选择【斜面和浮雕】命令。

步骤 04 在弹出的对话框中设置【大小】为 1 像素，取消选中【使用全局光】复选框，设置【角度】为 90 度，【光泽等高线】为高斯，【高光模式】为【叠加】，【颜色】为蓝色（R：0，G：0，B：50），【不透明度】为 100%，【阴影模式】为【叠加】，【颜色】为蓝色（R：0，G：0，B：50），【不透明度】为 100%，如图 5.119 所示。

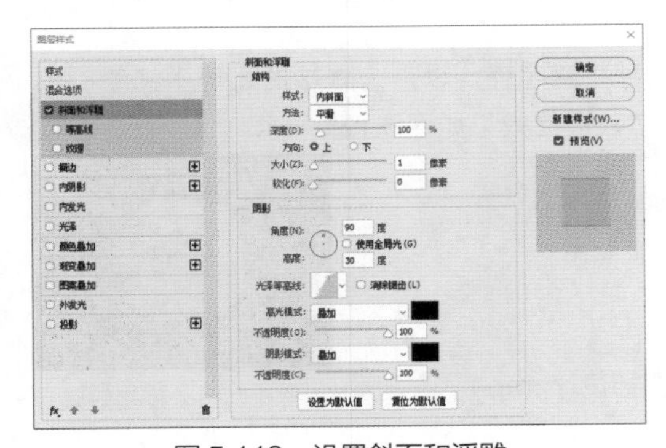

图 5.119 设置斜面和浮雕

步骤 05 勾选【投影】复选框，设置【混合模式】为【正常】，【颜色】为白色，取消选中【使用全局光】复选框，设置【角度】为 90 度，【距离】为 1 像素，【大小】为 1 像素，设置完成后单击【确定】按钮，如图 5.120 所示。

步骤 06 选中【椭圆 1 拷贝】图层，在画布中按 Ctrl+T 组合键对其执行【自由变换】命令，将图像等比例缩小，完成后按 Enter 键确认，如图 5.121 所示。

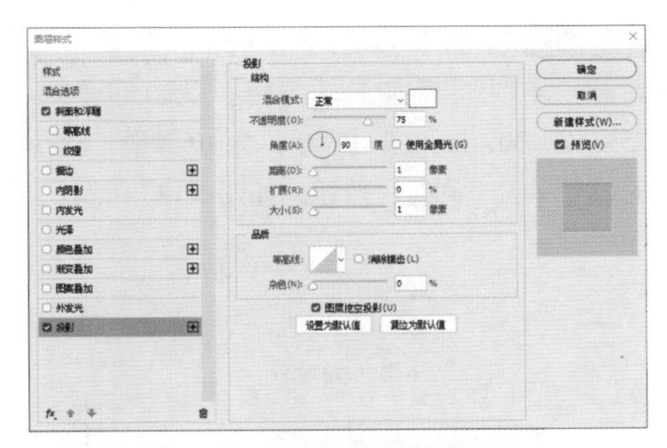

图 5.120 设置投影

图 5.121 缩小图像

6. 调整指示灯细节

步骤 01 在【图层】面板中，单击面板底部的【添加图层样式】按钮fx，在下拉菜单中选择【渐变叠加】命令。

步骤 02 在弹出的对话框中设置【渐变】为白色到红色（R：255，G：30，B：0），【样式】为【径向】，如图 5.122 所示。

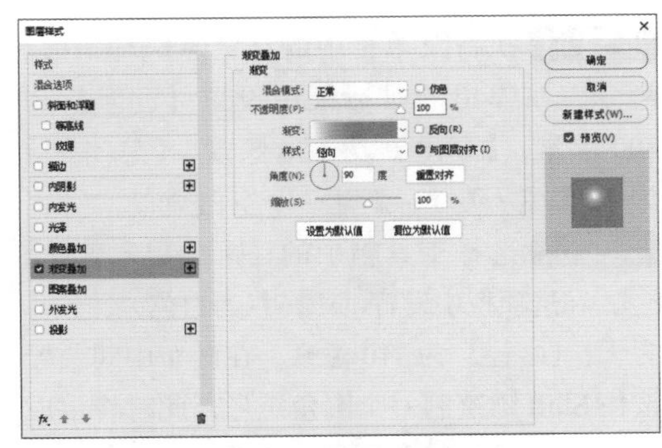

图 5.122 设置渐变叠加

步骤 03 勾选【外发光】复选框，设置【混合模式】为【叠加】，【颜色】为红色（R：255，G：30，B：0），【大小】为 10 像素，设置完成后单击【确定】按钮，如图 5.123 所示。

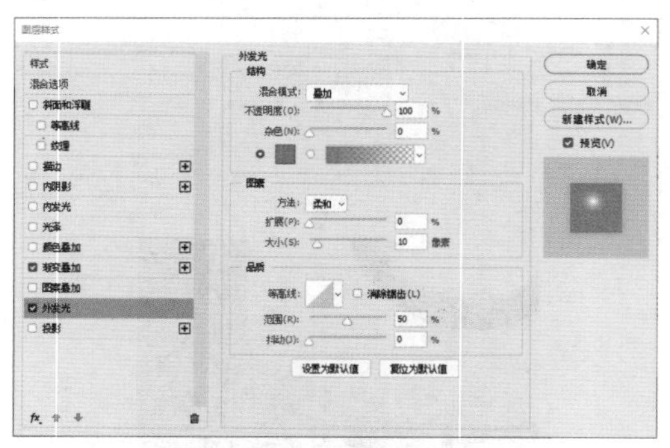

图 5.123　设置外发光

步骤 04 选中【椭圆 1 拷贝】图层，在画布中按 Ctrl+T 组合键对其执行【自由变换】命令，将图像等比例缩小，完成后按 Enter 键确认，这样就完成了数码音箱图标的制作，最终效果如图 5.124 所示。

图 5.124　最终效果

5.9　超强写实吉他图标设计

实例分析

本例讲解超强写实吉他图标设计。本例中的图标质感超强，以最为直接的还原手法绘制出吉他音孔及琴弦效果，整体制作过程需要多注意细节，最终效果如图 5.125 所示。

难　　度：☆☆☆☆
素材文件：调用素材 \ 第 5 章 \ 木纹 .jpg
案例文件：源文件 \ 第 5 章 \ 超强写实吉他图标设计 .psd
视频文件：视频教学 \ 第 5 章 \5.9　超强写实吉他图标设计 .mp4

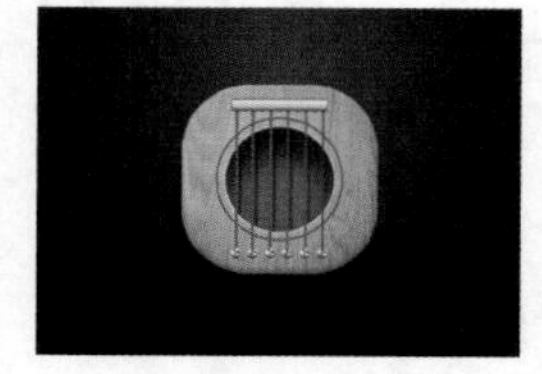

图 5.125　最终效果

1. 制作图标主体

步骤 01 执行菜单栏中的【文件】|【新建】命令，在弹出的对话框中设置【宽度】为 800 像素，【高度】为 600 像素，【分辨率】为 72 像素 / 英寸，新建一个空白画布。

步骤 02 选择工具箱中的【圆角矩形工具】▢，在选项栏中设置【填充】为白色，【描边】为无，【半径】为 110 像素，在画布中间位置按住 Shift 键绘制一个圆角矩形，此时将生成一个【圆角矩形 1】图层，如图 5.126 所示。

步骤 03 执行菜单栏中的【文件】|【打开】命令，打开“木纹 .jpg”文件，将打开的素材拖入画布中并适当缩小，将图层名称设置为【图层 1】，如图 5.127 所示。

步骤 04 按住 Ctrl 键单击【圆角矩形 1】图层缩览图将其载入选区，如图 5.128 所示。

步骤 05 执行菜单栏中的【选择】|【反向】命令将选区反向，按 Delete 键将选区中的图像删除，完成后按 Ctrl+D 组合键将选区取消，如图 5.129 所示。

图 5.126　绘制图形

图 5.127　添加素材

图 5.128　载入选区

图 5.129　删除图像

步骤 06 同时选中【图层 1】及【圆角矩形 1】图层，按 Ctrl+E 组合键将其合并，将生成【图层 1】图层。

步骤 07 在【图层】面板中，单击面板底部的【添加图层样式】按钮fx，在下拉菜单中选择【斜面和浮雕】命令。

步骤 08 在弹出的对话框中设置【深度】为 80%，【大小】为 10 像素，【软化】为 4 像素，取消选中【使用全局光】复选框，设置【角度】为 90 度，【高光模式】为【叠加】，【不透明度】为 30%，【阴影模式】为【正常】，【不透明度】为 20%，如图 5.130 所示。

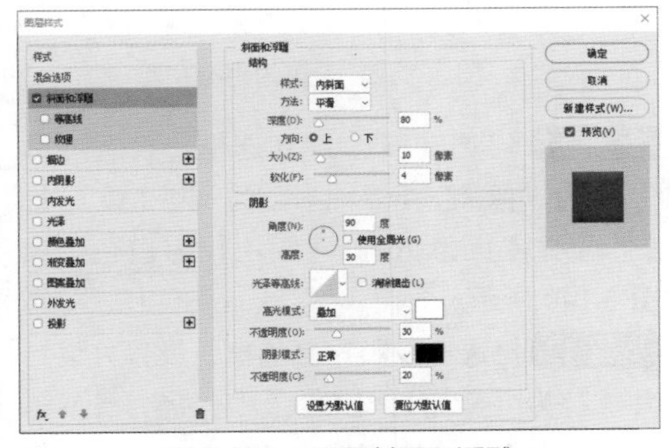
图 5.130　设置斜面和浮雕

步骤 09 勾选【内发光】复选框，设置【混合模式】为【柔光】，【不透明度】为 80%，【颜色】为黑色，【大小】为 5 像素，如图 5.131 所示。

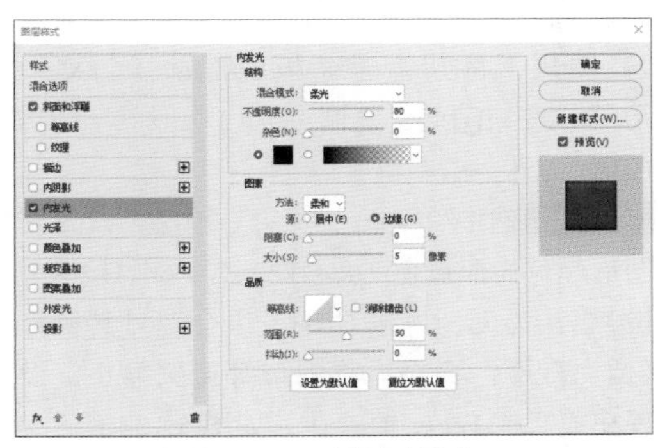
图 5.131　设置内发光

步骤 10 勾选【渐变叠加】复选框，设置【混合模式】为【柔光】，【不透明度】为 60%，【渐变】为黑色到白色，【角度】为 118 度，设置完成后单击【确定】按钮，如图 5.132 所示。

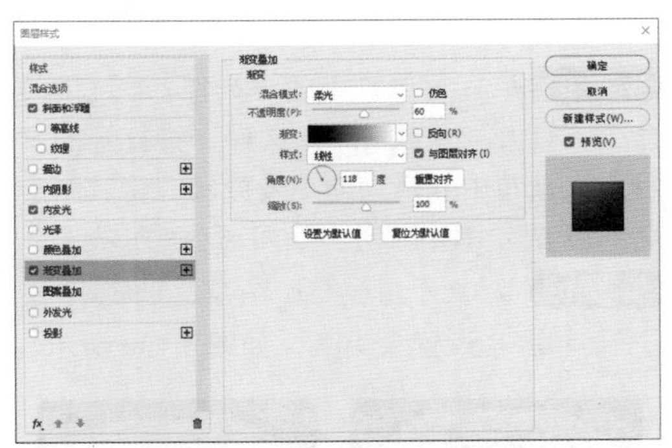

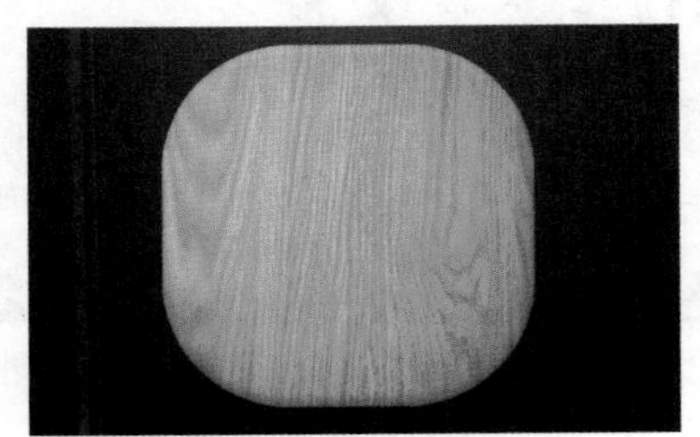
图 5.132　设置渐变叠加

2. 打造圆孔图像

步骤 01 选择工具箱中的【椭圆工具】，在选项栏中设置【填充】为无，【描边】为深黄色（R：186，G：94，B：8），【大小】为 3 点，在图标中间位置按住 Shift 键绘制一个正圆图形，此时将生成一个【椭圆 1】图层，如图 5.133 所示。

步骤 02 在【图层】面板中，选中【椭圆 1】图层，将其拖至面板底部的【创建新图层】按钮⊞上，复制一个【椭圆 1 拷贝】图层。

步骤 03 选中【椭圆 1 拷贝】图层，设置其图形颜色为深黄色（R：129，G：64，B：8），【描边】为无，再按 Ctrl+T 组合键对其执行【自由变换】命令，将图形等比例缩小，设置完成后按 Enter 键确认，如图 5.134 所示。

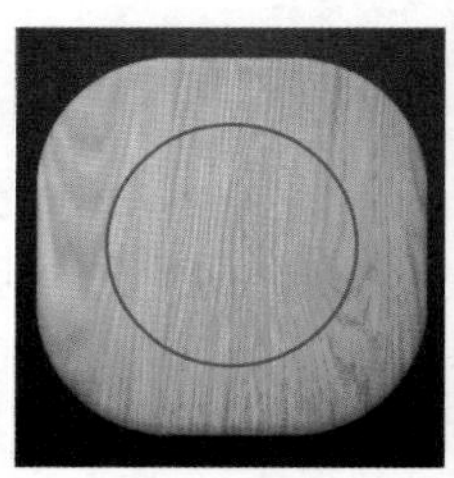

图 5.133　绘制图形

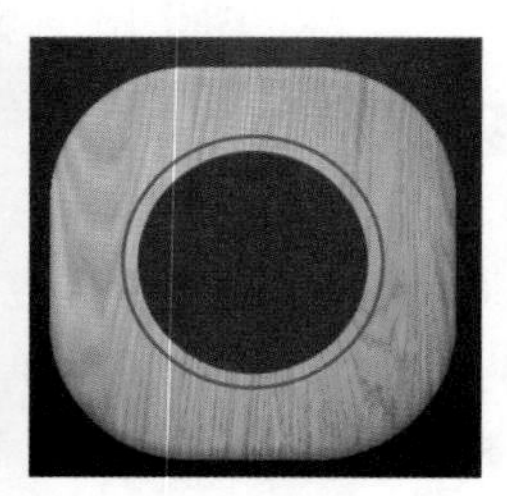

图 5.134　变换图形

步骤 04 执行菜单栏中的【文件】|【打开】命令，打开“木纹 .jpg”文件，将打开的素材拖入画布中并适当缩小及旋转，将其图层名称设置为【图层 2】，如图 5.135 所示。

步骤 05 选中【图层 2】图层，将其图层【不透明度】设置为 40%，如图 5.136 所示。

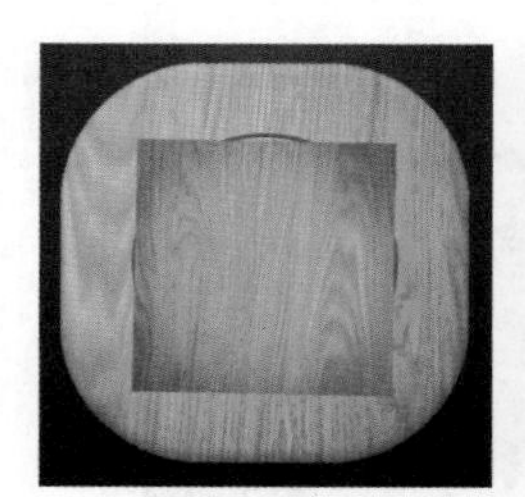

图 5.135　添加素材

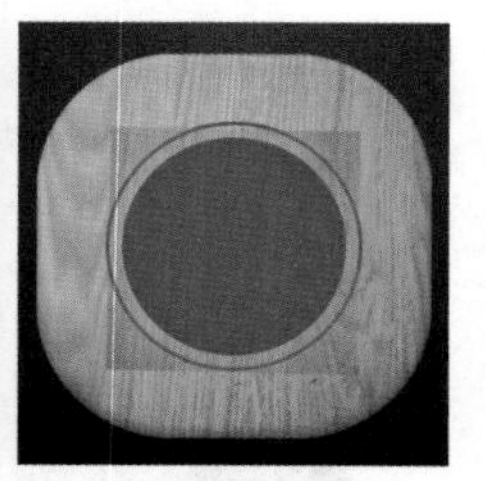

图 5.136　设置图层不透明度

步骤 06 按住 Ctrl 键单击【椭圆 1 拷贝】图层缩览图将其载入选区，如图 5.137 所示。

步骤 07 执行菜单栏中的【选择】|【反向】命令将选区反向，按 Delete 键将选区中的图像删除，完成后按 Ctrl+D 组合键将选区取消，如图 5.138 所示。

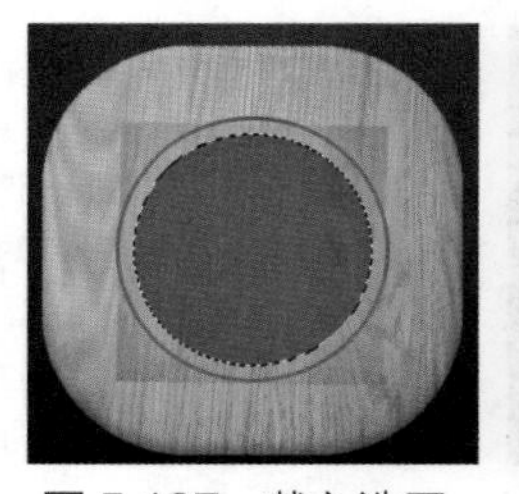

图 5.137　载入选区

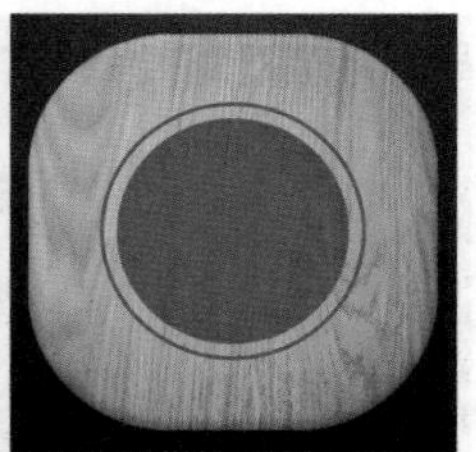

图 5.138　删除图像

步骤 08 同时选中【图层 2】及【椭圆 1 拷贝】图层，按 Ctrl+E 组合键将其合并，将生成【图层 2】图层。

步骤 09 在【图层】面板中，单击面板底部的【添加图层样式】按钮 fx，在下拉菜单中选择【内阴影】命令。

步骤 10 在弹出的对话框中设置【混合模式】为【正常】，【颜色】为深黄色（R：90，G：41，B：2），【不透明度】为 100%，取消选中【使用全局光】复选框，设置【角度】为 90 度，【距离】为 50 像素，【大小】为 50 像素，如图 5.139 所示。

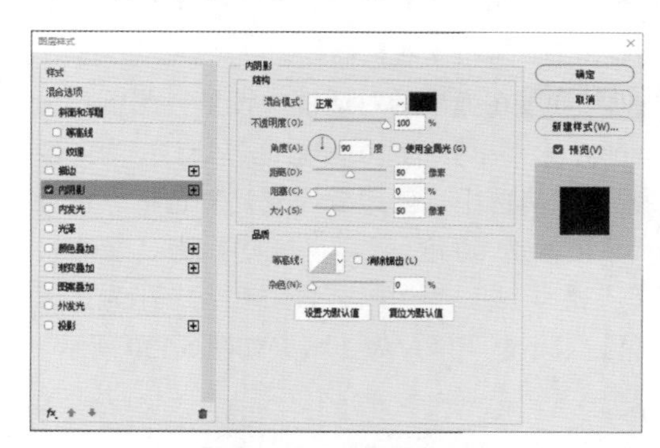

图 5.139　设置内阴影

步骤 11 勾选【描边】复选框，设置【大小】为 3 像素，【混合模式】为【柔光】，【不透明度】为 70%，【颜色】为白色，如图 5.140 所示。

步骤 12 勾选【投影】复选框，设置【混合模式】为【叠加】，【颜色】为白色，【不透明度】为 70%，取消选中【使用全局光】复选框，设置【角度】为 90 度，【距离】为 2 像素，【大小】为 3 像素，设置完成后单击【确定】按钮，如图 5.141 所示。

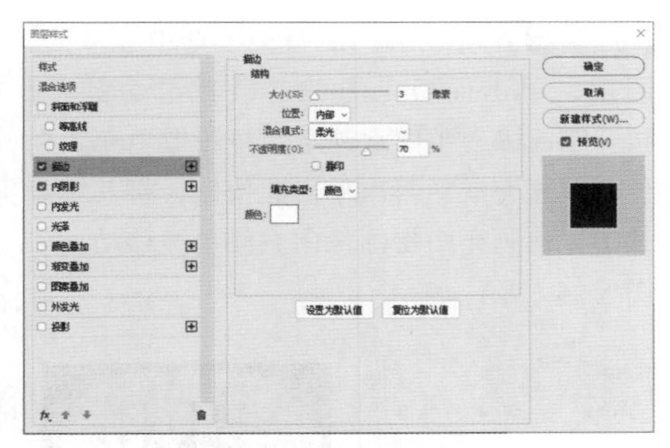

图 5.140　设置描边

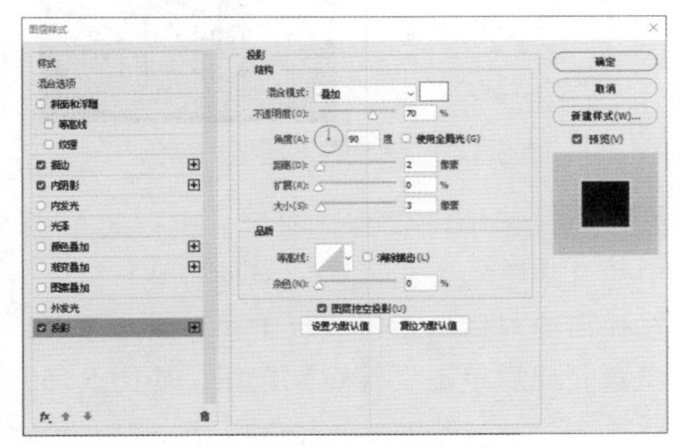

图 5.141　设置投影

3. 制作琴弦

步骤 01 选择工具箱中的【矩形工具】，在选项栏中设置【填充】为黄色（R：240，G：207，B：126），【描边】为无，在图标椭圆位置靠左侧绘制一个细长矩形，此时将生成一个【矩形 1】图层，如图 5.142 所示。

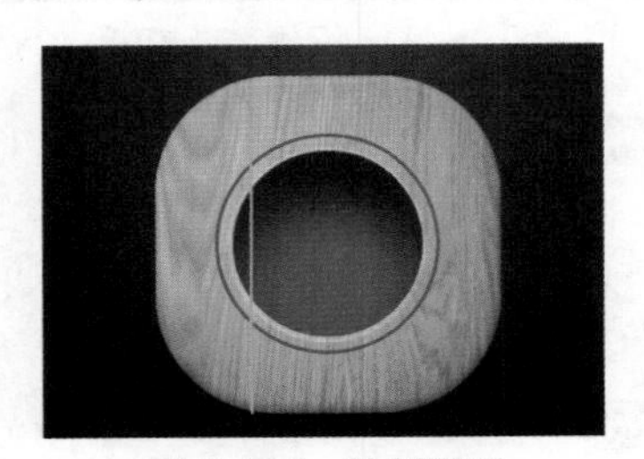

图 5.142　绘制图形

步骤 02 在【图层】面板中，选中【矩形 1】图层，单击面板底部的【添加图层样式】按钮 *fx*，在下拉菜单中选择【斜面和浮雕】命令，在弹出的对话框中设置【大小】为 1 像素，【光泽等高线】为锥形 - 反转，将【阴影模式】中的【颜色】设置为深黄色（R：130，G：75，B：12），如图 5.143 所示。

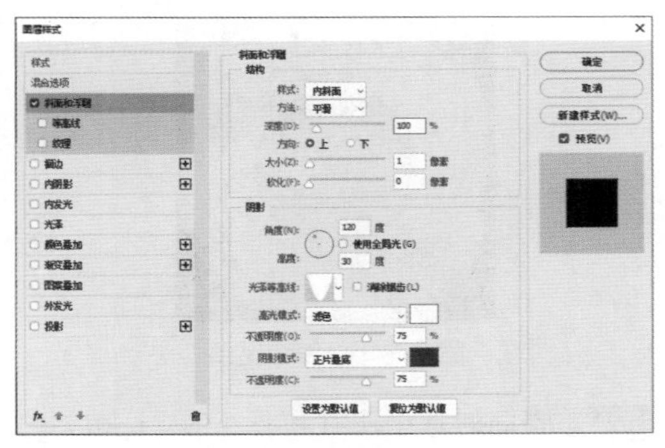

图 5.143　设置斜面和浮雕

步骤 03 勾选【外发光】复选框，设置【混合模式】为【正常】，【颜色】为深黄色（R：120，G：57，B：10），【大小】为 2 像素，设置完成后单击【确定】按钮，如图 5.144 所示。

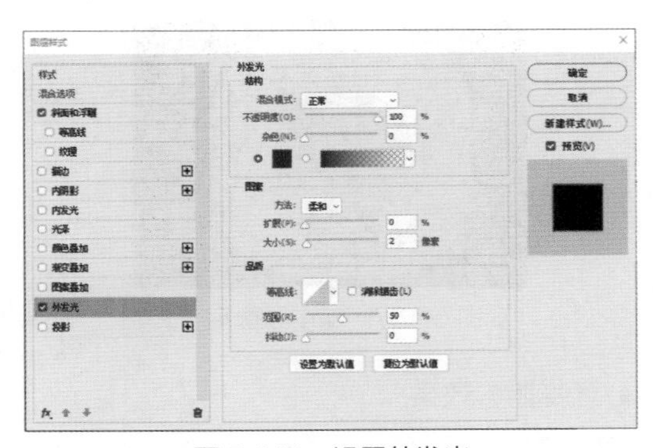

图 5.144　设置外发光

步骤 04 选中【矩形 1】图层，在画布中按住 Alt+Shift 组合键向右侧拖动将图形复制 5 份，如图 5.145 所示。

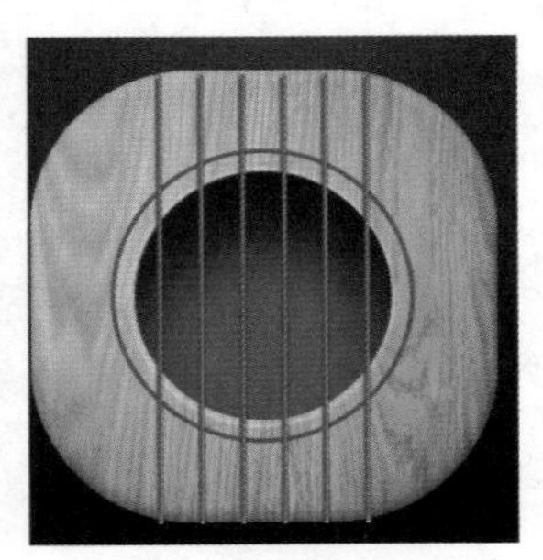

图 5.145　复制图形

步骤 05 分别将这些矩形的宽度从左至右依次适当缩小，如图 5.146 所示。

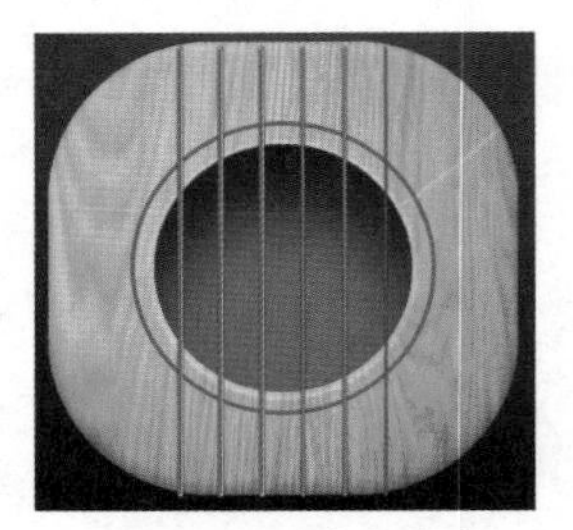

图 5.146 缩小宽度

步骤 06 同时选中所有和【矩形 1】相关的图层，按 Ctrl+G 组合键将其编组，将生成的组名称更改为【琴弦】。

步骤 07 选中【琴弦】组，按 Ctrl+T 组合键对其执行【自由变换】命令，将图像高度缩小，完成后按 Enter 键确认，如图 5.147 所示。

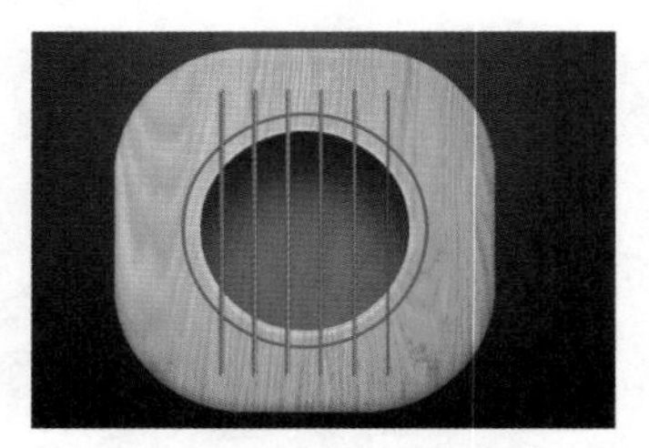

图 5.147 缩小图像高度

4. 添加阴影效果

步骤 01 在【图层】面板中，选中【琴弦】组，将其拖至面板底部的【创建新图层】按钮⊞上，复制一个【琴弦 拷贝】组。

步骤 02 选中【琴弦】组，按 Ctrl+E 组合键将其合并，此时将生成一个【琴弦】图层，如图 5.148 所示。

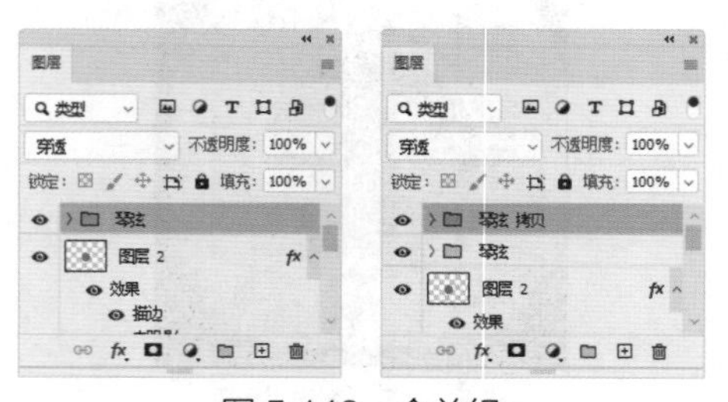

图 5.148 合并组

步骤 03 在【图层】面板中，选中【琴弦】图层，单击面板上方的【锁定透明像素】按钮▣，将透明像素锁定，将图像填充为黑色，填充完成后再次单击此按钮，将其解除锁定，在画布中将图像向右侧稍微移动，如图 5.149 所示。

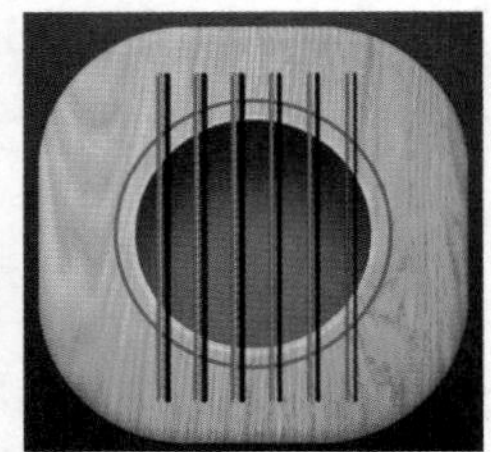

图 5.149 对合并图层填充颜色

步骤 04 选中【琴弦】图层，执行菜单栏中的【滤镜】|【模糊】|【高斯模糊】命令，在弹出的对话框中设置【半径】为 2 像素，设置完成后单击【确定】按钮，如图 5.150 所示。

图 5.150 设置高斯模糊

步骤 05 按住 Ctrl 键单击【图层 2】图层缩览图，将其载入选区。执行菜单栏中的【选择】|【反向】命令将选区反向，如图 5.151 所示。

步骤 06 执行菜单栏中的【选择】|【修改】|【扩展】命令，在弹出的对话框中设置【扩展量】为 3 像素，设置完成后单击【确定】按钮。

步骤 07 选中【琴弦】图层，按 Delete 键将选区中的图像删除，完成后按 Ctrl+D 组合键将选区取消，如图 5.152 所示。

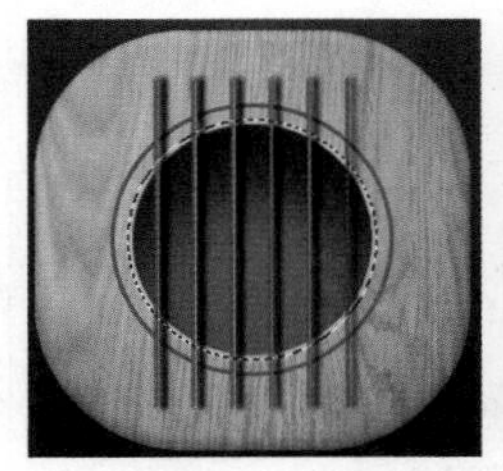

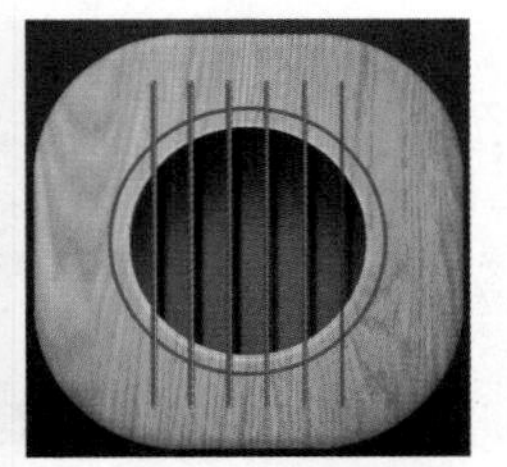

图5.151　选择图像　　图5.152　删除图像

步骤08 选中【琴弦】图层，设置其图层【不透明度】为50%，如图5.153所示。

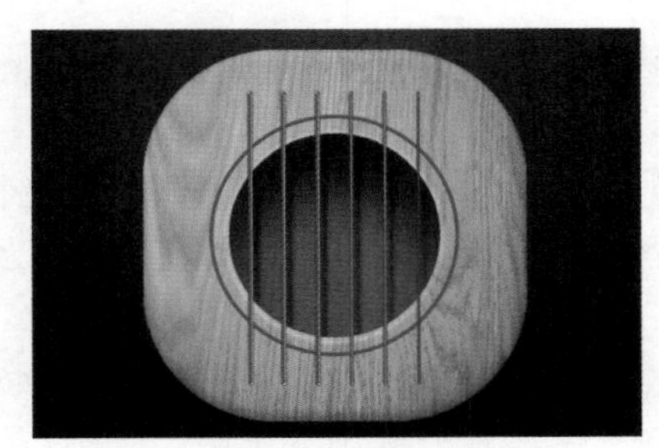

图5.153　设置图层不透明度

5. 添加琴弦细节

步骤01 选择工具箱中的【椭圆工具】，在选项栏中设置【填充】为白色，【描边】为无，在最左侧琴弦底部位置按住Shift键绘制一个正圆图形，此时将生成一个【椭圆2】图层，如图5.154所示。

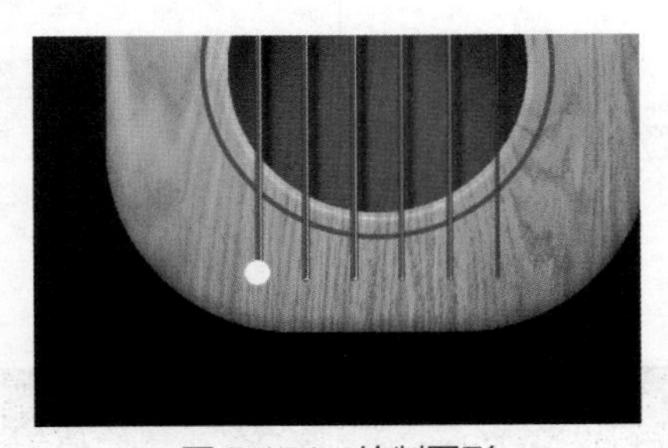

图5.154　绘制图形

步骤02 在【图层】面板中，选中【椭圆2】图层，单击面板底部的【添加图层样式】按钮*fx*，在下拉菜单中选择【渐变叠加】命令。

步骤03 在弹出的对话框中设置【渐变】为黄色系渐变，【样式】为【角度】，【角度】为0度，如图5.155所示。

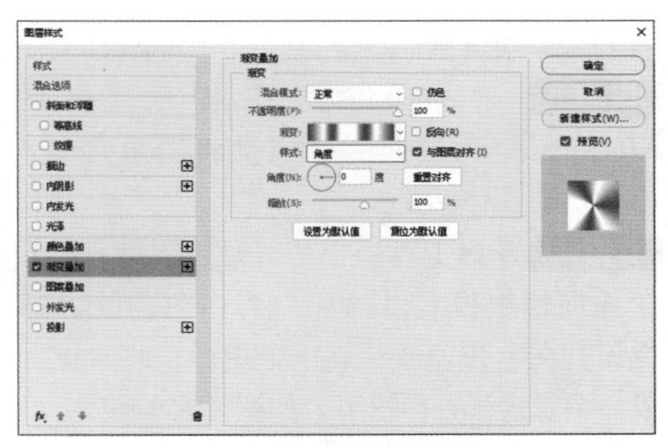

图5.155　设置渐变叠加

步骤04 勾选【投影】复选框，设置【颜色】为深黄色（R：116，G：56，B：0），取消选中【使用全局光】复选框，设置【角度】为90度，【距离】为2像素，【扩展】为20%，如图5.156所示。

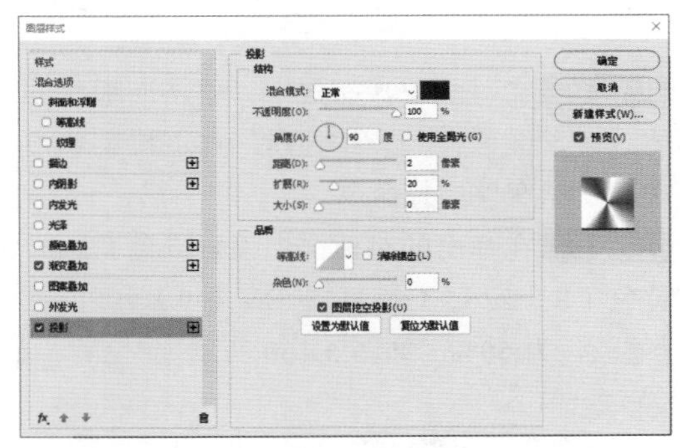

图5.156　设置投影

步骤05 勾选【内阴影】复选框，设置【混合模式】为【叠加】，【颜色】为白色，【不透明度】为100%，取消选中【使用全局光】复选框，设置【角度】为90度，【阻塞】为50%，【大小】为1像素，如图5.157所示。

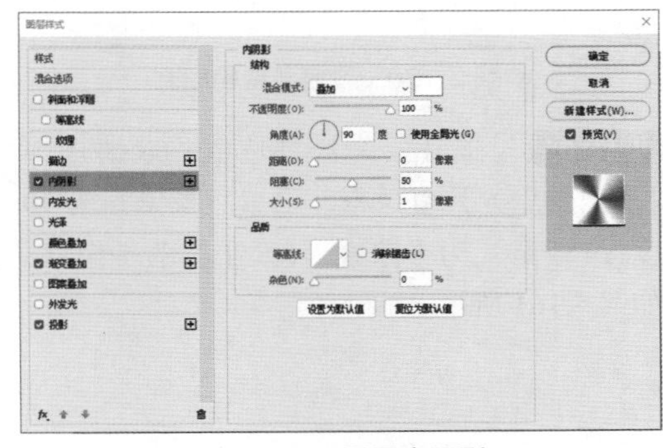

图5.157　设置内阴影

6. 打造琴桥图像

步骤 01 选中【椭圆 2】图层，按住 Alt+Shift 组合键向右侧拖动将图形复制 5 份，如图 5.158 所示。

步骤 02 选择工具箱中的【矩形工具】，在选项栏中设置【填充】为白色，【描边】为无，在琴弦顶部绘制一个矩形，此时将生成一个【矩形 2】图层，如图 5.159 所示。

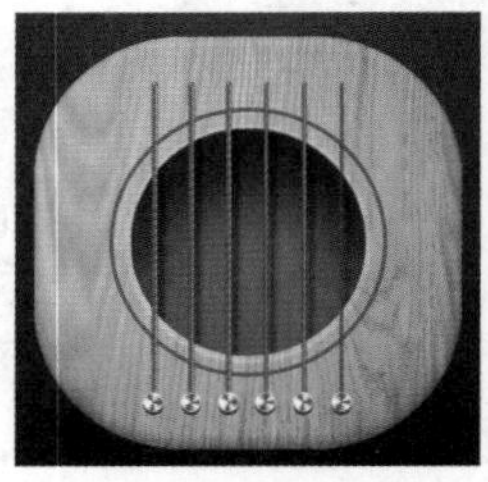

图 5.158　复制图形

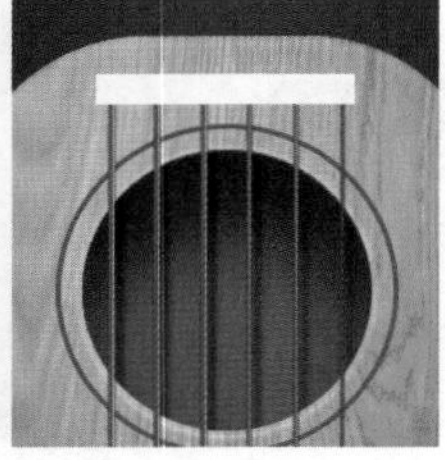

图 5.159　绘制图形

步骤 03 在【图层】面板中，单击面板底部的【添加图层样式】按钮 *fx*，在下拉菜单中选择【渐变叠加】命令。

步骤 04 在弹出的对话框中设置【渐变】为黄色（R：226，G：212，B：199）到白色，【缩放】为 50%，如图 5.160 所示。

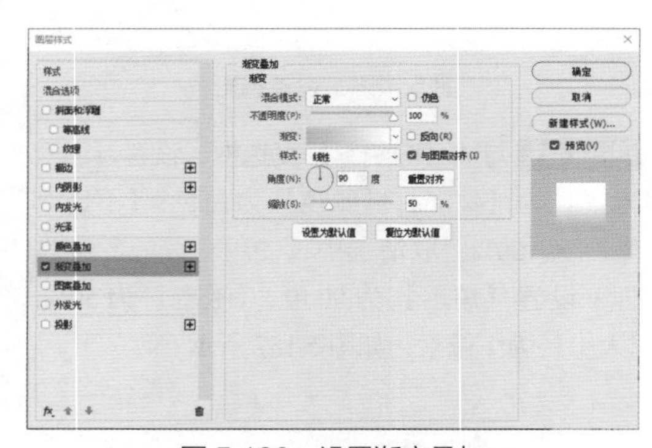

图 5.160　设置渐变叠加

步骤 05 勾选【投影】复选框，取消选中【使用全局光】复选框，设置【角度】为 90 度，【距离】为 1 像素，【大小】为 1 像素，如图 5.161 所示。

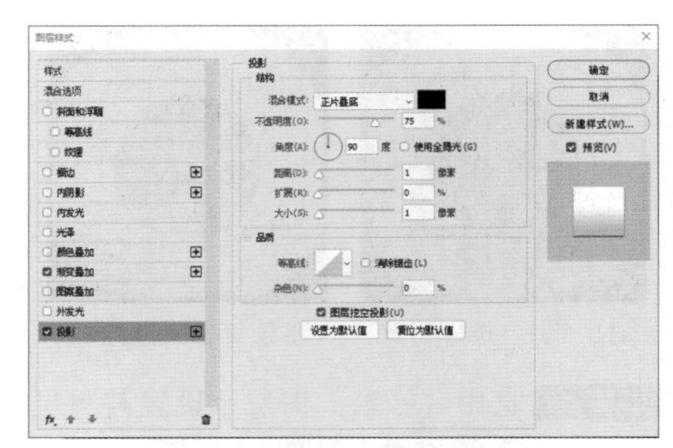

图 5.161　设置投影

步骤 06 勾选【斜面和浮雕】复选框，将【大小】设置为 3 像素。

步骤 07 取消选中【使用全局光】复选框，设置【角度】为 90 度，【光泽等高线】为锥形 - 不对称，【高光模式】为【正片叠底】，【颜色】为蓝色（R：65，G：60，B：86），【不透明度】为 55%，【阴影模式】为【正片叠底】，【颜色】为蓝色（R：65，G：60，B：86），【不透明度】为 55%，设置完成后单击【确定】按钮，这样就完成了超强写实吉他图标的制作，最终效果如图 5.162 所示。

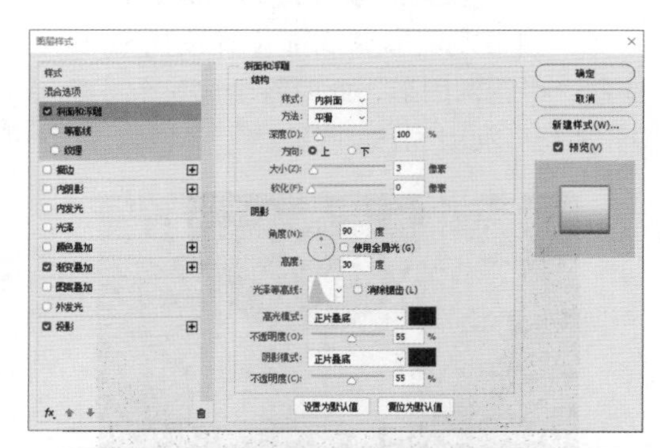

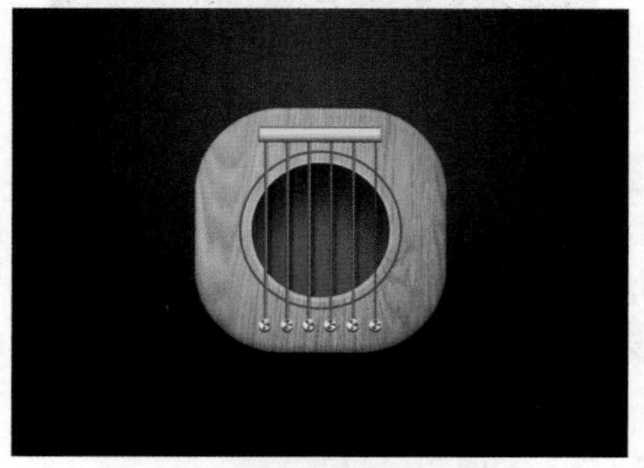

图 5.162　最终效果

5.10　拓展训练

鉴于形象拟物化图标在 UI 界面设计中的重要性，本节特意安排了 3 个精彩课后习题供读者练习，以此来提高自己的设计水平，强化自身的设计能力。

5.10.1 写实计算器

实例分析

本例讲解写实计算器的制作。作为一款写实风格图标，本例在制作过程中需要对细节多加留意，通过极致的细节表现强调出图标的可识别性。最终效果如图 5.163 所示。

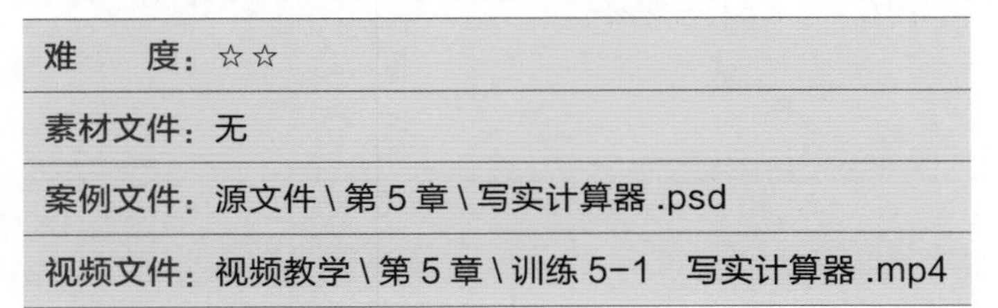

难　　度：	☆☆
素材文件：	无
案例文件：	源文件 \ 第 5 章 \ 写实计算器 .psd
视频文件：	视频教学 \ 第 5 章 \ 训练 5-1　写实计算器 .mp4

图 5.163　最终效果

步骤分解如图 5.164 所示。

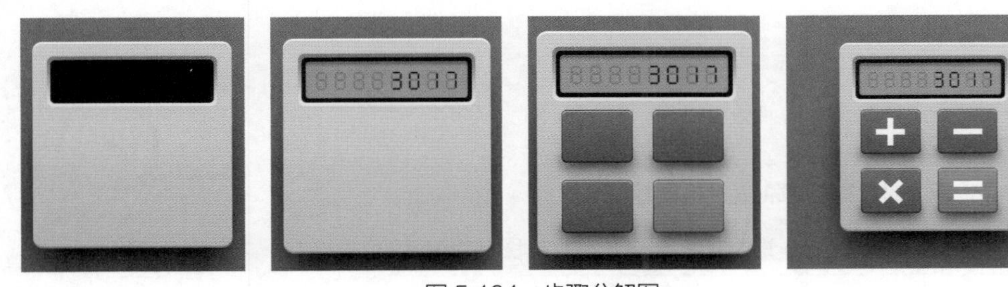
图 5.164　步骤分解图

5.10.2 小黄人图标

实例分析

本例主要讲解小黄人图标的制作。本例的设计思路以著名的小黄人头像为主题，从酷酷的眼镜到可爱的嘴巴，处处体现了这种卡通造型图标带给用户的最直观的视觉体验。最终效果如图 5.165 所示。

难　　度：☆☆
素材文件：调用素材 \ 第 5 章 \ 金属 .jpg、麻布 .jpg
案例文件：源文件 \ 第 5 章 \ 小黄人图标 .psd
视频文件：视频教学 \ 第 5 章 \ 训练 5-2　小黄人图标 .mp4

图 5.165　最终效果

步骤分解如图 5.166 所示。

图 5.166　步骤分解图

5.10.3 唱片机图标

实例分析

本例讲解唱片机图标的制作。此款图标的造型时尚大气，以银白色为主色调，提升了整个图标的品质感，同时特效纹理图像的添加更是模拟出了唱片机的实物感。最终效果如图 5.167 所示。

难　　度：☆☆
素材文件：无
案例文件：源文件 \ 第 5 章 \ 唱片机图标 .psd
视频文件：视频教学 \ 第 5 章 \ 训练 5-3　唱片机图标 .mp4

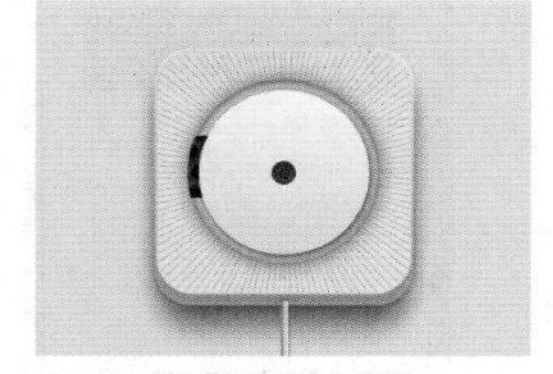

图 5.167　最终效果

步骤分解如图 5.168 所示。

图 5.168　步骤分解图

第6章

超强写实质感图标设计

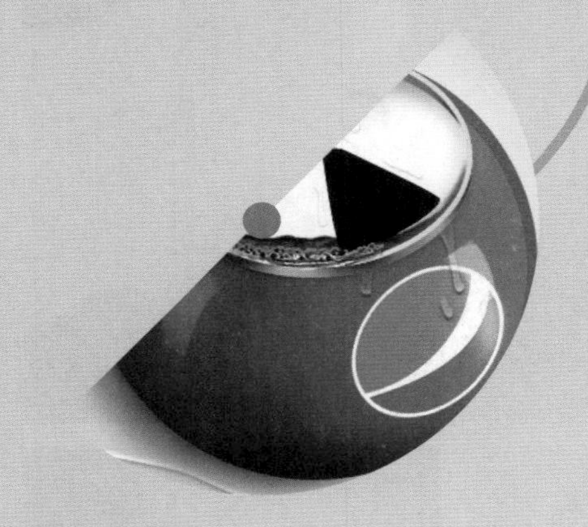

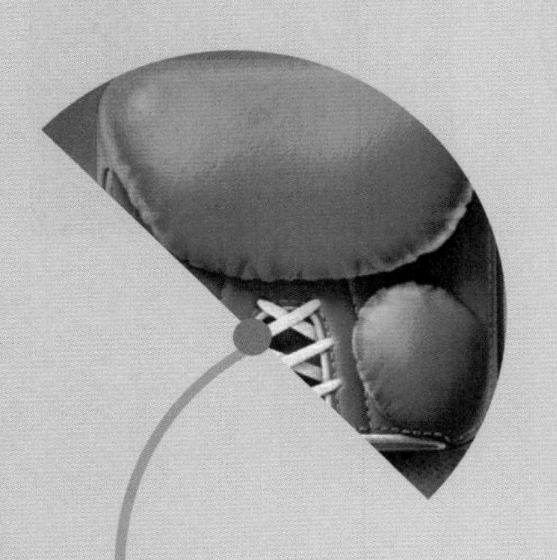

内容摘要

本章主要讲解超强写实质感图标设计。写实可以直接理解为还原真实主义，它意在如实描绘事物，或者依照物体进行写实描绘，并且做到与对象基本相符的目的。本章的写实元素主要以日常实用的设计元素为主，比如质感磨砂文件夹图标制作、绘制塑料质感插座、写实木盒爱心图标设计、超强质感安全图标设计等。与其他章节类似，本章依然在实例前面编写了大量关于超强写实质感图标设计的基础知识，通过对这些知识的学习可以掌握超强写实质感图标设计。

教学目标

- 了解写实图标的特点
- 学习写实图标设计指南
- 学习如何设计出高质量图标
- 掌握塑料质感插座的设计
- 学会超强质感安全图标设计
- 学习金属质感网络图标设计

6.1 写实图标的特点

写实图标也叫写实主义图标，它最大的特点是运用写实的手法，将物体准确地绘制出来，并且达到与物体极为接近的视觉效果，质感是它的最大特点，同时绘制过程复杂，用时长也是写实图标的设计难点。写实和拟物具有一定的相似之处，让图标看起来更加真实、贴近现实生活。不过写实更加追求一种真实感，用户在点击使用某个图标时的感受与在现实生活中使用某一物品的感受相同。常见的写实图标如图 6.1 所示。

图 6.1　写实图标

6.2 写实图标设计指南

一个 App 应用图标设计的美感与吸引力，决定了用户对产品的第一印象。一个有吸引力的 App 应用图标，可以让用户自愿下载。

6.2.1 辅助中文字体

1. 单个字体设计

提取产品名称中最具代表性的独立文字，进行字体设计。通过对笔画及整体骨架进行设计调整，以达到符合产品特性和视觉差异化的目的，这样的设计形式大大降低了用户对品牌的认知成本。拥有特征性的字体设计可以一目了然地传递产品信息，让用户在自己的手机桌面上快速找到应用所在，识别性很强。

2. 多个字体设计

多个字体设计，通常将产品名称直接运用在设计中。多个字体设计需要注意的是整体的协调与可读性，一排出现两个汉字属于比较理想的可读范围，极限值为三个汉字并排，最多两行为宜，超出这个数量，将会大大降低用户对产品的识别能力。多个字体设计可以直接告知用户产品名称，便于品牌推广，减少用户的记忆成本。

3. 字体与辅助图形组合

为了突出产品特有的气质和属性，可将字体与辅助图形组合来烘托氛围，利用纸张折痕的效果突出文艺气质，购物袋的图形运用烘托购物的氛围等。相比单纯的文字设计，适当辅助一些带有产品特性的图形，可以更加灵活地突出产品气质和属性。

4. 字体与几何图形组合

几何图形的运用可以增加图标的形式感和趣味性，如矩形与字体设计组合可以强调局部信息，圆润的形状可以使图标风格更加活泼有趣，三角形的运用有一定的引导性。

6.2.2 英文数字及特殊符号

1. 单个英文字母设计

通常提取产品名称首字母进行设计，由于英文字母本身造型简洁，结合产品特点进行创意加工，很容易达到美感和识别性兼备。

2. 多个英文字母设计

多个英文字母通常由产品全称或几个单词首字母组合而成，在国内也会提取汉语拼音和拼音首字母等方式进行组合。在进行字母组合设计的时候，需要考虑组合字母的识别性。

3. 字母加背景图案组合

通过添加背景图案，结合字母设计组合呈现，既能增加应用图标的视觉层次感，又能丰富视觉表现力。这里需要注意背景图案的色相和繁简度的处理，需要和字母设计形成强烈的对比，使信息传达不受影响。

4. 字母加图形组合设计

字母加图形组合设计应用比较广泛。图形分为几何图形和生活映象提炼的图形。通过字母与图形进行创意加工，可以使应用图标视觉表现得更加饱满。

5. 数字设计

数字对于人们来说是非常敏感的，利用数字进行设计能给人亲和力。由于数字的识别性很强，因此数字设计易于品牌传播与用户记忆。

6. 特殊符号设计

由于符号本身的含义会对产品属性有一定限制，针对性比较强，所以特殊符号在应用图标的设计案例中相对较少。

6.2.3 质感图标图形

1. 几何图形设计

运用几何图形的设计给人简约、现代、个性、富有空间感等视觉感受，从单个具象图形到复杂的空间感营造，几何图形的表现形式非常丰富。不同的形状给人的情感表达不同，如三角形给人传达个性、稳定、现代、时尚等，添加圆角后又会更加亲民、可爱。在设计图标时，可以结合产品特征，合理地选择适合的形状图形。

2. 抽象图形设计

通过提取品牌信息、产品服务、功能模块等关键词进行图形创意，形成的图形不属于生活中常见的基本图形，它是对品牌进行高度提炼形成的抽象图形。抽象图形设计通过暗喻的形式传达品牌文化和产品特点，品牌独特性较强。

3. 剪影设计

剪影通常是提取外部轮廓进行单色填充，在设计时可以提取整体形象或者局部特征部位作为设计元素。这类应用图标背景为单色或者渐变色，少量地会辅助一些图形作为背景元素。

4. 相同图形重复设计

将相同的图形进行有序地排列，排列形式有梯度渐变、等大均排、规律性重复、配色差异、大小错落等。这样的设计方式可以给单调的图形增加层次感和构图饱满度，有一定梯度渐变和规律性重复的图形组合可以传递一定的韵律感和动感。

5. 正负形设计

正负形的设计在 Logo 图形设计中是比较常见的表现手法，运用在图标设计中，以正形为底突出负形特征，以负形表达产品属性。利用正负形进行设计，图形设计感较强，正形与负形可以更加充分地表达产品特征与服务。

6. 线形设计

线形设计风格的图标给人以简洁轻快的感觉。线形设计的方式分为闭合式和开放式。线形设计可以由一条连续的线条或者几条线段组成。在有色背景上面线条通常做反白处理，背景设计可以是单色、渐变色或其他辅助图形设计等。

7. 白色渐变图形设计

白色渐变是利用白色渐变填充，更改不透明度值完成设置。白色渐变图形具有空间感、质感，视觉效果较好，被广泛运用在应用图标设计中。比起单纯的剪影图形，白色渐变图形更具空间感和质感，能传递更多的细节表现。

8. 彩色渐变图形设计

彩色渐变是利用多种颜色进行渐变，比起白色渐变图形，彩色渐变图形的色彩表现更加丰富。多种颜色进行渐变衔接的时候要注意色相的对比，并营造空间感。应用图标的背景需要和图形的色彩形成对比，最佳的背景为白色或者浅色，图形色彩表现更加丰富细腻，图标表现出更多的细节。

9. 动物形象设计

动物作为图标设计元素是比较常见的方式之一，动物给人的印象比较可爱，有助于加深用户对产品的印象。动物的表现形式有剪影、线性描边风格、面性风格等。

10. 卡通形象设计

卡通形象与动物形象容易混淆，因为很多卡通形象都是基于动物设计演变而来的。这里单独提取出来是为了归类一些单纯以动物外形为设计元素的表现手法。卡通形象设计在应用图标的设计中是非常常见的，很容易对用户形成记忆，其特点形象可爱、亲民，易于用户记忆与传播。

11. 拟人化图形设计

通过对接近圆形或者构图饱满的图形添加眼睛等元素，可以使整个图形拟人化。给原本冰冷的图形赋予生命，使其拥有一定的情感表达，让产品更加亲民，更容易被用户所接受和记忆。

12. 拟物图标设计

随着扁平风格的盛行，拟物图标的表现手法出现在少数产品和游戏类的产品中，如锤子推出的系列应用，依然保留着这样的风格。在超质感拟物风格和抽象的扁平风格之间进行取舍，便出现了微质感的设计表现形式，光影与质感的处理使得图标设计展现出更多的细节，更接近还原真实场景。

6.2.4 质感图标色彩

1. 色环运用设计

图形设计以环形构图为主，配色为多种颜色的色环。这样的图标设计构图饱满，色彩丰富，给用户传递的是轻松、愉快、可爱、亲和、热情的产品形象，以及更加轻松愉快的体验。

2. 单色背景

单色背景的应用图标非常常见，其颜色的选择通常以品牌色为主，烘托出图形的视觉表现。图形的处理方式以反白、白色渐变、辅助色点缀等较为常见，突出品牌色，便于图形的视觉表现。

3. 渐变色背景

渐变色背景的运用越来越受到设计师青睐，相对于单色的背景视觉它的表现力更加丰富，整体色彩给人通透的感觉。渐变色可以是双色渐变，也可以是多色渐变，根据产品的气质灵活地运用。

4. 文艺风格设计

文艺风格图标设计配色清新、复古、简约，适合带有文艺风格类的产品。设计方向以简约的图形组合或者文艺风格的字体设计为主，图标整体留白较多，配色简约，白色背景居多。如果是深色背景则以黑色、复古色为主，图形造型简约，配色清新，文艺风格特征明显。

5. 活动氛围设计

在一些购物类产品中，经常会对应用图标进行特定的活动氛围包装。此类设计一般会保留原本的图形面貌，进行整体的氛围营造，其目的是突出活动氛围，营造购物火爆的场景感。

6.2.5 图标版形

1. 对称设计

对称图形带给人的感觉是稳重、安静、平和、庄严、正式等。在应用图标的设计中，对称的运用是非常常见的设计手法，有左右对称、上下对称、斜角对称等表现形式。对称形式历史悠久，被广大用户所喜欢，构图也比较饱满稳重。

2. 圆形的运用

圆形的运用在应用图标的设计中非常常见，有圆形外圈的运用、整体构图呈现圆形、图形创意结合圆形进行创意加工、以圆形作为背景突出特征图形等表现形式。圆形的设计构图饱满，表现形式更具亲和力，被广大用户所喜爱。它可以将琐碎的图形规整，使整体构图更加饱满，表现形式更具亲和力。

6.2.6 质感图标设计重点

每个 App 都需要一个漂亮的图标，而每个设计师也都力图让自己的 App 图标因看起来漂亮而吸引人。为了在应用商店的 App 列表中脱颖而出，优质的图标设计是非常重要的，失败的 App 图标设计有着各不相同的原因，而成功的 App 图标设计则有着相似的特性。

1. 高识别度

图标需要表情达意，传达信息。一个需要让用户猜测的图标并不是一个称职的图标。

对于 App 而言，图标就是它的脸面，一目了然的图标设计能够让用户明白 App 的功能与意义。当为 App 设计图标的时候，应当时刻谨记图标是借助隐喻和联想来同用户沟通的。如果它的形象或者暗示的操作不能让用户立刻明白，那么这个图标就不具备良好的可用性。因此，图标清晰直观是至关重要的。不要使用抽象的图标设计，因为抽象的图标设计很少能够促进工作。用户很难依靠以往的经验来弄明白图标背后的含义，iOS 中游戏中心的图标设计就是一个相当典型的反例。这个图标由一组多彩、具有玻璃质感的圆圈组成，它看起来像气球，也许能够唤起部分用户的想象，但是人们通常很难明白它的确切含义。iOS 中游戏中心的图标如图 6.2 所示。

图 6.2 iOS 游戏中心图标

一个安全的设计思路是，使用用户能够一眼分辨得出来的形象，这样用户就很容易识别了。绝大多数的用户都能够清晰地认出 Home 的图标，打印和放大镜这类图标就更是广泛地被用户所了解。所以，当人们看到 Gmail 的图标的时候，哪怕是新用户，通常都能很快地联想到电子邮件。Gmail 的图标效果如图 6.3 所示。

图 6.3 Gmail 的图标

2. 极简主义

找到一个能够捕捉应用程序本质的元素，并尽量以简单的形态呈现出这个元素。然后删除这个图标中不必要的、装饰性的、冗余的内容即可。绝大多数的设计师希望他们的 App 的图片看起来很棒，但是正像许多图标所共有的问题那样，核心的信息总是被太多的细节和冗余的装饰所掩盖，许多过度设计的细节成了阻碍用户获得良好体验的视觉障碍，尽量不要在图标中包含没有必要存在的，或者指向性或者涉及交互的词句，仅在必要的时候在 Logo 中包含特定的文字。不要在 App 的图标中包含过度图像细节，因为这么小的尺寸，即使是视力正常的用户也常常看不清那么小的细节。为图标选取一个合适的形象时，尽量选择它最有代表性的特征，或者最常见、最具有识别度的特性来作为设计的基础，其他的部分尽量略去。设计图标的时候，尽量让它拥有视觉焦点，立刻抓住用户的注意力，让用户记住 App。以 iOS 的天气 App 为例，其中的太阳和云是让用户立刻记住“天气”这一特征的元素。iOS 天气 App 图标效果如图 6.4 所示。

图 6.4 iOS 天气图标效果

3. 测试图标

设计一个易于识别且极简的图标并非意味着完成设计，正如同其他所有的 UI 元素一样，完成设计之后需要对设计进行测试和验证。谁也不能控制用户选择屏幕背景，这就意味着需要测试不同的背景，确保 App 图标在不同的背景下都具有良好的识别度，不要让图标与背景融为一体。

6.3 如何设计出高质量图标

好的图标设计往往令人眼前一亮，不需要具备诸多的元素，但一定要具备自己独特的个性。或写实或拟物，或追求统一性或追求差异性，都可以制作出漂亮的 UI 图标。

1. 拟物

拟物从字面意思上来说就是模拟现实生活中已知的事物。要运用好拟物这一技巧来设计图标，首先要注重图标的外形和质感，设计者可以通过模拟材质、纹理以及添加高光、阴影等图层样式对现实中的事物进行模拟再现。拟物最大的特点就是让用户很快认出某一图标的具体用途。拟物图标如图 6.5 所示。

图 6.5　拟物图标

2. 写实

写实和拟物具有一定的相似之处。就是让图标看起来更加真实，贴近现实生活。不过写实更加追求一种真实感。用户在点击使用某个图标时，如同在现实生活中使用某一物品一样，感受是相同的。写实图标如图 6.6 所示。

图 6.6　写实图标

3. 动效

动效是令图标设计别具一格的独特技巧。以搜索图标与内容文本的提示交互为例，在动效的处理之下，摒弃了以往的刻板观感，使网页更具灵活性、交互性，从而也增加了用户的好感度。动效图标如图 6.7 所示。

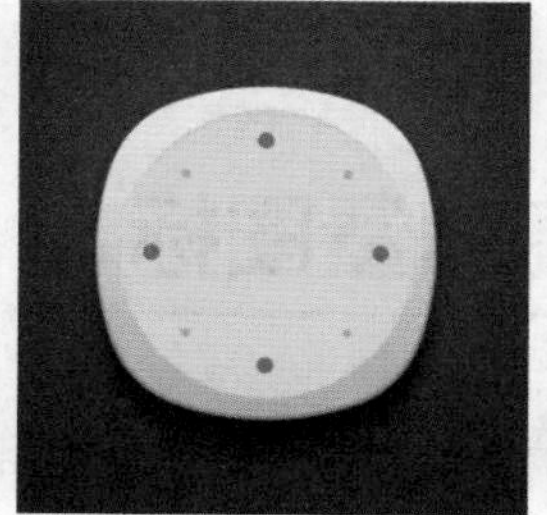

图 6.7　动效图标

4. 统一性

整齐划一往往给人直观、简洁之感，不会让人觉得眼花缭乱。规律和秩序不仅能够加深用户的印象，而且还具有独特的美感。这些都是 UI 设计追求统一性所带来的好处。

5. 差异性

追求差异性不仅能够形成对比效果，而且还能让信息呈现出层级性。对于用户来说，则有助于视觉的引导。不管是颜色的对比还是大小、字体的对比，都可以制造出不一样的观感。当然这也可以作为吸引用户的一种手法，制造焦点，留住用户的目光。

6.4　质感磨砂文件夹图标设计

实例分析

本例讲解质感磨砂文件夹图标设计。本例的制作过程比较简单，通过绘制图形并经过变形后添加特效制作出质感磨砂效果完成图标制作，最终效果如图 6.8 所示。

难　　度：☆☆☆
素材文件：无
案例文件：源文件 \ 第 6 章 \ 质感磨砂文件夹图标设计 .psd
视频文件：视频教学 \ 第 6 章 \6.4　质感磨砂文件夹图标设计 .mp4

图 6.8　最终效果

1. 绘制图标外观

步骤 01 执行菜单栏中的【文件】|【新建】命令，在弹出的对话框中设置【宽度】为 600 像素，【高度】为 500 像素，【分辨率】为 72 像素 / 英寸，新建一个空白画布。

步骤 02 选择工具箱中的【圆角矩形工具】，在选项栏中设置【填充】为蓝色（R：3，G：130，B：255），【描边】为无，【半径】为 20 像素，绘制一个圆角矩形，将生成一个【圆角矩形 1】图层，如图 6.9 所示。

图 6.9　绘制图形

步骤 03 选择工具箱中的【添加锚点工具】，在圆角矩形顶部靠左侧边缘单击添加两个锚点，如图 6.10 所示。

步骤 04 选择工具箱中的【转换点工具】，单击右侧锚点，选择工具箱中的【直接选择工具】，同时选中右上角及顶部锚点向下拖动，将图形变形，如图 6.11 所示。

图 6.10　添加锚点　　图 6.11　将图形变形

步骤 05 选择工具箱中的【直接选择工具】，选中顶部杠杆，按住 Alt 键拖动，将边缘变直，如图 6.12 所示。

步骤 06 在【图层】面板中，选中【圆角矩形 1】图层，将其拖至面板底部的【创建新图层】按钮⊞上，复制一个新【圆角矩形 1 拷贝】图层。

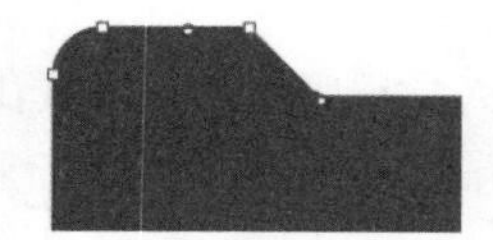

图 6.12　将边缘变直

步骤 07 将【圆角矩形 1 拷贝】图层中图形颜色设置为灰色（R：213，G：221，B：247），再向下移动，如图 6.13 所示。

步骤 08 选中【圆角矩形 1】图层，在画布中按 Ctrl+T 组合键对其执行【自由变换】命令，将图形等比例缩小，完成后按 Enter 键确认，如图 6.14 所示。

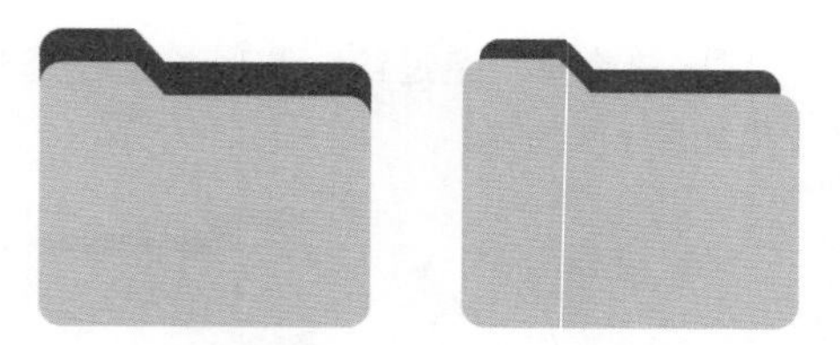

图 6.13　设置图形颜色　图 6.14　缩小图形

2. 处理磨砂质感

步骤 01 在【圆角矩形 1】图层名称上单击鼠标右键，从弹出的快捷菜单中选择【栅格化图层】命令，按住 Ctrl 键单击【圆角矩形 1 拷贝】图层缩览图，将其载入选区，如图 6.15 所示。

步骤 02 选中【圆角矩形 1】图层，执行菜单栏中的【图层】|【新建】|【通过剪切的图层】命令，此时将生成一个【图层 1】图层，如图 6.16 所示。

步骤 03 选中【圆角矩形 1 拷贝】图层，将其图层【不透明度】设置为 60%，如图 6.17 所示。

步骤 04 选中【图层 1】图层，执行菜单栏中的【滤镜】|【模糊】|【高斯模糊】命令，然后在弹出的对话框中设置【半径】为 30 像素，设置完成后单击【确定】按钮，如图 6.18 所示。

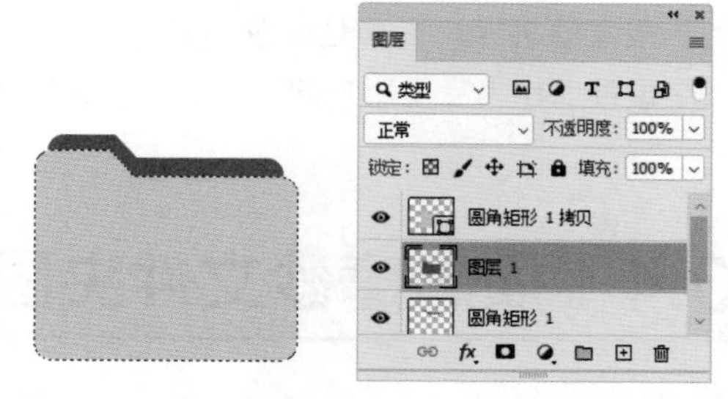

图 6.15　载入选区　图 6.16　通过拷贝的图层

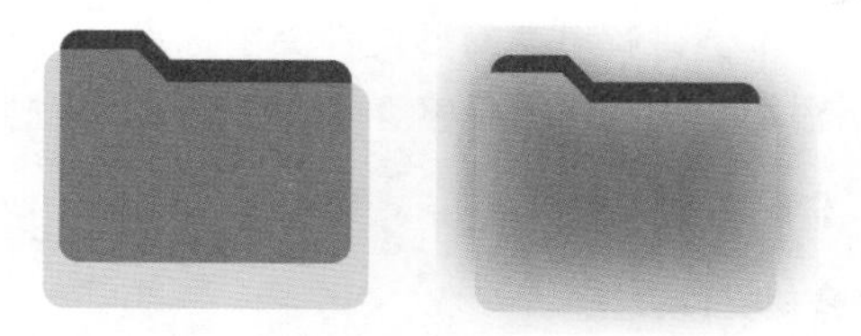

图 6.17　设置图层不透明度　图 6.18　添加高斯模糊

步骤 05 选中【图层 1】图层，在画布中按 Ctrl+T 组合键对其执行【自由变换】命令，将图像等比例缩小，完成后按 Enter 键确认，这样就完成了质感磨砂文件夹图标的制作，最终效果如图 6.19 所示。

图 6.19　最终效果

6.5　塑料质感插座设计

实例分析

本例讲解塑料质感插座设计。本例中的插座质感效果非常出色，通过绘制圆角矩形并添加图层样式即可制作出插座轮廓外观，最后为其添加质感装饰即可完成效果制作，最终效果如图 6.20 所示。

难　　度：☆☆☆
素材文件：无
案例文件：源文件 \ 第 6 章 \ 塑料质感插座设计 .psd
视频文件：视频教学 \ 第 6 章 \6.5　塑料质感插座设计 .mp4

图 6.20　最终效果

1. 绘制塑料外壳

步骤 01 执行菜单栏中的【文件】|【新建】命令，在弹出的对话框中设置【宽度】为 600 像素，【高度】为 450 像素，【分辨率】为 72 像素 / 英寸，新建一个空白画布。

步骤 02 选择工具箱中的【圆角矩形工具】▢，在选项栏中设置【填充】为黑色，【描边】为无，【半径】为 30 像素，按住 Shift 键绘制一个圆角矩形，此时将生成一个【圆角矩形 1】图层，如图 6.21 所示。

图 6.21　绘制圆角矩形

步骤 03 在【图层】面板中，选中【圆角矩形 1】图层，将其拖至面板底部的【创建新图层】按钮⊞上，复制一个【圆角矩形 1 拷贝】图层。

步骤 04 在【图层】面板中，选中【圆角矩形 1 拷贝】图层，单击面板底部的【添加图层样式】按钮 *fx*，在下拉菜单中选择【渐变叠加】命令。

步骤 05 在弹出的对话框中设置【渐变】为灰色（R：215，G：215，B：215）到白色，【角度】为 90 度，如图 6.22 所示。

步骤 06 勾选【斜面和浮雕】复选框，设置【大小】为 3 像素，取消选中【使用全局光】复选框，设置【角度】为 90 度，【高光模式】为【正常】，【不透明度】为 60%，【阴影模式】中的【不透明度】为 20%，设置完成后单击【确定】按钮，如图 6.23 所示。

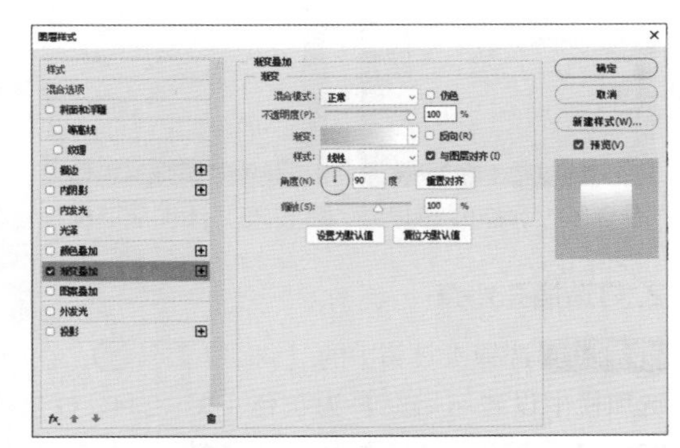
图 6.22　设置渐变叠加

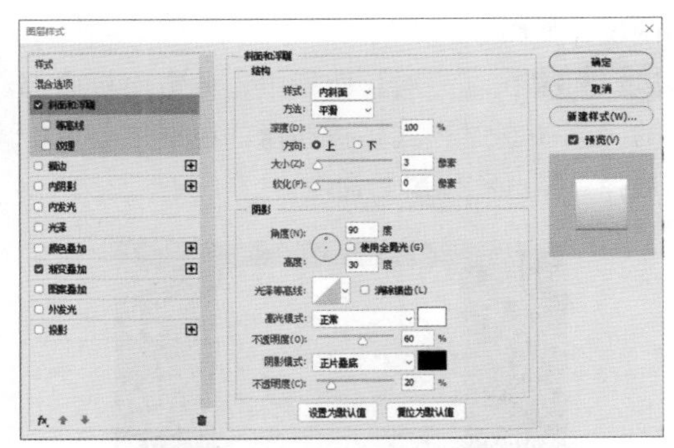

图 6.23　设置斜面和浮雕

步骤 07 选中【圆角矩形 1】图层，执行菜单栏中的【滤镜】|【模糊】|【动感模糊】命令，在弹出的对话框中单击【转换为智能对象】按钮，然后在弹出的对话框中设置【角度】为 90

度，【距离】为 20 像素，设置完成后单击【确定】按钮，如图 6.24 所示。

步骤 08 执行菜单栏中的【滤镜】|【模糊】|【高斯模糊】命令，然后在弹出的对话框中设置【半径】为 10 像素，设置完成后单击【确定】按钮，如图 6.25 所示。

图 6.24　添加动感模糊

图 6.25　添加高斯模糊

2. 打造插孔外壳

步骤 01 选择工具箱中的【椭圆工具】，在选项栏中设置【填充】为灰色（R：234，G：235，B：239），【描边】为无，按住 Shift 键绘制一个正圆图形，将生成一个【椭圆 1】图层，如图 6.26 所示。

步骤 02 在【图层】面板中，单击面板底部的【添加图层样式】按钮 *fx*，在下拉菜单中选择【斜面和浮雕】命令。

图 6.26　绘制图形

步骤 03 在弹出的对话框中设置【样式】为【枕状浮雕】，【大小】为 2 像素，取消选中【使用全局光】复选框，设置【角度】为 90 度，【高光模式】为【正常】，【不透明度】为 50%，【阴影模式】中的【不透明度】为 20%，如图 6.27 所示。

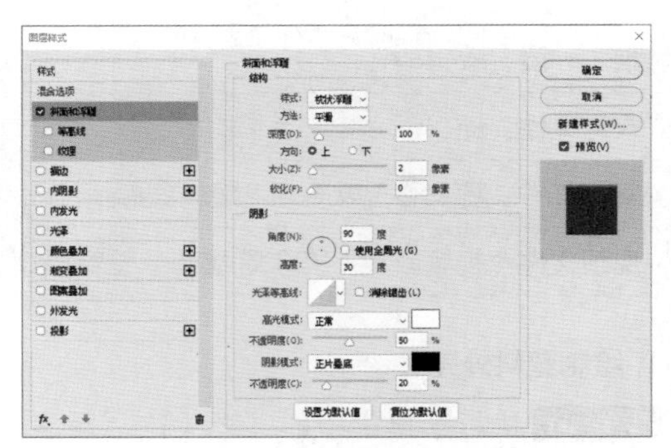

图 6.27　设置斜面和浮雕

步骤 04 勾选【描边】复选框，设置【大小】为 6 像素，【不透明度】为 30%，【颜色】为灰色（R：189，G：189，B：189），如图 6.28 所示。

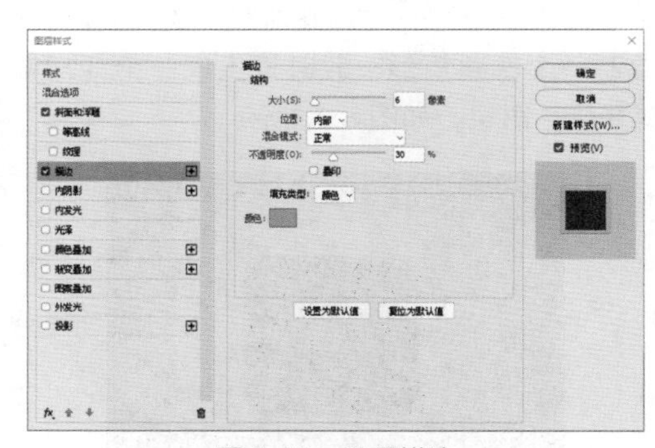

图 6.28　设置描边

步骤 05 勾选【内阴影】复选框，设置【颜色】为灰色（R：189，G：189，B：189），【不透明度】为 100%，取消选中【使用全局光】复选框，设置【角度】为 90 度，【距离】为 20 像素，【阻塞】为 23%，【大小】为 16 像素，如图 6.29 所示。

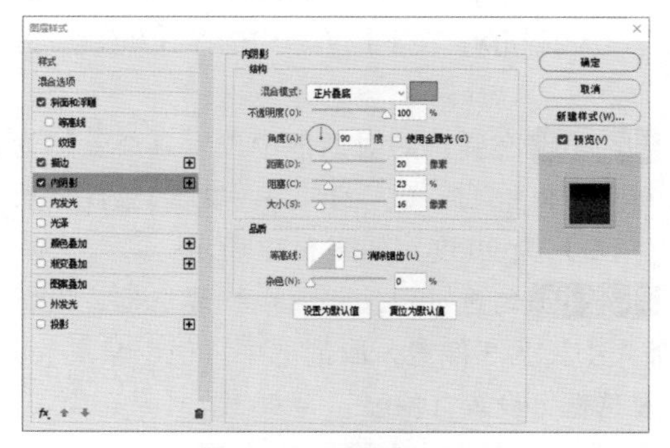

图 6.29　设置内阴影

步骤 06 勾选【外发光】复选框，设置【不透明度】为 80%，【颜色】为白色，【大小】为 50 像素，设置完成后单击【确定】按钮，如图 6.30 所示。

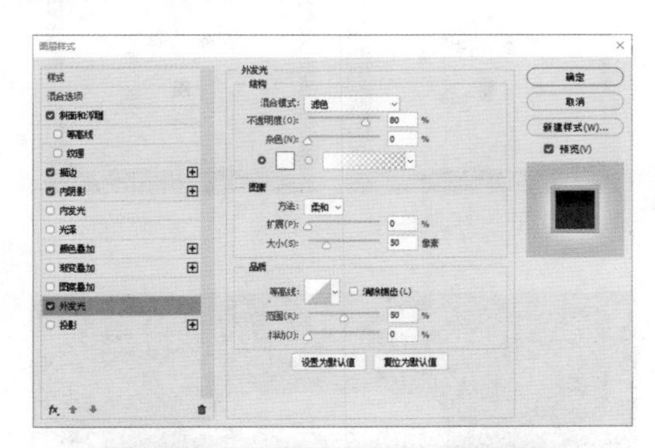

图 6.30　设置外发光

3. 制作复合插孔

步骤 01 选择工具箱中的【椭圆工具】，在选项栏中设置【填充】为黑色，【描边】为无，按住 Shift 键绘制一个正圆图形，将生成一个【椭圆 2】图层，如图 6.31 所示。

图 6.31　绘制图形

步骤 02 在【图层】面板中，单击面板底部的【添加图层样式】按钮*fx*，在下拉菜单中选择【渐变叠加】命令。

步骤 03 在弹出的对话框中设置【渐变】为灰色（R：147，G：147，B：147）到黑色，【角度】为 75 度，如图 6.32 所示。

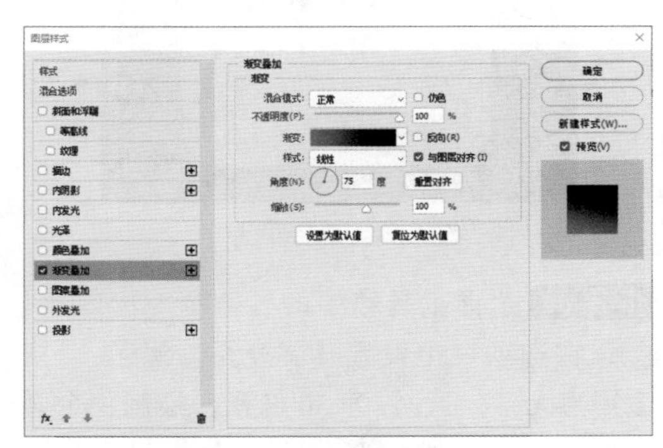

图 6.32　设置渐变叠加

步骤 04 勾选【内阴影】复选框，设置【混合模式】为【正常】，【颜色】为白色，【不透明度】为 100%，取消选中【使用全局光】复选框，设置【角度】为 -90 度，【距离】为 1 像素，【阻塞】为 50%，【大小】为 1 像素，如图 6.33 所示。

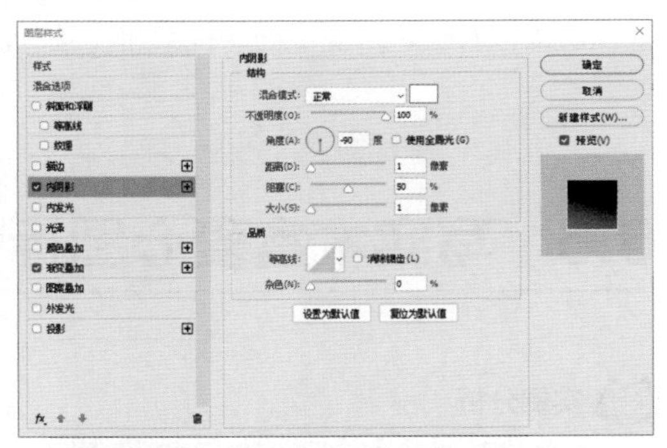

图 6.33　设置内阴影

步骤 05 选中【椭圆 2】图层，在画布中按住 Alt+Shift 组合键向右侧拖动，将图形复制，如图 6.34 所示。

图 6.34　复制图形

步骤 06 选择工具箱中的【圆角矩形工具】，在选项栏中设置【填充】为黑色，【描边】为无，【半径】为 50 像素，绘制一个圆角矩形，将生成一个【圆角矩形 2】图层，如图 6.35 所示。

步骤 07 选择工具箱中的【直接选择工具】，选中圆角矩形底部锚点，然后将其删除，如图 6.36 所示。

步骤 08 在【椭圆 2】图层名称上单击鼠标右键，从弹出的快捷菜单中选择【拷贝图层样式】命令，在【圆角矩形 2】图层名称上单击鼠标右键，从弹出的快捷菜单中选择【粘贴图层样式】命令，这样就完成了塑料质感插座的制作，最终效果如图 6.37 所示。

图 6.35　绘制图形

图 6.36　删除锚点

图 6.37　最终效果

6.6　写实木盒爱心图标设计

实例分析

本例讲解写实木盒爱心图标设计。此款图标以木盒作为容器，将写实的立体爱心图像置于其中，整个图标制作过程比较简单，最终效果如图 6.38 所示。

难　　度：☆☆
素材文件：调用素材 \ 第 6 章 \ 木纹 .jpg、心形 .psd
案例文件：源文件 \ 第 6 章 \ 写实木盒爱心图标设计 .psd
视频文件：视频教学 \ 第 6 章 \6.6　写实木盒爱心图标设计 .mp4

图 6.38　最终效果

1. 制作木盒外壳

步骤 01 执行菜单栏中的【文件】|【新建】命令，在弹出的对话框中设置【宽度】为 600 像素，【高度】为 450 像素，【分辨率】为 72 像素 / 英寸，新建一个空白画布。

步骤 02 选择工具箱中的【圆角矩形工具】▢，在选项栏中设置【填充】为黑色，【描边】为无，【半径】为 40 像素，按住 Shift 键绘制一个圆角矩形，将生成一个【圆角矩形 1】图层，如图 6.39 所示。

步骤 03 执行菜单栏中的【文件】|【打开】命令，打开“木纹.jpg”文件，将打开的素材拖入画布中，将其图层名称更改为【图层 1】，如图 6.40 所示。

图 6.39 绘制图形

图 6.40 添加素材

步骤 04 选中【图层 1】图层，执行菜单栏中的【图层】|【创建剪贴蒙版】命令，为当前图层创建剪贴蒙版，将部分图像隐藏，如图 6.41 所示。

步骤 05 同时选中【图层 1】及【圆角矩形 1】图层，按 Ctrl+E 组合键将图层合并，此时将生成一个【图层 1】图层。

图 6.41 创建剪贴蒙版

步骤 06 选择工具箱中的【圆角矩形工具】▢，在选项栏中设置【填充】为深黄色（R：100，G：40，B：3），【描边】为无，【半径】为 30 像素，按住 Shift 键绘制一个圆角矩形，将生成一个【圆角矩形 1】图层。

步骤 07 在【图层】面板中，选中【圆角矩形 1】图层，将其拖至面板底部的【创建新图层】按钮⊞上，复制一个【圆角矩形 1 拷贝】图层。

步骤 08 选择工具箱中的【圆角矩形工具】▢，在选项栏中设置【填充】为黑色，【描边】为无，【半径】为 25 像素，按住 Shift 键绘制一个圆角矩形，将生成一个【圆角矩形 2】图层，如图 6.42 所示。

图 6.42 绘制图形

步骤 09 在【图层】面板中，选中【图层 1】图层，将其拖至面板底部的【创建新图层】按钮⊞上，复制一个【图层 1 拷贝】图层。

步骤 10 选中【图层 1 拷贝】图层，将其移至【圆角矩形 2】图层上方，再执行菜单栏中的【图层】|【创建剪贴蒙版】命令，为当前图层创建剪贴蒙版，将部分图像隐藏，按 Ctrl+T 组合键对其执行【自由变换】命令，将图像等比例缩小，完成后按 Enter 键确认，如图 6.43 所示。

图 6.43 缩小图像

2. 对木盒外壳修饰

步骤 01 同时选中【图层 1 拷贝】及【圆角矩形 2】图层，按 Ctrl+E 组合键将图层合并，此时将生成一个【图层 1 拷贝】图层。

步骤 02 选中【图层 1 拷贝】图层，将其拖至面板底部的【创建新图层】按钮⊞上，复制一个【图层 1 拷贝 2】图层。

步骤 03 单击面板上方的【锁定透明像素】按钮，将透明像素锁定，将图像填充为黑色，填充完成后再次单击此按钮将其解除锁定，如图 6.44 所示。

图 6.44　填充颜色

步骤 04 在【图层】面板中，选中【图层 1 拷贝 2】图层和【图层 1 拷贝】图层，将其合并为【图层 1 拷贝 2】图层后，并选中该图层，单击面板底部的【添加图层样式】按钮fx，在下拉菜单中选择【内发光】命令。

步骤 05 在弹出的对话框中设置【混合模式】为【正常】，【颜色】为深黄色（R：52，G：22，B：4），【大小】为 20 像素，设置完成后单击【确定】按钮，如图 6.45 所示。

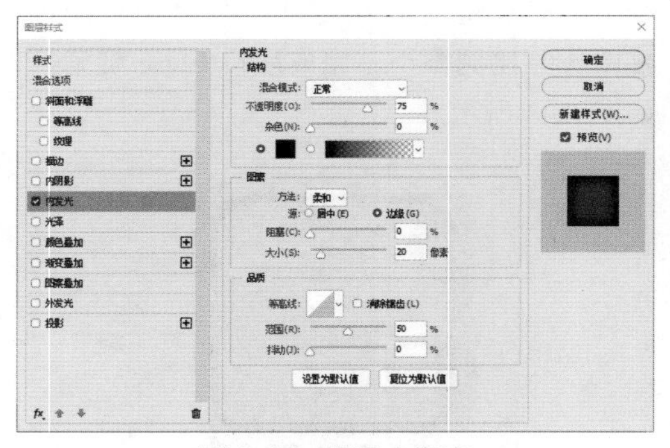

图 6.45　设置内发光

步骤 06 选中【圆角矩形 1 拷贝】图层，设置【填充】为无，【描边】为黄色（R：255，G：174，B：0），【宽度】为 3 点，如图 6.46 所示。

图 6.46　添加描边

步骤 07 执行菜单栏中的【滤镜】|【模糊】|【高斯模糊】命令，在弹出的对话框中设置【半径】为 2 像素，设置完成后单击【确定】按钮，如图 6.47 所示。

图 6.47　添加高斯模糊

步骤 08 在【图层】面板中，选中【圆角矩形 1】图层，单击面板底部的【添加图层样式】按钮fx，在下拉菜单中选择【内阴影】命令。

步骤 09 在弹出的对话框中设置【混合模式】为【正常】，【颜色】为白色，【不透明度】为 100%，取消选中【使用全局光】复选框，设置【角度】为 90 度，【距离】为 2 像素，【大小】为 2 像素，如图 6.48 所示。

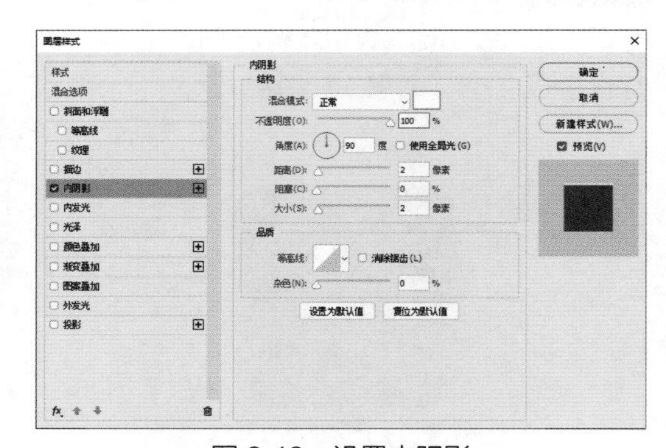

图 6.48　设置内阴影

步骤 10 勾选【投影】复选框，设置【混合模式】为【正常】，【颜色】为白色，【不透明度】为 100%，取消选中【使用全局光】复选框，设置【角度】为 90 度，【距离】为 2 像素，【大小】为 2 像素，设置完成后单击【确定】按钮，如图 6.49 所示。

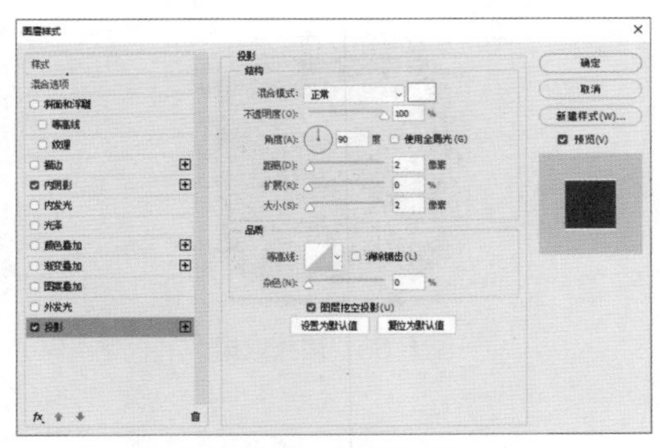

图 6.49　设置投影

3. 处理心形主视觉

步骤 01 执行菜单栏中的【文件】|【打开】命令，选择“心形 .psd”文件，将其打开后拖至画布中图标位置并缩小，如图 6.50 所示。

图 6.50　添加素材

步骤 02 在【图层】面板中，选中【心形】图层，单击面板底部的【添加图层样式】按钮fx，在下拉菜单中选择【投影】命令。

步骤 03 在弹出的对话框中设置【混合模式】为【正常】，【颜色】为深黄色（R：52，G：31，B：5），【不透明度】为 100%，取消选中【使用全局光】复选框，设置【角度】为 90 度，【距离】为 10 像素，【大小】为 40 像素，如图 6.51 所示。

步骤 04 勾选【渐变叠加】复选框，设置【混合模式】为【柔光】，【渐变】为黑色到透明色，将第 2 个色标【不透明度】设置为 0%，设置完成后单击【确定】按钮，如图 6.52 所示。

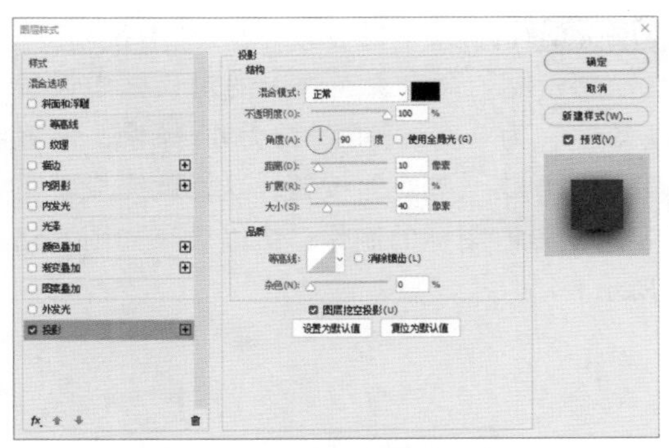

图 6.51　设置投影

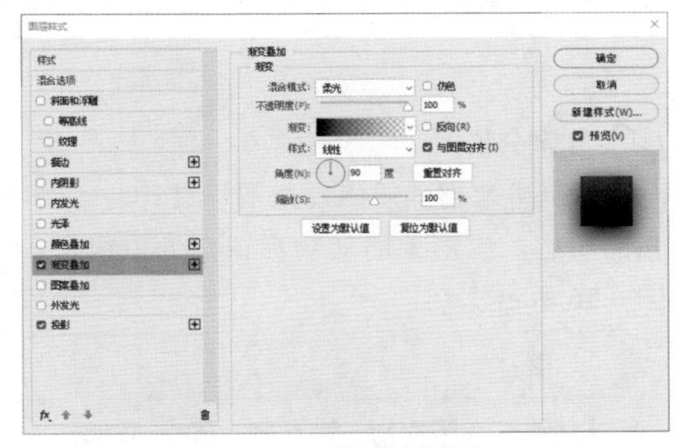

图 6.52　设置渐变叠加

步骤 05 选择工具箱中的【椭圆工具】，在选项栏中设置【填充】为深黄色（R：34，G：14，B：2），【描边】为无，在图标底部绘制一个椭圆，将生成一个【椭圆】图层，将其移至【背景】图层上方，如图 6.53 所示。

步骤 06 执行菜单栏中的【滤镜】|【模糊】|【高斯模糊】命令，在弹出的对话框中设置【半径】为 3 像素，设置完成后单击【确定】按钮，如图 6.54 所示。

图 6.53　绘制图形

图 6.54　添加高斯模糊

步骤 07 执行菜单栏中的【滤镜】|【模糊】|【动感模糊】命令，在弹出的对话框中设置【角度】为 0 度，【距离】为 60 像素，设置完成后单击【确定】按钮，这样就完成了写实木盒爱心图标的制作，最终效果如图 6.55 所示。

图 6.55　最终效果

6.7　超强质感安全图标设计

实例分析

本例讲解超强质感安全图标设计。本例中的图标以立体化视觉角度进行制作，给人一种很强的质感，以形象的动物标识作为主视觉，使得整个图标具有很高的可识别性，最终效果如图 6.56 所示。

难　　度：☆☆
素材文件：调用素材 \ 第 6 章 \ 犀牛 .psd
案例文件：源文件 \ 第 6 章 \ 超强质感安全图标设计 .psd
视频文件：视频教学 \ 第 6 章 \6.7　超强质感安全图标设计 .mp4

图 6.56　最终效果

1. 打造图标轮廓

步骤 01 执行菜单栏中的【文件】|【新建】命令，在弹出的对话框中设置【宽度】为 600 像素，【高度】为 450 像素，【分辨率】为 72 像素 / 英寸，新建一个空白画布。

步骤 02 选择工具箱中的【圆角矩形工具】，在选项栏中设置【填充】为白色，【描边】为无，【半径】为 35 像素，在画布中按住 Shift 键绘制一个圆角矩形，此时将生成一个【圆角矩形 1】图层，如图 6.57 所示。

步骤 03 在【图层】面板中，选中【圆角矩形 1】图层，将其拖至面板底部的【创建新图层】按钮上，复制一个【圆角矩形 1 拷贝】图层。

图 6.57　绘制图形

步骤 04 在【图层】面板中，选中【圆角矩形 1】图层，单击面板底部的【添加图层样式】按钮 *fx*，在下拉菜单中选择【内阴影】命令，在弹出的对话框中设置【混合模式】为【正片叠底】，【颜色】为深青色（R：0，G：68，B：88），【不透明度】为 60%，取消选中【使用全局光】复选框，设置【角度】为 -90 度，【距离】为 6 像素，【大小】为 10 像素，如图 6.58 所示。

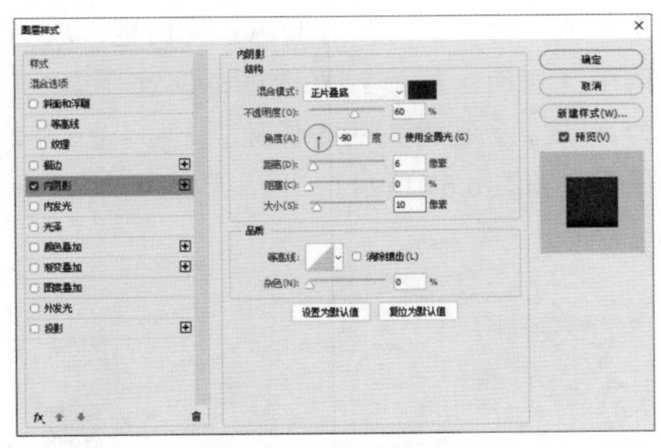

图 6.58　设置内阴影

步骤 05 勾选【渐变叠加】复选框，设置【渐变】为蓝色（R：26，G：160，B：200）到蓝色（R：50，G：203，B：250），如图 6.59 所示。

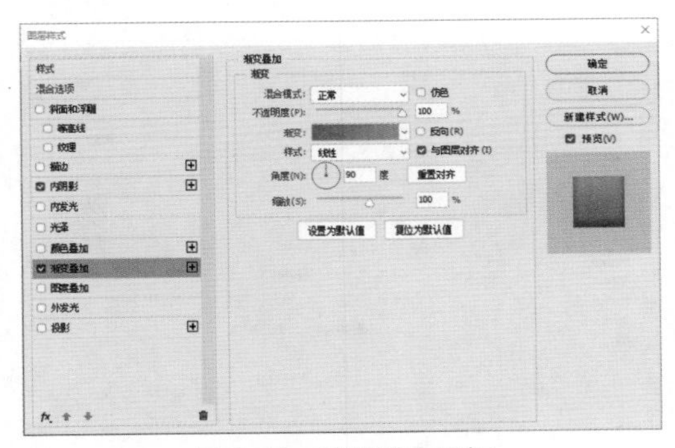

图 6.59　设置渐变叠加

步骤 06 勾选【投影】复选框，设置【不透明度】为 75%，取消选中【使用全局光】复选框，设置【角度】为 90 度，【距离】为 10 像素，【大小】为 13 像素，设置完成后单击【确定】按钮，如图 6.60 所示。

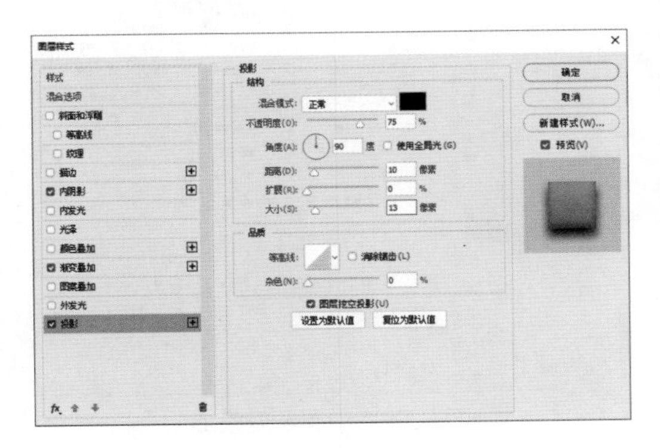

图 6.60　设置投影

> **提示**
>
> 在设置图层样式时可将其上方的图层样式暂时隐藏，这样方便观察添加图层样式后的效果。

2. 添加质感高光

步骤 01 选中【圆角矩形 1 拷贝】图层，设置【填充】为无，【描边】为白色，【大小】为 2 点，按 Ctrl+T 组合键对其执行【自由变换】命令，将图形稍微等比例缩小，完成后按 Enter 键确认，如图 6.61 所示。

步骤 02 选中【圆角矩形 1 拷贝】图层，执行菜单栏中的【滤镜】|【模糊】|【高斯模糊】命令，在弹出的对话框中设置【半径】为 5 像素，设置完成后单击【确定】按钮，如图 6.62 所示。

图 6.61　变换图形

图 6.62　设置高斯模糊

步骤 03 在【图层】面板中，选中【圆角矩形 1 拷贝】图层，单击面板底部的【添加图层蒙版】按钮，为该图层添加图层蒙版。

步骤 04 选择工具箱中的【画笔工具】，在画布中单击鼠标右键，在弹出的面板中选择一种圆角笔触，设置【大小】为 150 像素，【硬度】为 0%，在选项栏中设置【不透明度】为 30%，如图 6.63 所示。

步骤 05 将前景色设置为黑色，在其图像上部分区域涂抹将其隐藏，如图 6.64 所示。

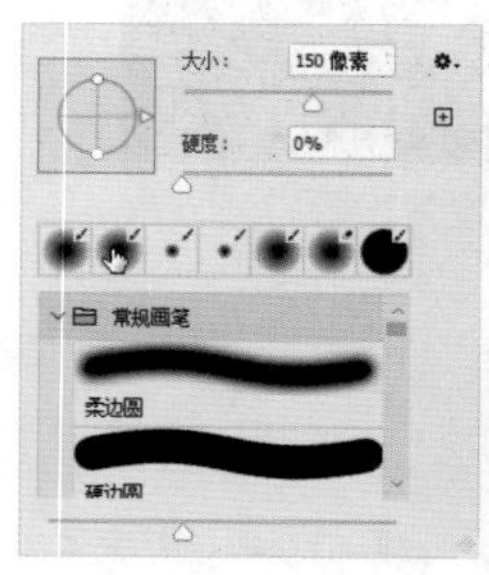

图 6.63　设置笔触

图 6.64　隐藏图像

3. 处理质感标识

步骤 01 执行菜单栏中的【文件】|【打开】命令，打开“犀牛 .psd”文件，将打开的素材拖入画布中圆角矩形位置并适当缩小，如图 6.65 所示。

步骤 02 在【图层】面板中，选中【犀牛】图层，单击面板底部的【添加图层样式】按钮 *fx*，在下拉菜单中选择【斜面和浮雕】命令。

图 6.65　添加素材

步骤 03 在弹出的对话框中设置【样式】为【外斜面】，【大小】为 10 像素，【高光模式】中的【不透明度】为 60%，【阴影模式】中的【颜色】为深青色（R：14，G：86，B：113），【不透明度】为 50%，设置完成后单击【确定】按钮，如图 6.66 所示。

步骤 04 勾选【内阴影】复选框，设置【混合模式】为【正常】，【颜色】为白色，取消选中【使用全局光】复选框，设置【角度】为 90 度，【距离】为 1 像素，【大小】为 2 像素，如图 6.67 所示。

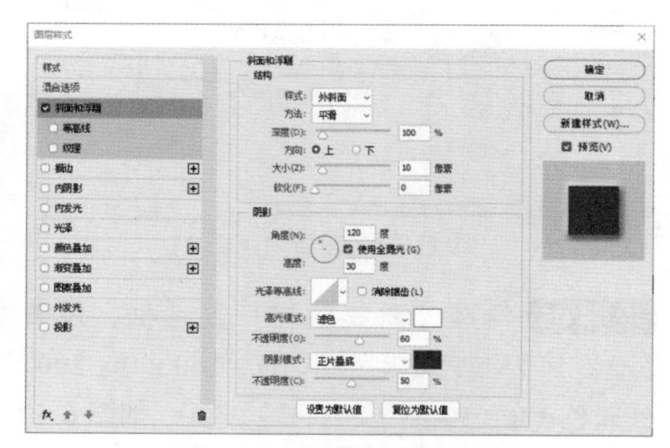

图 6.66　设置斜面和浮雕

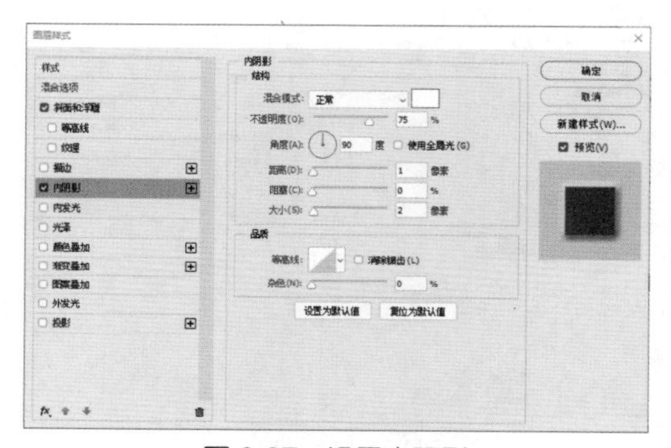

图 6.67　设置内阴影

步骤 05 勾选【渐变叠加】复选框，设置【渐变】为白色到浅蓝色（R：183，G：238，B：255），【角度】为 0 度，【缩放】为 150%，如图 6.68 所示。

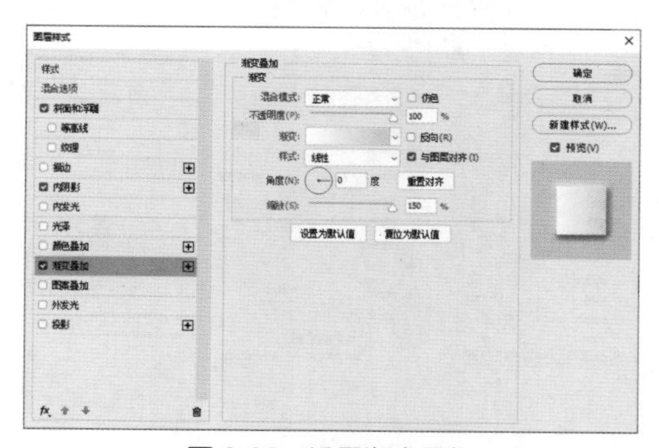

图 6.68　设置渐变叠加

步骤 06 在【图层】面板中的【圆角矩形 1】图层样式名称上右击鼠标，从弹出的快捷菜单中选择【创建图层】命令，此时将生成【“圆角矩形 1”的内阴影】、【“圆角矩形 1”的渐变填充】及【“圆角矩形 1”的投影】3 个新的图层。

步骤 07 选中【“圆角矩形 1”的投影】图层，执行菜单栏中的【滤镜】|【模糊】|【动感模糊】命令，在弹出的对话框中设置【角度】为 90 度，【距离】为 30 像素，设置完成后单击【确定】按钮，如图 6.69 所示。

图 6.69　设置动感模糊

步骤 08 在【图层】面板中，选中【“圆角矩形 1”的投影】图层，单击面板底部的【添加图层蒙版】按钮，为该图层添加图层蒙版。

步骤 09 选择工具箱中的【画笔工具】，在画布中单击鼠标右键，在弹出的面板中选择一种圆角笔触，设置【大小】为 100 像素，【硬度】为 0%。

步骤 10 将前景色设置为黑色，在其图像上部分区域涂抹将其隐藏，这样就完成了超强质感安全图标的制作，最终效果如图 6.70 所示。

> **提示**
>
> 隐藏阴影的目的是为了让整个图标的阴影效果更加自然，在隐藏图像的过程中适当更改画笔大小及硬度。

图 6.70　隐藏图像及最终效果

6.8　金属质感网络图标设计

实例分析

本例讲解金属质感网络图标设计。本例中的图标在制作过程中首先绘制轮廓，再为其添加金属质感，最后添加网络标识图形完成效果制作，最终效果如图 6.71 所示。

难　　度：☆☆
素材文件：调用素材 \ 第 6 章 \ 网络 .psd
案例文件：源文件 \ 第 6 章 \ 金属质感网络图标设计 .psd
视频文件：视频教学 \ 第 6 章 \6.8　金属质感网络图标设计 .mp4

图 6.71　最终效果

1. 打造金属底座

步骤 01 执行菜单栏中的【文件】|【新建】命令，在弹出的对话框中设置【宽度】为600像素，【高度】为450像素，【分辨率】为72像素/英寸，新建一个空白画布。

步骤 02 选择工具箱中的【圆角矩形工具】，在选项栏中设置【填充】为黑色，【描边】为无，【半径】为40像素，按住Shift键绘制一个圆角矩形，此时将生成一个【圆角矩形 1】图层，如图6.72所示。

图 6.72 绘制圆角矩形

步骤 03 在【图层】面板中，选中【圆角矩形 1】图层，将其拖至面板底部的【创建新图层】按钮上，复制一个【圆角矩形 1 拷贝】图层。

步骤 04 在【图层】面板中，选中【圆角矩形 1】图层，单击面板底部的【添加图层样式】按钮fx，在下拉菜单中选择【渐变叠加】命令。

步骤 05 在弹出的对话框中设置【渐变】为绿色系渐变，【角度】为0度，如图6.73所示。

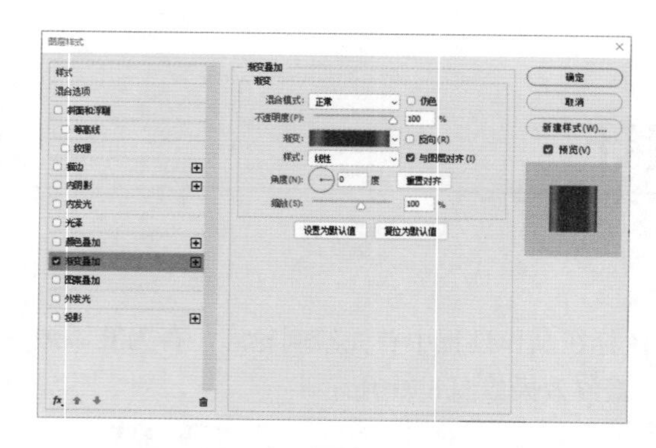

图 6.73 设置渐变叠加

> **提示**
>
> 此处的绿色系渐变大致可设置为以下颜色。

步骤 06 勾选【投影】复选框，设置【混合模式】为【正常】，【颜色】为深绿色（R：4，G：57，B：55），【不透明度】为50%，取消选中【使用全局光】复选框，设置【角度】为90度，【距离】为2像素，【大小】为3像素，设置完成后单击【确定】按钮，如图6.74所示。

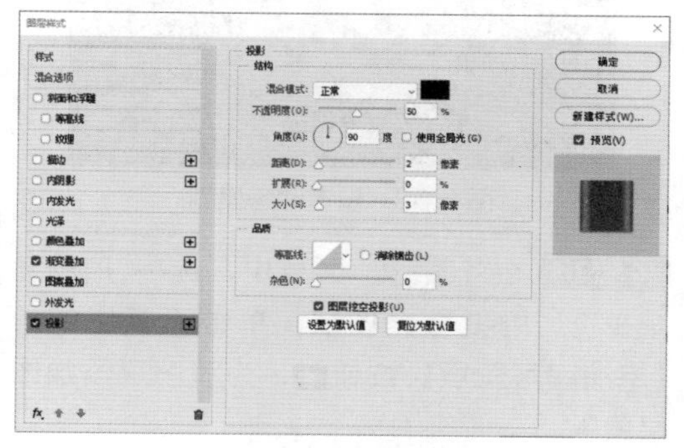

图 6.74 设置投影

2. 变形立体效果

步骤 01 选中【圆角矩形 1 拷贝】图层，按Ctrl+T组合键对其执行【自由变换】命令，将图形高度缩小，完成后按Enter键确认，如图6.75所示。

图 6.75 缩小高度

步骤 02 在【图层】面板中，选中【圆角矩形 1 拷贝】图层，单击面板底部的【添加图层样式】按钮fx，在下列菜单中选择【渐变叠加】命令。

步骤 03 在弹出的对话框中设置【渐变】为绿色（R：0，G：13，B：135）到绿色（R：7，G：187，B：172），【角度】为90度，如

图 6.76 所示。

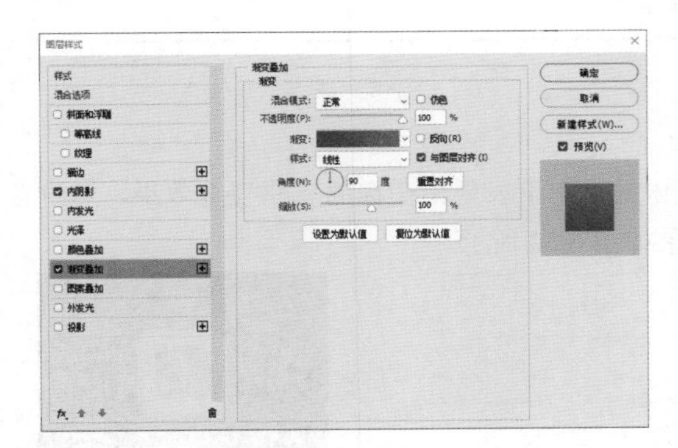

图 6.76　设置渐变叠加

步骤 04 勾选【内阴影】复选框，设置【混合模式】为【叠加】，【颜色】为白色，【不透明度】为 60%，取消选中【使用全局光】复选框，设置【角度】为 -90 度，【距离】为 1 像素，设置完成后单击【确定】按钮，如图 6.77 所示。

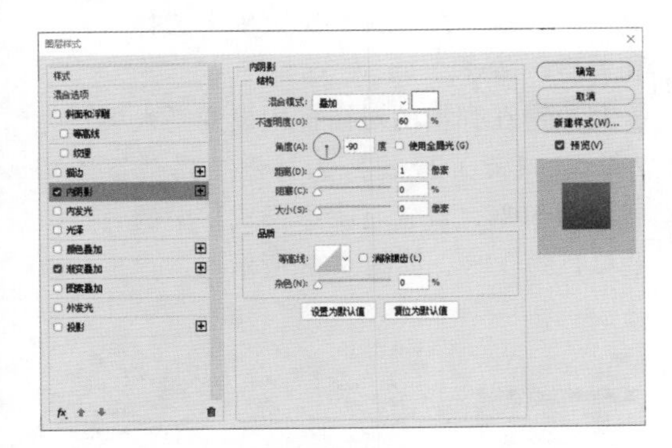

图 6.77　设置内阴影

3. 处理标识图像

步骤 01 执行菜单栏中的【文件】|【打开】命令，选择“网络 .psd”文件，将其打开并拖至画布中图标位置，如图 6.78 所示。

图 6.78　添加素材

步骤 02 在【图层】面板中，选中【形状 1】图层，单击面板底部的【添加图层样式】按钮 *fx*，在下拉菜单中选择【斜面和浮雕】命令。

步骤 03 在弹出的对话框中设置【样式】为【枕状浮雕】，【大小】为 1 像素，【高光模式】为【叠加】，【颜色】为白色，【不透明度】为 50%，【阴影模式】中的【不透明度】为 20%，这样就完成了金属质感网络图标的制作，最终效果如图 6.79 所示。

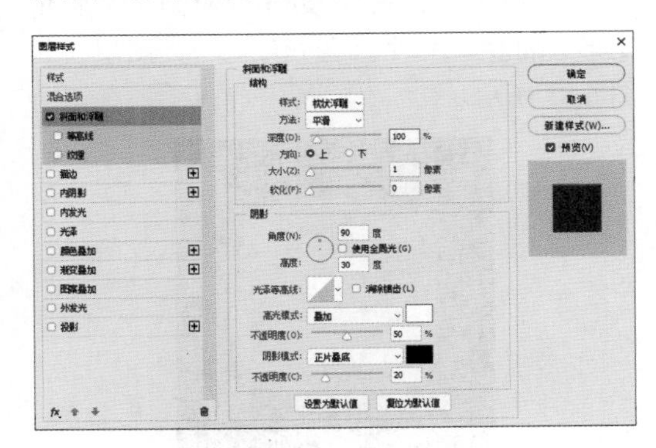

图 6.79　最终效果

6.9 质感闪电应用图标设计

实例分析

本例讲解质感闪电应用图标设计。本例的制作重点在于表现出图标的质感视觉效果，通过绘制图标并添加质感元素完成图标制作，最终效果如图 6.80 所示。

难　　度：☆☆
素材文件：无
案例文件：源文件 \ 第 6 章 \ 质感闪电应用图标设计 .psd
视频文件：视频教学 \ 第 6 章 \6.9　质感闪电应用图标设计 .mp4

图 6.80　最终效果

1. 制作图标轮廓

步骤 01 执行菜单栏中的【文件】|【新建】命令，在弹出的对话框中设置【宽度】为 600 像素，【高度】为 450 像素，【分辨率】为 72 像素 / 英寸，新建一个空白画布。

步骤 02 选择工具箱中的【圆角矩形工具】，在选项栏中设置【填充】为蓝色（R：0，G：166，B：235），【描边】为无，【半径】为 40 像素，按住 Shift 键绘制一个圆角矩形，将生成一个【圆角矩形 1】图层，如图 6.81 所示。

图 6.81　绘制图形

步骤 03 在【图层】面板中，选中【圆角矩形 1】图层，将其拖至面板底部的【创建新图层】按钮上，复制一个【圆角矩形 1 拷贝】图层。

步骤 04 将【圆角矩形 1 拷贝】图层中图形【填充】设置为浅蓝色（R：240，G：249，B：253），再缩小图形高度，如图 6.82 所示。

图 6.82　设置图形颜色和高度

步骤 05 在【图层】面板中，选中【圆角矩形 1 拷贝】图层，单击面板底部的【添加图层样式】按钮 fx，在下拉菜单中选择【斜面和浮雕】命令。

步骤 06 在弹出的对话框中设置【大小】为 7 像素，【高光模式】为【叠加】，【不透明度】为 50%，设置【阴影模式】中的【不透明度】为 30%，如图 6.83 所示。

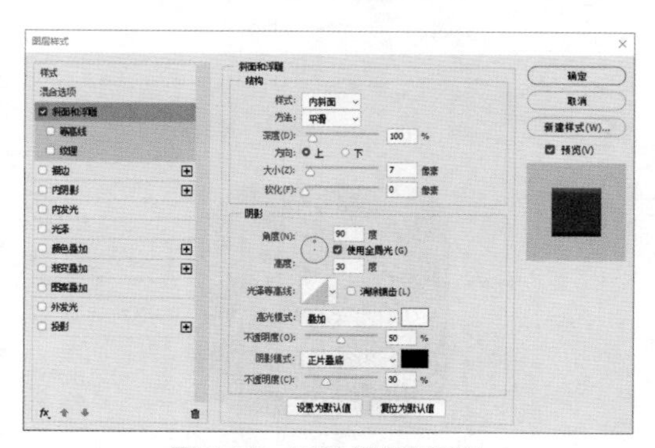

图 6.83　设置斜面和浮雕

步骤 07 勾选【投影】复选框，设置【混合模式】为【正常】，【不透明度】为 20%，【距离】为 5 像素，【大小】为 5 像素，设置完成后单击【确定】按钮，如图 6.84 所示。

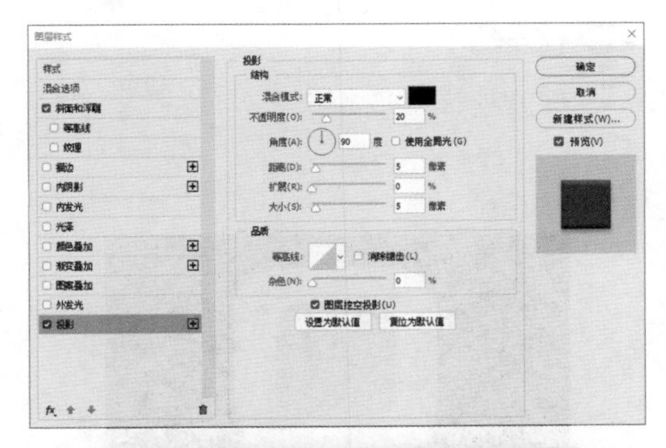

图 6.84　设置投影

2. 添加内部元素

步骤 01 选择工具箱中的【圆角矩形工具】，在选项栏中设置【填充】为黑色，【描边】为无，【半径】为 20 像素，按住 Shift 键绘制一个圆角矩形，将生成一个【圆角矩形 2】图层，如图 6.85 所示。

图 6.85　绘制圆角矩形

步骤 02 在【图层】面板中，选中【圆角矩形 2】图层，将其拖至面板底部的【创建新图层】按钮上，复制一个【圆角矩形 2 拷贝】图层。

步骤 03 在【图层】面板中，选中【圆角矩形 2】图层，单击面板底部的【添加图层样式】按钮*fx*，在下拉菜单中选择【渐变叠加】命令。

步骤 04 在弹出的对话框中设置【渐变】为蓝色（R：147，G：201，B：255）到蓝色（R：3，G：130，B：255），如图 6.86 所示。

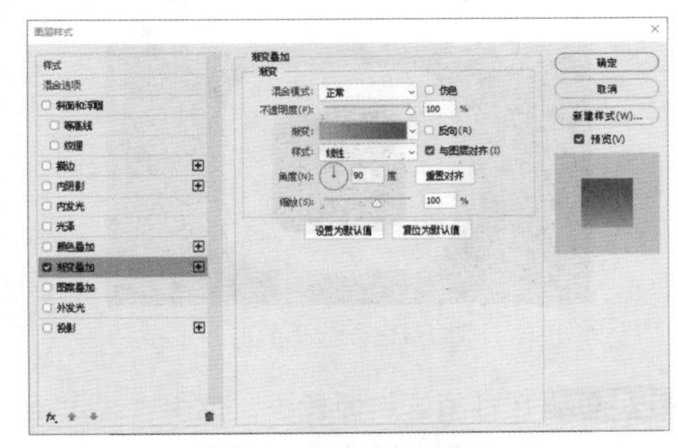

图 6.86　设置渐变叠加

步骤 05 勾选【投影】复选框，设置【混合模式】为【正常】，【颜色】为白色，【不透明度】为 70%，【距离】为 3 像素，【大小】为 3 像素，设置完成后单击【确定】按钮，如图 6.87 所示。

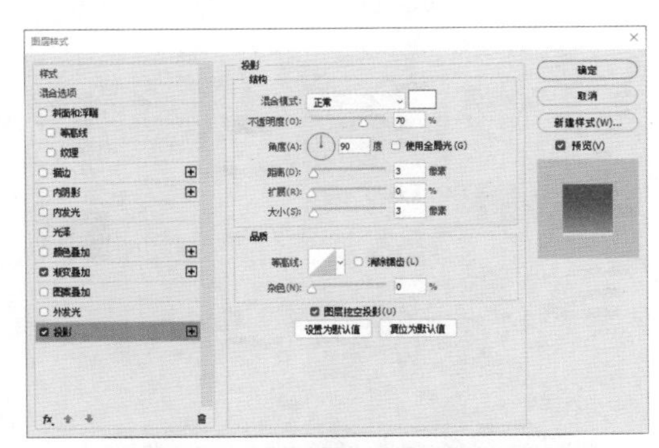

图 6.87　设置投影

提示

为了方便观察添加的图层样式效果，在设置图层样式的过程中，可以将【圆角矩形 2 拷贝】图层暂时隐藏。

步骤 06 选中【圆角矩形 2 拷贝】图层，将图形高度适当缩小，如图 6.88 所示。

图 6.88　缩小图形

步骤 07 在【图层】面板中，选中【圆角矩形 2 拷贝】图层，单击面板底部的【添加图层样式】按钮fx，在下拉菜单中选择【内阴影】命令。

步骤 08 在弹出的对话框中取消勾选【使用全局光】复选框，设置【角度】为 90 度，【不透明度】为 60%，【距离】为 3 像素，【大小】为 7 像素，如图 6.89 所示。

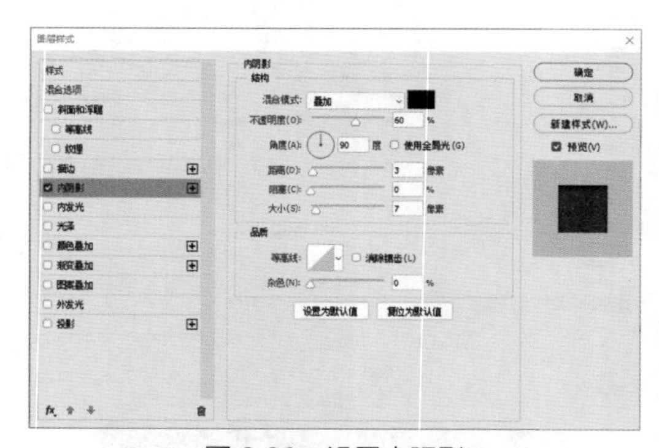

图 6.89　设置内阴影

步骤 09 勾选【渐变叠加】复选框，设置【渐变】为蓝色（R：147，G：201，B：255）到蓝色（R：3，G：130，B：255），设置完成后单击【确定】按钮，如图 6.90 所示。

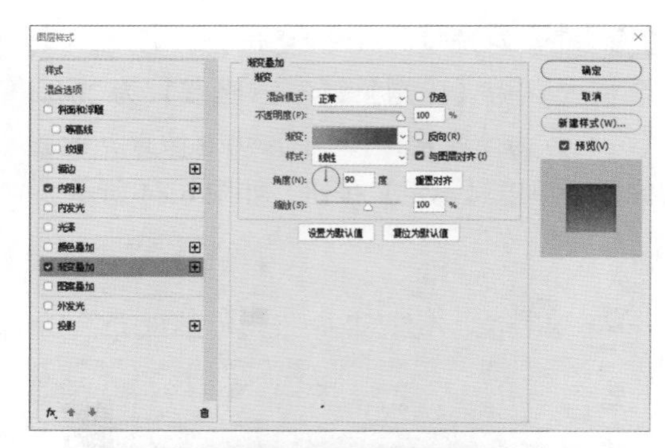

图 6.90　设置渐变叠加

3. 手绘细节图像

步骤 01 选择工具箱中的【钢笔工具】，在选项栏中单击【选择工具模式】路径按钮，在弹出的选项中选择【形状】，设置【填充】为白色，【描边】为无。

步骤 02 绘制一个闪电图形，将生成一个【形状 1】图层，如图 6.91 所示。

步骤 03 在【图层】面板中，选中【形状 1】图层，将其拖至面板底部的【创建新图层】按钮上，复制一个【形状 1 拷贝】图层。

步骤 04 将【形状 1 拷贝】图层中的图形设置为浅蓝色（R：240，G：249，B：253），将图形向上稍微移动，如图 6.92 所示。

图 6.91　绘制图形　　图 6.92　移动图形

步骤 05 在【图层】面板中，选中【矩形 1 拷贝】图层，单击面板底部的【添加图层样式】按钮 *fx*，在下拉菜单中选择【投影】命令。

步骤 06 在弹出的对话框中设置【混合模式】为【正常】，【颜色】为蓝色（R：22，G：109，B：194），【不透明度】为 100%，取消选中【使用全局光】复选框，设置【角度】为 90 度，【距离】为 5 像素，设置完成后单击【确定】按钮，如图 6.93 所示。

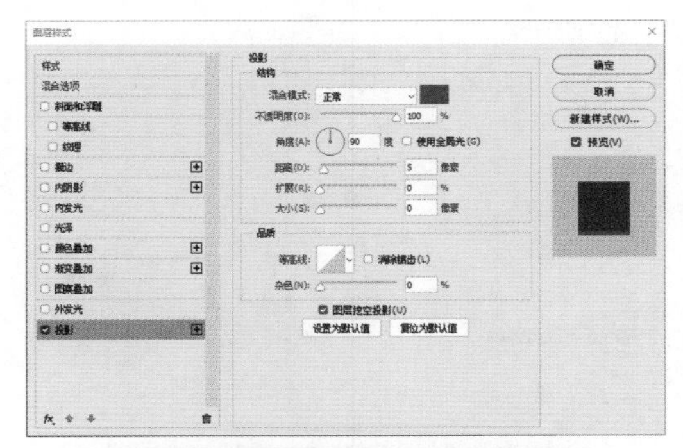

图 6.93　设置投影

步骤 07 选择工具箱中的【钢笔工具】，在选项栏中单击【选择工具模式】 路径 按钮，在弹出的选项中选择【形状】，设置【填充】为蓝色（R：22，G：109，B：194），【描边】为无。

步骤 08 在闪电图形左下角位置绘制一个不规则图形，与其下方图形形成立体视觉效果，将生成一个【形状 2】图层，如图 6.94 所示。

步骤 09 在【图层】面板中，选中【形状 2】图层，将其移至【形状 1 拷贝】图层下方，如图 6.95 所示。

图 6.94　绘制图形　　图 6.95　更改图层顺序

步骤 10 以同样的方法在闪电图形右下角区域绘制相似图形并制作出立体效果，这样就完成了质感闪电应用图标的制作，最终效果如图 6.96 所示。

图 6.96　最终效果

> **提示**
>
> 绘制图形之后需要注意更改图层顺序，这样才能形成真实的立体视觉效果。

6.10　精致唱片图标设计

实例分析

本例讲解精致唱片图标设计。本例中的图标外观效果非常精致，其制作过程稍有些烦琐，其重点在于唱片的质感表现力。通过利用一些命令并结合图像的变形即可制作出精致的唱片效果，最终效果如图 6.97 所示。

难　　度：☆☆☆☆
素材文件：调用素材 \ 第 6 章 \ 封面 .jpg
案例文件：源文件 \ 第 6 章 \ 精致唱片图标设计 .psd
视频文件：视频教学 \ 第 6 章 \6.10　精致唱片图标设计 .mp4

图 6.97　最终效果

1. 绘制主体轮廓

步骤 01 执行菜单栏中的【文件】|【新建】命令，在弹出的对话框中设置【宽度】为800 像素，【高度】为 600 像素，【分辨率】为 72 像素 / 英寸，新建一个空白画布，如图 6.98 所示。

步骤 02 选择工具箱中的【椭圆工具】，在选项栏中设置【填充】为白色，【描边】为无，在画布中间位置按住 Shift 键绘制一个正圆图形，此时将生成一个【椭圆 1】图层。

步骤 03 选中【椭圆 1】图层，在画布中按住 Alt 键的同时按下 Shift 键在椭圆中心位置绘制一个椭圆图形，将部分图形减去，如图 6.99 所示。

图 6.98　绘制图形　图 6.99　减去部分图形

步骤 04 在【图层】面板中，选中【椭圆 1】图层，单击面板底部的【添加图层样式】按钮，在下拉菜单中选择【渐变叠加】命令，在弹出的对话框中设置【渐变】为彩色系渐变，【样式】为【角度】，如图 6.100 所示。

步骤 05 勾选【内发光】复选框，设置【混合模式】为【正片叠底】，【不透明度】为 20%，【颜色】为黑色，【阻塞】为 100%，【大小】为 5 像素，如图 6.101 所示。

步骤 06 勾选【内阴影】复选框，设置【混合模式】为【叠加】，【颜色】为白色，【不透明度】为 44%，取消选中【使用全局光】复选框，设置【角度】为 90 度，【距离】为 1 像素，【阻塞】为 100%，【大小】为 1 像素，设置完成后单击【确定】按钮，如图 6.102 所示。

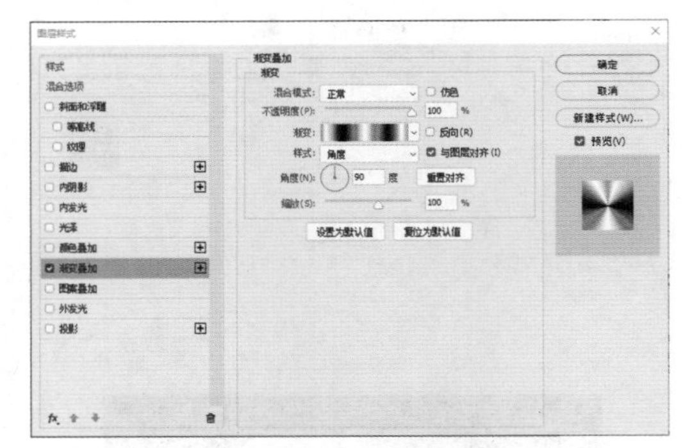

图 6.100　设置渐变叠加

提示

在设置渐变时，需要注意色标的数量及颜色深浅，最好以真实的光盘图像作为参考对色标进行设置。

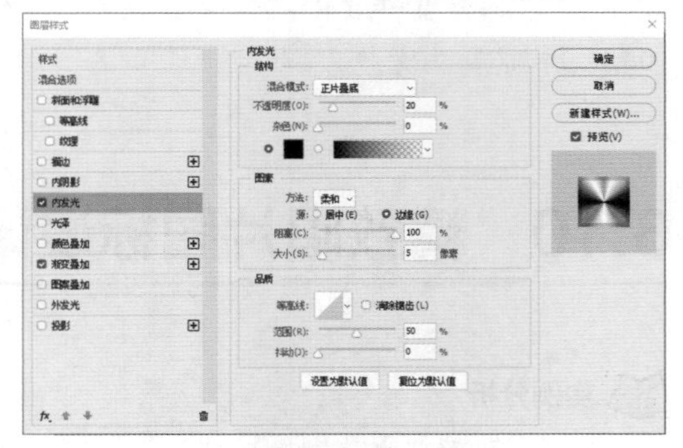

图 6.101　设置内发光

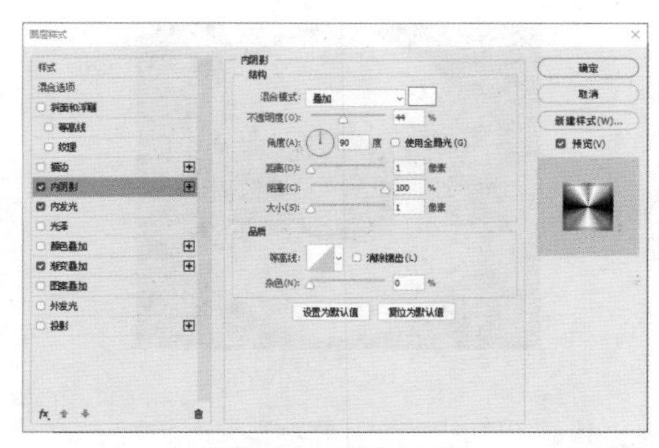

图 6.102　设置内阴影

2. 打造质感效果

步骤 01 单击面板底部的【创建新图层】按钮，新建一个【图层 1】图层，将其填充为灰色（R：148，G：148，B：148）。

步骤 02 选中【图层 1】图层，执行菜单栏中的【滤镜】|【杂色】|【添加杂色】命令，在弹出的对话框中设置【数量】为 400%，选中【平均分布】单选按钮并勾选【单色】复选框，设置完成后单击【确定】按钮，如图 6.103 所示。

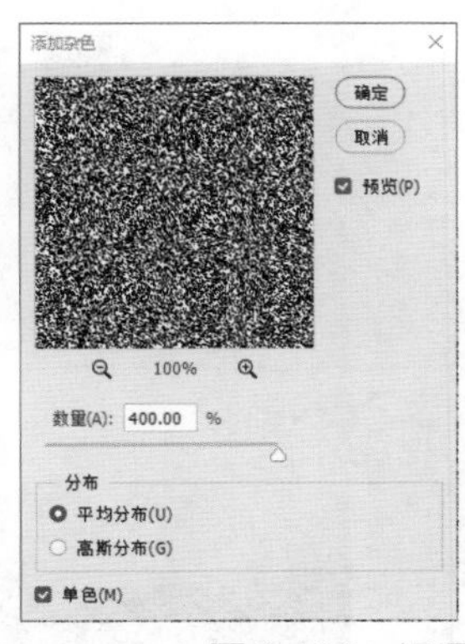

图 6.103　设置添加杂色

步骤 03 选中【图层 1】图层，执行菜单栏中的【滤镜】|【模糊】|【径向模糊】命令，在弹出的对话框中分别选中【旋转】及【最好】单选按钮，设置【数量】为 100，设置完成后单击【确定】按钮，如图 6.104 所示。

步骤 04 选中【图层 1】图层，按 Ctrl+F 组合键重复为其添加模糊效果，如图 6.105 所示。

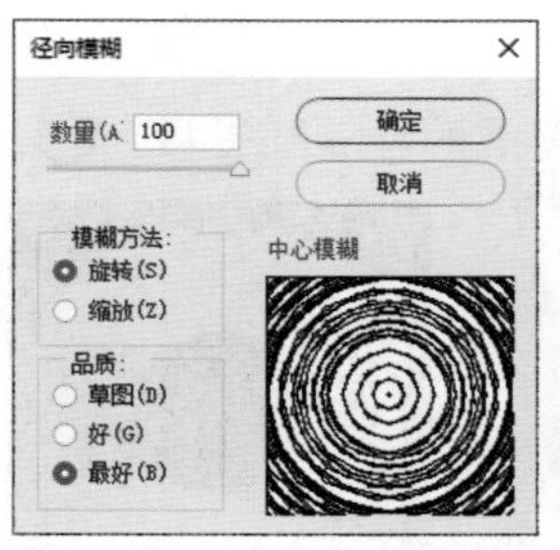

图 6.104　设置径向模糊

图 6.105　重复添加模糊效果

步骤 05 在【图层】面板中，选中【图层 1】图层，单击面板底部的【添加图层蒙版】按钮，为其添加图层蒙版。

步骤 06 按住 Ctrl 键单击【椭圆 1】图层缩览图，将其载入选区。执行菜单栏中的【选择】|【反向】命令将选区反向，将选区填充为黑色，将部分图像隐藏，完成后按 Ctrl+D 组合键将选区取消，如图 6.106 所示。

步骤 07 在【图层】面板中，选中【图层 1】图层，设置其图层混合模式为【强光】，【不透明度】为 15%，如图 6.107 所示。

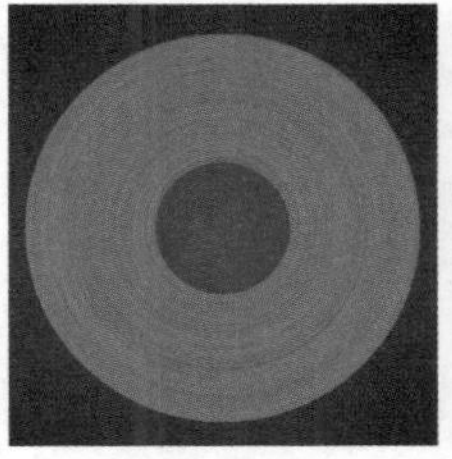

图 6.106　隐藏图像

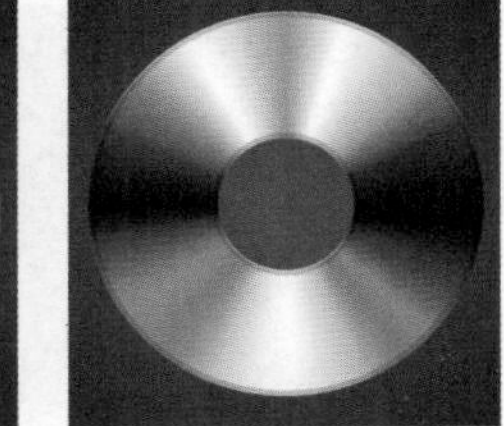

图 6.107　设置图层混合模式

3. 添加细节图像

步骤 01 选择工具箱中的【椭圆工具】，在选项栏中设置【填充】为黑色，【描边】为无，在光盘中心位置按住 Alt+Shift 组合键绘制一个正圆图形，此时将生成一个【椭圆 2】图层，如图 6.108 所示。

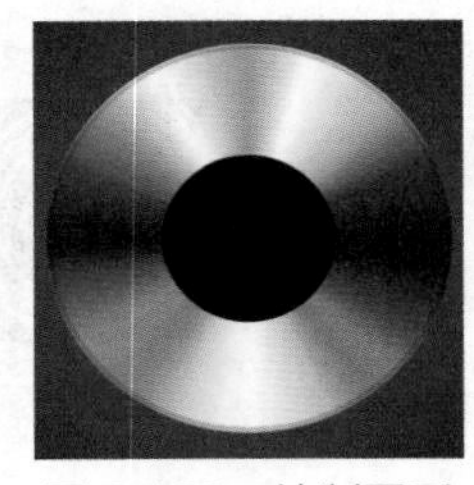

图 6.108　绘制图形

步骤 02 在【图层】面板中，选中【椭圆 2】图层，将其拖至面板底部的【创建新图层】按钮上，复制 4 个拷贝图层，分别将图层名称更改为【内圆 5】、【内圆 4】、【内圆 3】、【内圆 2】、【内圆】。

步骤 03 在【图层】面板中，选中【内圆】图层，设置其图层混合模式为【正片叠底】，【不透明度】为 20%，如图 6.109 所示。

图 6.109　设置图层混合模式

步骤 04 选中【内圆 2】图层，在选项栏中设置【填充】为无，【描边】为黑色，【大小】为 10 像素，在画布中按 Ctrl+T 组合键对其执行【自由变换】命令，将图形等比例缩小，完成后按 Enter 键确认，如图 6.110 所示。

技巧

为了方便观察实际的图像效果，在编辑当前图层中的图形时可以先将其图层上方的所有图层暂时隐藏。

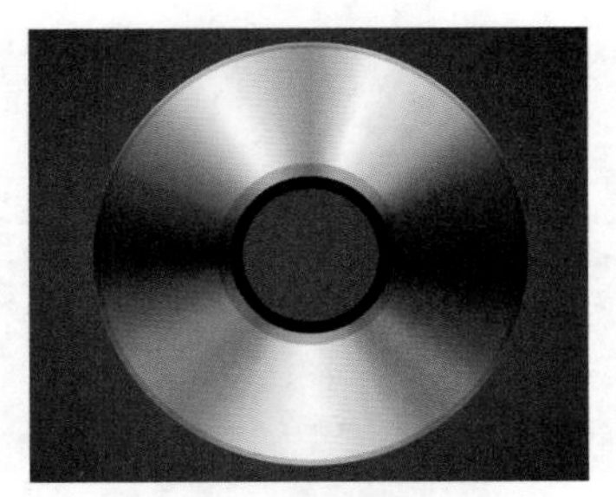

图 6.110　缩小图形

步骤 05 在【图层】面板中，选中【内圆 2】图层，单击面板底部的【添加图层样式】按钮，在下拉菜单中选择【投影】命令，在弹出的对话框中设置【混合模式】为【叠加】，【颜色】为白色，【不透明度】为 50%，取消选中【使用全局光】复选框，设置【角度】为 90 度，【距离】为 1 像素，【扩展】为 50%，【大小】为 1 像素，设置完成后单击【确定】按钮，如图 6.111 所示。

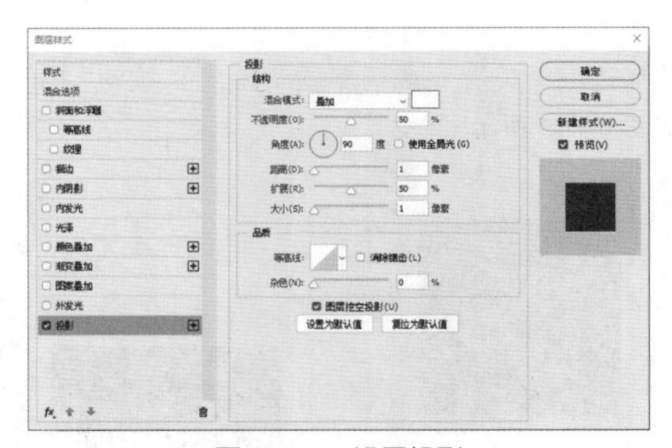

图 6.111　设置投影

步骤 06 选中【内圆 3】图层，在选项栏中设置【填充】为无，【描边】为深蓝色（R：8，G：44，B：62），【大小】为 2 点，按 Ctrl+T 组合键对其执行【自由变换】命令，将图形等比例缩小，完成之后按 Enter 键确认，如图 6.112 所示。

图 6.112　缩小图形

步骤 07 以同样的方法选中【内圆 4】图层，按 Ctrl+T 组合键对其执行【自由变换】命令，将图形等比例缩小，完成后按 Enter 键确认，将其【填充】设置为无，【描边】设置为 30 点，如图 6.113 所示。

图 6.113　填充图形

4. 对细节进行微调

步骤 01 在【图层】面板中，选中【内圆 4】图层，单击面板底部的【添加图层样式】按钮 *fx*，在下拉菜单中选择【内阴影】命令，在弹出的对话框中设置【混合模式】为【正常】，【颜色】为白色，【不透明度】为 15%，取消选中【使用全局光】复选框，设置【角度】为 90 度，【距离】为 1 像素，【阻塞】为 100%，如图 6.114 所示。

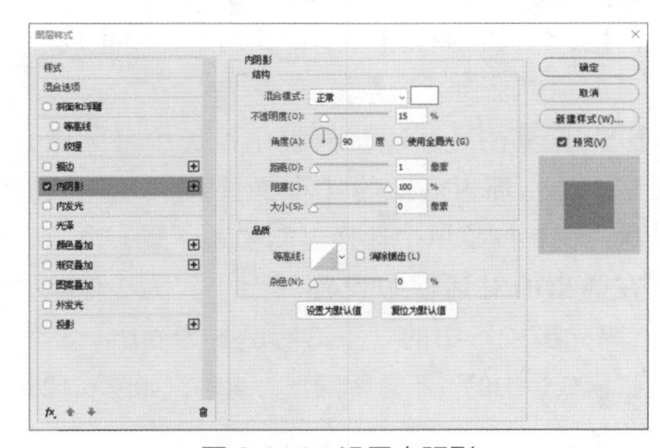

图 6.114　设置内阴影

步骤 02 勾选【渐变叠加】复选框，设置【不透明度】为 60%，【渐变】为深灰色到黑色系渐变，【样式】为【角度】，【角度】为 0 度，设置完成后单击【确定】按钮，如图 6.115 所示。

步骤 03 选中【内圆 5】图层，按 Ctrl+T 组合键对其执行【自由变换】命令，将图形等比例缩小，完成后按 Enter 键确认，如图 6.116 所示。

提示

在设置渐变的时候，适当调整色标以体现出光盘内孔黑色质感为最佳。

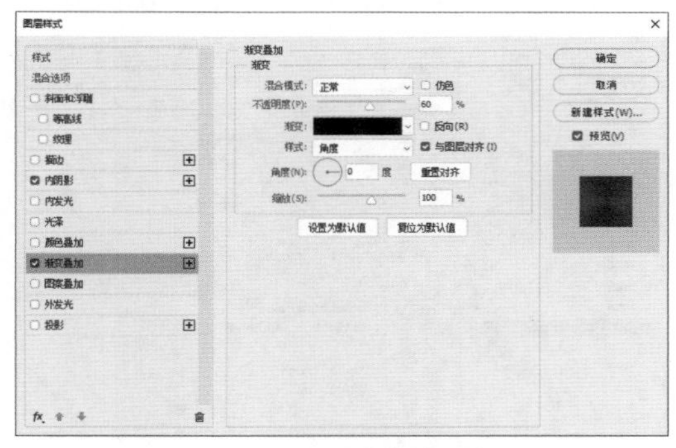

图 6.115　设置渐变叠加

图 6.116　缩小图形

步骤 04 在【图层】面板中，选中【内圆 5】图层，单击面板底部的【添加图层样式】按钮 *fx*，在下拉菜单中选择【描边】命令，在弹出的对话框中设置【大小】为 1 像素，【不透明度】为 60%，如图 6.117 所示。

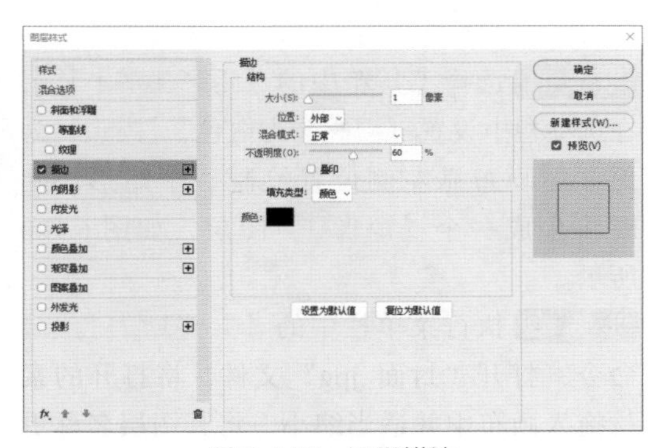

图 6.117　设置描边

步骤 05 勾选【投影】复选框，设置【混合模式】为【正常】，【颜色】为白色，【不透明度】为 10%，取消选中【使用全局光】复选框，设置【角度】为 90 度，【距离】为 1 像素，【扩展】为 100%，【大小】为 1 像素，设置完成后单击【确定】按钮，如图 6.118 所示。

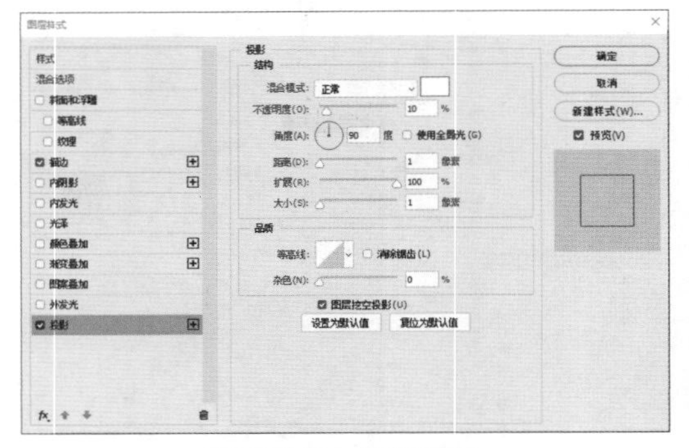

图 6.118　设置投影

步骤 06 在【图层】面板中，选中【内圆 5】图层，将其图层【填充】设置为 0%，如图 6.119 所示。

图 6.119　更改填充

5. 添加封套效果

步骤 01 选择工具箱中的【矩形工具】，在选项栏中设置【填充】为白色，【描边】为无，在画布靠左侧位置绘制一个矩形，此时将生成一个【矩形 1】图层，如图 6.120 所示。

步骤 02 执行菜单栏中的【文件】|【打开】命令，打开“封面 .jpg”文件，将打开的素材拖入画布中并适当缩小，将其图层名称更改为【图层 2】，如图 6.121 所示。

步骤 03 选中【图层 2】图层，执行菜单栏中的【图层】|【创建剪贴蒙版】命令，为当前图层创建剪贴蒙版，将部分图像隐藏，再按 Ctrl+T 组合键对其执行【自由变换】命令，将图像等比例缩小，完成后按 Enter 键确认，如图 6.122 所示。

图 6.120　绘制图形

图 6.121　添加素材　图 6.122　创建剪贴蒙版

步骤 04 同时选中【图层 3】及【矩形 1】图层，按 Ctrl+G 组合键将其编组，将生成的组名称更改为【图像】。

步骤 05 在【图层】面板中，选中【图像】组，单击面板底部的【添加图层样式】按钮 fx，在下拉菜单中选择【斜面和浮雕】命令，在弹出的对话框中设置【大小】为 2 像素，【高光模式】中的【不透明度】为 60%，【阴影模式】中的【不透明度】为 50%，如图 6.123 所示。

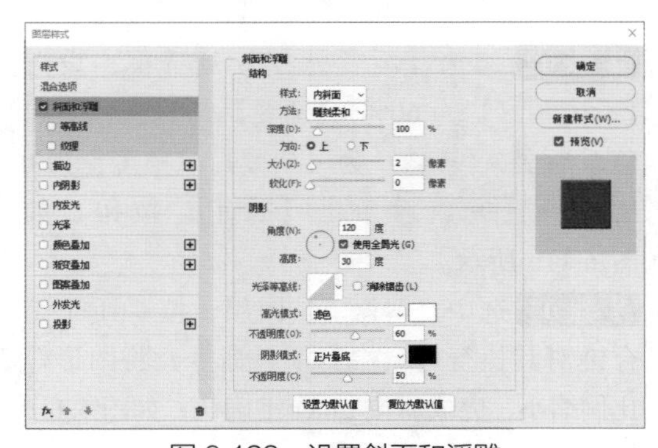

图 6.123　设置斜面和浮雕

步骤 06 勾选【描边】复选框，设置【大小】为2像素，【位置】为【内部】，【不透明度】为50%，【颜色】为深蓝色（R：0，G：18，B：38），设置完成后单击【确定】按钮，如图6.124所示。

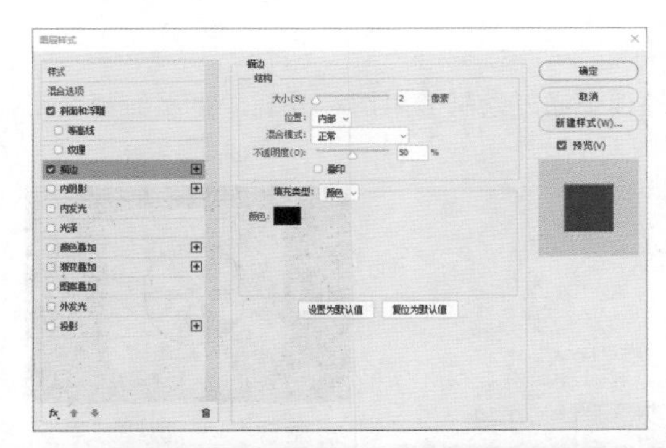

图6.124　设置描边

6. 添加装饰阴影

步骤 01 选择工具箱中的【椭圆工具】，在选项栏中设置【填充】为灰色（R：17，G：16，B：24），【描边】为无，在包装图像右侧位置绘制一个椭圆图形，此时将生成一个【椭圆2】图层，将【椭圆2】图层移至【图像】组下方，如图6.125所示。

步骤 02 执行菜单栏中的【滤镜】|【模糊】|【高斯模糊】命令，在弹出的对话框中单击【栅格化】按钮，在出现的对话框中设置【半径】为5像素，设置完成后单击【确定】按钮，如图6.126所示。

图6.125　绘制图形　图6.126　添加高斯模糊

步骤 03 选择工具箱中的【椭圆工具】，在选项栏中设置【填充】为灰色（R：17，G：16，B：24），【描边】为无，在图像底部位置绘制一个椭圆图形，此时将生成一个【椭圆3】图层，将【椭圆3】图层移至【背景】图层上方，如图6.127所示。

步骤 04 选中【椭圆3】图层，按Ctrl+F组合键为其添加高斯模糊，如图6.128所示。

图6.127　绘制图形　图6.128　添加高斯模糊

步骤 05 执行菜单栏中的【滤镜】|【模糊】|【动感模糊】命令，在弹出的对话框中设置【角度】为0度，【距离】为85像素，设置完成后单击【确定】按钮，这样就完成了精致唱片图标的制作，最终效果如图6.129所示。

图6.129　最终效果

6.11 金属质感调节器设计

实例分析

本例讲解金属质感调节器设计。本例在制作过程中通过绘制金属图标外观，再添加刻度完成整个图标效果制作，最终效果如图 6.130 所示。

难　　度：☆☆☆☆
素材文件：无
案例文件：源文件 \ 第 6 章 \ 金属质感调节器设计 .psd
视频文件：视频教学 \ 第 6 章 \6.11　金属质感调节器设计 .mp4

图 6.130　最终效果

1. 制作质感轮廓

步骤 01 执行菜单栏中的【文件】|【新建】命令，在弹出的对话框中设置【宽度】为 800 像素，【高度】为 600 像素，【分辨率】为 72 像素 / 英寸，新建一个空白画布。

步骤 02 选择工具箱中的【圆角矩形工具】，在选项栏中设置【填充】为白色，【描边】为无，【半径】为 50 像素，在画布中按住 Shift 键绘制一个圆角矩形，此时将生成一个【圆角矩形 1】图层，如图 6.131 所示。

图 6.131　绘制图形

步骤 03 单击面板底部的【创建新图层】按钮，新建一个【图层 2】图层，将其填充为白色。

步骤 04 执行菜单栏中的【滤镜】|【杂色】|【添加杂色】命令，在弹出的对话框中选中【平均分布】单选按钮并勾选【单色】复选框，设置【数量】为 400%，设置完成后单击【确定】按钮，如图 6.132 所示。

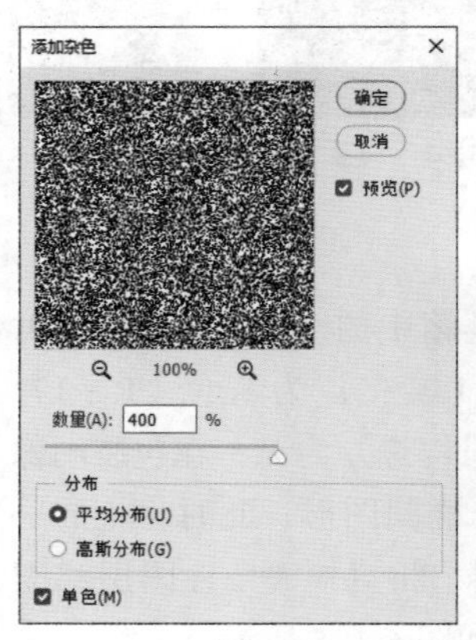

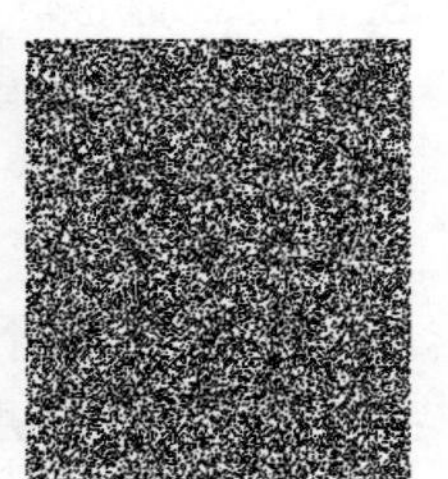
图 6.132　设置添加杂色

步骤 05 执行菜单栏中的【滤镜】|【模糊】|【径向模糊】命令，在弹出的对话框中选中【旋转】及【最好】单选按钮，设置【数量】为 100，设置完成后单击【确定】按钮，如图 6.133 所示。

步骤 06 按 Ctrl+F 组合键多次重复执行添加径向模糊效果，如图 6.134 所示。

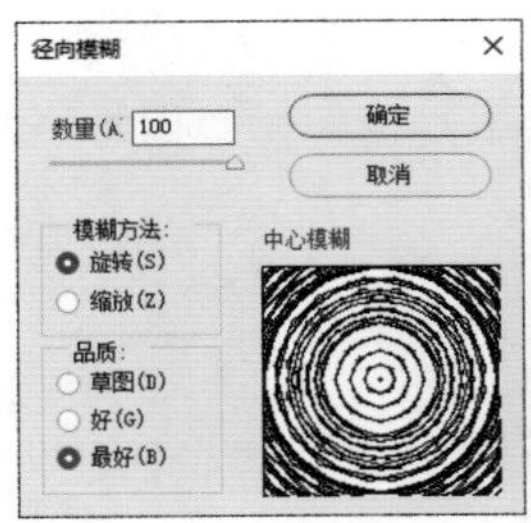
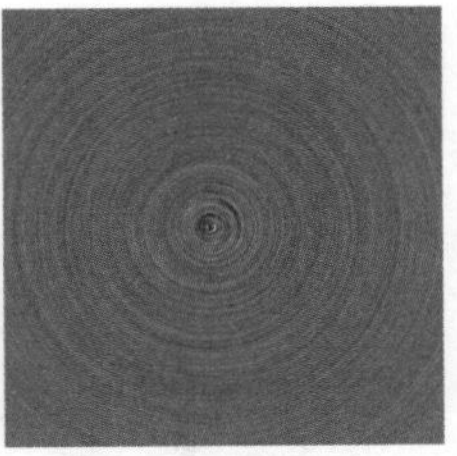

图 6.133　设置径向模糊

图 6.134　重复添加径向模糊

步骤 07 执行菜单栏中的【滤镜】|【锐化】|【智能锐化】命令，在弹出的对话框中保持默认值，完成后单击【确定】按钮，如图 6.135 所示。

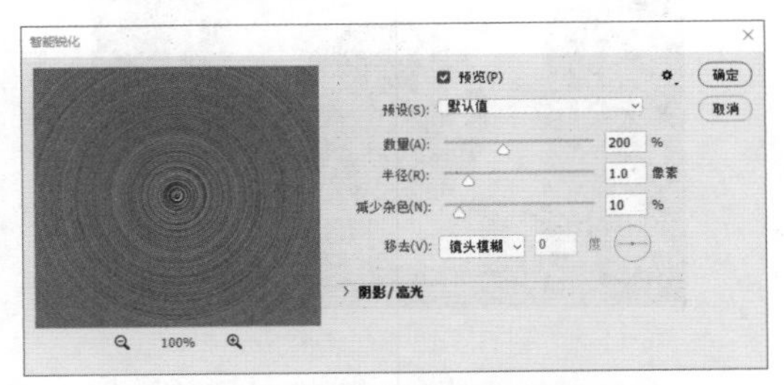

图 6.135　设置智能锐化

步骤 08 选中【图层 1】图层，执行菜单栏中的【图层】|【创建剪贴蒙版】命令，为当前图层创建剪贴蒙版，将部分图像隐藏，按 Ctrl+T 组合键对其执行【自由变换】命令，将图像等比例缩小，完成后按 Enter 键确认，如图 6.136 所示。

步骤 09 同时选中【圆角矩形 1】及【图层 1】图层，按 Ctrl+G 组合键将其编组，将生成的组名更改为【图标】。

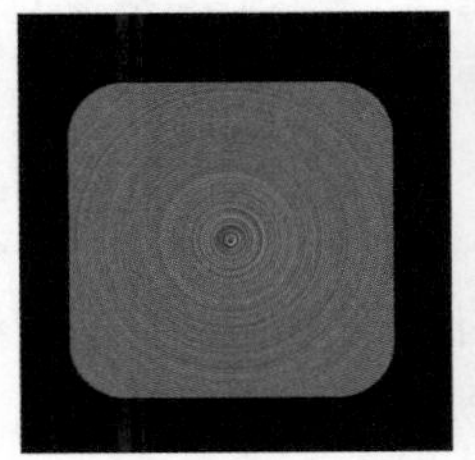
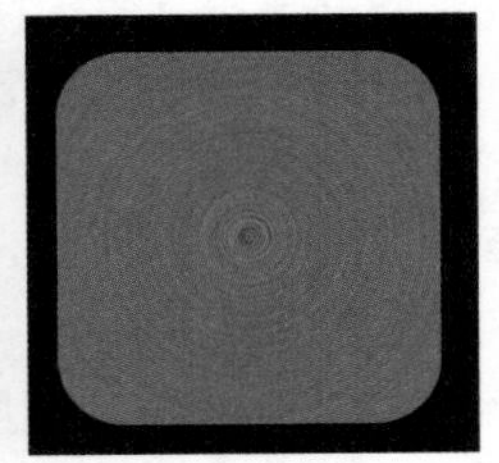

图 6.136　创建剪贴蒙版

步骤 10 在【图层】面板中，单击面板底部的【添加图层样式】按钮 *fx*，在下拉菜单中选择【渐变叠加】命令，在弹出的对话框中设置【混合模式】为【叠加】，【不透明度】为 80%，【渐变】为灰色到白色系渐变，设置【样式】为【角度】，【角度】为 0 度，设置完成后单击【确定】按钮，如图 6.137 所示。

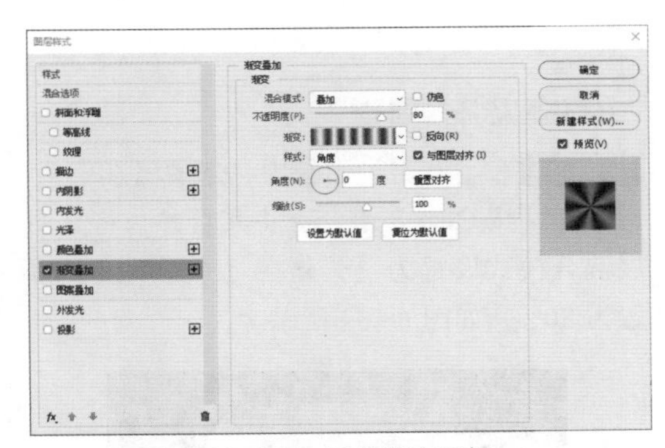

图 6.137　设置渐变叠加

提示

在设置渐变的时候，色标数量越多，金属质感越细腻，但假如数量过多也会出现不真实的效果，所以在设置渐变的时候一定要注意把握好渐变色标的数值及颜色，因为它直接关系到金属质感的表现。

步骤 11 在【图层】面板中，选中【图标】组，将其拖至面板底部的【创建新图层】按钮上，复制一个【图标 拷贝】组。

步骤 12 双击【图标 拷贝】组图层样式名称，在弹出的对话框中设置【混合模式】为【正常】，【不透明度】为100%，【渐变】为黑色到透明，【样式】为【线性】，【角度】为90度，【缩放】为60%，设置完成后单击【确定】按钮，如图6.138所示。

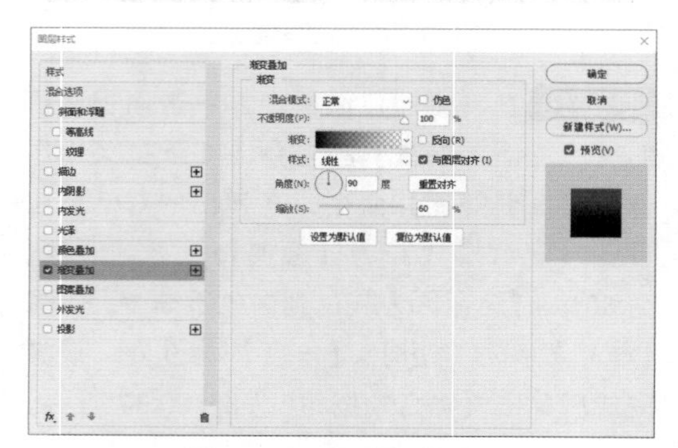

图 6.138 设置渐变叠加

2. 优化图标质感细节

步骤 01 在【图层】面板中，选中【图标 拷贝】组，按Ctrl+E组合键将其合并，将其图层混合模式设置为【柔光】，【不透明度】设置为80%，如图6.139所示。

图 6.139 设置图层混合模式

步骤 02 同时选中【图标 拷贝】图层及【图标】组，按Ctrl+E组合键将其编组，此时将生成一个【组 1】组。

步骤 03 在【图层】面板中，单击面板底部的【添加图层样式】按钮fx，在下拉菜单中选择【描边】命令，在弹出的对话框中设置【大小】为3像素，【填充类型】为【渐变】，设置完成后单击【确定】按钮，如图6.140所示。

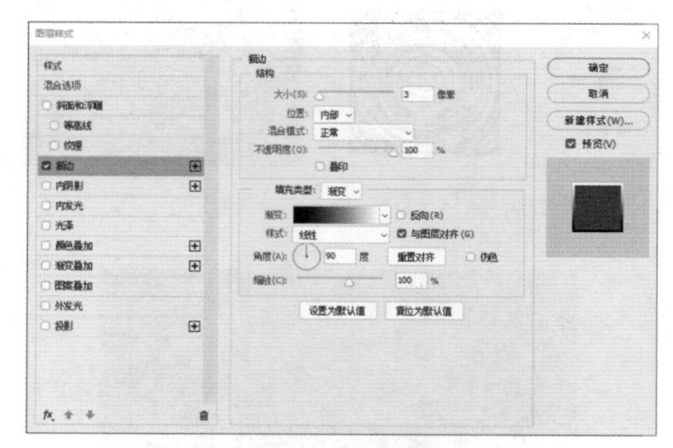

图 6.140 设置描边

步骤 04 选择工具箱中的【椭圆工具】，在选项栏中设置【填充】为黑色，【描边】为无，按住Shift键绘制一个正圆图形，将生成一个【椭圆 1】图层，如图6.141所示。

图 6.141 绘制图形

步骤 05 在【图层】面板中，单击面板底部的【添加图层样式】按钮fx，在下拉菜单中选择【描边】命令，在弹出的对话框中设置【大小】为5像素，【填充类型】为【渐变】，【渐变】为白色到灰色（R：75，G：75，B：75），设置完成后单击【确定】按钮，如图6.142所示。

步骤 06 在【图层】面板中，选中【组 1】组，将其拖至面板底部的【创建新图层】按钮上，复制一个新【组 1 拷贝】组，将其合并后再将其图层名称更改为【旋钮】并移至所有图层上方，如图6.143所示。

步骤 07 按住Ctrl键单击【椭圆 1】图层缩览图，将其载入选区。执行菜单栏中的【选

择】|【反选】命令将选区反向选择，如图 6.144 所示。

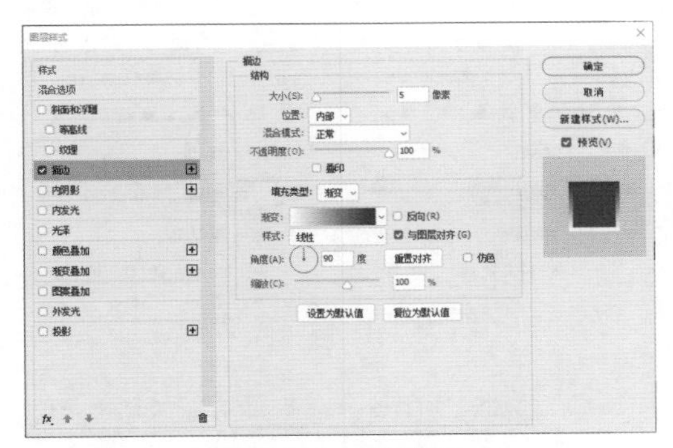

图 6.142　设置描边

图 6.143　复制图层

步骤 08 按 Delete 键将选区中的图像删除，完成后按 Ctrl+D 组合键将选区取消，如图 6.145 所示。

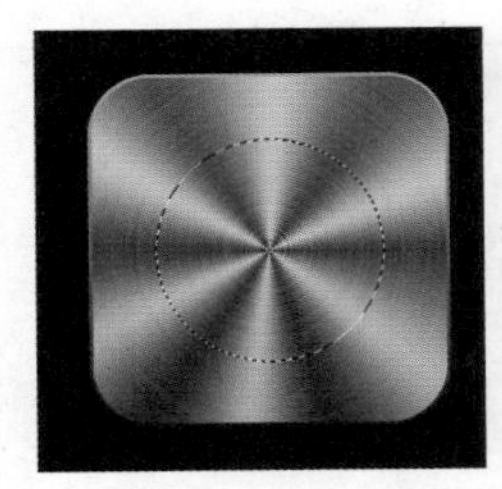

图 6.144　载入选区　　图 6.145　删除图像

3. 制作标识图形

步骤 01 选择工具箱中的【矩形工具】，在选项栏中设置【填充】为灰色（R：42，G：42，B：42），【描边】为无，绘制一个正方形，将生成一个【矩形 1】图层，如图 6.146 所示。

步骤 02 选中【矩形 1】图层，按 Ctrl+T 组合键对其执行【自由变换】命令，当出现变形框以后在选项栏中【旋转】后方的文本框中输入 45 度，完成后按 Enter 键确认，如图 6.147 所示。

图 6.146　绘制图形　　图 6.147　旋转图形

步骤 03 选择工具箱中的【直接选择工具】，选中矩形底部锚点并将其删除，如图 6.148 所示。

步骤 04 按 Ctrl+T 组合键对图形执行【自由变换】命令，将图形宽度等比例缩小，完成后按 Enter 键确认，如图 6.149 所示。

图 6.148　删除锚点　图 6.149　缩小图形宽度

步骤 05 在【图层】面板中，选中【组 1】组，将其拖至面板底部的【创建新图层】按钮上，复制一个新【组 1 拷贝】组，将其合并后再将其图层名称更改为【增减按钮】并移至所有图层上方，再将其图层【不透明度】设置为 70%，如图 6.150 所示。

图 6.150　复制组

4. 添加调节按钮

步骤 01 选择工具箱中的【椭圆选框工具】◯，在图标左下角位置按住 Shift 键绘制一个正圆选区，如图 6.151 所示。

步骤 02 选中【增减按钮】图层，执行菜单栏中的【图层】|【新建】|【通过拷贝的图层】命令，此时将生成一个【图层 2】图层，如图 6.152 所示。

图 6.151　绘制选区　图 6.152　通过拷贝的图层

步骤 03 以同样的方法在右下角相对位置再绘制一个正圆选区，选中【增减按钮】图层，执行菜单栏中的【图层】|【新建】|【通过拷贝的图层】命令，此时将生成一个【图层 3】图层，如图 6.153 所示。

图 6.153　通过拷贝的图层

步骤 04 在【图层】面板中，将【图层 2】图层重命名为【减按钮】，将【图层 3】图层重命名为【增按钮】，再将【增减按钮】图层暂时隐藏，如图 6.154 所示。

步骤 05 在【图层】面板中，同时选中【减按钮】及【增按钮】图层，将其拖至面板底部的【创建新图层】按钮⊞上，复制两个新图层，并分别将其图层名称更改为相对应的【减按钮底座】及【增按钮底座】，再将这两个图层移至【减按钮】及【增按钮】图层下方，如图 6.155 所示。

图 6.154　重命名图层

图 6.155　复制图层

步骤 06 在【图层】面板中，选中【减按钮底座】图层，单击面板底部的【添加图层样式】按钮 fx，在下拉菜单中选择【颜色叠加】命令。

步骤 07 在弹出的对话框中将【颜色】设置为黑色，如图 6.156 所示。

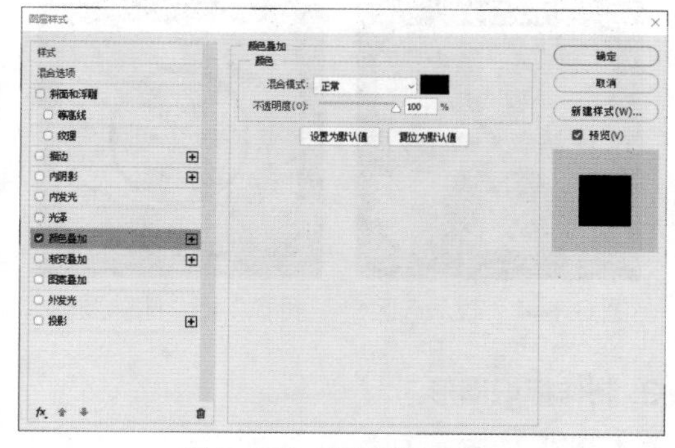

图 6.156　设置颜色叠加

步骤 08 勾选【描边】复选框，设置【大小】为 2 像素，【位置】为【外部】，【填充类型】为【渐变】，【渐变】为白色到灰色（R：75，G：75，B：75），设置完成后单击【确定】按钮，如图 6.157 所示。

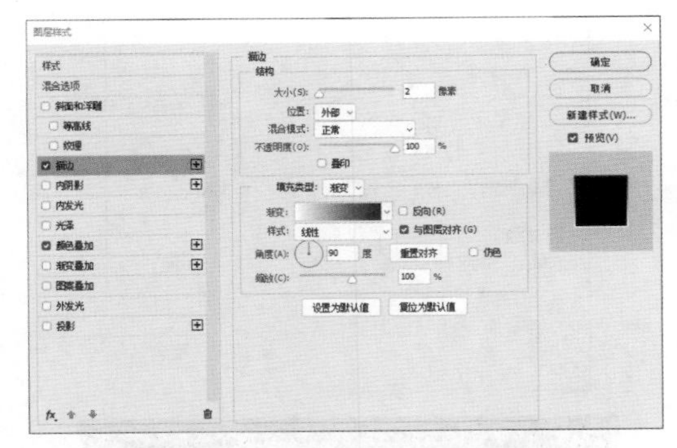

图 6.157 设置描边

> **提示**
>
> 在设置图层样式之前可将【减按钮】及【增按钮】图层隐藏，这样更容易观察添加的图层样式效果。

步骤 09 选中【减按钮】图层，在画布中按 Ctrl+T 组合键对其执行【自由变换】命令，将图像稍微等比例缩小，完成后按 Enter 键确认，如图 6.158 所示。

图 6.158 缩小图像

步骤 10 在【减按钮底座】图层名称上单击鼠标右键，从弹出的快捷菜单中选择【拷贝图层样式】命令，在【增按钮底座】图层名称上单击鼠标右键，从弹出的快捷菜单中选择【粘贴图层样式】命令，如图 6.159 所示。

步骤 11 选中【增按钮】图层，在画布中按 Ctrl+T 组合键对其执行【自由变换】命令，将图像稍微等比例缩小，完成后按 Enter 键确认，如图 6.160 所示。

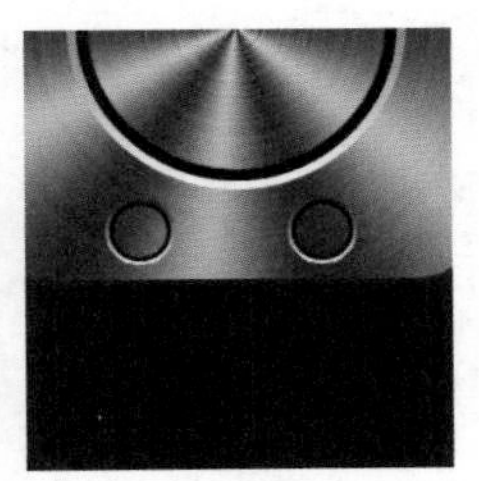
图 6.159 粘贴图层样式　图 6.160 缩小图像

> **提示**
>
> 在制作完增减按钮之后，可根据比例及位置关系适当调整按钮位置。

5. 调整按钮细节元素

步骤 01 选择工具箱中的【矩形工具】，在选项栏中设置【填充】为灰色（R：42，G：42，B：42），【描边】为无，在刚才制作的减按钮上绘制一个小矩形，将生成一个【矩形 2】图层，如图 6.161 所示。

步骤 02 将矩形复制两份并将其中一份旋转 90 度，并放在增按钮的位置，如图 6.162 所示。

图 6.161 绘制矩形　图 6.162 复制图形

步骤 03 同时选中与【矩形 2】相关的 3 个图层，按 Ctrl+E 组合键将其合并，此时将生成一个【矩形 2 拷贝 2】图层。

步骤 04 在【图层】面板中，单击面板底部的【添加图层样式】按钮*fx*，在下拉菜单中选择【投影】命令。

步骤 05 在弹出的对话框中设置【混合模式】为【叠加】，【颜色】为白色，【不透明度】为 100%，取消选中【使用全局光】复选框，设置【角度】为 90 度，【距离】为 1 像素，【大小】为 2 像素，设置完成后单击【确定】按钮，如图 6.163 所示。

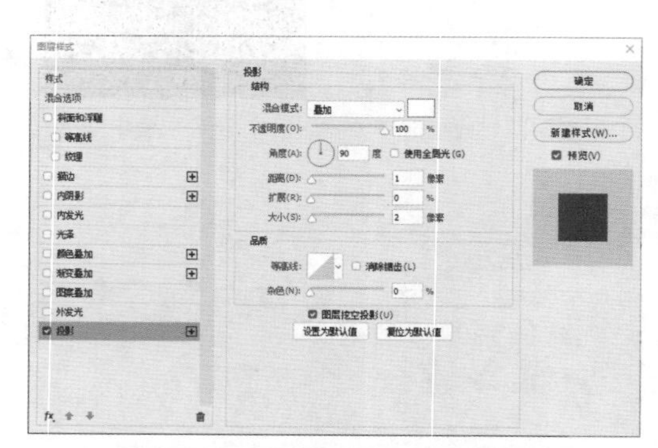

图 6.163　设置投影

6. 制作刻度元素

步骤 01 选择工具箱中的【椭圆工具】，在选项栏中设置【填充】为无，【描边】为灰色（R：42，G：42，B：42），【宽度】为 3 像素，按住 Shift 键绘制一个正圆图形，将生成一个【椭圆】图层。

步骤 02 单击【设置形状描边类型】按钮，在弹出的面板中选中第 3 种描边类型，再单击【更多选项】按钮，在弹出的对话框中将【间隙】设置为 5，如图 6.164 所示。

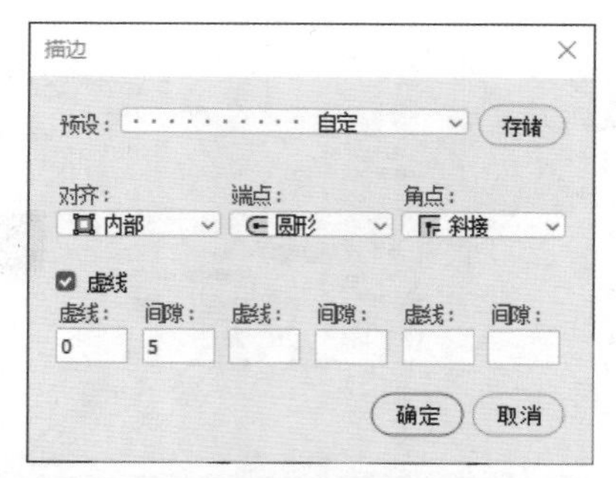

图 6.164　设置描边

步骤 03 选择工具箱中的【添加锚点工具】，在正圆底部边缘单击添加两个锚点，如图 6.165 所示。

步骤 04 选择工具箱中的【直接选择工具】，选中底部锚点将其删除，如图 6.166 所示。

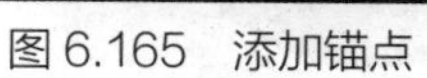

图 6.165　添加锚点　　图 6.166　删除锚点

步骤 05 按 Ctrl+T 组合键对圆形执行【自由变换】命令，将图形适当旋转，完成后按 Enter 键确认，如图 6.167 所示。

步骤 06 选择工具箱中的【矩形工具】，在选项栏中设置【填充】为灰色（R：42，G：42，B：42），【描边】为无，在左侧虚线边缘位置绘制一个稍小的矩形，如图 6.168 所示。

图 6.167　旋转图形

图 6.168　绘制矩形

步骤 07 将刚才绘制的矩形复制两份，放在不同位置并适当旋转，这样就完成了金属质感调节器的制作，最终效果如图 6.169 所示。

图 6.169　最终效果

6.12　拓展训练

图标设计除了注重色彩的重要性以外，还要注重质感的表现，不同质感可以表现出不同的用户体验。本节通过 2 个精彩课后习题，让读者快速巩固常用质感图标的设计技巧。

6.12.1　透明质感图标

实例分析

本例讲解透明质感图标制作。此款图标以完美的透明质感形式呈现，其制作过程比较简单，通过绘制云轮廓图形，并为其添加图层样式及制作阴影、高光质感效果，从而完成整个图标制作，最终效果如图 6.170 所示。

难　　度：☆☆
素材文件：无
案例文件：源文件 \ 第 6 章 \ 透明质感图标 .psd
视频文件：视频教学 \ 第 6 章 \ 训练 6-1　透明质感图标 .mp4

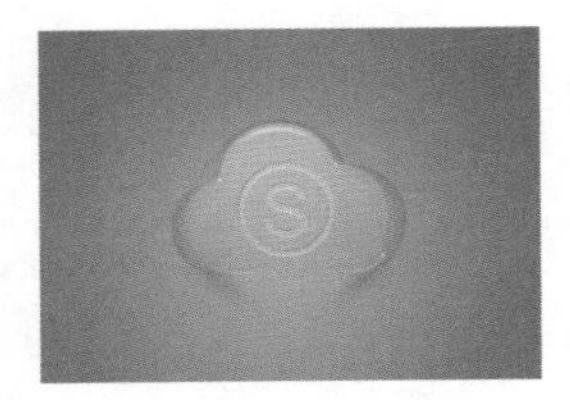
图 6.170　最终效果

步骤分解如图 6.171 所示。

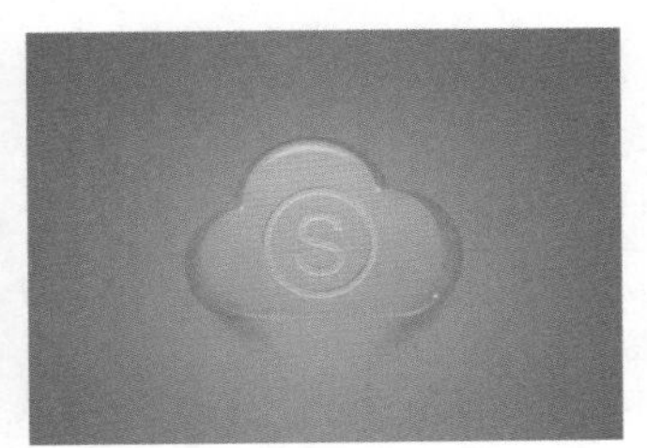
图 6.171　步骤分解图

6.12.2 原生纸质感图标

实例分析

本例讲解原生纸质感图标制作。此款图标以原生纸质为主视觉，以牛仔面料作为辅助纹理视觉，整个图标表现出很强的质感效果，在制作的过程中注意质感的细节处理，最终效果如图 6.172 所示。

难　　度：☆☆
素材文件：无
案例文件：源文件 \ 第 6 章 \ 原生纸质感图标 .psd
视频文件：视频教学 \ 第 6 章 \ 训练 6-2　原生纸质感图标 .mp4

图 6.172　最终效果

步骤分解如图 6.173 所示。

图 6.173　步骤分解图

第7章

娱乐与多媒体应用界面设计

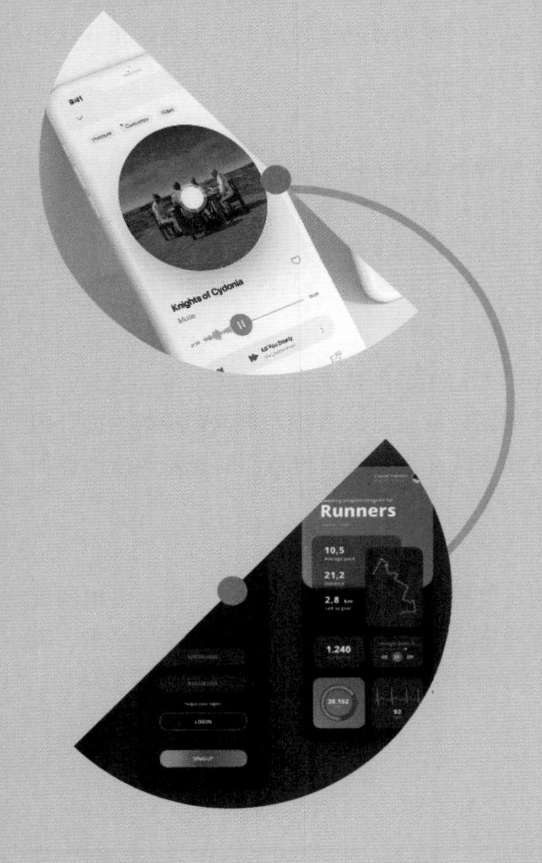

内容摘要

本章主要讲解娱乐与多媒体应用界面的设计，此类界面的设计以突出应用的娱乐性为主，通过对界面的色彩、版式、元素的制作或者结合，完美表现出娱乐或者多媒体应用界面的特点。本章通过对娱乐界面的设计重点介绍、娱乐界面的特点、多媒体应用界面的特点以及提升界面设计质感原则等知识的讲解，让读者首先掌握娱乐与多媒体应用界面的设计基础知识，再进行实战的训练。比如学会音乐播放器界面的设计、音乐应用登录界面的设计、直播应用界面设计、智能手表界面设计等，通过对这些知识的学习可以掌握娱乐与多媒体应用界面设计。

教学目标

- 了解娱乐界面的设计重点
- 理解娱乐界面的设计手法
- 认识多媒体应用界面的特点
- 学会音乐播放器界面设计
- 掌握智能手表界面设计
- 学习直播应用界面设计

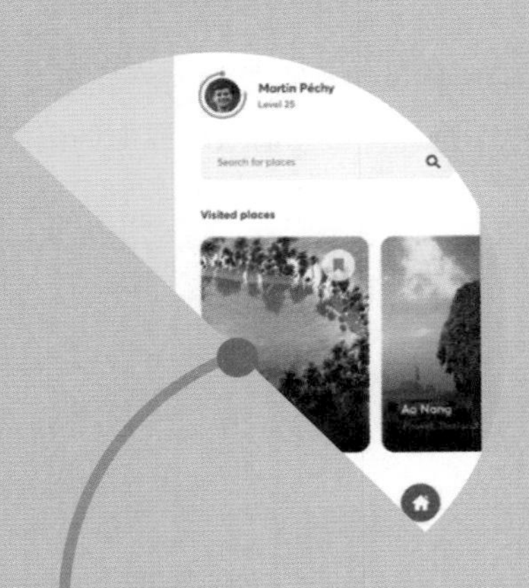

7.1 娱乐界面的设计重点

好的设计能够通过设计为用户营造出舒适依赖的操作体验，娱乐类界面便是最典型的代表。娱乐的定义可被看作是一种通过表现自己或他人的喜怒哀乐而使观众喜悦、放松。很显然，这种定义是宽泛的，它包含了悲喜剧、各种比赛和游戏、音乐舞蹈表演和欣赏等。大众娱乐节目不但对社会有影响，而且对人们的心理和情感也有影响。研究认为，娱乐节目产生娱乐效果的机制之一，是通过幻想或想象来产生的。因此，借助对娱乐的定义，在设计过程中最为重要的是应当紧抓用户的心理，通过研究用户的心态来反映他们所需要的娱乐应用应当呈现出什么样的界面。一款成功的娱乐界面的设计重点应当从以下几点出发。

1. 专门性

由于娱乐应用是人们有意识地追求精神平衡、精神休息的手段，因此，大多数的娱乐应用是经过精心设计的。几乎每款娱乐应用都需要特殊的不可替代的主题，比如一定规格主题内容的表现形式、游戏规则，甚至专门的理论、技术和技巧。这就决定了大多数娱乐应用界面需要专门的精心设计，专门的管理。

2. 享乐性

由于现代生活节奏加快，日常生活单调而紧张，人们在工作日里的生活越来越程式化，终日奔忙于工作及基本生活需求之间，哪怕是极简单的额外活动对大多数人来说都难得为之。因此，一款趣味十足的娱乐应用是他们排遣压力的主要方式，当然最吸引他们的还是娱乐的界面及应用的实质。

3. 时代性

在不同的历史阶段，人们的生产劳动方式不同，所感受到的疲劳和压力也不同，采用的娱乐方式也会不同。例如传统的看电影、听音乐等娱乐方式已不能完全适应当代的娱乐需求。因此关于应用的设计，在界面中就需要有与之相匹配的元素，给人一种紧跟时代潮流的视觉体验。

7.2 娱乐界面的特点

富有趣味性的娱乐应用永远是最吸引人们眼球的，另外它所体现的重点是如何将娱乐与人们的心理需求进行完美结合。所以一般的娱乐界面都呈现出以下特点，常见的娱乐界面如图 7.1 所示。

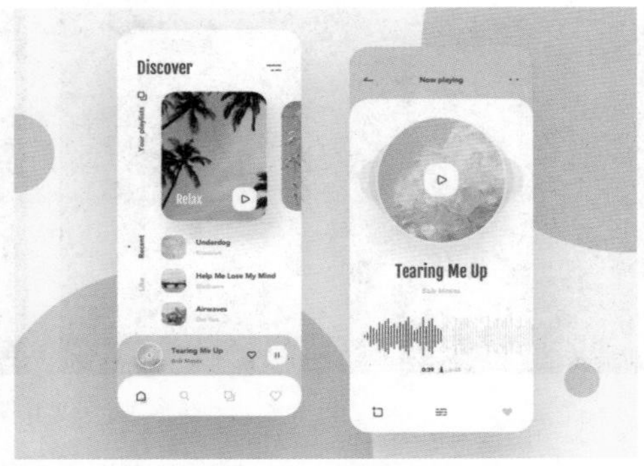

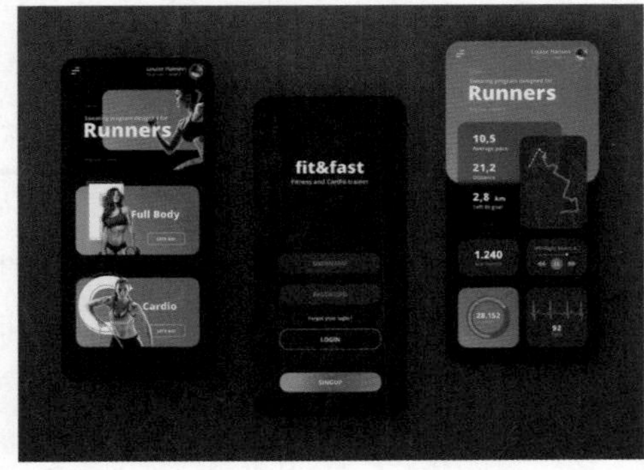

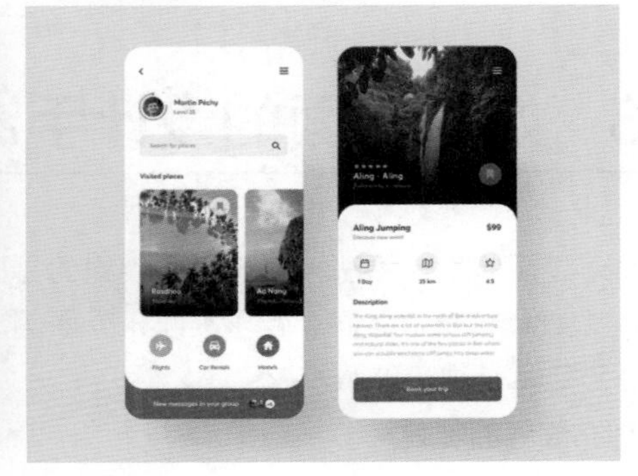

图 7.1　常见的娱乐界面

1. 专业化的配色

色彩的世界多彩多姿，不同的色彩常常左右了产品最终给人的感觉，而色彩并不会单独存在。良好的色彩搭配常常使色彩更加吸引人的目光，而娱乐界面更是强调这一点，色彩不应当随意搭配，它是结合专业化的色彩搭配同时又结合了人们的心理学而进行的组合。漂亮的配色在娱乐界面中几乎随处可见，如图 7.2 所示。

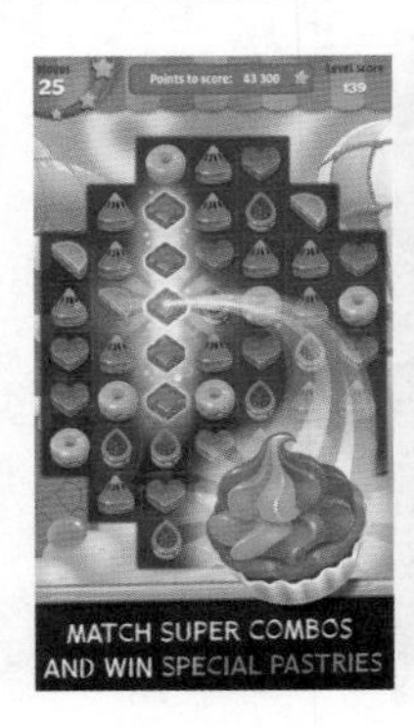

图 7.2　漂亮的配色

2. 出色的交互性

好玩的应用必然具有极佳的交互性，比如游戏类的应用。一般成熟的娱乐应用都承载着巨大的信息量，有着成熟的设计，比如专业的游戏界面设计效果如图 7.3 所示。

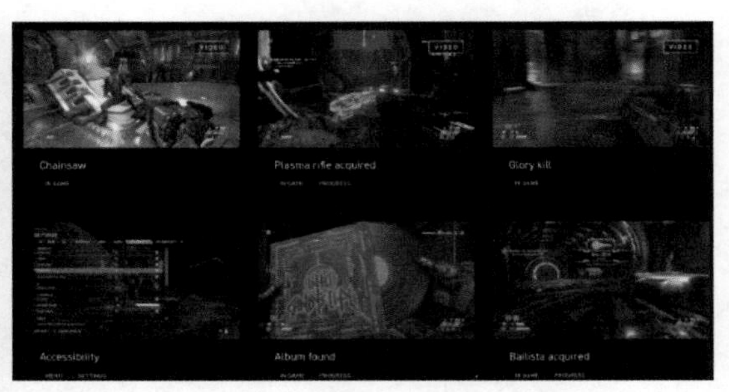

图 7.3　专业的游戏界面效果

7.3　娱乐界面的设计手法

娱乐界面的设计手法不同于其他类别的界面设计，其设计手法是多样的，针对不同的应用类型，比如游戏娱乐界面、音乐类娱乐界面等。通过对这些不同类别的娱乐界面进行对比可以发现，它们是有规律可循的。

1. 合理布局界面版式

娱乐界面看似是由几个简单的元素组合起来，所有元素的绘制也比较简单，然而当一个产品原型出来后，设计师如果单纯按原型来进行设计而不考虑信息化规则，那么很多时候就会出现界面不协调的效果。其实 UI 设计对版式的应用相当重要，懂得一些版式的原理，是设计良好视觉效果的前提。漂亮的娱乐应用版式布局效果如图 7.4 所示。

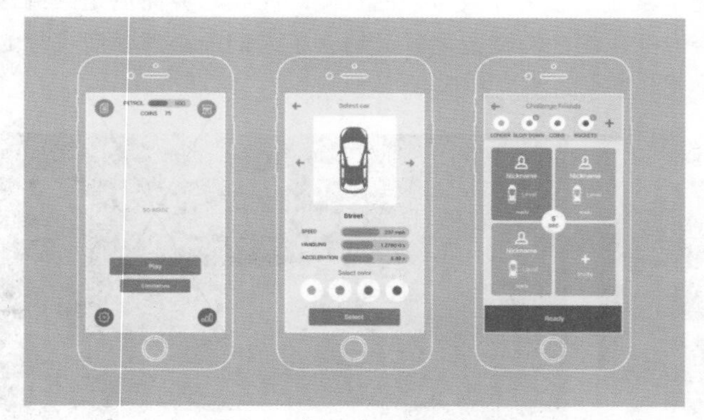

图 7.4　娱乐应用版式布局

2. 出色的配色

在开始探求 UI 解决方案的过程中，设计师首先要从配色着手。为了更好地匹配客户和用户的愿景，设计师提供了两个不同的配色方案：一个是暖色调的配色方案，包括和速度感息息相关的橙色与红色这两种暖色调；另一个配色方案是冷色调的，配色以蓝色为主，这种配色在用户中颇受欢迎。而诸如车辆、标识、武器、障碍物等元素也在之前的基础上，为应用进行了重设计，赋予它们更为新鲜原创的视觉。一款成功应用的配色效果如图 7.5 所示。

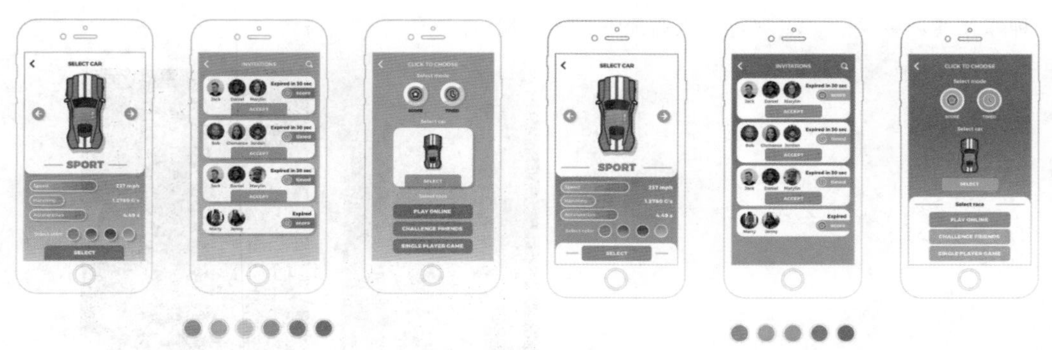

图 7.5　配色效果

3. 概念化设计

在 UI 界面中，每屏都有许多不同的按钮，设计师使用不同的色彩对它们进行着色是为了便于用户对它们进行区分。游戏开始的按钮是最为关键的按钮，它最为显著，优先级比其他按钮更高，相应的图标也被设计成和主视觉更为匹配的风格。概念化设计效果如图 7.6 所示。

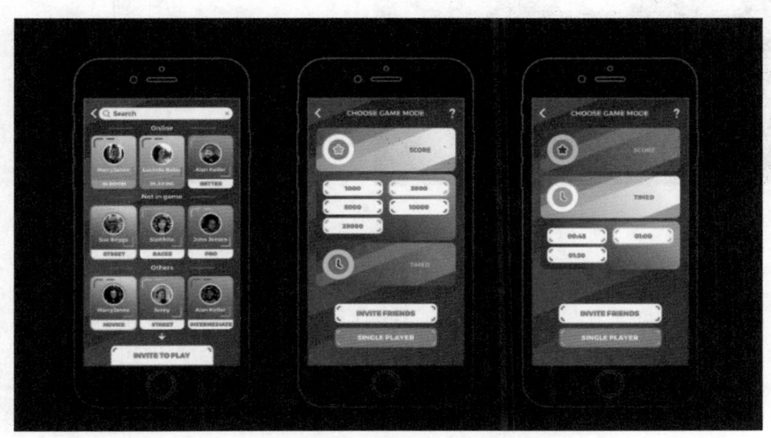

图 7.6　概念化设计效果

7.4　多媒体应用界面的特点

多媒体是多种媒体的综合，一般包括文本、声音和图像等多种媒体形式。多媒体是指组合两种或两种以上媒体的一种人机交互式信息交流和传播媒体。使用的媒体包括文字、图片、照片、声音、动画和影片，以及程式所提供的互动功能。多媒体应用界面效果如图 7.7 所示。一款成功出色的多媒体应用界面主要有以下几种特点。

1. 非线性

多媒体技术的非线性特点将改变人们传统的循序性的读写模式。以往人们的读写方式大都采用章、节、页的框架，循序渐进地获取知识，而多媒体技术则借助超文本链接将整个界面以一种连续性、更灵活、更富有变化的视觉方式呈现给用户。

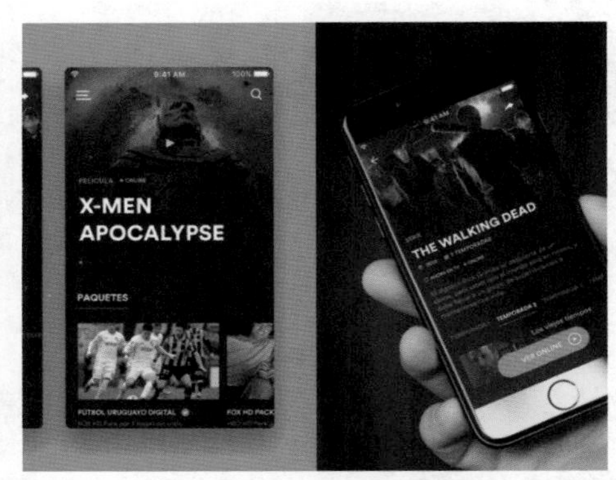

图 7.7　多媒体应用效果

2. 互动性

它可以形成人与机器、人与人以及机器间的互动。人机完美相互交流是多媒体应用界面最大的特点。

3. 动态性

界面设计中的动画是利用人的视觉暂留特性快速地播放一系列连续运动变化的图形图像，包括画面的缩放、旋转、变换、淡入淡出等特殊效果。通过动画可以把抽象的内容形象化，使许多难以理解的内容变得生动有趣。合理使用动画可以达到事半功倍的效果。

7.5　提升界面设计质感原则

出色的质感界面可以给用户带来极佳的视觉及交互体验，通过对一些设计质感原则的把握，可以达到让用户满意的目的。

1. 减少颜色数量

在界面设计中，为了能让界面看起来比较清晰，品牌调性突出，尽量使用品牌色配合黑白灰来设计界面层级。

2. 突出重要因素

通过结合使用字体大小、权重和颜色，可以轻松突出 UI 中最重要的元素，进行简单的调整即可使用户体验更好。突出重要因素效果如图 7.8 所示。

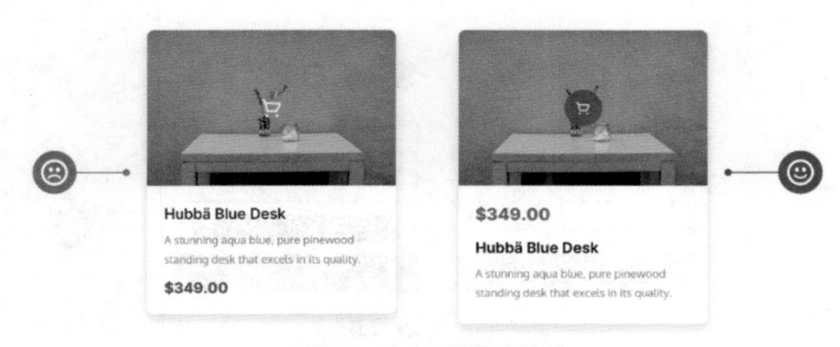

图 7.8 突出重要因素效果

3. 相同视觉样式

在设计 UI 图标时，要保持一致，确保它们具有相同的视觉样式，相同的比重、填充或轮廓。图标通过视觉手段为用户提供必要的信息，所以要保证功能相同的图标元素一致，外观视觉一致。相同视觉样式效果如图 7.9 所示。

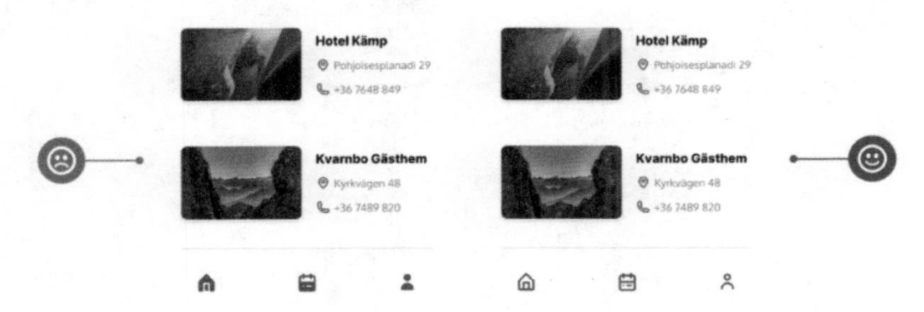

图 7.9 相同视觉样式效果

4. 突出标签位置

通过使用颜色对比、尺寸和标签，确保“行为召唤”尽可能突出，如果可以的话，不要总依赖图标，也可以使用文本标签，以便用户能更好地理解。突出标签位置效果如图 7.10 所示。

图 7.10 突出标签位置效果

5. 视觉反馈

填写任何形式的表单时，在用户刚进行的操作旁边会及时出现一条错误反馈，这是一个简单但有用的额外视觉辅助。视觉反馈效果如图 7.11 所示。

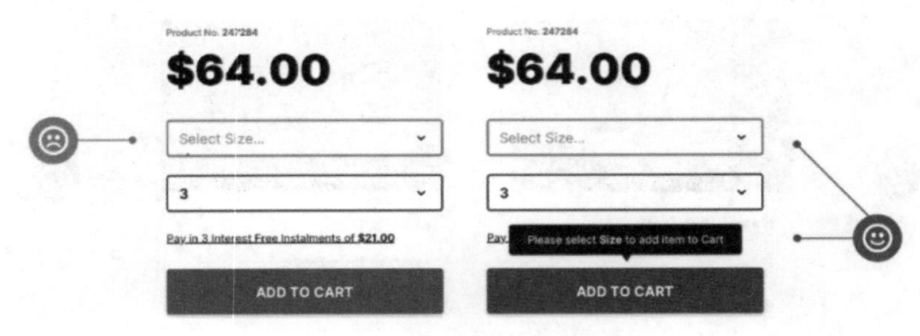

图 7.11　视觉反馈效果

6. 突出常用操作

设计要在产品内部使用菜单时，确保在屏幕上突出显示最常用的操作（如上传图像、添加文件等）。突出常用操作效果如图 7.12 所示。

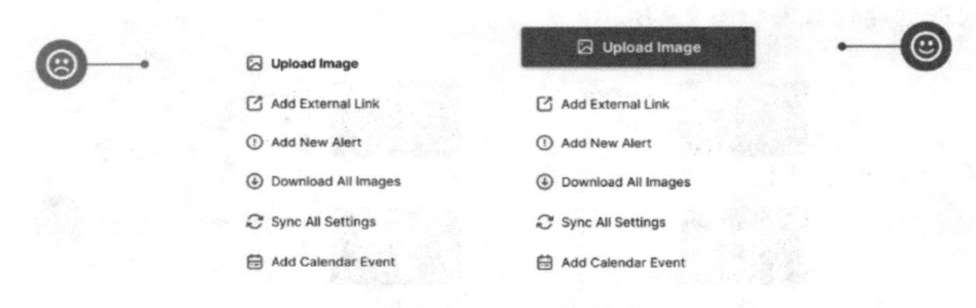

图 7.12　突出常用操作效果

7.6　音乐应用登录界面设计

实例分析

本例讲解音乐应用登录界面设计。本例中界面的设计重点在于对背景图像的处理，最后添加界面的必要元素即可完成整个界面的设计，最终效果如图 7.13 所示。

难　　度：☆☆
素材文件：调用素材 \ 第 7 章 \ 背景 .jpg、符号 .psd、状态栏 .psd
案例文件：源文件 \ 第 7 章 \ 音乐应用登录界面设计 .psd
视频文件：视频教学 \ 第 7 章 \7.6　音乐应用登录界面设计 .mp4

图 7.13　最终效果

1. 处理主题背景图

步骤 01 执行菜单栏中的【文件】|【新建】命令，在弹出的对话框中设置【宽度】为1080像素，【高度】为1920像素，【分辨率】为72像素/英寸，新建一个空白画布。

步骤 02 选择工具箱中的【渐变工具】，编辑深红色（R：93，G：56，B：52）到深红色（R：49，G：40，B：40）的渐变，单击选项栏中的【线性渐变】按钮，在画布中拖动填充渐变，如图7.14所示。

步骤 03 执行菜单栏中的【文件】|【打开】命令，选择“背景.jpg”文件，将其打开并拖至画布中，将其图层名称更改为【图层1】，如图7.15所示。

步骤 04 在【图层】面板中，选中【图层1】图层，单击面板底部的【添加图层蒙版】按钮，为其添加图层蒙版。

图7.14　填充渐变

图7.15　添加素材

步骤 05 选择工具箱中的【渐变工具】，编辑黑色到白色的渐变，单击选项栏中的【线性渐变】按钮，在图像上拖动，将部分图像隐藏，如图7.16所示。

步骤 06 执行菜单栏中的【文件】|【打开】命令，选择“状态栏.psd”文件，将其打开并拖至画布中顶部位置，如图7.17所示。

图7.16　隐藏图像

图7.17　添加素材

2. 添加登录信息

步骤 01 选择工具箱中的【圆角矩形工具】，在选项栏中设置【填充】为橙色（R：255，G：90，B：0），【描边】为无，【半径】为50像素，绘制一个圆角矩形，将生成一个【圆角矩形1】图层，如图7.18所示。

步骤 02 执行菜单栏中的【文件】|【打开】命令，选择“符号.psd”文件，将其打开并拖至画布中圆角矩形位置，如图7.19所示。

图7.18　绘制图形

图7.19　添加素材

步骤 03 选择工具箱中的【横排文字工具】T，添加文字（苹方体），如图7.20所示。

图7.20　添加文字

步骤 04 选择工具箱中的【圆角矩形工具】▢，在选项栏中设置【填充】为橙色（R：255，G：90，B：0），【描边】为无，【半径】为 50 像素，绘制一个圆角矩形，将生成一个【圆角矩形 2】图层，如图 7.21 所示。

步骤 05 选中【圆角矩形 2】图层，在画布中按住 Alt+Shift 组合键向右侧拖动，将图形复制，如图 7.22 所示。

图 7.21　绘制图形

图 7.22　复制图形

步骤 06 选择工具箱中的【横排文字工具】**T**，添加文字（苹方体），这样就完成了音乐应用登录界面的制作，最终效果如图 7.23 所示。

图 7.23　最终效果

7.7　音乐播放器界面设计

实例分析

本例讲解音乐播放器界面设计。本例在设计中以最简单的元素搭配漂亮的颜色组合成播放器界面，整体界面偏向于简洁的视觉风格，最终效果如图 7.24 所示。

图 7.24　最终效果

难　　度：☆☆
素材文件：调用素材 \ 第 7 章 \ 专辑封面 .jpg
案例文件：源文件 \ 第 7 章 \ 音乐播放器界面设计 .psd
视频文件：视频教学 \ 第 7 章 \7.7　音乐播放器界面设计 .mp4

1. 制作主题背景

步骤 01 执行菜单栏中的【文件】|【新建】命令，在弹出的对话框中设置【宽度】为 1080 像素，【高度】为 1920 像素，【分辨率】为 72 像素 / 英寸，新建一个空白画布。

步骤 02 选择工具箱中的【渐变工具】，编辑深红色（R：92，G：67，B：99）到深红色（R：42，G：34，B：50）的渐变，单击选项栏中的【线性渐变】按钮，在画布中拖动填充渐变，如图 7.25 所示。

步骤 03 选择工具箱中的【矩形工具】，在选项栏中设置【填充】为深蓝色（R：38，G：39，B：60），【描边】为无，在画布底部绘制一个矩形，如图 7.26 所示。

图 7.25　填充渐变

图 7.26　绘制图形

步骤 04 选择工具箱中的【矩形工具】，在选项栏中设置【填充】为深蓝色（R：24，G：27，B：44），【描边】为无，绘制一个矩形，将生成一个【矩形 2】图层，如图 7.27 所示。

步骤 05 执行菜单栏中的【文件】|【打开】命令，选择“专辑封面.jpg”文件，将其打开并拖至画布中，将其图层名称更改为【图层 1】，如图 7.28 所示。

步骤 06 选中【图层 1】图层，执行菜单栏中的【图层】|【创建剪贴蒙版】命令，为当前图层创建剪贴蒙版，将部分图像隐藏，按 Ctrl+T 组合键对其执行【自由变换】命令，将图像等比例缩小再适当调整图像位置使其底部留出少部分深蓝色图形，完成后按 Enter 键确认，如图 7.29 所示。

图 7.27　绘制图形

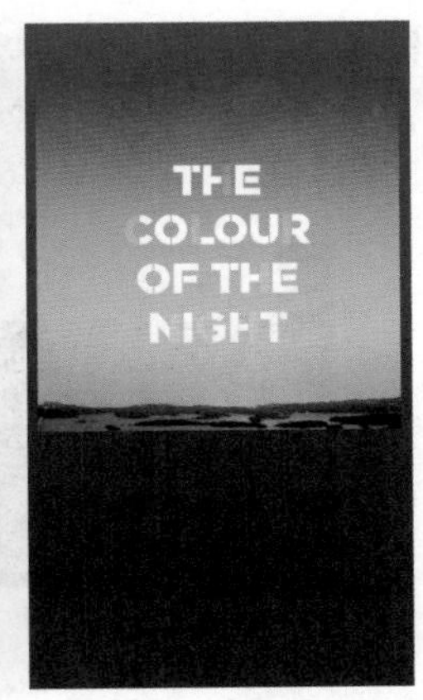

图 7.28　添加素材

图 7.29　调整图像大小

2. 添加界面细节

步骤 01 选择工具箱中的【钢笔工具】，在选项栏中单击【选择工具模式】路径按钮，在弹出的选项中选择【形状】，设置【填充】为无，【描边】为白色，【设置形状描边宽度】为 3 像素。

步骤 02 绘制一个心形，将生成一个【形状 1】图层，如图 7.30 所示。

步骤 03 选中【形状 1】图层，将其图层【不透明度】设置为 50%，如图 7.31 所示。

图 7.30　绘制图形

图 7.31　设置图层不透明度

步骤 04 选择工具箱中的【横排文字工具】**T**，添加文字（Microsoft YaHei UI 体），如图 7.32 所示。

图 7.32　添加文字

步骤 05 在【图层】面板中，选中【矩形 2】图层，单击面板底部的【添加图层样式】按钮*fx*，在下拉菜单中选择【投影】命令。

步骤 06 在弹出的对话框中设置【混合模式】为【正常】，【颜色】为黑色，【不透明度】为 20%，取消选中【使用全局光】复选框，设置【角度】为 90 度，【距离】为 20 像素，【大小】为 40 像素，设置完成后单击【确定】按钮，如图 7.33 所示。

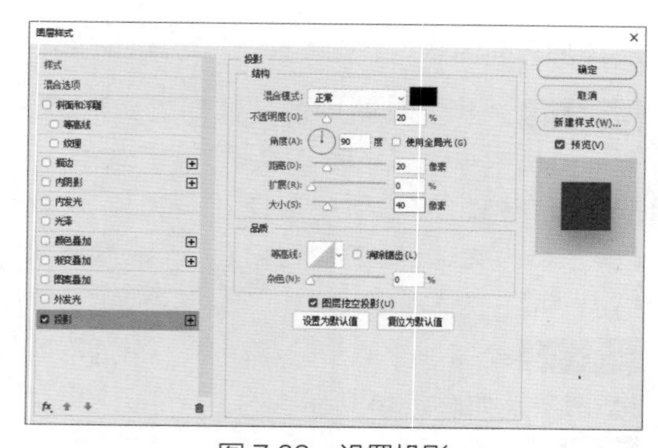

图 7.33　设置投影

步骤 07 选择工具箱中的【矩形工具】，在选项栏中设置【填充】为白色，【描边】为无，在图像上方绘制一个细长矩形，将生成一个【矩形 3】图层，如图 7.34 所示。

步骤 08 选中【矩形 3】图层，将其图层【不透明度】设置为 50%，如图 7.35 所示。

步骤 09 选择工具箱中的【横排文字工具】**T**，添加文字（Microsoft YaHei UI 体），并设置文字不透明度，如图 7.36 所示。

图 7.34　绘制图形　图 7.35　设置图层不透明度

图 7.36　添加文字

3. 制作过渡元素

步骤 01 选择工具箱中的【椭圆工具】，在选项栏中设置【填充】为白色，【描边】为无，在图像底部位置按住 Shift 键绘制一个正圆图形，将生成一个【椭圆 1】图层，如图 7.37 所示。

步骤 02 选中【椭圆 1】图层，在画布中按住 Alt+Shift 组合键向右侧拖动将图形复制，如图 7.38 所示。

图 7.37　绘制图形　　图 7.38　复制图形

步骤 03 选中【椭圆 1】图层，将其图层【不透明度】设置为 50%。

步骤 04 同时选中其他几个正圆所在图层，将其图层【不透明度】设置为 10%，如图 7.39 所示。

图 7.39 设置图层不透明度

步骤 05 选择工具箱中的【矩形工具】，在选项栏中设置【填充】为白色，【描边】为无，在图像底部绘制一个细长矩形，将生成一个【矩形 4】图层，如图 7.40 所示。

图 7.40 绘制图形

步骤 06 在【图层】面板中，选中【矩形 4】图层，将其拖至面板底部的【创建新图层】按钮上，复制一个新【矩形 4 拷贝】图层。

步骤 07 选中【矩形 4】图层，将其图层【不透明度】设置为 10%。

步骤 08 选中【矩形 4】图层，在画布中按 Ctrl+T 组合键对其执行【自由变换】命令，将图形宽度缩小，完成后按 Enter 键确认，如图 7.41 所示。

步骤 09 选中【矩形 4 拷贝】图层，将其图层【不透明度】设置为 50%，如图 7.42 所示。

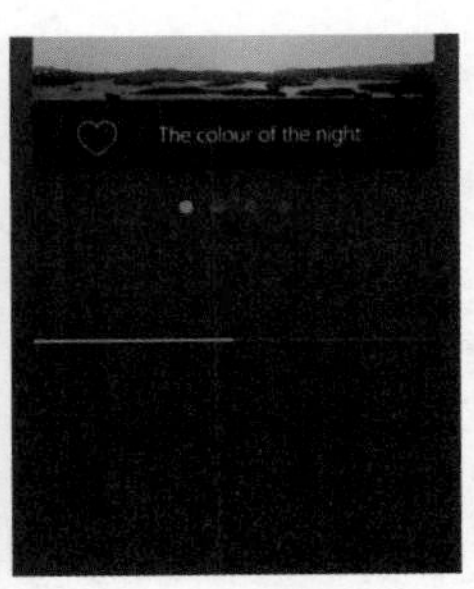

图 7.41 缩小图形宽度　图 7.42 设置图层不透明度

步骤 10 选择工具箱中的【椭圆工具】，在选项栏中设置【填充】为白色，【描边】为无，按住 Shift 键绘制一个正圆图形，将生成一个【椭圆 2】图层，如图 7.43 所示。

步骤 11 选中【椭圆 2】图层，将其图层【不透明度】设置为 50%，如图 7.44 所示。

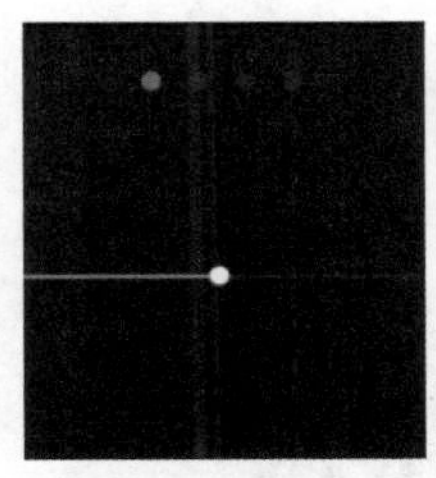
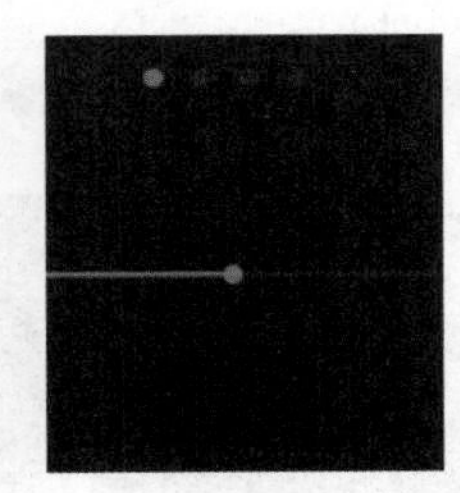
图 7.43 绘制图形　图 7.44 设置图层不透明度

步骤 12 选择工具箱中的【横排文字工具】**T**，在刚才绘制的细长矩形进度条左右两侧分别添加文字（Microsoft YaHei UI 体），如图 7.45 所示。

步骤 13 选中【03:06】文字图层，将其图层【不透明度】设置为 10%，如图 7.46 所示。

图 7.45 添加文字　图 7.46 设置图层不透明度

4. 绘制小控件

步骤 01 选择工具箱中的【椭圆工具】，在选项栏中设置【填充】为深紫色（R：140，G：109，B：141），【描边】为无，在画布靠底部位置按住 Shift 键绘制一个正圆图形，将生成一个【椭圆 3】图层，如图 7.47 所示。

步骤 02 在【图层】面板中，选中【椭圆 3】图层，将其拖至面板底部的【创建新图层】按钮上，复制一个新【椭圆 3 拷贝】图层。

步骤 03 选中【椭圆 3】图层，将其图层【不透明度】设置为 50%。

步骤 04 选中【椭圆 3 拷贝】图层，在画布中按 Ctrl+T 组合键对其执行【自由变换】命令，将图形宽度缩小，完成后按 Enter 键确认，如图 7.48 所示。

步骤 05 选择工具箱中的【矩形工具】，选中【椭圆 3】图层，在图像中按住 Alt 键的同时在其左上角绘制一个矩形路径，将部分图形减去，如图 7.49 所示。

图 7.47　绘制图形　　图 7.48　缩小图形宽度

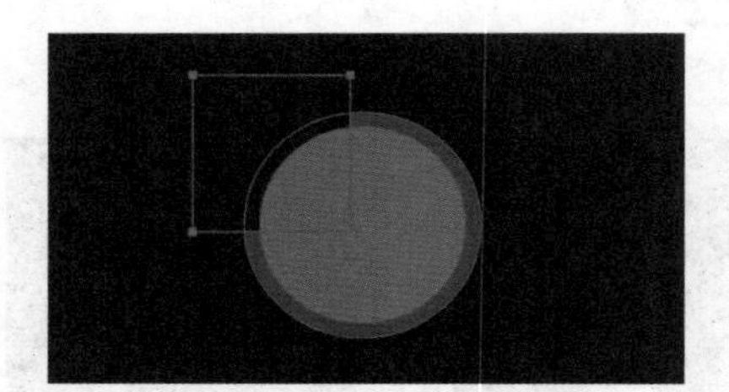

图 7.49　绘制路径减去图形

步骤 06 选择工具箱中的【矩形工具】，在选项栏中设置【填充】为紫色（R：240，G：215，B：241），【描边】为无，在刚才绘制的正圆上面绘制一个细长矩形，将生成一个【矩形 5】图层，如图 7.50 所示。

步骤 07 选中【矩形 5】图层，在画布中按住 Alt+Shift 组合键向右侧拖动将图形复制，如图 7.51 所示。

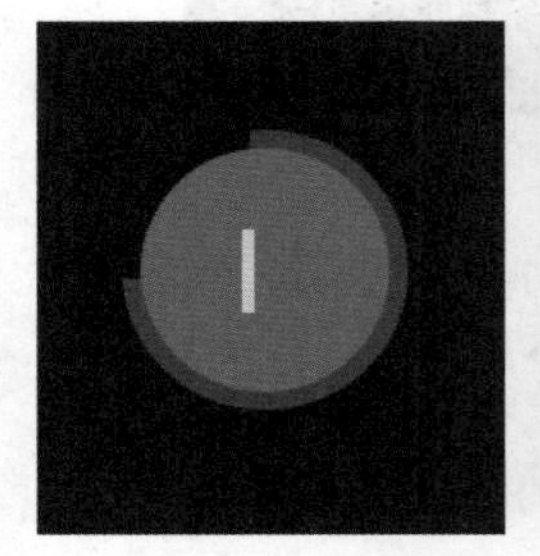

图 7.50　绘制图形　　图 7.51　复制图形

步骤 08 以刚才同样的方法分别在界面左下角和右下角绘制小图标效果，这样就完成了音乐播放器界面的制作，最终效果如图 7.52 所示。

图 7.52　最终效果

7.8　智能手表界面设计

实例分析

本例讲解智能手表界面设计。本例中的界面设计过程将围绕智能手表的应用特征进行设计，使用圆形主视觉界面与圆形图标相结合，使整个界面表现出不错的科技效果，最终效果如图 7.53 所示。

难　　度：☆☆☆
素材文件：调用素材 \ 第 7 章 \ 背景 1.jpg、应用 .psd
案例文件：源文件 \ 第 7 章 \ 智能手表界面设计 .psd
视频文件：视频教学 \ 第 7 章 \7.8　智能手表界面设计 .mp4

图 7.53　最终效果

1. 处理界面背景

步骤 01 执行菜单栏中的【文件】|【新建】命令，在弹出的对话框中设置【宽度】为 800 像素，【高度】为 600 像素，【分辨率】为 72 像素 / 英寸，新建一个空白画布。

步骤 02 选择工具箱中的【椭圆工具】◯，在选项栏中设置【填充】为黑色，【描边】为无，在画布中单击，在弹出的对话框中勾选【从中心】复选框，设置【宽度】为 450 像素，【高度】为 450 像素，设置完成后单击【确定】按钮，将生成一个【椭圆 1】图层，如图 7.54 所示。

步骤 03 在【图层】面板中，选中【椭圆 1】图层，将其拖至面板底部的【创建新图层】按钮⊞上，复制一个新【椭圆 1 拷贝】图层。

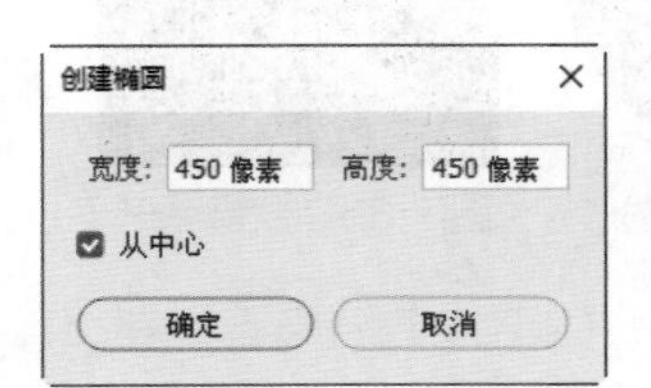

图 7.54　创建椭圆

步骤 04 执行菜单栏中的【文件】|【打开】命令，选择“背景 1.jpg”文件，将其打开并拖至画布中，其图层名称将自动更改为【图层 1】，如图 7.55 所示。

步骤 05 执行菜单栏中的【滤镜】|【模糊】|【高斯模糊】命令，在弹出的对话框中设置【半径】为 50 像素，设置完成后单击【确定】按钮，如图 7.56 所示。

图 7.55　添加素材

图 7.56　添加高斯模糊

步骤 06 选中【图层 1】图层，执行菜单栏中的【图层】|【创建剪贴蒙版】命令，为当前图层创建剪贴蒙版，将部分图像隐藏，如图 7.57 所示。

步骤 07 选中【椭圆 1】图层，在选项栏中设置【填充】为无，【描边】为白色，【设置形状描边宽度】为 3，再按 Ctrl+T 组合键对图形执行【自由变换】命令，将图形等比例缩小，完成后按 Enter 键确认，如图 7.58 所示。

图 7.57　隐藏图形

图 7.58　缩小图形

步骤 08 选择工具箱中的【添加锚点工具】，在图形上单击添加锚点，如图 7.59 所示。

步骤 09 选择工具箱中的【直接选择工具】，选中部分锚点，然后将其删除，如图 7.60 所示。

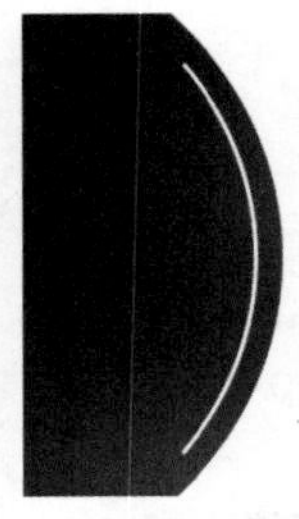

图 7.59 添加锚点　　图 7.60 删除锚点

步骤 10 选中【椭圆 1】图层，将其图层【不透明度】设置为 20%，如图 7.61 所示。

步骤 11 在【图层】面板中，选中【椭圆 1】图层，将其拖至面板底部的【创建新图层】按钮⊞上，复制一个新【椭圆 1 拷贝 2】图层，将其图层【不透明度】设置为 100%。

步骤 12 在选项栏中设置【填充】为无，【描边】为红色（R：192，G：22，B：58），如图 7.62 所示。

图 7.61 设置图层不透明度　　图 7.62 添加描边

步骤 13 选择工具箱中的【添加锚点工具】，在图形上单击添加锚点，选择工具箱中的【直接选择工具】，选中部分锚点，然后将其删除，如图 7.63 所示。

图 7.63 添加及删除锚点

2. 制作界面应用小图标

步骤 01 选择工具箱中的【椭圆工具】，在选项栏中设置【填充】为绿色（R：61，G：204，B：114），【描边】为无，在正圆左上角位置按住 Shift 键绘制一个正圆图形，将生成一个【椭圆 2】图层，如图 7.64 所示。

步骤 02 在【图层】面板中，选中【椭圆 2】图层，将其拖至面板底部的【创建新图层】按钮⊞上，复制两个新图层，即【椭圆 2 拷贝】及【椭圆 2 拷贝 2】。

步骤 03 选中【椭圆 2 拷贝 2】图层，在选项栏中设置【填充】为白色，在画布中按 Ctrl+T 组合键对其执行【自由变换】命令，将图形等比例缩小，完成后按 Enter 键确认。选中【椭圆 2 拷贝】图层，在选项栏中设置【填充】为无，【描边】为白色，【设置形状描边宽度】为 3 像素，再将其等比例缩小，如图 7.65 所示。

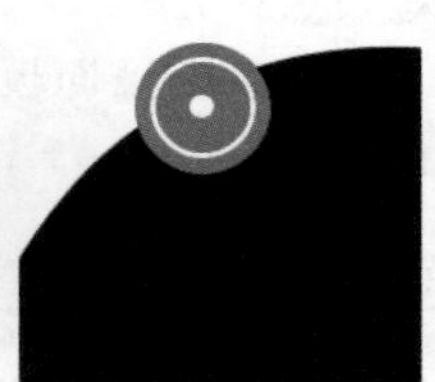

图 7.64 绘制图形　　图 7.65 变换图形

步骤 04 同时选中【椭圆 2】、【椭圆 2 拷贝】及【椭圆 2 拷贝 2】图层，按 Ctrl+G 组合键将其编组，将生成的组名称更改为【图标】。

> **提示**
>
> 在绘制正圆时，可先在画布中单击然后在弹出的对话框中取消勾选【从中心】复选框。

步骤 05 在【图层】面板中，选中【图标】组，单击面板底部的【添加图层蒙版】按钮，为其添加图层蒙版。

步骤 06 按住 Ctrl 键单击【椭圆 1 拷贝】图层缩览图，将其载入选区，如图 7.66 所示。

步骤 07 执行菜单栏中的【选择】|【反选】命令，将选区反向选择，将选区填充为黑色，将部分图像隐藏，完成后按 Ctrl+D 组合键将选区取消，如图 7.67 所示。

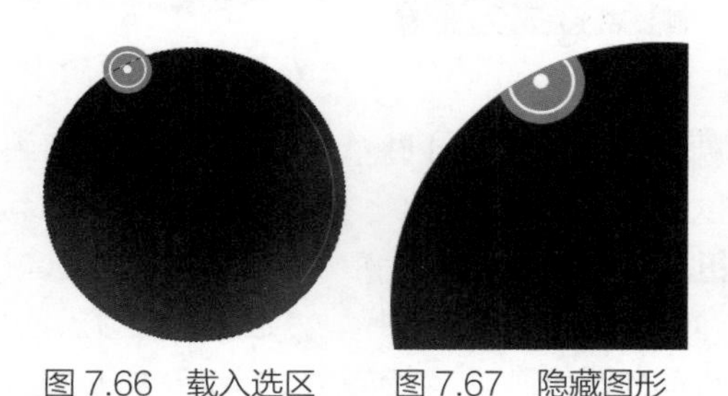

图 7.66　载入选区　　图 7.67　隐藏图形

步骤 08 选择工具箱中的【横排文字工具】T，添加文字（苹方体），如图 7.68 所示。

图 7.68　添加文字

步骤 09 选择工具箱中的【椭圆工具】，在选项栏中设置【填充】为绿色（R：61，G：204，B：114），【描边】为无，按住 Shift 键绘制一个正圆图形，将生成一个【椭圆 3】图层，如图 7.69 所示。

图 7.69　绘制图形

步骤 10 在【图层】面板中，单击面板底部的【添加图层样式】按钮 *fx*，在下拉菜单中选择【渐变叠加】命令。

步骤 11 在弹出的对话框中设置【混合模式】为【正常】，【渐变】为蓝色（R：36，G：22，B：220）到紫色（R：152，G：41，B：230），设置完成后单击【确定】按钮，如图 7.70 所示。

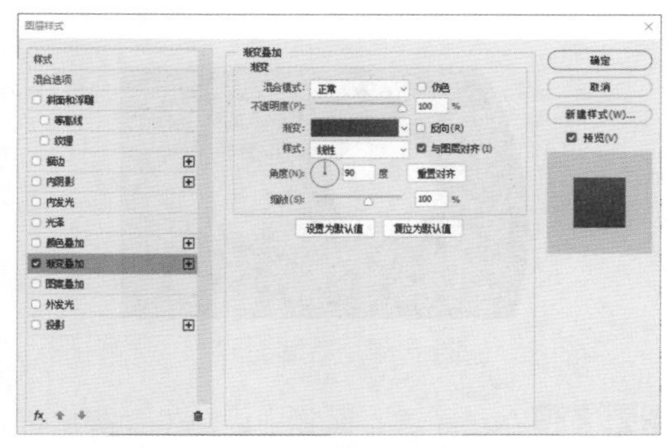

图 7.70　设置渐变叠加

步骤 12 执行菜单栏中的【文件】|【打开】命令，选择"应用 .psd"文件，将其打开并选中【图层 1】中的图像，将其拖至画布中缩小，如图 7.71 所示。

图 7.71　添加素材

3. 制作主视觉图标

步骤 01 选择工具箱中的【圆角矩形工具】，在选项栏中设置【填充】为红色（R：192，G：22，B：58），【描边】为无，【半径】为 100 像素，绘制一个圆角矩形，将生成一个【圆角矩形 1】图层，如图 7.72 所示。

步骤 02 选中【圆角矩形 1】图层，将其图层【不透明度】设置为 40%，如图 7.73 所示。

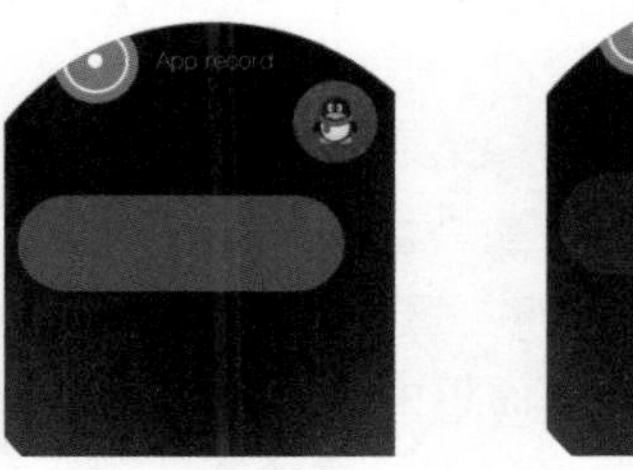

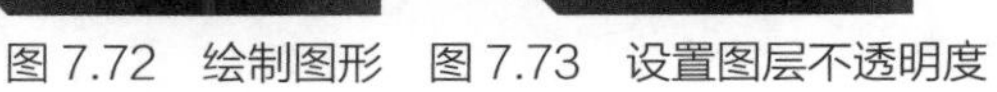

图 7.72　绘制图形　图 7.73　设置图层不透明度

步骤 03 选择工具箱中的【椭圆工具】◯，在选项栏中设置【填充】为白色，【描边】为无，按住 Shift 键绘制一个正圆图形，将生成一个【椭圆 4】图层，如图 7.74 所示。

图 7.74　绘制图形

步骤 04 在【图层】面板中，单击面板底部的【添加图层样式】按钮 *fx*，在下拉菜单中选择【渐变叠加】命令。

步骤 05 在弹出的对话框中设置【渐变】为紫色（R：234，G：36，B：89）到蓝色（R：37，G：73，B：167），【角度】为 0 度，设置完成后单击【确定】按钮，如图 7.75 所示。

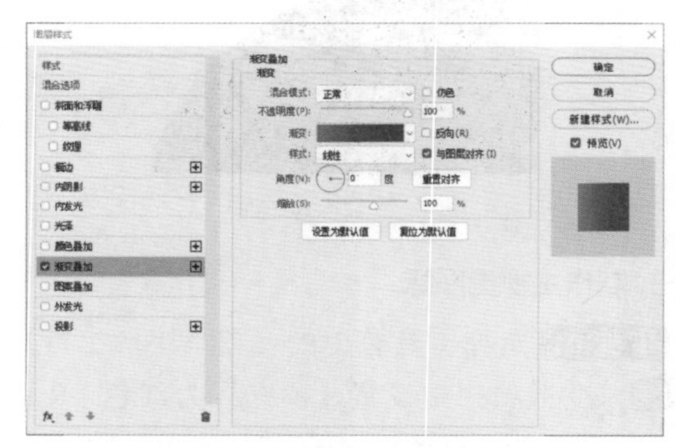

图 7.75　设置渐变叠加

步骤 06 在打开的素材文档中，选中【图层 2】中的图像，将其拖至画布中缩小，如图 7.76 所示。

步骤 07 以同样的方法制作多个图标效果，如图 7.77 所示。

步骤 08 同时选中【图层 6】及其下方圆形所在图层，按 Ctrl+G 组合键将其编组，将生成的组名称更改为【底部图标】。

步骤 09 在【图层】面板中，选中【底部图标】组，单击面板底部的【添加图层蒙版】按钮 ◘，为其添加图层蒙版。

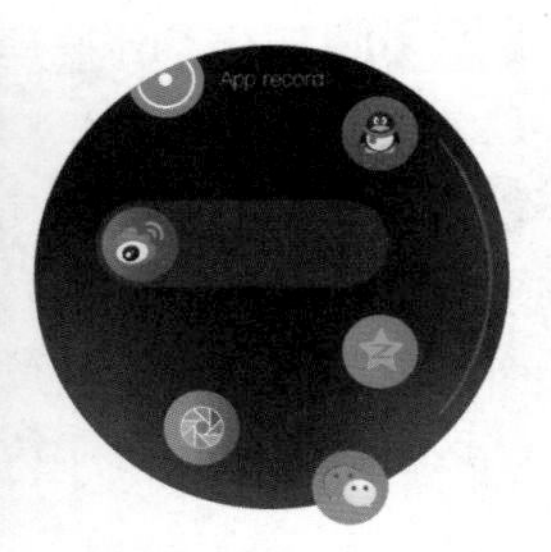

图 7.76　添加素材　　图 7.77　制作图标效果

步骤 10 按住 Ctrl 键单击【椭圆 1】图层缩览图，将其载入选区，如图 7.78 所示。

步骤 11 执行菜单栏中的【选择】|【反选】命令，将选区反向选择，将选区填充为黑色，将部分图像隐藏，完成后按 Ctrl+D 组合键将选区取消，如图 7.79 所示。

图 7.78　载入选区　　图 7.79　隐藏图形

4. 增加小细节元素

步骤 01 选择工具箱中的【横排文字工具】**T**，添加文字（苹方体），如图 7.80 所示。

步骤 02 在【图层】面板中，选中【椭圆 1 拷贝】图层，将其拖至面板底部的【创建新图层】按钮 ⊞ 上，复制一个新图层，将复制的新图层名称更改为【光影】并将其移至所有图层上方，如图 7.81 所示。

图 7.80　添加文字　　图 7.81　复制图形

步骤 03 在【图层】面板中，选中【光影】

图层，单击面板底部的【添加图层样式】按钮fx，在下拉菜单中选择【内发光】命令。

步骤 04 在弹出的对话框中设置【混合模式】为【正片叠底】，【不透明度】为 30%，【颜色】为黑色，【大小】为 50 像素，设置完成后单击【确定】按钮，如图 7.82 所示。

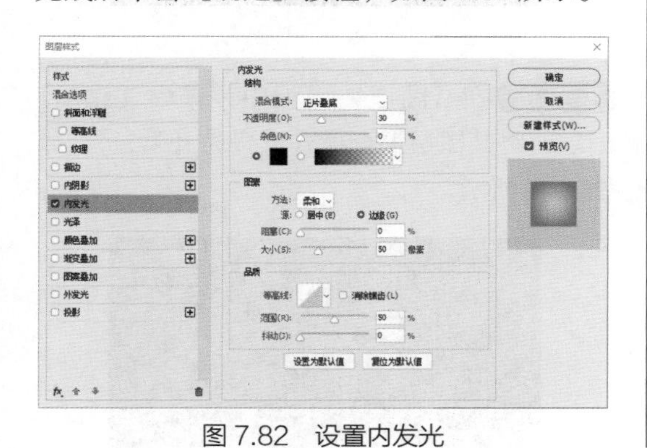

图 7.82　设置内发光

步骤 05 在【图层】面板中，选中【光影】图层，将其图层【填充】设置为 0%，这样就完成了智能手表界面的制作，最终效果如图 7.83 所示。

图 7.83　最终效果

7.9　平板电脑应用界面设计

实例分析

本例讲解平板电脑应用界面设计。本例的制作过程比较简单，主要使用平板界面中的应用图像元素及操作控件组合设计而成，最终效果如图 7.84 所示。

难　　度：☆☆☆
素材文件：调用素材 \ 第 7 章 \ “平板电脑应用界面设计”文件夹
案例文件：源文件 \ 第 7 章 \ 平板电脑应用界面设计 .psd
视频文件：视频教学 \ 第 7 章 \7.9　平板电脑应用界面设计 .mp4

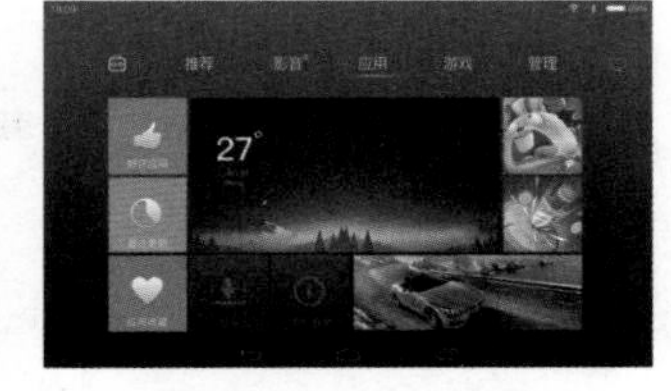

图 7.84　最终效果

1. 制作界面背景

步骤 01 执行菜单栏中的【文件】|【新建】命令，在弹出的对话框中设置【宽度】为 1920 像素，【高度】为 1200 像素，【分辨率】为 72 像素 / 英寸，新建一个空白画布。

步骤 02 选择工具箱中的【渐变工具】，编辑紫色（R：85，G：80，B：134）到紫色（R：8，G：8，B：18）的渐变，单击选项栏中的【线性渐变】按钮，在画布中拖动填充渐变，如图 7.85 所示。

步骤 03 选择工具箱中的【直线工具】，在选项栏中设置【填充】为白色，【描边】为无，【粗细】为 1 像素，按住 Shift 键绘制一条线段，将生成一个【形状 1】图层，将其图层混合模式设置为【叠加】，如图 7.86 所示。

图 7.85　填充渐变

步骤 04 在【图层】面板中，单击面板底部的【添加图层样式】按钮 *fx*，在下拉菜单中选择【投影】命令。

图 7.86　绘制线段

步骤 05 在弹出的对话框中设置【混合模式】为【叠加】，【颜色】为黑色，【不透明度】为 100%，取消选中【使用全局光】复选框，设置【角度】为 90 度，【距离】为 0 像素，【大小】为 1 像素，设置完成后单击【确定】按钮，如图 7.87 所示。

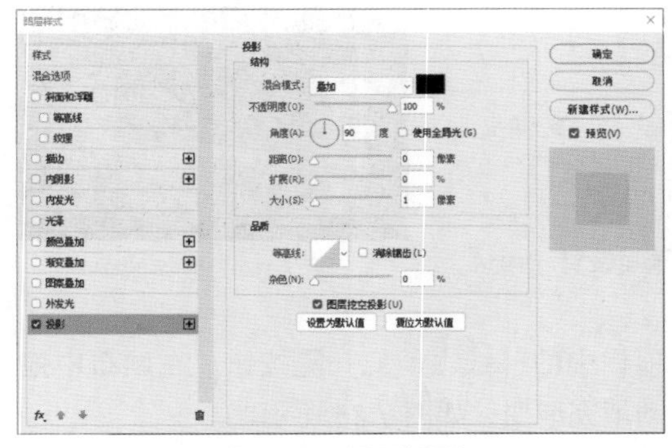

图 7.87　设置投影

步骤 06 执行菜单栏中的【文件】|【打开】命令，选择“状态栏 .psd”“图标 .psd”文件，将打开的素材拖入画布适当位置，如图 7.88 所示。

图 7.88　添加素材

步骤 07 在【图层】面板中，选中【显示】图层，将其图层混合模式设置为【柔光】，如图 7.89 所示。

图 7.89　设置图层混合模式

步骤 08 选择工具箱中的【横排文字工具】**T**，添加文字（苹方体），如图 7.90 所示。

图 7.90　添加文字

步骤 09 选择工具箱中的【椭圆工具】，在选项栏中设置【填充】为红色（R：230，G：0，B：18），【描边】为白色，【粗细】为 2 像素，在【影音】文字右上角按住 Shift 键绘制一个正圆图形，将生成一个【椭圆 1】图层，如图 7.91 所示。

图 7.91　绘制图形

步骤 10 选择工具箱中的【椭圆工具】，在选项栏中设置【填充】为青色（R：0，G：255，B：255），【描边】为无，在部分文字底部绘制一个椭圆，如图 7.92 所示。

步骤 11 执行菜单栏中的【滤镜】|【模糊】|【高斯模糊】命令，在弹出的对话框中单击【栅格化】按钮，然后在弹出的对话框中设置【半径】为 3 像素，设置完成后单击【确定】按钮，如图 7.93 所示。

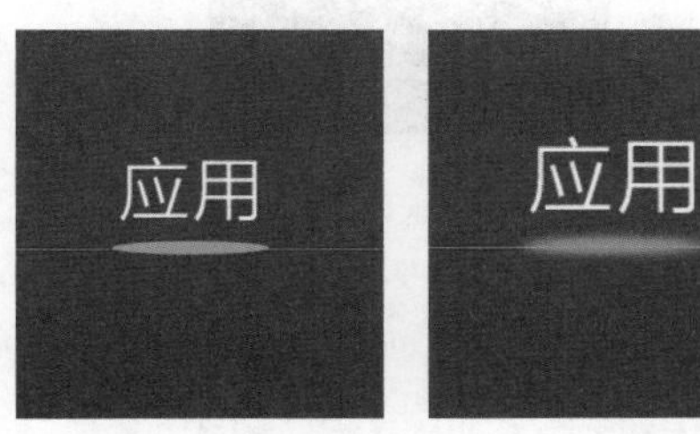

图 7.92　绘制椭圆　图 7.93　添加高斯模糊

步骤 12 执行菜单栏中的【滤镜】|【模糊】|【动感模糊】命令，然后在弹出的对话框中设置【角度】为 130 度，【距离】为 100 像素，设置完成后单击【确定】按钮，如图 7.94 所示。

图 7.94　添加动感模糊

2. 添加界面主体元素

步骤 01 选择工具箱中的【矩形工具】，在选项栏中设置【填充】为蓝色（R：4，G：177，B：253），【描边】为无，绘制一个矩形，将生成一个【矩形 1】图层，如图 7.95 所示。

步骤 02 将矩形向下拖动复制两份，并分别将其【填充】设置为橙色（R：255，G：131，B：57）及绿色（R：99，G：212，B：34），如图 7.96 所示。

步骤 03 在【图标】文档中，同时选中【收藏】、【最近更新】及【评分应用】图层，将其拖至当前画布中矩形位置，再将其设置为白色，如图 7.97 所示。

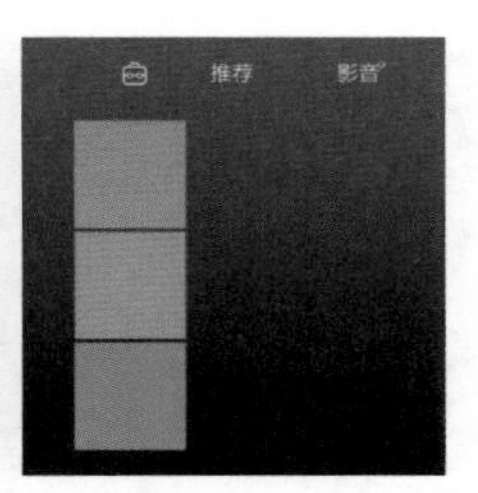

图 7.95　绘制图形　图 7.96　复制图形

图 7.97　添加素材

步骤 04 在【图层】面板中，选中【收藏】图层，单击面板底部的【添加图层样式】按钮fx，在下拉菜单中选择【渐变叠加】命令。

步骤 05 在弹出的对话框中设置【混合模式】为【正常】，【不透明度】为 20%，【渐变】为黑色到白色，如图 7.98 所示。

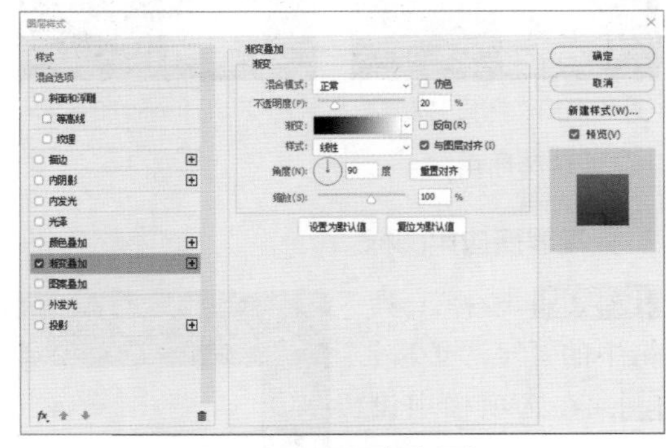

图 7.98　设置渐变叠加

步骤 06 勾选【投影】复选框，设置【混合模式】为【叠加】，取消选中【使用全局光】复选框，设置【角度】为 90 度，【距离】为 2 像素，【大小】为 2 像素，设置完成后单击【确定】按钮，如图 7.99 所示。

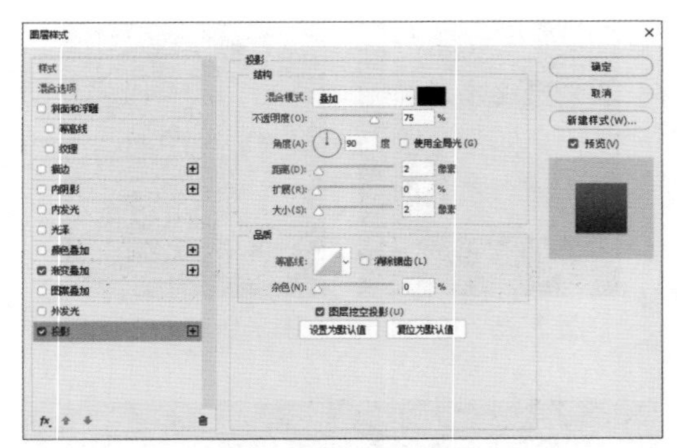

图 7.99　设置投影

步骤 07 在【收藏】图层名称上单击鼠标右键，从弹出的快捷菜单中选择【拷贝图层样式】命令，同时选中【最近更新】及【评分应用】图层，在其名称上单击鼠标右键，从弹出的快捷菜单中选择【粘贴图层样式】命令，如图 7.100 所示。

步骤 08 选择工具箱中的【横排文字工具】T，添加文字（苹方体），如图 7.101 所示。

图 7.100　拷贝并粘贴图层样式

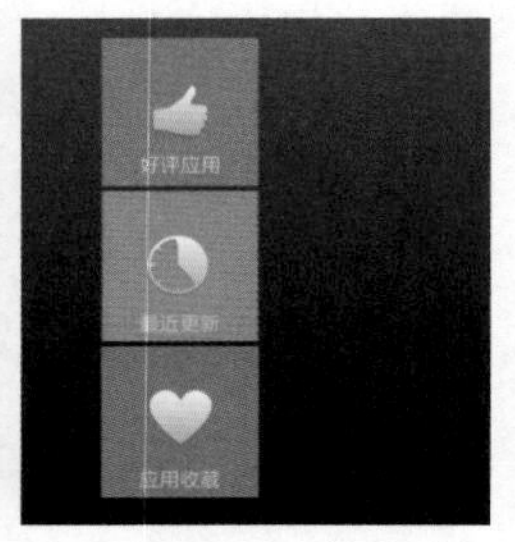

图 7.101　添加文字

3. 处理界面应用图标

步骤 01 选择工具箱中的【矩形工具】▭，在选项栏中设置【填充】为白色，【描边】为无，绘制一个矩形，将生成一个【矩形 2】图层，如图 7.102 所示。

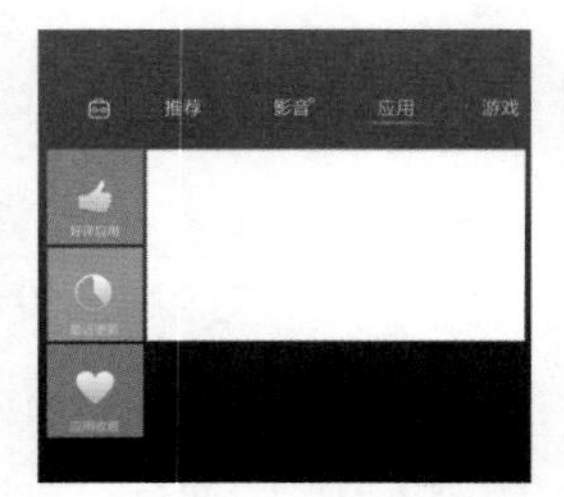

图 7.102　绘制图形

步骤 02 执行菜单栏中的【文件】|【打开】命令，选择“图像.jpg”文件，将打开的素材拖入画布中并适当缩小，如图 7.103 所示。

图 7.103　添加素材

步骤 03 执行菜单栏中的【图层】|【创建剪贴蒙版】命令，为当前图层创建剪贴蒙版，将部分图像隐藏，如图 7.104 所示。

步骤 04 同时选中左侧两个矩形，将其向右侧平移复制两份，如图 7.105 所示。

步骤 05 执行菜单栏中的【文件】|【打开】命令，选择“图像 2.jpg”“图像 3.jpg”文件，将打开的素材拖入画布中并适当缩小，如图 7.106 所示。

图 7.104　创建剪贴蒙版

图 7.105　复制图形

图 7.106　添加素材

步骤 06 将刚才添加的两个素材图像移至右侧两个矩形图层上方，并分别执行菜单栏中的【图层】|【创建剪贴蒙版】命令，为当前图层创建剪贴蒙版，将部分图像隐藏，再将图像等比例缩小，如图 7.107 所示。

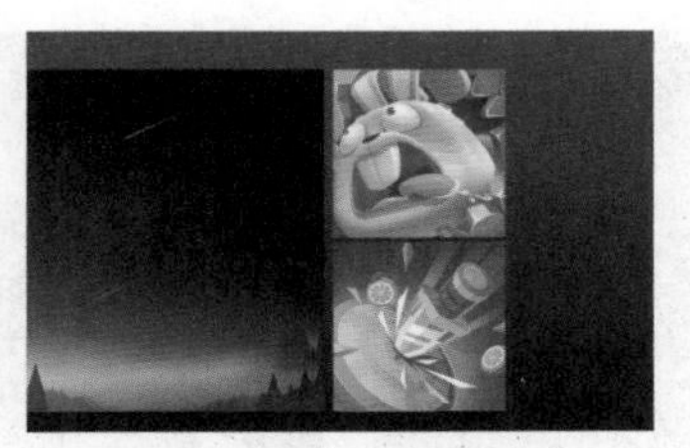

图 7.107　创建剪贴蒙版

步骤 07 选择工具箱中的【矩形工具】，在选项栏中设置【填充】为白色，【描边】为无，在矩形下方绘制一个矩形，将生成一个【矩形 3】图层，如图 7.108 所示。

步骤 08 在【图层】面板中，选中【矩形 3】图层，将其图层混合模式设置为【叠加】，如图 7.109 所示。

图 7.108　绘制矩形

图 7.109　设置图层混合模式

步骤 09 单击面板底部的【添加图层样式】按钮fx，在下拉菜单中选择【描边】命令，在弹出的对话框中设置【大小】为 1 像素，【位置】为【内部】，【混合模式】为【柔光】，【颜色】为白色，设置完成后单击【确定】按钮，如图 7.110 所示。

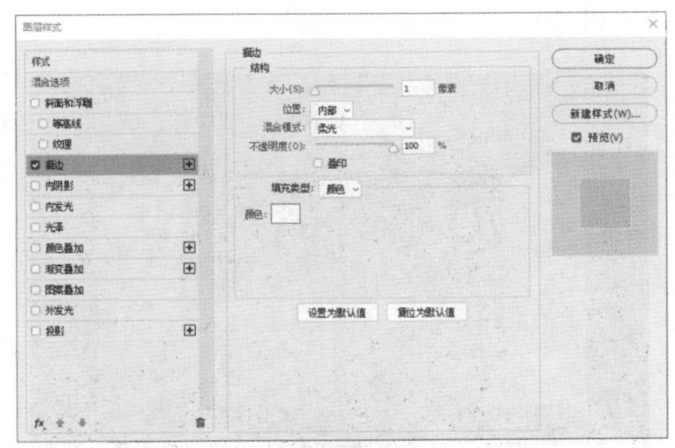

图 7.110　设置描边

4. 丰富图标元素

步骤 01 选择工具箱中的【直线工具】，在选项栏中设置【填充】为白色，【描边】为无，【粗细】为 2 像素，在刚才绘制的矩形顶部边缘按住 Shift 键绘制一条线段，将生成一个【形状 2】图层，如图 7.111 所示。

步骤 02 在【图层】面板中，选中【形状 2】图层，将其图层混合模式设置为【叠加】，如图 7.112 所示。

图 7.111　绘制线段

图 7.112　设置图层混合模式

步骤 03 在【图层】面板中，选中【形状 2】图层，单击面板底部的【添加图层蒙版】按钮，为其添加图层蒙版。

步骤 04 选择工具箱中的【渐变工具】，编辑黑色到白色再到黑色的渐变效果。

步骤 05 单击选项栏中的【线性渐变】按钮，在图像上拖动，将部分图形隐藏，如图 7.113 所示。

图 7.113　隐藏图像

步骤 06 在【图层】面板中，选中【形状 2】图层，将其拖至面板底部的【创建新图层】按钮上，复制一个【形状 2 拷贝】图层。

步骤 07 按 Ctrl+T 组合键执行【自由变换】命令，单击鼠标右键，从弹出的快捷菜单中选择【旋转 90 度（顺时针）】命令，完成后按 Enter 键确认，如图 7.114 所示。

图 7.114　旋转图形

步骤 08 同时选中【矩形 3】、【形状 2】及【形状 2 拷贝】图层，将其向右侧平移复制，如图 7.115 所示。

步骤 09 在打开的【图标】文档中，同时选中【信息】及【下载】图层，将其拖入当前画布中，如图 7.116 所示。

图 7.115　复制图形　　图 7.116　添加素材

步骤 10 在【图层】面板中，同时选中【信息】及【下载】图层，将其图层混合模式设置为【叠加】，如图 7.117 所示。

图 7.117　设置图层混合模式

步骤 11 选择工具箱中的【横排文字工具】T，添加文字（苹方体），并将文字所在图层混合模式设置为【叠加】，如图 7.118 所示。

步骤 12 选择工具箱中的【矩形工具】▭，在选项栏中设置【填充】为黑色，【描边】为无，绘制一个黑色矩形，如图 7.119 所示。

步骤 13 执行菜单栏中的【文件】|【打开】命令，选择“图像 4.jpg”文件，将打开的素材拖入画布中并适当缩小，如图 7.120 所示。

图 7.118　添加文字

图 7.119　绘制矩形　　图 7.120　添加图像

步骤 14 执行菜单栏中的【图层】|【创建剪贴蒙版】命令，为当前图层创建剪贴蒙版，将部分图像隐藏，如图 7.121 所示。

图 7.121　创建剪贴蒙版

步骤 15 在打开的【图标】文档中，同时选中【返回】、【主页】及【程度】图层，将其拖入当前画布中，同时在部分区域添加相应的文字信息，这样就完成了平板电脑应用界面的制作，最终效果如图 7.122 所示。

图 7.122　最终效果

7.10 直播应用界面设计

实例分析

本例讲解直播应用界面设计。本例中的设计比较简单，通过绘制基本图形与素材图像相结合，使整个应用界面表现出十分专业的视觉特征，最终效果如图 7.123 所示。

难　　度：☆☆☆
素材文件：调用素材 \ 第 7 章 \“直播应用界面设计”文件夹
案例文件：源文件 \ 第 7 章 \ 直播应用界面设计 .psd
视频文件：视频教学 \ 第 7 章 \7.10　直播应用界面设计 .mp4

图 7.123　最终效果

1. 打造主题背景

步骤 01 执行菜单栏中的【文件】|【新建】命令，在弹出的对话框中设置【宽度】为 1080 像素，【高度】为 1920 像素，【分辨率】为 72 像素 / 英寸，新建一个空白画布，将画布填充为浅红色（R：253，G：245，B：245）。

步骤 02 选择工具箱中的【矩形工具】，在选项栏中设置【填充】为黑色，【描边】为无，在界面顶部区域绘制一个矩形，将生成一个【矩形 1】图层，如图 7.124 所示。

图 7.124　绘制图形

步骤 03 在【图层】面板中，单击面板底部的【添加图层样式】按钮 fx，在下拉菜单中选择【渐变叠加】命令。

步骤 04 在弹出的对话框中设置【渐变】为红色（R：255，G：135，B：145）到红色（R：251，G：172，B：131），【角度】为 0 度，设置完成后单击【确定】按钮，如图 7.125 所示。

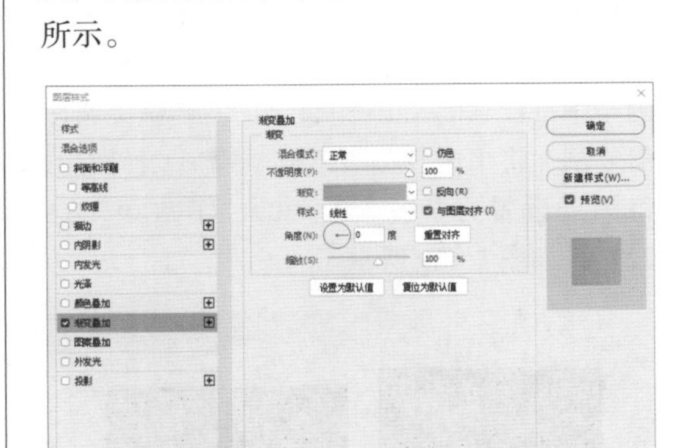

图 7.125　设置渐变叠加

步骤 05 执行菜单栏中的【文件】|【打开】命令，选择“状态栏 .psd”文件，将其打开并拖至画布中顶部位置，如图 7.126 所示。

步骤 06 选择工具箱中的【圆角矩形工具】，在选项栏中设置【填充】为黑色，【描边】为无，【半径】为 20 像素，绘制一个圆角矩形，将生成一个【圆角矩形 1】图层，如图 7.127 所示。

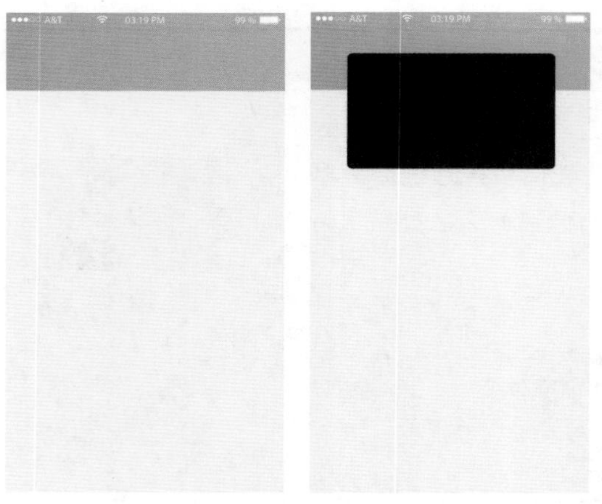

图 7.126　添加素材　　图 7.127　绘制图形

步骤 07 选中【圆角矩形 1】图层，在画布中按住 Alt+Shift 组合键向左侧拖动将图形复制，将生成【圆角矩形 1 拷贝】图层。

步骤 08 选中【圆角矩形 1 拷贝】图层，将图形设置为红色（R：255，G：170，B：141），在画布中按 Ctrl+T 组合键对其执行【自由变换】命令，将图像等比例缩小，完成后按 Enter 键确认，如图 7.128 所示。

步骤 09 选中【圆角矩形 1 拷贝】图层，在画布中按住 Alt+Shift 组合键向右侧拖动将图形复制，将生成【圆角矩形 1 拷贝 2】图层，将图形设置为紫色（R：209，G：139，B：227），如图 7.129 所示。

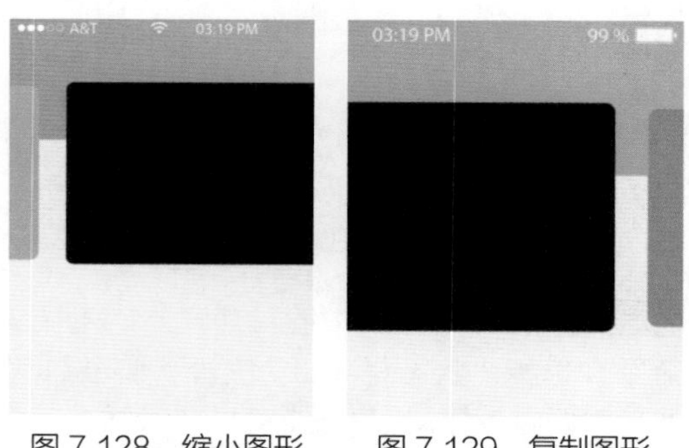

图 7.128　缩小图形　　图 7.129　复制图形

步骤 10 在【图层】面板中，选中【圆角矩形 1】图层，单击面板底部的【添加图层样式】按钮*fx*，在下拉菜单中选择【渐变叠加】命令。

步骤 11 在弹出的对话框中设置【混合模式】为【正常】，【渐变】为红色（R：250，G：163，B：198）到红色（R：252，G：131，B：148），【角度】为 0 度，设置完成后单击【确定】按钮，如图 7.130 所示。

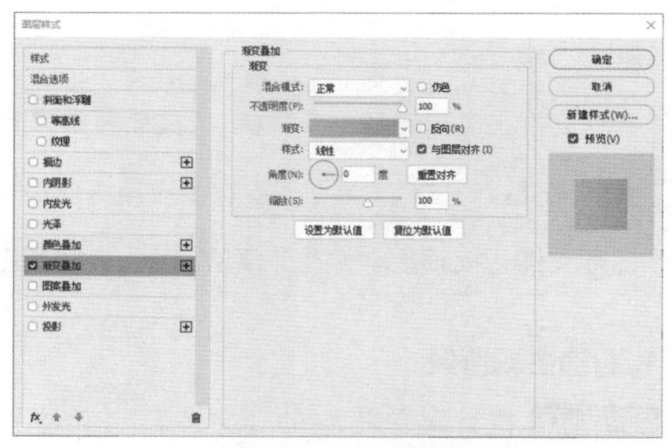

图 7.130　设置渐变叠加

2. 添加主视觉元素

步骤 01 选择工具箱中的【矩形工具】，在选项栏中设置【填充】为黄色（R：254，G：230，B：0），【描边】为无，在圆角矩形右上角绘制一个细长矩形并适当旋转，将生成一个【矩形 2】图层，如图 7.131 所示。

步骤 02 以同样的方法再绘制若干细长矩形，并更改部分图形颜色，如图 7.132 所示。

图 7.131　绘制图形　图 7.132　绘制多个图形

步骤 03 选中最细的矩形，执行菜单栏中的【滤镜】|【模糊】|【高斯模糊】命令，在出现的对话框中设置【半径】为 5 像素，设置完成后单击【确定】按钮，如图 7.133 所示。

步骤 04 选中另外一个细长矩形，以同样的方法为其添加高斯模糊，设置其半径为 3 像素。

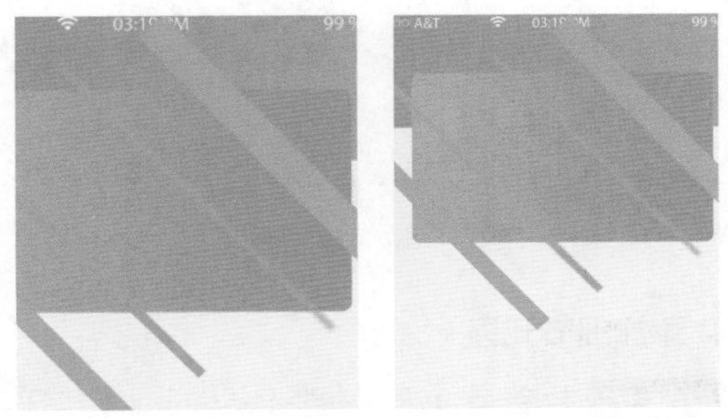

图 7.133　添加高斯模糊

步骤 05 执行菜单栏中的【文件】|【打开】命令，打开“模特 .psd”文件，将其打开后选中【模特 2】图层并拖至画布中缩小，如图 7.134 所示。

图 7.134　添加素材

步骤 06 在【图层】面板中，选中【模特 2】图层，单击面板底部的【添加图层样式】按钮fx，在下拉菜单中选择【投影】命令。

步骤 07 在弹出的对话框中设置【混合模式】为【正常】，【颜色】为黑色，【不透明度】为 20%，取消选中【使用全局光】复选框，设置【角度】为 180 度，【距离】为 20 像素，【大小】为 10 像素，设置完成后单击【确定】按钮，如图 7.135 所示。

步骤 08 同时选中包括【圆角矩形 1】及细长矩形以及【模特 2】图像所在图层，按 Ctrl+G 组合键将其编组，将生成的组名称更改为【图像和模特】，单击面板底部的【添加图层蒙版】按钮，为其添加图层蒙版。

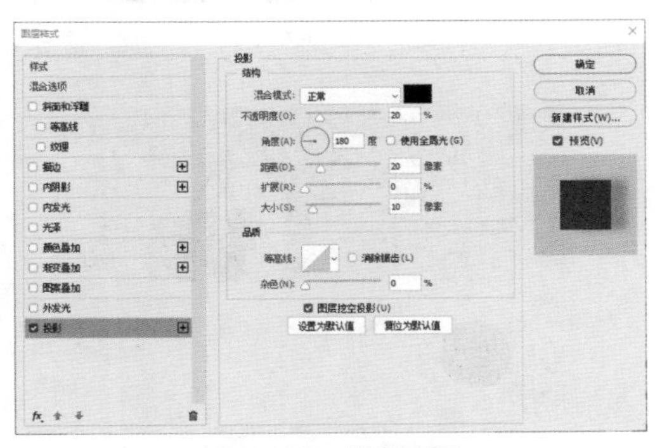

图 7.135　设置投影

步骤 09 按住 Ctrl 键单击【圆角矩形 1】图层缩览图，将其载入选区，执行菜单栏中的【选择】|【反选】命令将选区反向选择，将选区填充为黑色，将部分图形隐藏，完成后按 Ctrl+D 组合键将选区取消，如图 7.136 所示。

图 7.136　隐藏图像

3. 处理界面细节

步骤 01 选择工具箱中的【横排文字工具】T，添加文字（苹方体），如图 7.137 所示。

步骤 02 选择工具箱中的【圆角矩形工具】，在选项栏中设置【填充】为黑色，【描边】为无，【半径】为 60 像素，绘制一个圆角矩形，将生成一个【圆角矩形 2】图层，如图 7.138 所示。

图 7.137　添加文字

图 7.138　绘制图形

步骤 03 在【图层】面板中，单击面板底部的【添加图层样式】按钮fx，在下拉菜单中选择【渐变叠加】命令。

步骤 04 在弹出的对话框中设置【渐变】为红色（R：251，G：158，B：169）到红色（R：245，G：135，B：138），【角度】为0度，设置完成后单击【确定】按钮，如图 7.139 所示。

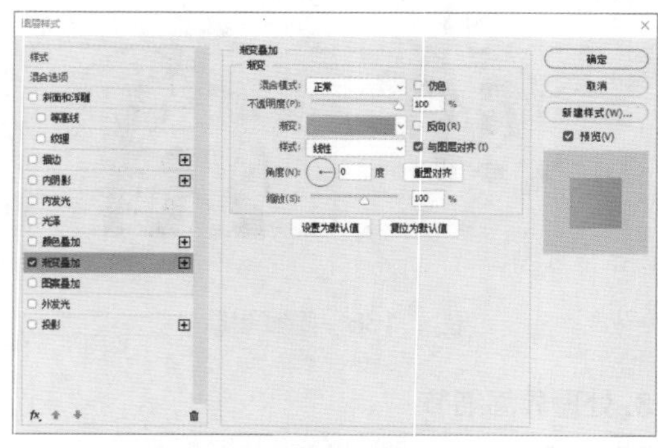

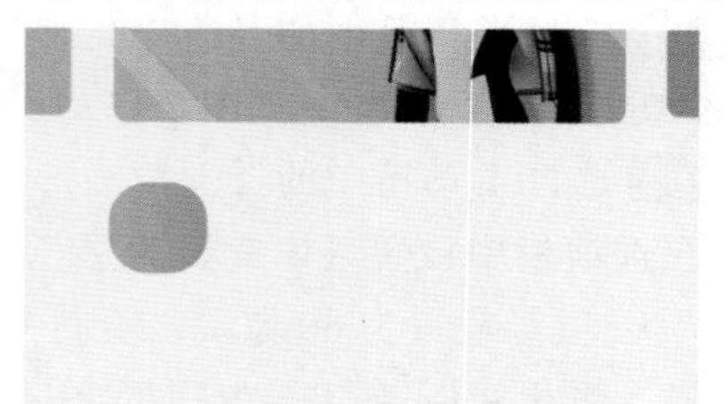

图 7.139　设置渐变叠加

步骤 05 选中【圆角矩形 2】图层，在画布中按住 Alt+Shift 组合键向右侧拖动，将图形复制多份并更改图形渐变颜色，如图 7.140 所示。

图 7.140　复制图形

4. 添加细节元素

步骤 01 执行菜单栏中的【文件】|【打开】命令，选择“图标 .psd”文件，将其打开并拖至画布中刚才绘制的矩形位置，如图 7.141 所示。

步骤 02 选择工具箱中的【横排文字工具】T，添加文字（苹方体），如图 7.142 所示。

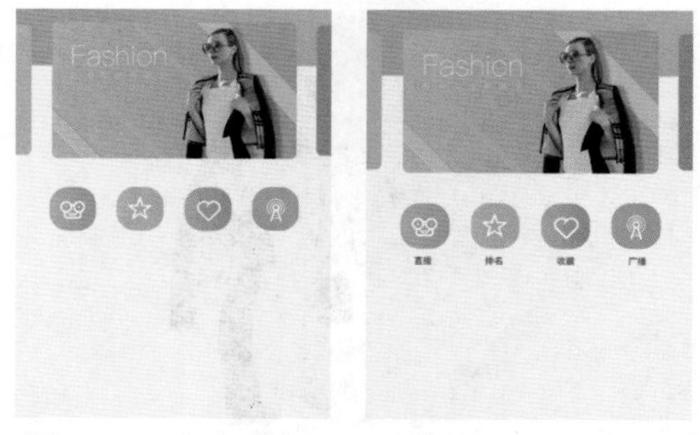

图 7.141　添加素材　　图 7.142　添加文字

步骤 03 选择工具箱中的【圆角矩形工具】，在选项栏中设置【填充】为灰色（R：241，G：232，B：232），【描边】为无，【半径】为 60 像素，绘制一个圆角矩形，将生成一个【圆角矩形 3】图层，如图 7.143 所示。

步骤 04 执行菜单栏中的【文件】|【打开】命令，选择“模特 .psd”文件，将其打开后选中【模特】图层，并拖至画布中刚才绘制的圆角矩形位置，如图 7.144 所示。

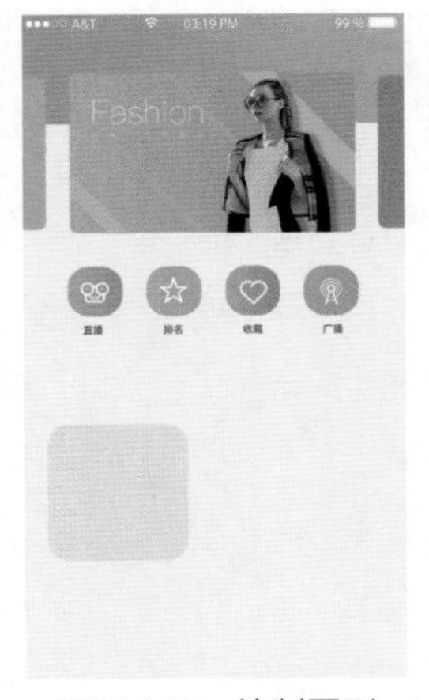

图 7.143　绘制图形　　图 7.144　添加素材

步骤 05 在【图层】面板中，选中【模特】图层，单击面板底部的【添加图层样式】按钮*fx*，在下拉菜单中选择【投影】命令。

步骤 06 在弹出的对话框中设置【混合模式】为【正常】，【颜色】为黑色，【不透明度】为 10%，取消选中【使用全局光】复选框，设置【角度】为 0 度，【距离】为 20 像素，【大小】为 10 像素，设置完成后单击【确定】按钮，如图 7.145 所示。

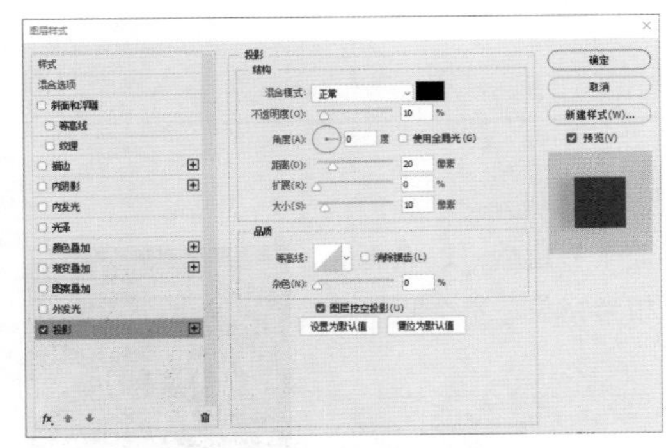

图 7.145　设置投影

5. 制作功能区

步骤 01 选中【模特】图层，执行菜单栏中的【图层】|【创建剪贴蒙版】命令，为当前图层创建剪贴蒙版，将部分图像隐藏，如图 7.146 所示。

步骤 02 同时选中【圆角矩形 3】及【模特】图层，在画布中按住 Alt+Shift 组合键向右侧拖动将图形及图像复制，将复制生成的模特拷贝图层删除，如图 7.147 所示。

步骤 03 执行菜单栏中的【文件】|【打开】命令，选择“文字 .psd”文件，将其打开并拖至画布中，如图 7.148 所示。

步骤 04 选择工具箱中的【横排文字工具】**T**，添加文字（苹方体），如图 7.149 所示。

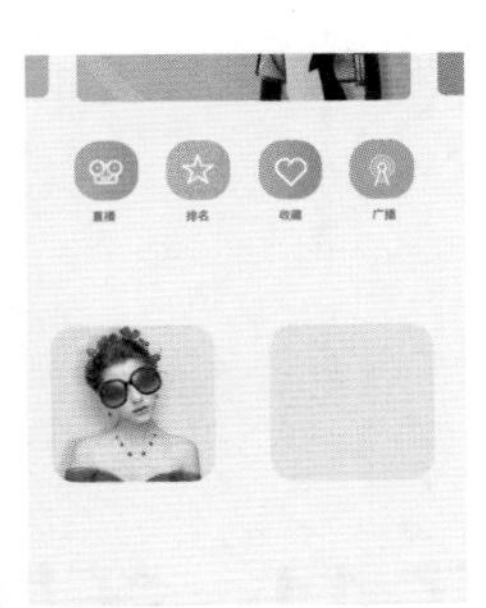

图 7.146　创建剪贴蒙版　图 7.147　复制图形

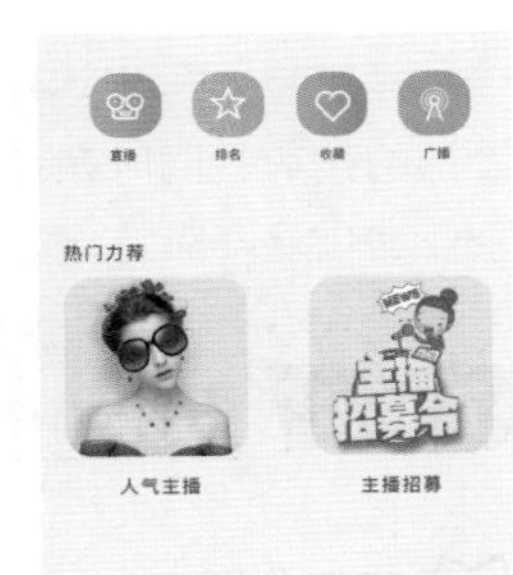

图 7.148　添加素材　　图 7.149　添加文字

步骤 05 选择工具箱中的【矩形工具】▭，在选项栏中设置【填充】为灰色（R：241，G：232，B：232），【描边】为无，在界面底部绘制一个矩形，如图 7.150 所示。

步骤 06 执行菜单栏中的【文件】|【打开】命令，选择“图标 2.psd”文件，将其打开并拖至画布中刚才绘制的矩形位置，这样就完成了直播应用界面的制作，最终效果如图 7.151 所示。

图 7.150　绘制图形

图 7.151　最终效果

7.11　拓展训练

界面是人与物体互动的媒介，本节安排了 2 个精彩课后习题供读者练习，让读者了解界面设计的技巧。同时在设计制作中，还要注意前期与客户的沟通，找准定位，比如了解设计风格、企业文化及产品特点等，这样才能更好地设计出理想的界面。

7.11.1 iPhone 收音机界面制作

实例分析

本例讲解 iPhone 收音机界面制作。本例中的界面十分炫酷，以经典的色彩背景与主视觉图像搭配，同时指示器的细节也相当完美。整个制作过程比较简单，最终效果如图 7.152 所示。

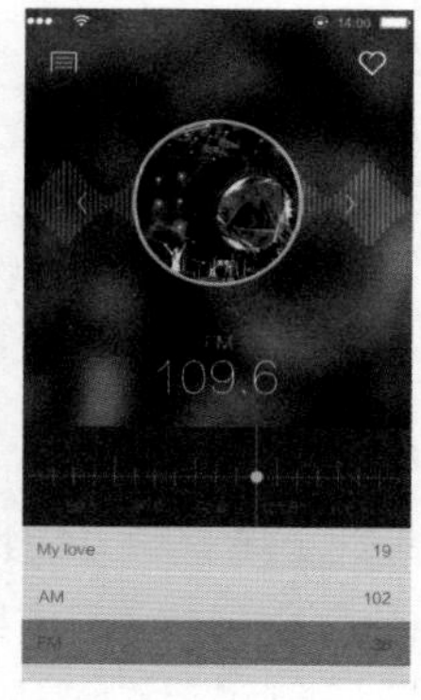

图 7.152　最终效果

难　　度：☆☆☆☆
素材文件：调用素材 \ 第 7 章 \ “iPhone 收音机界面制作”文件夹
案例文件：源文件 \ 第 7 章 \iPhone 收音机界面制作 .psd
视频文件：视频教学 \ 第 7 章 \ 训练 7-1　iPhone 收音机界面制作 .mp4

步骤分解如图 7.153 所示。

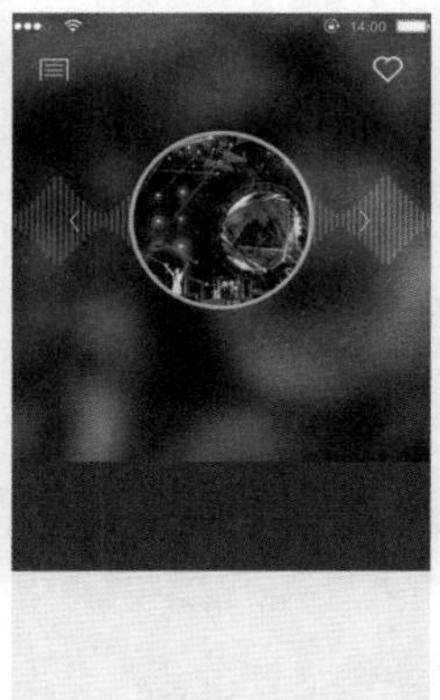

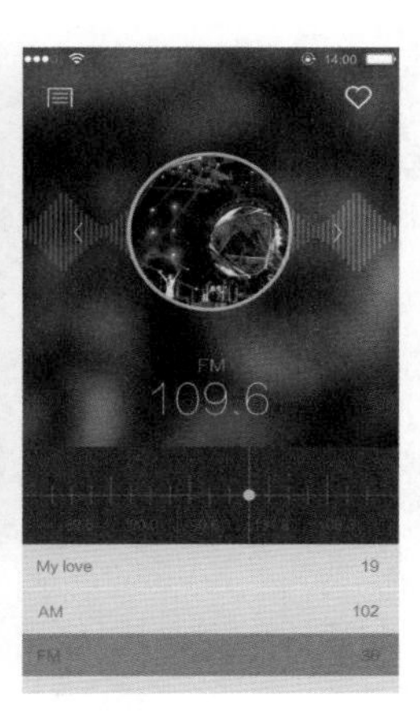

图 7.153　步骤分解图

7.11.2 iPhone 电影购票界面制作

实例分析

本例讲解 iPhone 电影购票界面制作。此款界面的设计感十分出色，以直接简单的界面风格与直观的文字信息相结合，整个界面表现出浓郁的主题感，最终效果如图 7.154 所示。

难　　度：	☆☆☆
素材文件：	调用素材 \ 第 7 章 \ “iPhone 电影购票界面制作” 文件夹
案例文件：	源文件 \ 第 7 章 \iPhone 电影购票界面制作 .psd
视频文件：	视频教学 \ 第 7 章 \ 训练 7-2　iPhone 电影购票界面制作 .mp4

图 7.154　最终效果

步骤分解如图 7.155 所示。

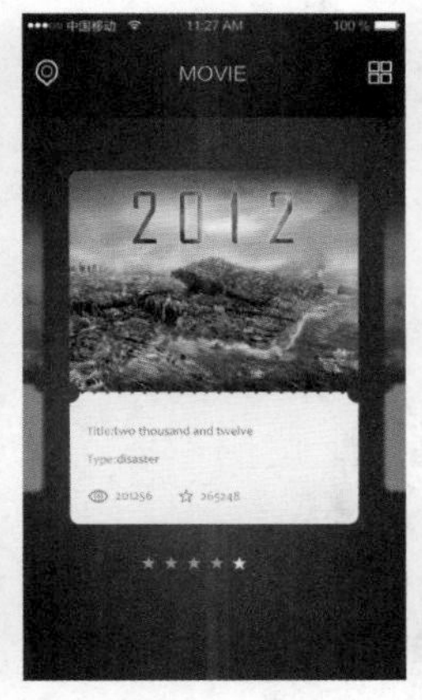

图 7.155　步骤分解图

第8章

潮流趣味游戏界面设计

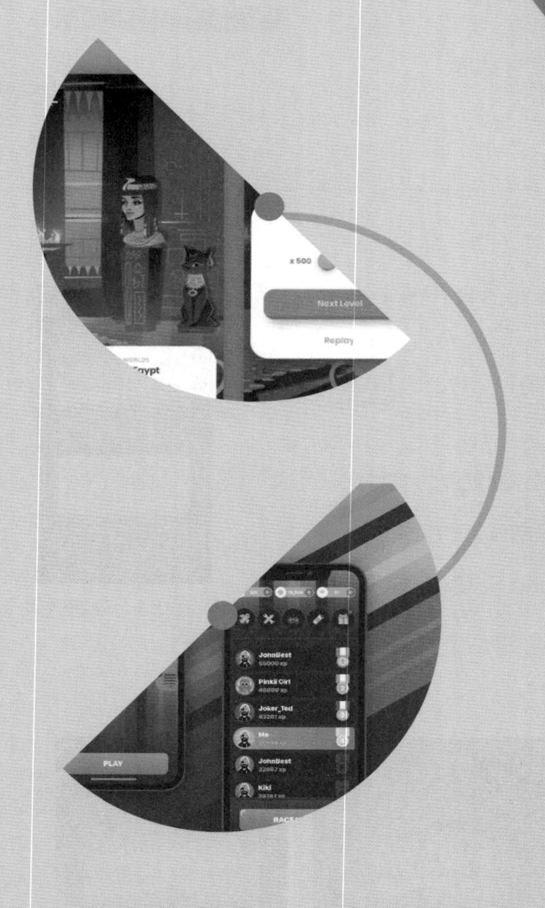

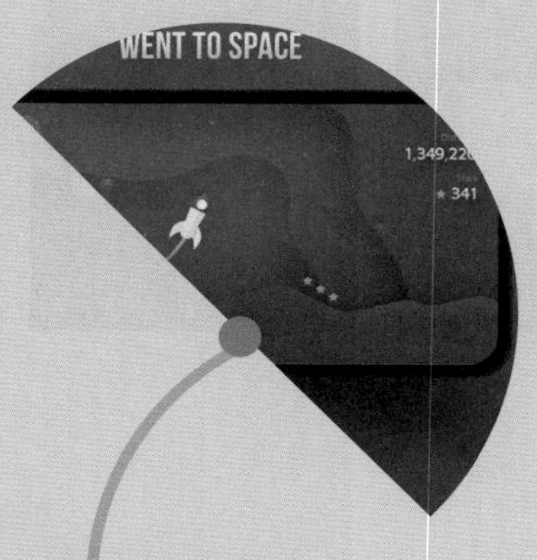

内容摘要

本章主要讲解潮流趣味游戏界面设计。本章在讲解过程中从讲解游戏界面的特点基础知识开始到介绍游戏界面的分类，再到讲解游戏界面的基本特征，全面地讲解一套游戏界面的设计流程。随着人们对视觉化图像的要求越来越高，游戏界面的主题强化设计也越来越重要，在本章列举了斗地主游戏界面设计、游戏通关界面设计、小猪快跑游戏界面设计等多个广受欢迎的游戏类型。读者通过对这些知识的学习，可以掌握潮流趣味游戏界面设计的相关知识。

教学目标

- 了解游戏界面的特点
- 了解游戏界面的分类
- 认识游戏界面的基本特征
- 学习如何设计出漂亮的游戏界面
- 学习游戏通关界面设计
- 掌握小猪快跑游戏界面设计手法
- 学会斗地主游戏界面设计

8.1　游戏界面的特点

游戏界面设计是指将游戏用户能够实现交互功能的视觉元素进行规划、设计的活动。视觉语言源于科学的造型理论。在造型艺术领域里，视觉语言可以传达情感、理念和信息的形象及图形、文字、色彩等元素所构成的视觉样式，所以游戏界面也被称为视觉语言。常见的游戏界面如图 8.1 所示。

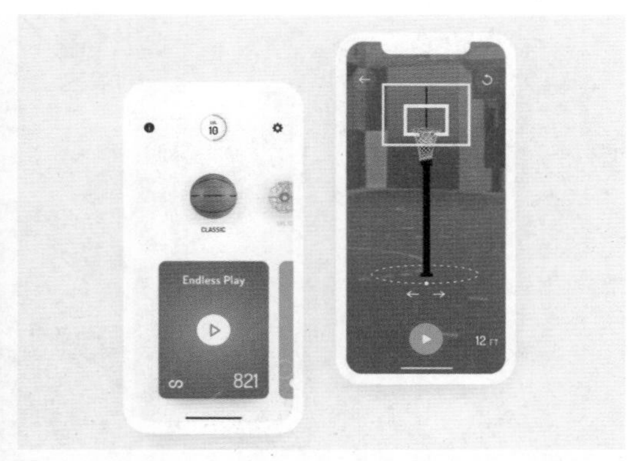

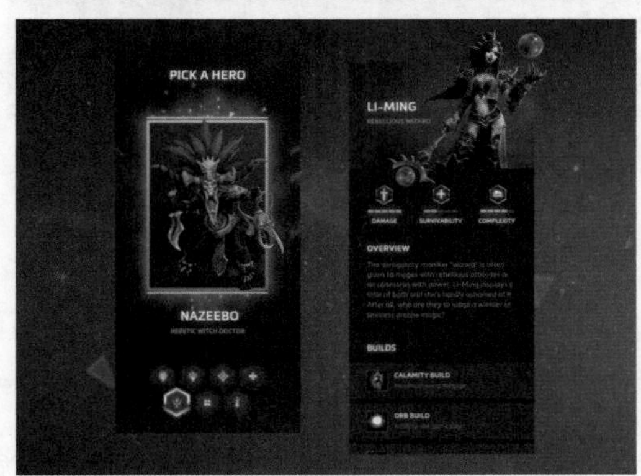

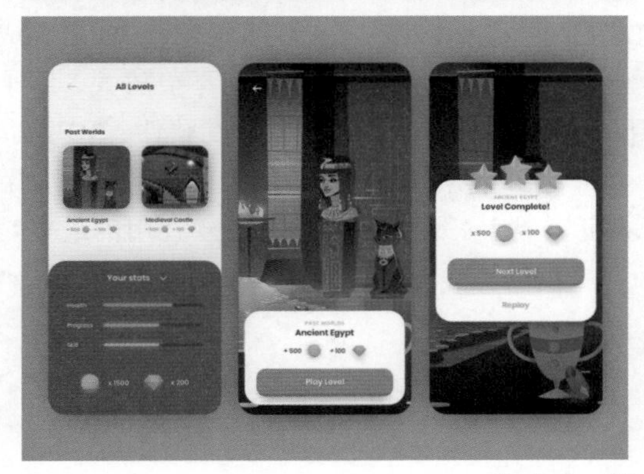

图 8.1　常见的游戏界面

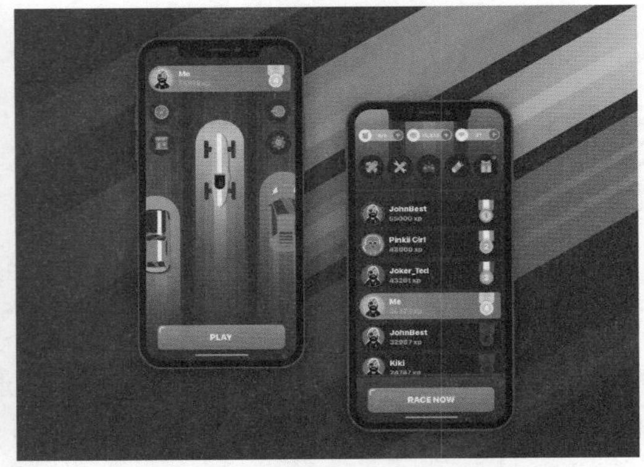

图 8.1　常见的游戏界面（续）

8.2　游戏界面的分类

游戏界面主要分为 2D 和 3D 两大类。除此之外也有 2.5D 与其他平台游戏界面类型。手游端的游戏界面同样也按照这两大类进行划分，2D 为平面，人物、场景采用手绘或者 3D 渲染成平面，通过每一帧的图片拼接成动态效果。2D 与 3D 主要的区别是，2D 空间不能放大、缩小或者 360° 旋转，人物在场景中没有体积感，目前用的最多是 Cocos2D-X 开发软件。3D 为立体，人物和场景具备 360° 视角，有很强的光影效果。由于考虑用户在手机上的操作，部分游戏会锁定摄像机视角，采用 45° 固定模式，环境可以放大、缩小，目前开发软件用的最多是 Unity3D。不同视角游戏界面如图 8.2 所示。

图8.2　不同视角游戏界面

1. 操作界面

操作界面主要包括以下两个方面。

- 智能键盘：只要按了键盘上任意一个字母、数字或没有特殊用途的符号，操作界面都会弹出一个智能键盘。用户可以在智能键盘中输入中英文和数字搜索想要的类别、主菜单栏、工具栏、综合信息栏和状态栏、信息栏、即时明细小窗口等。
- 符号学：操作界面设计要建立在符号学的基础上。国际符号学会对符号学的定义是：符号学是关于信号标志系统的理论，它研究自然符号系统和人造符号系统的特征。符号学界面如图8.3所示。

图8.3　符号学界面

2. 场景环境界面

环境界面是指游戏剧情中的特定环境因素对用户的信息传递。环境性界面设计所涵盖的因素是极为广泛的，它包括政治、历史、经济、文化、科技、民族等，这些方面的界面设计正体现了设计艺术的社会性。场景环境界面如图 8.4 所示。

3. 剧情性设计界面

游戏的剧情是游戏的灵魂，游戏通过各种各样的方法让玩家融入到设定的剧情上以打动玩家；如果游戏的剧情不吸引人，那么无论游戏的表现手法有多好，都不能达到企业所追求的目的。游戏所要表现的内容必须能够被玩家接受，而且还要有创新。中国与外国玩家有着很大的文化差异，因此在游戏的表现形式上，欧美的游戏大多重视人物与场景的真实性，看上去就像电影，而东方的游戏普遍追求漫画式的效果，讲求意境之美。剧情设计界面如图 8.5 所示。

图 8.4　场景环境界面

图 8.5　剧情设计界面

4. 情感性设计界面

情感性设计界面将游戏所要表达的情感传递给被感受人，取得与人的感情共鸣。这种感受的信息传达存在着确定性与不确定性的统一。情感把握在于深入目标对象的使用者的感情，而不是个人的情感抒发。设计师应投入热情，而不投入感情，避免个人的任何主观臆断与个性的自由发挥。情感性设计界面反映着设计与人的关系。情感性设计界面如图 8.6 所示。

图 8.6　情感性设计界面

5. 音效界面

音效在一款成功游戏中是极其重要的。一般来说，音效在游戏中以三种形态出现。

- 背景音效：与背景音乐同时，不间断地播放。
- 随机音效：在一个场景中，随机播放出来。
- 定制音效：随玩家的操作而播放的音效。

8.3 游戏界面的基本特征

游戏界面作为用户参与游戏、体验游戏娱乐性的通道，直接影响着用户对游戏的印象。一款优秀的游戏界面，应注重视觉语言的设计，始终遵循以人为本的设计理念，使用户在游戏过程中能充分体会到人机交流的愉悦和人性化操作带来的舒适感。游戏界面在设计时需要遵循以下基本特征。

1. 可认知性

认知是指视觉语言、视觉形象能引起用户视觉上的可识别性。界面中的视觉认知过程是：视觉寻找、发现、辨别、识别、确认、记忆搜索。前三个过程的反应时间取决于游戏界面设计的合理性和可识别性。游戏界面设计中概况简练、生动鲜明的视觉语言，可以吸引用户视线和注意力，用户在不断扫描整个界面的过程中，根据不断刷新的视觉信息，不断确认目标位置。在这个过程中，来自界面的视觉信息刺激不断以脉冲电流的形式冲击视觉神经，透过视觉神经的刺激，信息进入大脑网络进行更复杂的神经活动。经过不断甄别这些神经活动，大脑会最终确认一个最正确的视觉刺激源，并促使用户点击界面中这个视觉元素进行体验确认。大脑将这一过程存储在记忆库中，留下记忆，这就是视觉认知的过程。

2. 易学习性

易学习性是指用户初次接触到游戏界面时，不通过帮助文件能明确界面元素的基本功能，能对陌生的界面有清晰的认识，能完成基本任务的操作。易学习性基于用户人性化的需求，要求视觉语言准确、表达合理，视觉元素、操作方式、操作命令等界面设计风格保持一致。

3. 易记忆性

记忆性是指形象能长期地记忆于大脑中，并能形成一定的条件反射。记忆有三个不同过程阶段：感觉记忆、短时记忆和长时记忆。三者相互联系，感觉记忆为操作体验提供基础，短时记忆存储材料的时间仅一分钟或更短些，长时记忆存储信息相对来说是永久性的，是对知识的获得和保存。用户能熟练地操作界面，是因为短时记忆的信息能引起强烈的感受，自动转入长时记忆系统被存储起来。在下一次操作时，能自然地联想起用法，而不是每次都需要在大脑中拼命回忆。对于短时记忆要记住的信息在游戏界面中可以不直接显示，而需要长时记忆的信息则要多次强调，在层级界面中重复出现。考虑到每个人记忆能力的不同，在游戏过程中要注意增加提示性信息，对用户的操作命令做出反应，操作信息的反馈一般应在 1s 内出现。

8.4 如何设计出漂亮的游戏界面

游戏界面中视觉语言的设计要简洁清晰，把握好艺术设计的原则，从而简化用户的思维成本和操作秩序，减轻用户的记忆负担。

1. 布局

布局是指在一个限定面积范围内，合理安排界面各元素的位置，将凌乱的页面、混杂的内容依整体信息的需要进行分组归纳、组织排列，使界面元素主次分明、重点突出，从而帮助用户便利地找到所需信息，获得流畅的视觉体验。在游戏界面设计中，要把握好布局的功能性、审美性和科学性。功能性是指界面要包括必要的操作和显示功能。审美性即界面中的各种视觉元素要协调统一、平衡一致，并根据游戏主题内容和用户特点进行编排设计，增强界面的视觉表现力。科学性即界面信息、功能显示、按钮位置要合理，既不能影响功能实现效果，又方便用户操作。根据视觉流程法则，界面的最佳视域为上半部分和左半部分。上半部分和左半部分让人轻松自在，下半部分和右半部分则稳重和压抑，这种视觉上的落差感，和习惯于从左至右阅读时，起和止眼睛的反射结果相关。在界面布局中，一般都是左上为角色信息，左下为聊天框，中左为技能，中右为道具，右上为小地图图形。游戏界面布局如图 8.7 所示。

图 8.7　游戏界面布局

2. 色彩

作为首要的视觉审美要素，色彩深刻地影响着用户的视觉感受和心理情绪。在界面设计中，要注意以下几个方面，不同色彩的界面如图 8.8 所示。

图 8.8　不同色彩的界面

- 为使界面主题集中醒目，便于用户获取信息，在同一界面中颜色不宜过多，一般以不超过7种为宜。
- 人眼对低饱和度和低亮度的色彩不敏感，不适宜用于正文、面积小的区域，适宜作为背景或大面积区域。
- 从人的视觉习惯来讲，看暗背景比看亮背景的时间长3~4倍。因此，明度和纯度低的颜色常用于大面积的背景色或非活动操作处，而明度和纯度高的颜色会刺激人眼，引起疲劳，适合用于小面积的操作提示及重要内容信息区域，只有这样才能达到吸引注意，加强视觉提示的作用。

- 把握色彩对用户心理作用的影响。例如冷色调能帮助用户在焦虑的游戏状态中平静心情；红色表示警告、危险。

3. 文字

作为游戏界面中的视觉元素，文字具备其他元素所不能取代的设计效应，在界面中不仅可以直观地传达信息，起到提示和引导的作用，也可以配合图形元素，起到避免歧义的作用。界面中文字风格要根据游戏风格来确定，设计文字时，要注意以下几个要素，确保其易读性和识别性。

- 同一个界面中，字体不宜过多，一般最多使用3～4种字体。
- 字号要根据功能来确定。一般而言，标题文字采用18pt以上，说明性文字用10～14pt。
- 根据人眼的视线横向移动比竖向移动快，且不易疲劳的特点，文字应尽量横向排版。
- 文字信息量较大时，可以分页显示，并注意段落的字间距和行间距的合理性。
- 用户产生视觉疲劳的时间为3～5h，界面中字色过多，会导致文字很难阅读分辨，引起视觉疲劳。
- 字色要与背景色对比鲜明。
- 文字信息要简洁通俗，用词要大众化，不用生僻词和专业术语，英文词语避免用缩写，功能操作按钮要用描述操作的动词，尽量使用肯定句式。

不同风格文字界面如图 8.9 所示。

图 8.9 不同风格文字界面

4. 图形

图形是游戏界面中最直观的视觉语言符号，具有直接明确、易读性强的特点，是利用人们长期生活和学习积累的认知经验来理解的语言。图形的识别性优于文字，在信息量较大的界面中，它不仅能增加界面的趣味性和美感，还能帮助用户在操作中减少记忆负担，引导用户顺利地进入游戏任务和故事情节。不同图形界面效果如图 8.10 所示。

图 8.10 不同图形界面效果

8.5 游戏通关界面设计

实例分析

本例讲解游戏通关界面设计。本例中的界面以游戏画面作为背景，通过添加通关卡片和装饰元素来完成整个界面设计，最终效果如图 8.11 所示。

难　　度：☆☆☆☆
素材文件：调用素材 \ 第 8 章 \ 背景 .jpg、动物 .psd、礼花 .psd
案例文件：源文件 \ 第 8 章 \ 游戏通关界面设计 .psd
视频文件：视频教学 \ 第 8 章 \8.5　游戏通关界面设计 .mp4

图 8.11　最终效果

1. 制作通关背景

步骤 01 执行菜单栏中的【文字】|【新建】命令，在弹出的对话框中设置【宽度】为 1920 像素，【高度】为 1080 像素，【分辨率】为 72 像素 / 英寸，新建一个空白画布。

步骤 02 执行菜单栏中的【文件】|【打开】命令，选择“背景 .jpg”文件，将其打开并拖至画布中，将其图层名称更改为【图层 1】。

步骤 03 选中【图层 1】图层，执行菜单栏中的【滤镜】|【模糊】|【高斯模糊】命令，然后在弹出的对话框中设置【半径】为 10 像素，设置完成后单击【确定】按钮，如图 8.12 所示。

图 8.12　添加高斯模糊

步骤 04 在【图层】面板中，单击面板底部的【创建新图层】按钮⊞，新建一个新【图层 2】图层。

步骤 05 选中【图层 2】图层并将其填充为黑色，将其图层【不透明度】设置为 30%，如图 8.13 所示。

图 8.13　设置图层不透明度

2. 绘制通关卡片

步骤 01 选择工具箱中的【圆角矩形工具】▢，在选项栏中设置【填充】为白色，【描边】为无，【半径】为 100 像素，绘制一个圆角矩形，将生成一个【圆角矩形 1】图层，如图 8.14 所示。

步骤 02 在图形左上角再绘制一个半径为 30 像素的圆角矩形，将生成一个【圆角矩形 2】图层，如图 8.15 所示。

步骤 03 选中【圆角矩形 2】图层，在画布中按住 Alt 键向圆角矩形 1 图形右下角拖动将图形复制，如图 8.16 所示。

图 8.14　绘制图形

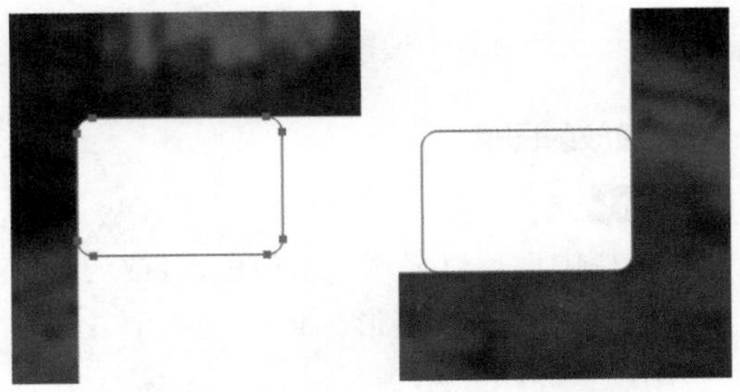

图 8.15　绘制图形　　图 8.16　复制图形

步骤 04 选择工具箱中的【椭圆工具】，在选项栏中设置【填充】为白色，【描边】为无，在圆角矩形 1 右上角位置按住 Shift 键绘制一个正圆图形，将生成一个【椭圆 1】图层，如图 8.17 所示。

图 8.17　绘制图形

步骤 05 同时选中除【背景】及【图层 1】、【图层 2】图层，按 Ctrl+E 组合键将其合并，将生成的图层名称更改为【卡片】。

步骤 06 选中【卡片】图层，将其拖至面板底部的【创建新图层】按钮上，复制一个【卡片 拷贝】图层，将复制生成的图层名称更改为【描边】，如图 8.18 所示。

步骤 07 在【图层】面板中，选中【卡片】图层，单击面板底部的【添加图层样式】按钮*fx*，在下拉菜单中选择【渐变叠加】命令。

步骤 08 在弹出的对话框中设置【渐变】为黄色（R：254，G：253，B：23）到绿色（R：195，G：211，B：0），【样式】为【径向】，【角度】为 0 度，如图 8.19 所示。

图 8.18　复制图层

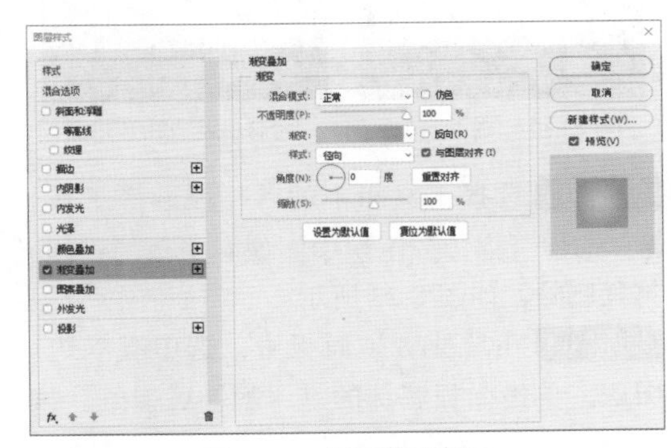

图 8.19　设置渐变叠加

步骤 09 勾选【描边】复选框，设置【大小】为 8 像素，【颜色】为绿色（R：99，G：128，B：0），设置完成后单击【确定】按钮，如图 8.20 所示。

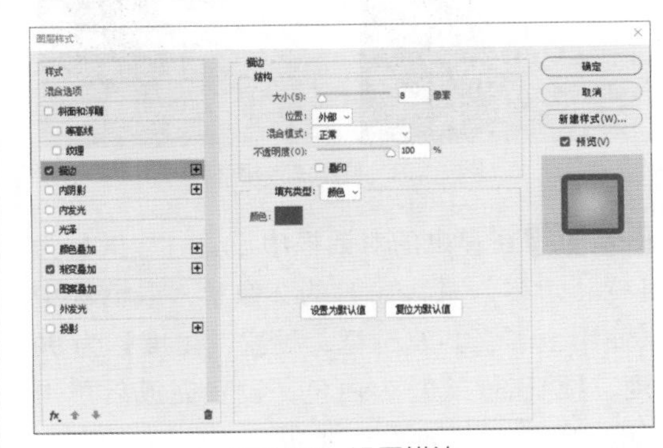

图 8.20　设置描边

3. 制作卡片细节元素

步骤 01 选中【描边】图层，在选项栏中设置【填充】为无，【描边】为绿色（R：99，G：128，B：0），【设置形状描边宽度】为 6 像素，并将其设置为虚线，如图 8.21 所示。

步骤 02 选中【描边】图层，在画布中按 Ctrl+T 组合键对其执行【自由变换】命令，将图像等比例缩小，完成后按 Enter 键确认，如图 8.22 所示。

图 8.21 更改描边

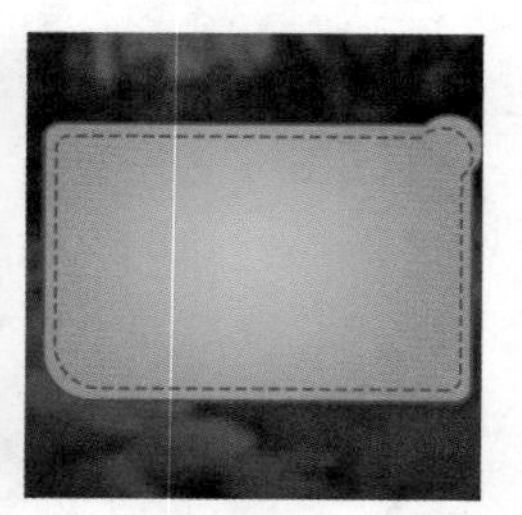

图 8.22 缩小图像

步骤 03 选择工具箱中的【路径选择工具】，选中【描边】图层中图像右上角的正圆，将其删除，如图 8.23 所示。

步骤 04 在【图层】面板中，选中【描边】图层，单击面板底部的【添加图层样式】按钮 fx，在下拉菜单中选择【斜面和浮雕】命令。

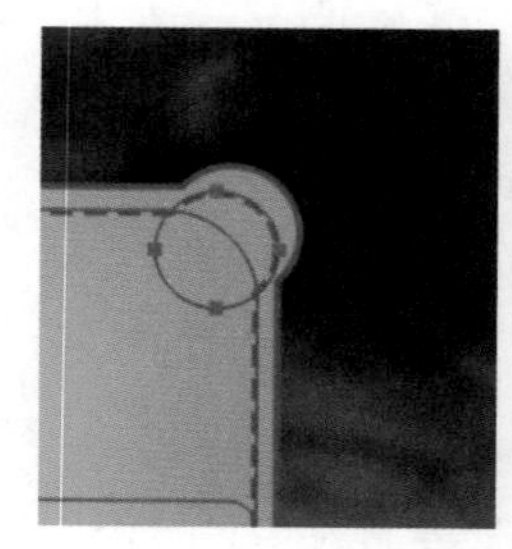

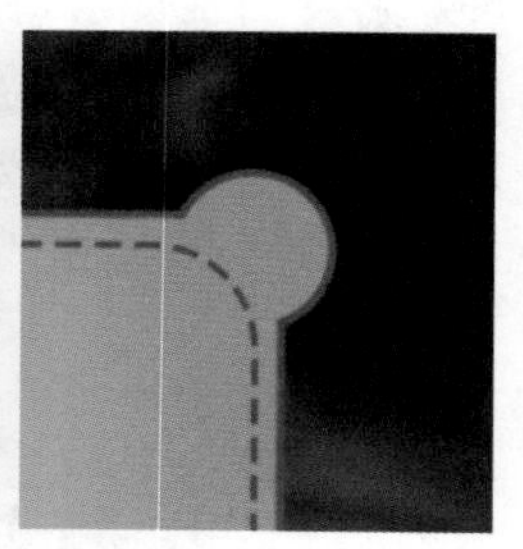

图 8.23 删除部分图像

步骤 05 在弹出的对话框中设置【样式】为【枕状浮雕】，【大小】为 2 像素，取消选中【使用全局光】复选框，设置【角度】为 90 度，【阴影模式】为白色，设置完成后单击【确定】按钮，如图 8.24 所示。

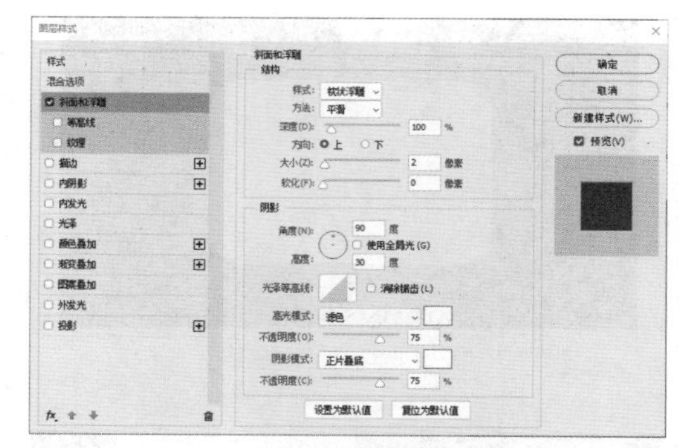

图 8.24 设置斜面和浮雕

4. 添加放射图像

步骤 01 选择工具箱中的【矩形工具】，在选项栏中设置【填充】为白色，【描边】为无，绘制一个细长矩形，将生成一个【矩形 1】图层，如图 8.25 所示。

步骤 02 将矩形复制多份铺满整个画布，如图 8.26 所示。

图 8.25 绘制图形　　图 8.26 复制图形

步骤 03 将所有和矩形相关的图层合并，再将其图层名称更改为【放射】。

步骤 04 选中【放射】图层，执行菜单栏中的【滤镜】|【扭曲】|【极坐标】命令，在弹出的对话框中选中【平面坐标到极坐标】单选按钮，完成后单击【确定】按钮，如图 8.27 所示。

步骤 05 选中【放射】图层，按 Ctrl+T 组合键对其执行【自由变换】命令，单击鼠标右键，从弹出的快捷菜单中选择【垂直翻转】命令，完成后按 Enter 键确认。

步骤 06 选择工具箱中的【多边形套索工具】，在放射图形相近的图形上绘制一个选区并将其选取，出现变形框以后将图形适当旋转，如图 8.28 所示。

图 8.27　设置极坐标

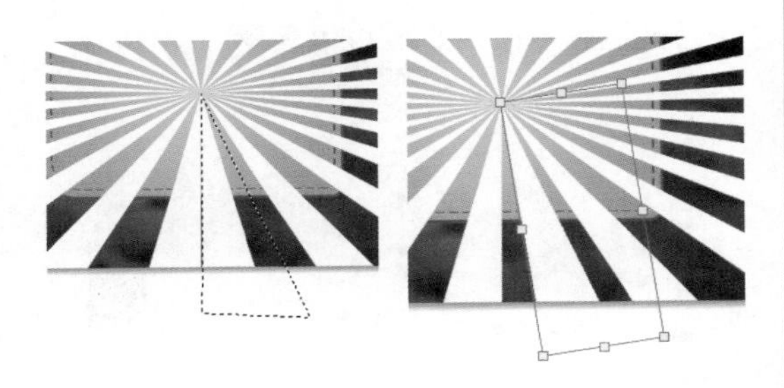

图 8.28　旋转图形

步骤 07 在【图层】面板中，选中【放射】图层，单击面板底部的【添加图层样式】按钮fx，在下拉菜单中选择【渐变叠加】命令。

步骤 08 在弹出的对话框中将【渐变】设置为白色到透明色，并将第 2 个白色色标【不透明度】设置为 0%，设置【样式】为【径向】，【角度】为 0 度，【缩放】为 50%，设置完成后单击【确定】按钮，如图 8.29 所示。

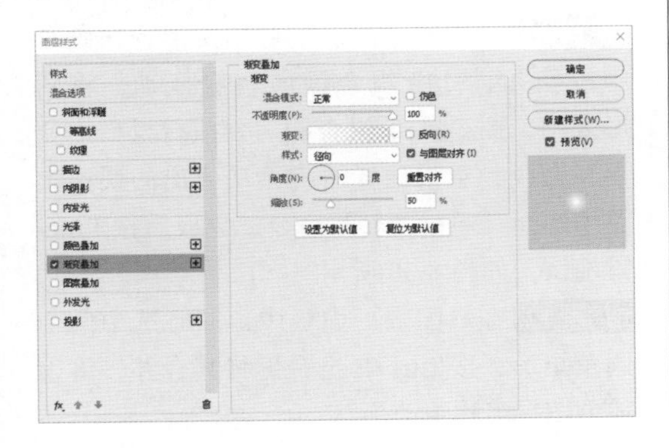

图 8.29　设置渐变叠加

步骤 09 在画布中按 Ctrl+T 组合键对图像执行【自由变换】命令，将图像等比例缩小，完成后按 Enter 键确认。

步骤 10 在【图层】面板中，选中【放射】图层，将其图层【填充】设置为 0%。

5. 处理及制作卡片元素

步骤 01 执行菜单栏中的【文件】|【打开】命令，选择“动物 .psd”文件，将其打开并拖至画布中，如图 8.30 所示。

图 8.30　添加素材

步骤 02 选择工具箱中的【圆角矩形工具】，在选项栏中设置【填充】为蓝色（R：70，G：169，B：252），【描边】为无，【半径】为 30 像素，绘制一个圆角矩形，如图 8.31 所示。

步骤 03 以刚才绘制卡片的方法在圆角矩形左上角绘制一个半径稍小的圆角矩形，再将图形复制一份放在右下角位置，制作按钮，将其图层名称更改为【按钮】，如图 8.32 所示。

图 8.31　绘制圆角矩形

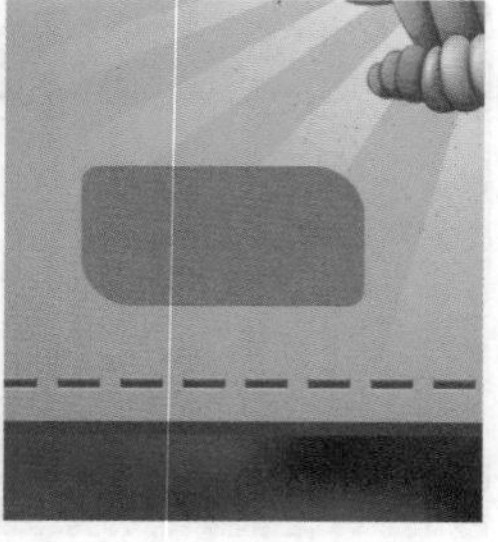

图 8.32　制作按钮

步骤 04 在【图层】面板中，选中【按钮】图层，单击面板底部的【添加图层样式】按钮*fx*，在下拉菜单中选择【投影】命令。

步骤 05 在弹出的对话框中设置【混合模式】为【正常】，【颜色】为蓝色（R：0，G：109，B：230），【不透明度】为 100%，取消选中【使用全局光】复选框，设置【角度】为 90 度，【距离】为 3 像素，设置完成后单击【确定】按钮，如图 8.33 所示。

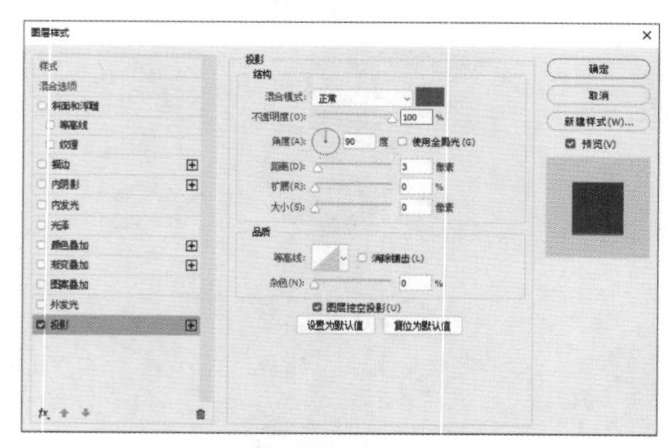

图 8.33　设置投影

步骤 06 选中【按钮】图层，在画布中按住 Alt+Shift 组合键向右侧拖动将图形复制，将生成一个【按钮 拷贝】图层，如图 8.34 所示。

步骤 07 选中【按钮 拷贝】图层，在选项栏中设置【填充】为红色（R：250，G：108，B：122），再以刚才同样方法为其添加投影图层样式。

步骤 08 选择工具箱中的【横排文字工具】**T**，添加文字（方正胖娃简体），如图 8.35 所示。

图 8.34　复制图形

图 8.35　添加文字

步骤 09 在【图层】面板中，选中 66 图层，单击面板底部的【添加图层样式】按钮*fx*，在下拉菜单中选择【描边】命令，在弹出的对话框中设置【大小】为 4 像素，【颜色】为红色（R：202，G：76，B：88），完成后单击【确定】按钮，如图 8.36 所示。

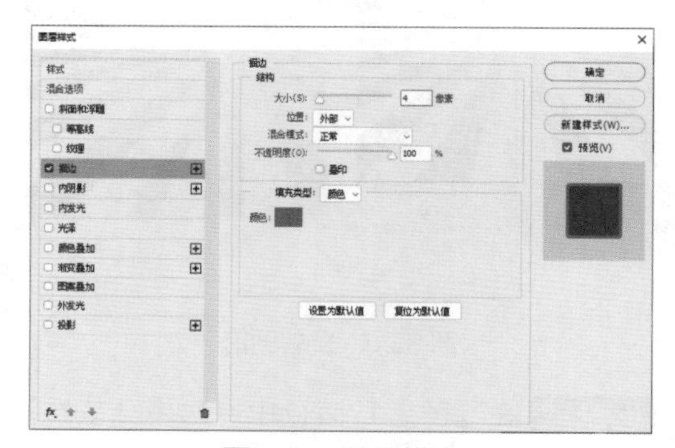

图 8.36　设置描边

步骤 10 选择工具箱中的【圆角矩形工具】▢，在选项栏中设置【填充】为黄色（R：255，G：247，B：148），【描边】为红色（R：202，G：76，B：88），【设置形状描边宽度】为 3 像素，【半径】为 30 像素，绘制一个圆角矩形并适当旋转，如图 8.37 所示。

步骤 11 选中刚才绘制的圆角矩形，在画布中按住 Alt+Shift 组合键向右侧拖动，将图形复制，按 Ctrl+T 组合键对其执行【自由变换】命令，单击鼠标右键，从弹出的快捷菜单中选择【水平翻转】命令，完成后按 Enter 键确认，如图 8.38 所示。

步骤 12 在【图层】面板中，同时选中两个圆角矩形，按 Ctrl+E 组合键将其合并，将生成的图层名称更改为 X。

图 8.37　绘制图形　图 8.38　变换图形

6. 对卡片信息进行微调

步骤 01 在【图层】面板中，选中 X 图层，将其拖至面板底部的【创建新图层】按钮⊞上，复制一个新【X 拷贝】图层。

步骤 02 选中【X 拷贝】图层，将其移至卡片右上角位置，再将其【描边】设置为绿色（R：99，G：128，B：0），如图 8.39 所示。

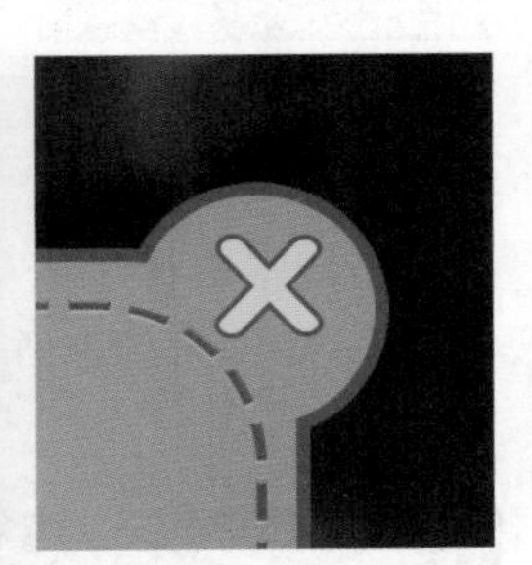

图 8.39　设置描边

步骤 03 选择工具箱中的【圆角矩形工具】▢，在选项栏中设置【填充】为青色（R：0，G：196，B：179），【描边】为青色（R：0，G：127，B：134），【设置形状描边宽度】为 8 像素，【半径】为 30 像素，绘制一个圆角矩形并适当旋转，将生成的【圆角矩形 1】图层移至【图层 2】图层上方，如图 8.40 所示。

步骤 04 在【图层】面板中，选中【圆角矩形 1】图层，单击面板底部的【添加图层蒙版】按钮◘，为其添加图层蒙版。

步骤 05 选择工具箱中的【椭圆选框工具】◌，在圆角矩形左下角按住 Shift 键绘制一个正圆，将选区填充为黑色，将部分图形隐藏，如图 8.41 所示。

图 8.40　绘制图形

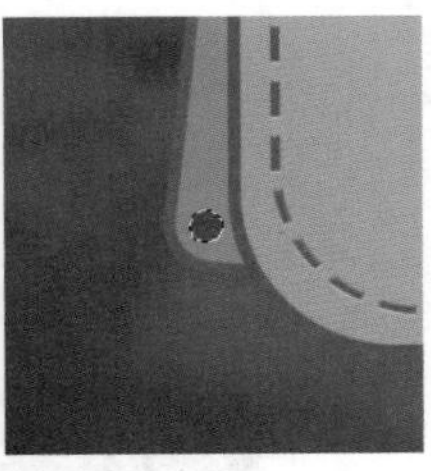

图 8.41　隐藏图形

步骤 06 将选区移至圆角矩形左上角位置，以同样的方法将部分图形隐藏，再移至右上角、右下角位置，将图形隐藏，如图 8.42 所示。

图 8.42　隐藏图形

步骤 07 选择工具箱中的【横排文字工具】**T**，添加文字（方正胖娃简体），如图 8.43 所示。

图 8.43　添加文字

步骤 08 在【图层】面板中，选中【VICTORY!!!】图层，单击面板底部的【添加图层样式】按钮fx，在下拉菜单中选择【描边】命令，在弹出的对话框中设置【大小】为 6 像素，【颜色】为红色（R：202，G：76，B：88），设置完成后单击【确定】按钮，如图 8.44 所示。

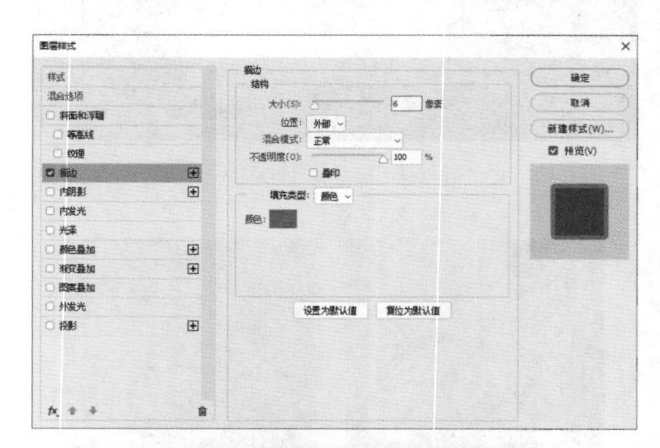

图 8.44　设置描边

7. 添加界面氛围装饰

步骤 01 执行菜单栏中的【文件】|【打开】命令，选择“礼花 .psd”文件，将其打开并拖至画布中，如图 8.45 所示。

步骤 02 选择工具箱中的【套索工具】，在礼花图像上部分区域绘制选区，将部分图像选取，如图 8.46 所示。

步骤 03 选中【礼花】图层，按 Delete 键将选区中的图像删除，完成后按 Ctrl+D 组合键将选区取消，如图 8.47 所示。

图 8.45　添加素材

图 8.46　绘制选区

图 8.47　删除图像

步骤 04 以同样的方法将其他多余图像删除，并适当调整素材大小及位置，这样就完成了游戏通关界面的制作，最终效果如图 8.48 所示。

图 8.48　最终效果

8.6　小猪快跑游戏界面设计

实例分析

本例讲解小猪快跑游戏界面设计。本例界面的设计围绕小猪快跑的主题进行，通过绘制大自然背景，使其与奔跑的小猪图像相结合，整个游戏界面给人一种清新自然的视觉体验，最终效果如图 8.49 所示。

难　　度：☆☆☆☆
素材文件：调用素材 \ 第 8 章 \ 小猪 .psd
案例文件：源文件 \ 第 8 章 \ 小猪快跑游戏界面设计 .psd
视频文件：视频教学 \ 第 8 章 \8.6　小猪快跑游戏界面设计 .mp4

图 8.49　最终效果

1. 制作草地背景

步骤 01 执行菜单栏中的【文件】|【新建】命令，在弹出的对话框中设置【宽度】为 1080 像素，【高度】为 1920 像素，【分辨率】为 72 像素 / 英寸，新建一个空白画布，将画布填充为蓝色（R：98，G：209，B：255）。

步骤 02 选择工具箱中的【钢笔工具】，在选项栏中单击【选择工具模式】路径按钮，在弹出的选项中选择【形状】，设置【填充】为白色，【描边】为无。

步骤 03 绘制一个不规则图形，将生成一个【形状 1】图层，如图 8.50 所示。

图 8.50　绘制图形

步骤 04 在【图层】面板中，单击面板底部的【添加图层样式】按钮fx，在下拉菜单中选择【渐变叠加】命令。

步骤 05 在弹出的对话框中设置【渐变】为绿色（R：84，G：178，B：28）到绿色（R：134，G：221，B：31），完成后单击【确定】按钮，如图 8.51 所示。

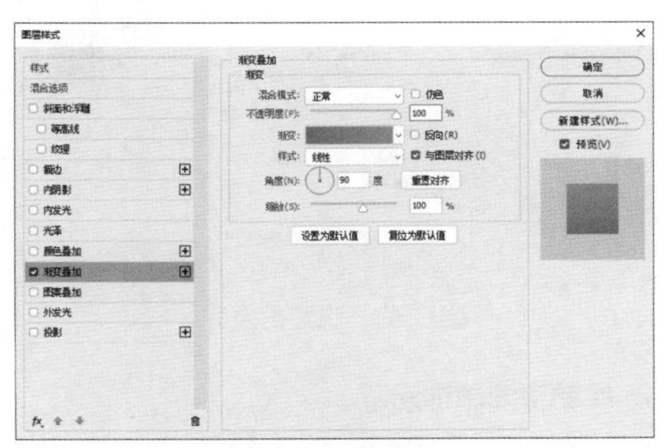

图 8.51　设置渐变叠加

步骤 06 选择工具箱中的【钢笔工具】，在选项栏中单击【选择工具模式】路径按钮，在弹出的选项中选择【形状】，设置【填充】为白色，【描边】为无。

步骤 07 绘制一个云彩图形，将生成一个【形状 2】图层，如图 8.52 所示。

图 8.52　绘制云彩图形

步骤 08 在【图层】面板中，单击面板底部的【添加图层样式】按钮fx，在下拉菜单中选择【内发光】命令。

步骤 09 在弹出的对话框中设置【混合模式】为【正常】，【不透明度】为 40%，【颜色】为蓝色（R：98，G：209，B：255），【大小】为 50 像素，设置完成后单击【确定】按钮，如图 8.53 所示。

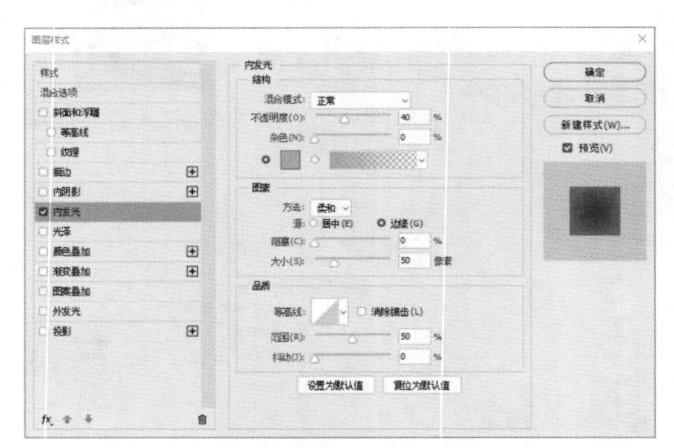

图 8.53 设置内发光

2. 绘制草地装饰元素

步骤 01 选择工具箱中的【钢笔工具】，在选项栏中单击【选择工具模式】路径按钮，在弹出的选项中选择【形状】，设置【填充】为白色，【描边】为无。

步骤 02 在画布右侧绘制一个不规则图形，将生成一个【形状 3】图层，如图 8.54 所示。

图 8.54 绘制图形

步骤 03 在【形状 1】图层名称上单击鼠标右键，从弹出的快捷菜单中选择【拷贝图层样式】命令，在【形状 3】图层名称上单击鼠标右键，从弹出的快捷菜单中选择【粘贴图层样式】命令，如图 8.55 所示。

步骤 04 选中【形状 3】图层，将其移至【形状 1】图层下方，如图 8.56 所示。

图 8.55 粘贴图层样式

图 8.56 更改图层顺序

步骤 05 以同样的方法再绘制数个相似图形并粘贴图层样式，如图 8.57 所示。

步骤 06 选择工具箱中的【钢笔工具】，在选项栏中单击【选择工具模式】路径按钮，在弹出的选项中选择【形状】，设置【填充】为棕色（R：132，G：107，B：87），【描边】为无。

步骤 07 绘制一个石头样式的图形，将生成的图层名称更改为【石头】，如图 8.58 所示。

图 8.57 绘制图形

图 8.58 绘制石头

步骤 08 选择工具箱中的【钢笔工具】，在选项栏中单击【选择工具模式】路径按钮，在弹出的选项中选择【形状】，设置【填充】为无，【描边】为白色，【设置形状描边宽度】为 2 像素。

步骤 09 绘制一条折线，将生成一个【形状 7】图层，如图 8.59 所示。

步骤 10 执行菜单栏中的【滤镜】|【模糊】|【高斯模糊】命令，在弹出的对话框中单击【栅格化】按钮，在出现的对话框中设置【半

径】为 4 像素，完成后单击【确定】按钮，如图 8.60 所示。

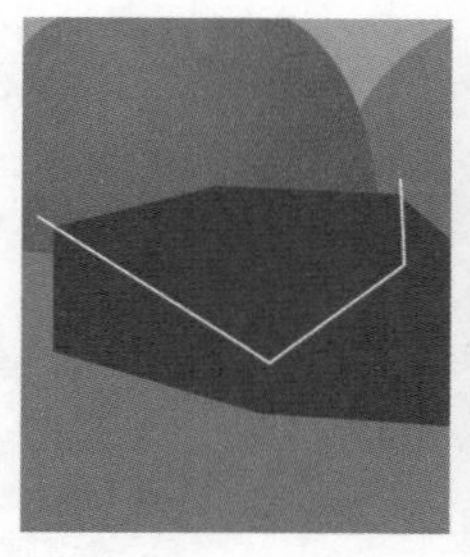

图 8.59　绘制折线　图 8.60　添加高斯模糊

步骤 11 选中【形状 7】图层，将其图层混合模式设置为【叠加】，如图 8.61 所示。

步骤 12 选中【形状 7】图层，执行菜单栏中的【图层】|【创建剪贴蒙版】命令，为当前图层创建剪贴蒙版，将部分图像隐藏，如图 8.62 所示。

图 8.61　设置图层混合模式　图 8.62　创建剪贴蒙版

步骤 13 选择工具箱中的【钢笔工具】，在选项栏中单击【选择工具模式】 路径 按钮，在弹出的选项中选择【形状】，将【描边】设置为无。

步骤 14 选中【石头】图层，在石头图像位置绘制一个不规则图形，将生成一个【形状 8】图层。

步骤 15 在【图层】面板中，单击面板底部的【添加图层样式】按钮 fx，在下拉菜单中选择【渐变叠加】命令。

步骤 16 在弹出的对话框中设置【混合模式】为【叠加】，【不透明度】为 20%，【渐变】为黑色到白色，【角度】为 0 度，设置完成后单击【确定】按钮，如图 8.63 所示。

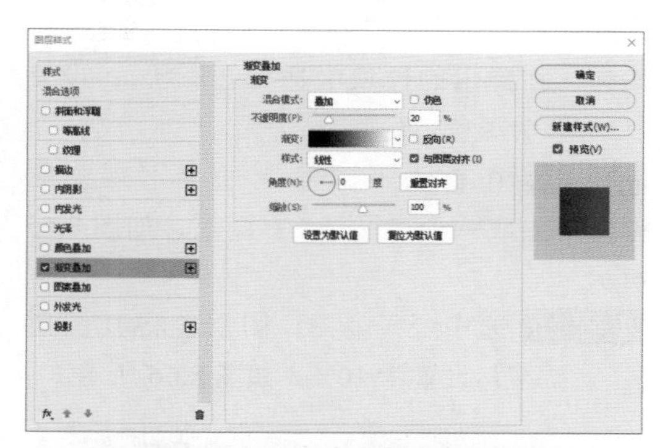

图 8.63　设置渐变叠加

提示

选中【石头】图层后再绘制图形，生成的新图层将自然地创建剪贴蒙版。

步骤 17 选中【形状 8】图层，执行菜单栏中的【滤镜】|【模糊】|【高斯模糊】命令，在弹出的对话框中单击【栅格化】按钮，在弹出的对话框中设置【半径】为 4 像素，设置完成后单击【确定】按钮，如图 8.64 所示。

图 8.64　添加高斯模糊

步骤 18 选择工具箱中的【钢笔工具】，在选项栏中单击【选择工具模式】路径按钮，在弹出的选项中选择【形状】，设置【填充】为黑色，【描边】为无。

步骤 19 在石头下方绘制一个不规则图形，将生成一个【形状 9】图层，如图 8.65 所示。

步骤 20 选中【形状 9】图层，将其图层【不透明度】设置为 10%，如图 8.66 所示。

图 8.65　绘制图形

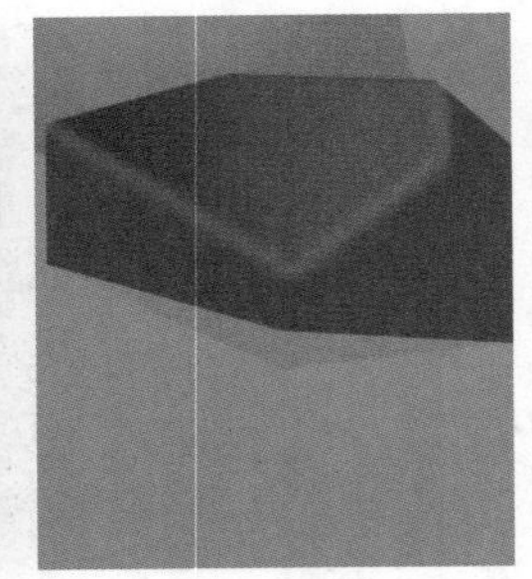

图 8.66　设置图层不透明度

3. 打造指示牌

步骤 01 选择工具箱中的【钢笔工具】，在选项栏中单击【选择工具模式】路径按钮，在弹出的选项中选择【形状】，设置【填充】为白色，【描边】为无。

步骤 02 绘制一个不规则图形，将生成一个【形状 10】图层，如图 8.67 所示。

图 8.67　绘制图形

步骤 03 在【图层】面板中，单击面板底部的【添加图层样式】按钮 fx，在下拉菜单中选择【渐变叠加】命令。

步骤 04 在弹出的对话框中设置【渐变】为黄色（R：235，G：156，B：55）到黄色（R：251，G：178，B：90），【角度】为 0 度，设置完成后单击【确定】按钮，如图 8.68 所示。

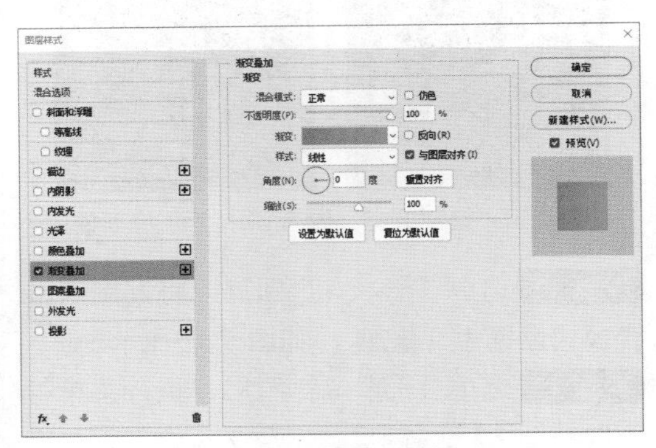

图 8.68　设置渐变叠加

步骤 05 选择工具箱中的【钢笔工具】，在选项栏中单击【选择工具模式】路径按钮，在弹出的选项中选择【形状】，设置【填充】为深黄色（R：198，G：123，B：31），【描边】为无。

步骤 06 绘制一个不规则图形制作出木牌子厚度效果，将生成一个【形状 11】图层，如图 8.69 所示。

步骤 07 以同样的方法再次绘制数个图形制作出完整木牌，如图 8.70 所示。

步骤 08 选择工具箱中的【钢笔工具】，在选项栏中单击【选择工具模式】路径按钮，在弹出的选项中选择【形状】，设置【填充】为黑色，【描边】为无。

图 8.69　绘制厚度效果

图 8.70　制作完整木牌

步骤 09 绘制一个不规则图形，将生成一个【形状 14】图层，并将其移至所有和木牌相关的图层下方，如图 8.71 所示。

步骤 10 选中【形状 14】图层，将其图层【不透明度】设置为 10%，如图 8.72 所示。

图 8.71　绘制图形

图 8.72　设置图层不透明度

4. 为指示牌添加文字

步骤 01 选择工具箱中的【横排文字工具】T，添加文字（方正胖娃简体），如图 8.73 所示。

步骤 02 选中文字图层，按 Ctrl+T 组合键对图形执行【自由变换】命令，单击鼠标右键，从弹出的快捷菜单中选择【透视】命令，拖动变形框控制点将文字变形，完成后按 Enter 键确认，如图 8.74 所示。

图 8.73　添加文字

图 8.74　将文字变形

步骤 03 在【图层】面板中，选中【小猪快跑】图层，单击面板底部的【添加图层样式】按钮 fx，在下拉菜单中选择【内阴影】命令。

步骤 04 在弹出的对话框中设置【混合模式】为【正常】，【颜色】为黑色，取消选中【使用全局光】复选框，设置【角度】为 90 度，【距离】为 1 像素，【大小】为 2 像素，如图 8.75 所示。

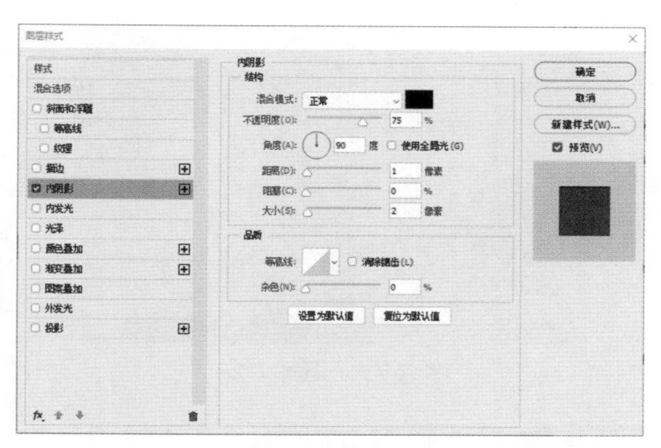

图 8.75　设置内阴影

步骤 05 勾选【投影】复选框，设置【混合模式】为【叠加】，【颜色】为白色，【不透明度】为 100%，取消选中【使用全局光】复选框，设置【角度】为 90 度，【距离】为 1 像素，【大小】为 1 像素，设置完成后单击【确定】按钮，如图 8.76 所示。

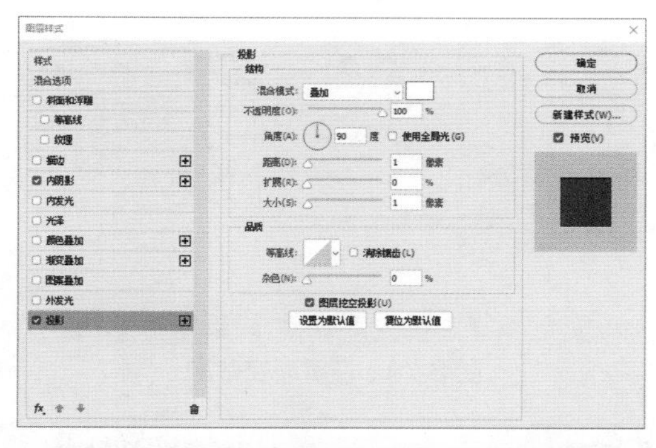

图 8.76　设置投影

5. 处理主视觉文字

步骤 01 选择工具箱中的【横排文字工具】**T**，添加文字（方正正粗黑简体），如图 8.77 所示。

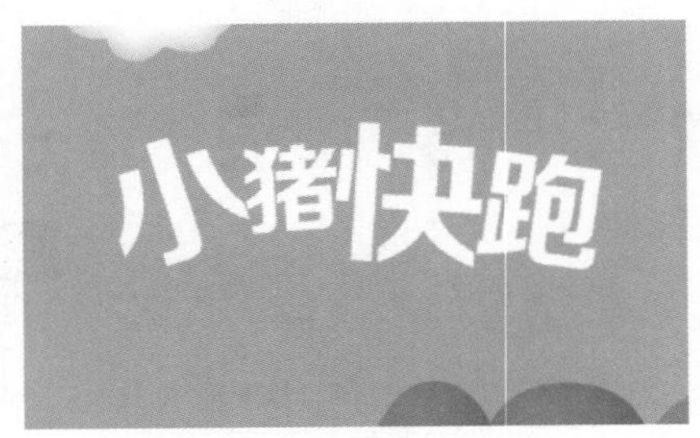

图 8.77　添加文字

步骤 02 在【图层】面板中，选中【小】图层，单击面板底部的【添加图层样式】按钮 *fx*，在下拉菜单中选择【渐变叠加】命令。

步骤 03 在弹出的对话框中设置【混合模式】为【正常】，【渐变】为蓝色（R：201，G：248，B：247）到白色，如图 8.78 所示。

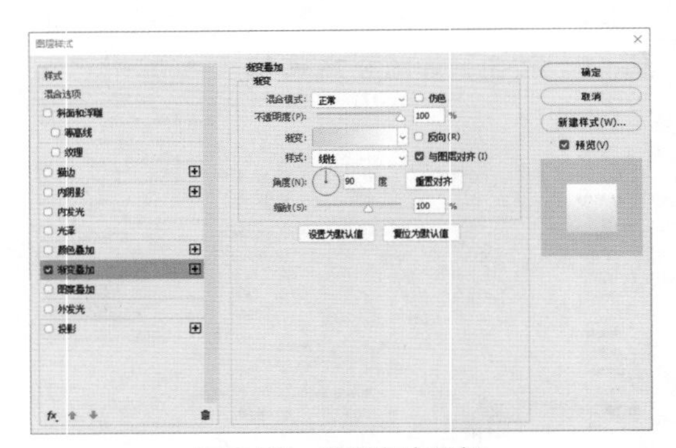

图 8.78　设置渐变叠加

步骤 04 勾选【投影】复选框，设置【混合模式】为【正常】，【颜色】为蓝色（R：38，G：115，B：147），【不透明度】为 100%，取消选中【使用全局光】复选框，设置【角度】为 90 度，【距离】为 6 像素，设置完成后单击【确定】按钮，如图 8.79 所示。

步骤 05 在【小】图层名称上单击鼠标右键，从弹出的快捷菜单中选择【拷贝图层样式】命令，同时选中其他 3 个图层名称并单击鼠标右键，从弹出的快捷菜单中选择【粘贴图层样式】命令，如图 8.80 所示。

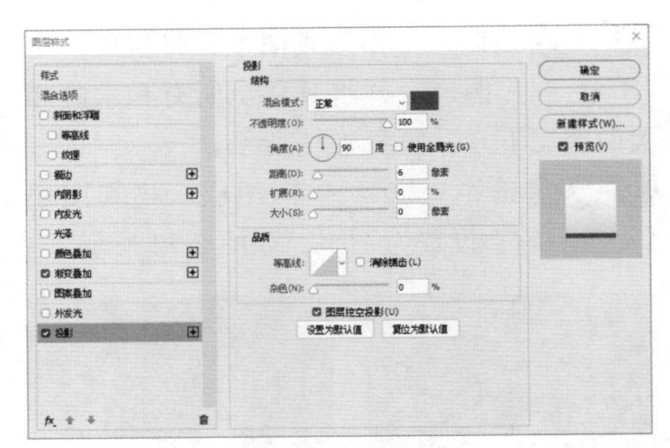

图 8.79　设置投影

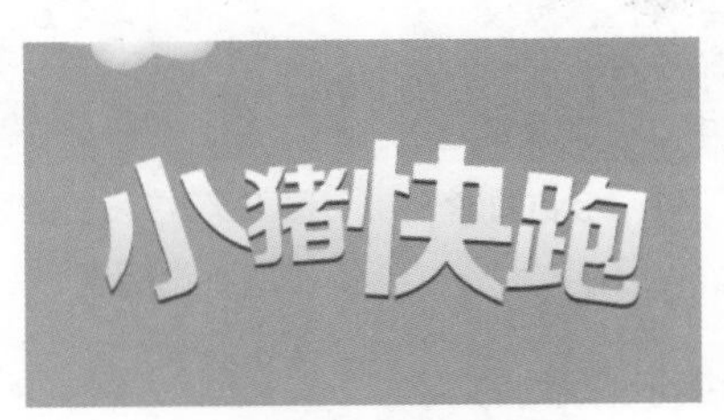

图 8.80　粘贴图层样式

步骤 06 双击【快】图层样式名称，在弹出的对话框中将【渐变】设置为浅红色（R：253，G：166，B：144）到浅红色（R：255，G：244，B：241），如图 8.81 所示。

步骤 07 选中【投影】复选框，将其颜色设置为深红色（R：142，G：62，B：41），设置完成后单击【确定】按钮，如图 8.82 所示。

图 8.81　更改渐变颜色　图 8.82　更改投影颜色

步骤 08 在【快】图层名称上单击鼠标右键，从弹出的快捷菜单中选择【拷贝图层样式】命令，在【跑】图层名称上单击鼠标右键，从弹出的快捷菜单中选择【粘贴图层样式】命令，如图 8.83 所示。

步骤 09 按住 Ctrl 键单击【小】图层缩览图，将其载入选区，再按住 Shift+Ctrl 组合键单击其他 3 个文字图层缩览图，将其载入选区，如图 8.84 所示。

步骤 10 执行菜单栏中的【选择】|【修改】|【扩展】命令，在弹出的对话框中设置【扩展量】为 20 像素，设置完成后单击【确定】按钮，如图 8.85 所示。

图 8.83　粘贴图层样式

图 8.84　载入选区

图 8.85　扩展选区

步骤 11 在【图层】面板中，单击面板底部的【创建新图层】按钮⊞，在【小】图层下方新建一个【图层 1】图层，将图层填充为白色，如图 8.86 所示。

图 8.86　新建图层并填充颜色

步骤 12 在【图层】面板中，选中【图层 1】图层，单击面板底部的【添加图层样式】按钮fx，在下拉菜单中选择【渐变叠加】命令。

步骤 13 在弹出的对话框中设置【混合模式】为【正常】，【不透明度】为 100%，【渐变】为蓝色（R：19，G：126，B：206）到蓝色（R：33,G：176,B：236），如图 8.87 所示。

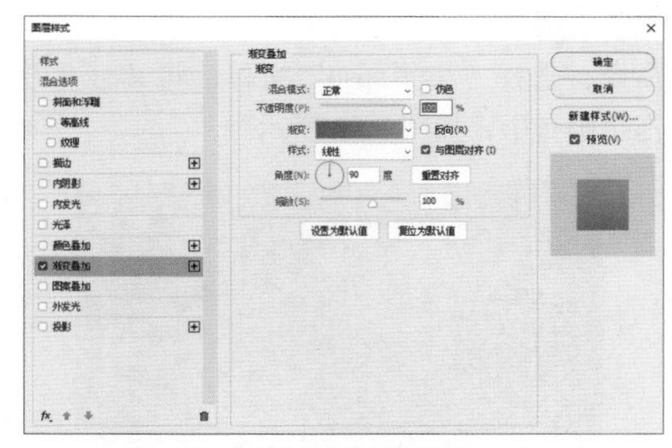

图 8.87　设置渐变叠加

步骤 14 勾选【投影】复选框，设置【混合模式】为【叠加】，【颜色】为黑色，取消选中【使用全局光】复选框，设置【角度】为 90 度，【距离】为 20 像素，【大小】为 5 像素，如图 8.88 所示。

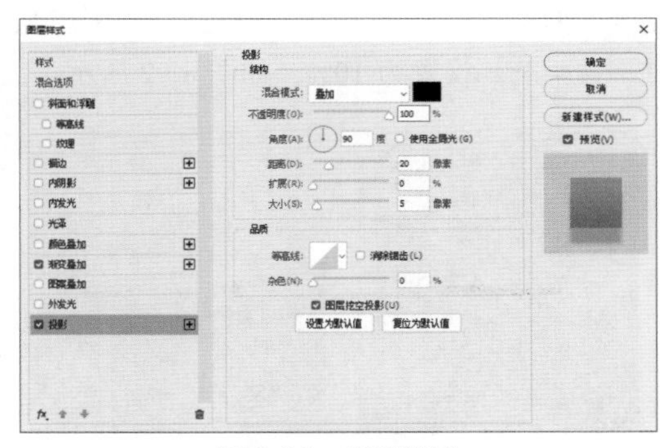

图 8.88　设置投影

步骤 15 勾选【描边】复选框，设置【大小】为 10 像素，【颜色】为白色，设置完成后单击【确定】按钮，如图 8.89 所示。

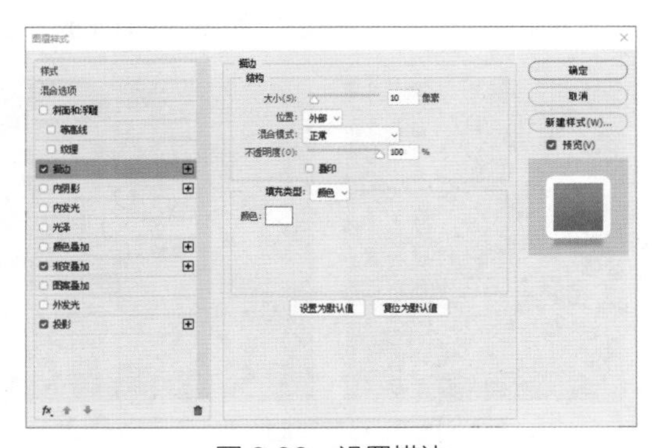

图 8.89　设置描边

6. 调整及完善素材元素

步骤 01 执行菜单栏中的【文件】|【打开】命令，选择“小猪 .psd”文件，将其打开并拖至画布中，如图 8.90 所示。

图 8.90　添加素材

步骤 02 选择工具箱中的【椭圆工具】，在选项栏中设置【填充】为黑色，【描边】为无，在小猪图像底部绘制一个椭圆图形，将生成一个【椭圆 1】图层，如图 8.91 所示。

步骤 03 选中【椭圆 1】图层，将其图层【不透明度】设置为 10%，如图 8.92 所示。

图 8.91　绘制图形

图 8.92　设置图层不透明度

步骤 04 选中【椭圆 1】图层，在画布中按住 Alt 键将椭圆拖动至小猪下方，将图形复制，再将图形等比例缩小，如图 8.93 所示。

图 8.93　复制图形

7. 制作进度信息

步骤 01 选择工具箱中的【圆角矩形工具】，在选项栏中设置【填充】为深绿色（R：50，G：108，B：6），【描边】为无，【半径】为 17 像素，绘制一个圆角矩形，将生成一个【圆角矩形 1】图层，如图 8.94 所示。

步骤 02 在【图层】面板中，选中【圆角矩形 1】图层，将其拖至面板底部的【创建新图层】按钮上，复制一个新【圆角矩形 1 拷贝】图层。

步骤 03 选中【圆角矩形 1 拷贝】图层，将其【填充】设置为浅红色（R：254，G：212，B：200），再将图形宽度缩小，如图 8.95 所示。

图 8.94　绘制图形

图 8.95　缩小图形宽度

步骤 04 选择工具箱中的【横排文字工具】T，添加文字（方正正粗黑简体、苹方体），如图 8.96 所示。

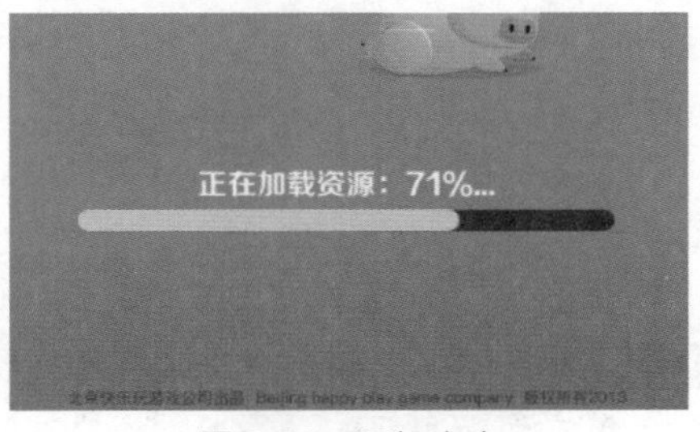

图 8.96　添加文字

步骤 05 选择工具箱中的【圆角矩形工具】，在选项栏中设置【填充】为黑色，【描边】为无，【半径】为 50 像素，在画布右上角绘制一个圆角矩形，将生成一个【圆角矩形 2】图层，如图 8.97 所示。

步骤 06 选中【圆角矩形 2】图层，将其图层【不透明度】设置为 30%，如图 8.98 所示。

图 8.97　绘制图形

图 8.98　设置图层不透明度

步骤 07 选择工具箱中的【矩形工具】，在选项栏中设置【填充】为白色，【描边】为无，在圆角矩形中间位置绘制一个细长矩形，将生成一个【矩形 1】图层，如图 8.99 所示。

步骤 08 选中【矩形 1】图层，将其图层【不透明度】设置为 30%，如图 8.100 所示。

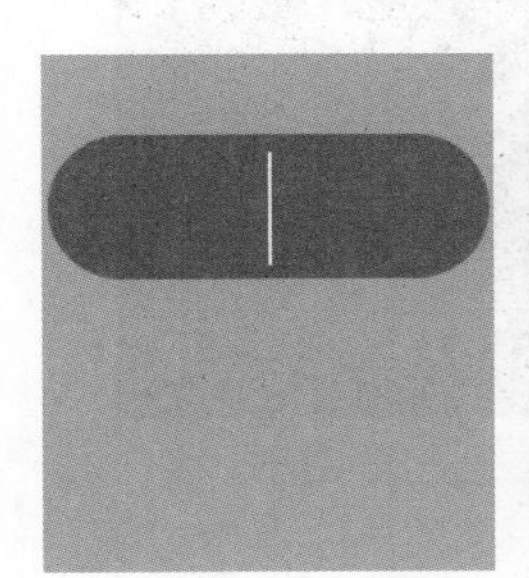

图 8.99　绘制图形

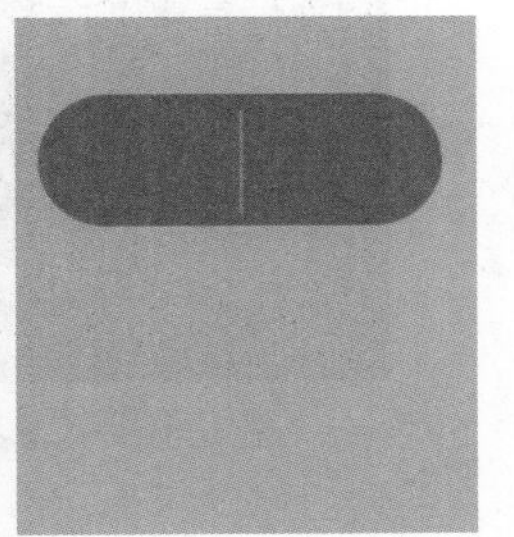

图 8.100　设置图层不透明度

步骤 09 选择工具箱中的【椭圆工具】，在选项栏中设置【填充】为无，【描边】为白色，【设置形状描边宽度】为 5 像素，在刚才绘制的圆角矩形位置按住 Shift 键绘制一个正圆图形，将生成一个【椭圆 2】图层，如图 8.101 所示。

步骤 10 选中【椭圆 2】图层，将其图层【不透明度】设置为 30%，如图 8.102 所示。

图 8.101　绘制图形

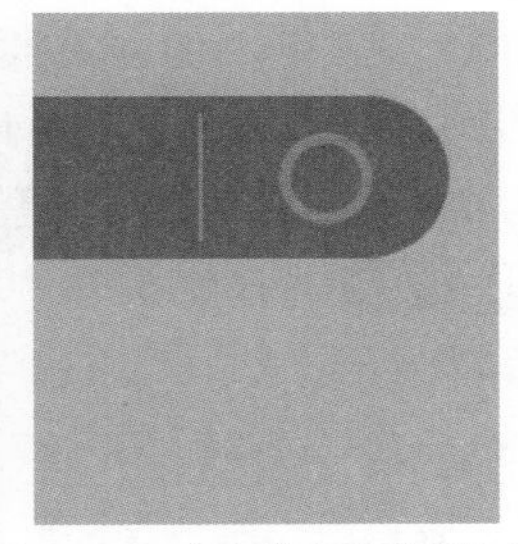

图 8.102　设置图层不透明度

步骤 11 将绘制的正圆复制数份，并将部分图形缩小，这样就完成了小猪快跑游戏界面的制作，最终效果如图 8.103 所示。

图 8.103　最终效果

8.7　斗地主游戏界面设计

实例分析

本例讲解斗地主游戏界面设计。本例界面围绕斗地主游戏主题进行设计，通过绘制扑克牌与斗地主游戏界面的设计相融合，使整个界面具有出色的视觉效果，最终效果如图 8.104 所示。

难　　度：☆☆☆☆
素材文件：调用素材 \ 第 8 章 \ “斗地主游戏界面设计”文件夹
案例文件：源文件 \ 第 8 章 \ 斗地主游戏界面设计 .psd
视频文件：视频教学 \ 第 8 章 \8.7　斗地主游戏界面设计 .mp4

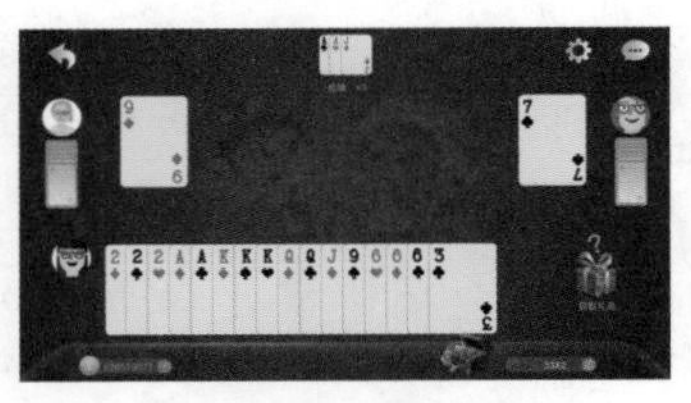

图 8.104　最终效果

1. 制作桌面背景

步骤 01 执行菜单栏中的【文件】|【新建】命令，在弹出的对话框中设置【宽度】为 1920 像素，【高度】为 1080 像素，【分辨率】为 72 像素 / 英寸，新建一个空白画布。

步骤 02 选择工具箱中的【渐变工具】，编辑绿色（R：60，G：130，B：54）到绿色（R：32，G：82，B：27）的渐变，单击选项栏中的【径向渐变】按钮，在画布中从中间向边缘拖动填充渐变，如图 8.105 所示。

图 8.105　填充渐变

步骤 03 在【图层】面板中，单击面板底部的【创建新图层】按钮，新建一个【图层 1】图层，将图层填充为白色。

步骤 04 执行菜单栏中的【滤镜】|【杂色】|【添加杂色】命令，在弹出的对话框中选中【单色】复选框和【高斯分布】单选按钮，完成后单击【确定】按钮，如图 8.106 所示。

步骤 05 选中【图层 1】图层，将其图层混合模式设置为【正片叠底】，如图 8.107 所示。

步骤 06 选择工具箱中的【圆角矩形工具】，在选项栏中设置【填充】为黑色，【描边】为无，【半径】为 50 像素，绘制一个圆角矩形，将生成一个【圆角矩形 1】图层，如图 8.108 所示。

步骤 07 按 Ctrl+T 组合键对图形执行【自由变换】命令，单击鼠标右键，从弹出的快捷菜单中选择【透视】命令，拖动变形框控制点将图像变形，完成后按 Enter 键确认，如图 8.109 所示。

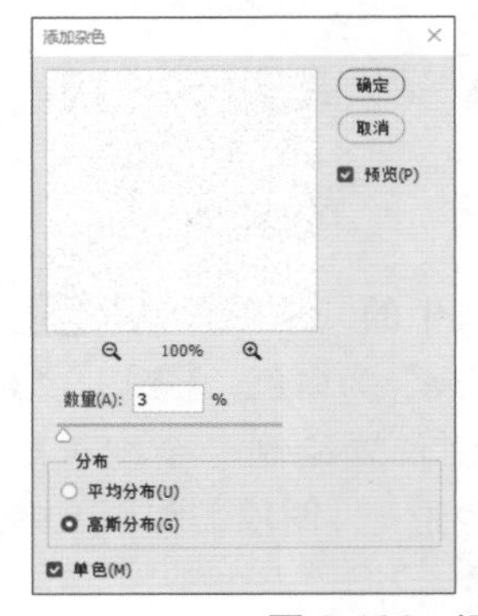

图 8.106　添加杂色

图 8.107　设置图层混合模式

图 8.108　绘制图形

步骤 08 在【图层】面板中，单击面板底部的【添加图层样式】按钮 *fx*，在下拉菜单中选择【内阴影】命令。

图 8.109　将图形变形

步骤 09 在弹出的对话框中设置【混合模式】为【叠加】，【颜色】为白色，取消选中【使用全局光】复选框，设置【角度】为 90 度，【大小】为 60 像素，设置完成后单击【确定】按钮，如图 8.110 所示。

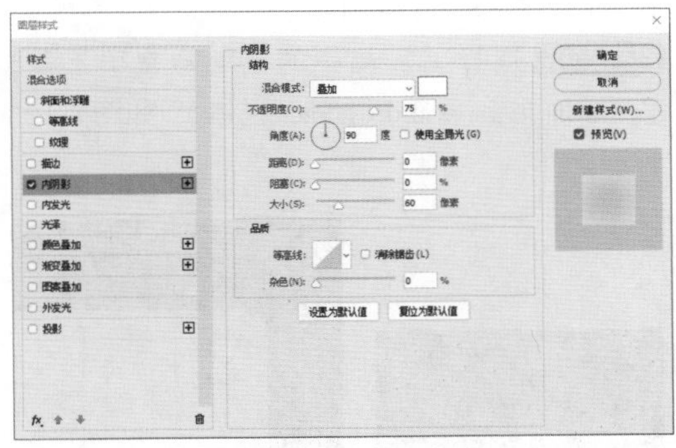

图 8.110　设置内阴影

步骤 10 在【图层】面板中，选中【圆角矩形 1】图层，将其图层【填充】设置为 0%，如图 8.111 所示。

图 8.111　设置填充

2. 添加高光点缀

步骤 01 选择工具箱中的【椭圆工具】，在选项栏中设置【填充】为白色，【描边】为无，在刚才绘制的图形左上角位置绘制一个椭圆图形，将生成一个【椭圆 1】图层，如图 8.112 所示。

图 8.112　绘制图形

步骤 02 选中【椭圆 1】图层，执行菜单栏中的【滤镜】|【模糊】|【高斯模糊】命令，在弹出的对话框中单击【栅格化】按钮，在出现的对话框中将【半径】设置为 5 像素，设置完成后单击【确定】按钮，如图 8.113 所示。

步骤 03 执行菜单栏中的【滤镜】|【模糊】|【动感模糊】命令，在弹出的对话框中设置【角度】为 0 度，【距离】为 250 像素，设置完成后单击【确定】按钮，如图 8.114 所示。

图 8.113　添加高斯模糊

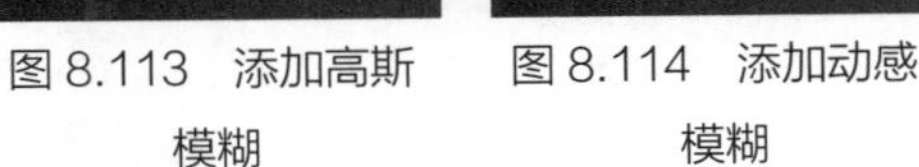

图 8.114　添加动感模糊

步骤 04 在【图层】面板中，选中【椭圆 1】图层，将该图层混合模式设置为【叠加】，如图 8.115 所示。

图 8.115　设置图层混合模式

3. 绘制扑克牌

步骤 01 选择工具箱中的【圆角矩形工具】，在选项栏中设置【填充】为浅绿色（R：237，G：254，B：234），【描边】为无，【半径】为 15 像素，绘制一个圆角矩形，将生成一个【圆角矩形 2】图层，如图 8.116 所示。

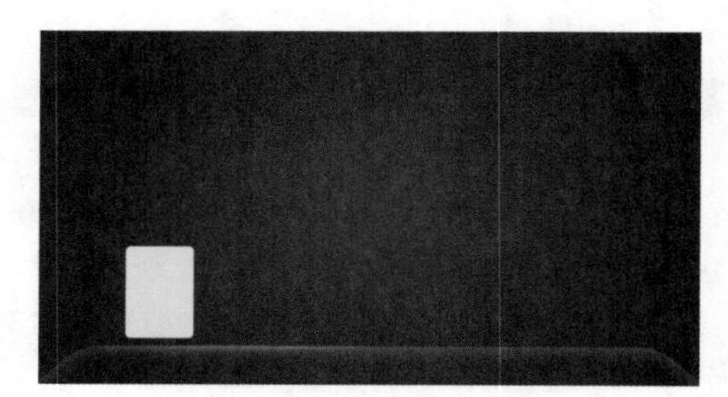

图 8.116 绘制图形

步骤 02 在【图层】面板中，选中【圆角矩形 2】图层，单击面板底部的【添加图层样式】按钮 *fx*，在下拉菜单中选择【内发光】命令。

步骤 03 在弹出的对话框中设置【混合模式】为【正常】，【不透明度】为 100%，【颜色】为白色，【大小】为 1 像素，如图 8.117 所示。

步骤 04 勾选【投影】复选框，设置【混合模式】为【正常】，【颜色】为深绿色（R：8，G：35，B：6），【不透明度】为 100%，取消选中【使用全局光】复选框，设置【角度】为 0 度，【距离】为 1 像素，【大小】为 1 像素，设置完成后单击【确定】按钮，如图 8.118 所示。

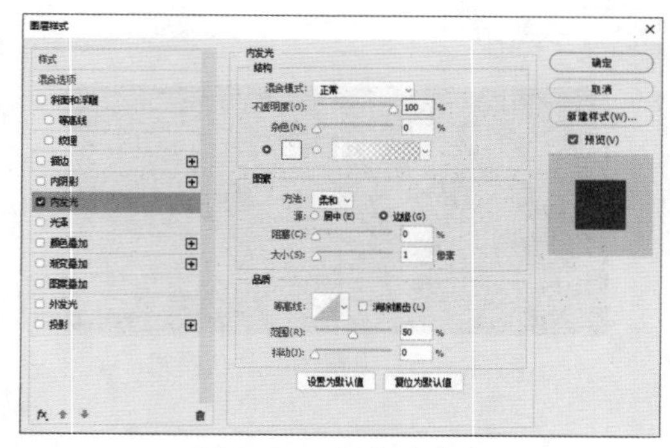

图 8.117 设置内发光

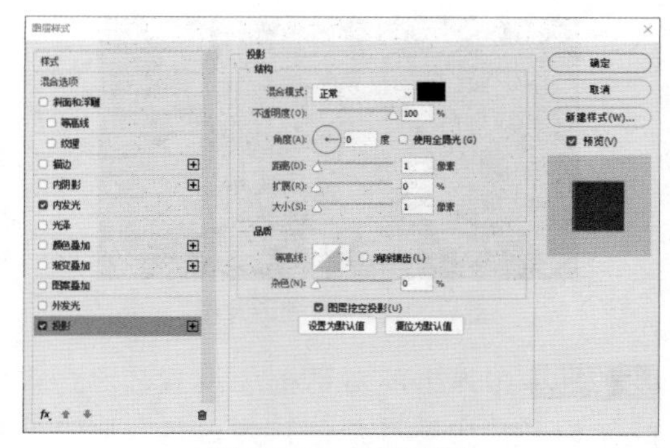

图 8.118 设置投影

步骤 05 选中【圆角矩形 2】图层，在画布中按住 Alt+Shift 组合键向右侧拖动将图形复制多份，如图 8.119 所示。

步骤 06 选择工具箱中的【横排文字工具】**T**，添加文字（Card Characters 体），如图 8.120 所示。

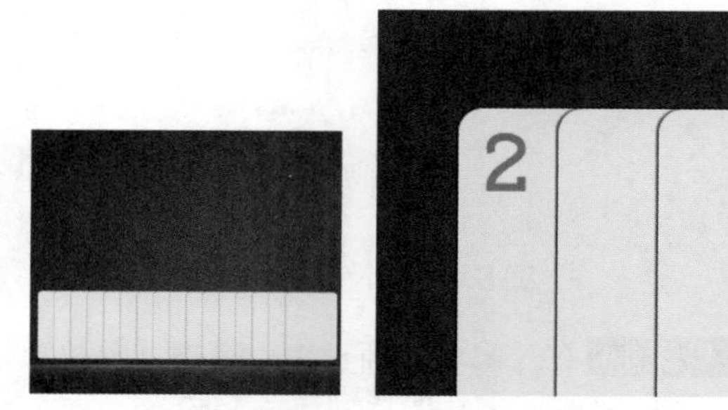

图 8.119 复制图形　　图 8.120 添加文字

步骤 07 选择工具箱中的【钢笔工具】，在选项栏中单击【选择工具模式】路径 按钮，在弹出的选项中选择【形状】，设置【填充】为红色（R：255，G：0，B：0），【描边】为无。

步骤 08 绘制一个菱形，将其图层名称更改为【方块】，如图 8.121 所示。

图 8.121 绘制图形

步骤 09 以同样的方法在其他扑克牌上添加数字及对应的花型图像，并更改花型所对应的名称【黑桃】【红桃】【梅花】，如图 8.122 所示。

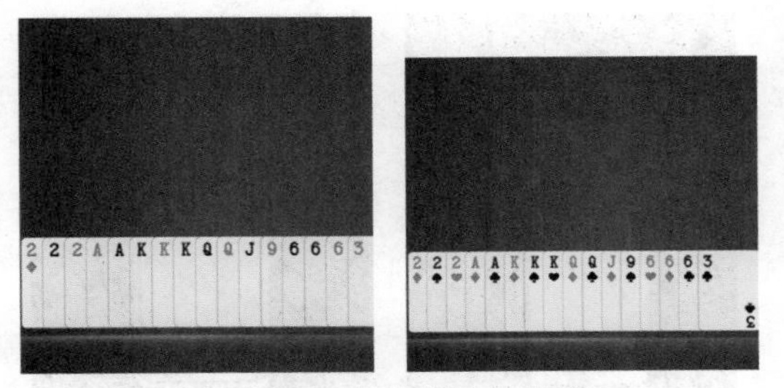

图 8.122 添加数字及花型

步骤 10 将最右侧扑克牌上数字及花型复制并垂直翻转，如图 8.123 所示。

图 8.123 复制及变换图文

4. 布局游戏元素

步骤 01 以上节同样的方法在画布中其他位置绘制圆角矩形，如图 8.124 所示。

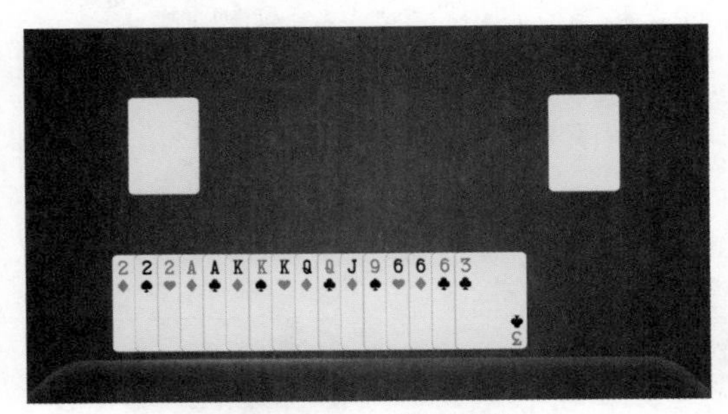

图 8.124 绘制图形

步骤 02 在绘制的圆角矩形位置添加数字及花型，如图 8.125 所示。

步骤 03 在画布顶部位置再次绘制圆角矩形并添加数字及花型，如图 8.126 所示。

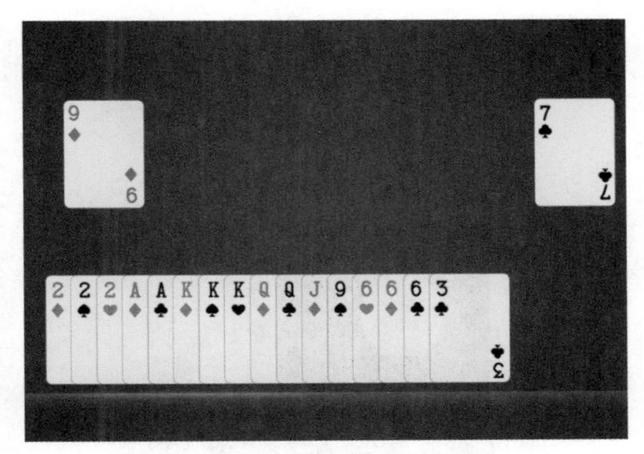

图 8.125 添加数字及花型

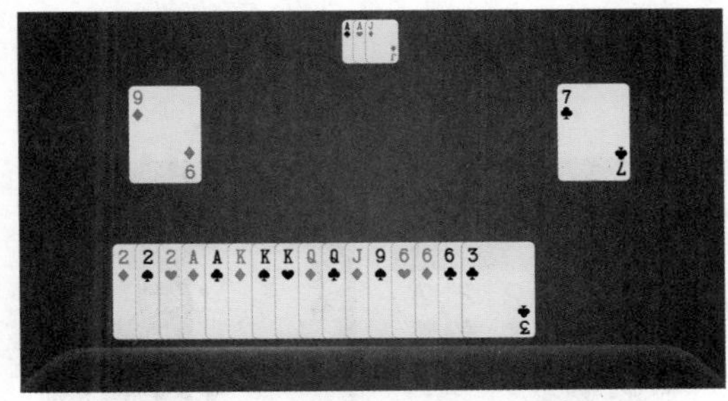

图 8.126 绘制图形并添加数字及花型

步骤 04 同时选中所有和扑克牌相关的图层，按 Ctrl+G 组合键将其编组，将生成的组名称更改为【扑克牌】。

步骤 05 选择工具箱中的【椭圆工具】，在选项栏中设置【填充】为白色，【描边】为无，在画布靠左侧位置按住 Shift 键绘制一个正圆图形，将生成一个【椭圆 2】图层，如图 8.127 所示。

步骤 06 执行菜单栏中的【文件】|【打开】命令，选择“头像.psd”文件，将其打开并选中其中的一个图像，将其拖至画布中，如图 8.128 所示。

图 8.127 绘制图形

图 8.128 添加头像

步骤 07 选中图像所在图层，执行菜单栏中的【图层】|【创建剪贴蒙版】命令，为当前图层创建剪贴蒙版将部分图像隐藏，如图 8.129 所示。

图 8.129　创建剪贴蒙版

步骤 08 以同样的方法在其他位置绘制正圆并将头像素材添加至正圆位置，创建剪贴蒙版将部分图像隐藏，如图 8.130 所示。

图 8.130　添加素材

5. 调整细节布局

步骤 01 同时选中所有和头像相关的图层，按 Ctrl+G 组合键将其编组，将生成的组名称更改为【头像】。

步骤 02 选择工具箱中的【圆角矩形工具】，在选项栏中设置【填充】为浅绿色（R：237，G：254，B：234），【描边】为无，【半径】为 15 像素，绘制一个圆角矩形，将生成一个【圆角矩形 3】图层，如图 8.131 所示。

步骤 03 在【图层】面板中，选中【圆角矩形 3】图层，将其拖至面板底部的【创建新图层】按钮上，复制一个新【圆角矩形 3 拷贝】图层。

步骤 04 选中【圆角矩形 3 拷贝】图层，在选项栏中设置【填充】为无，【描边】为绿色（R：60，G：130，B：54），【设置形状描边宽度】为 2 像素。

步骤 05 选中【圆角矩形 3 拷贝】图层，在画布中按 Ctrl+T 组合键对其执行【自由变换】命令，将图像等比例缩小，完成后按 Enter 键确认，如图 8.132 所示。

图 8.131　绘制图形　　图 8.132　将图形缩小

步骤 06 在【图层】面板中，选中【圆角矩形 3】图层，单击面板底部的【添加图层样式】按钮 fx，在下拉菜单中选择【渐变叠加】命令。

步骤 07 在弹出的对话框中设置【混合模式】为【正常】，【不透明度】为 20%，【渐变】为透明色到绿色（R：40，G：90，B：35），将第一个绿色色标【不透明度】设置为 0%，设置完成后单击【确定】按钮，如图 8.133 所示。

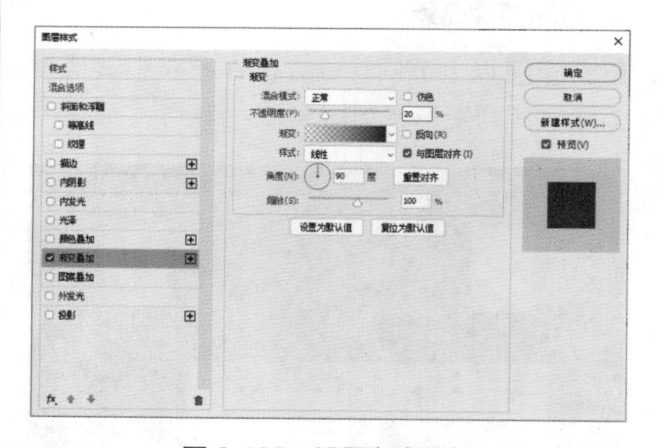

图 8.133　设置渐变叠加

步骤 08 复制一份梅花图像至圆角矩形左上角，再将其复制一份并旋转 180° 移至右下角位置，如图 8.134 所示。

步骤 09 同时选中所有和扑克背面相关的图层，按 Ctrl+G 组合键将其编组，将生成的组名称更改为【扑克背面】。

图 8.134　复制图像

步骤 10 在【图层】面板中，选中【扑克背面】图层，将其拖至面板底部的【创建新图层】按钮⊞上，复制一个新【扑克背面拷贝】组，在图像中将其向下垂直移动，如图 8.135 所示。

图 8.135　复制图像

步骤 11 在【图层】面板中，选中【扑克背面拷贝】组，单击面板底部的【添加图层样式】按钮fx，在下拉菜单中选择【投影】命令。

步骤 12 在弹出的对话框中设置【混合模式】为【正常】，【颜色】为深绿色（R：8，G：35，B：6），【不透明度】为 50%，取消选中【使用全局光】复选框，设置【角度】为 -90 度，【距离】为 1 像素，【大小】为 1 像素，设置完成后单击【确定】按钮，如图 8.136 所示。

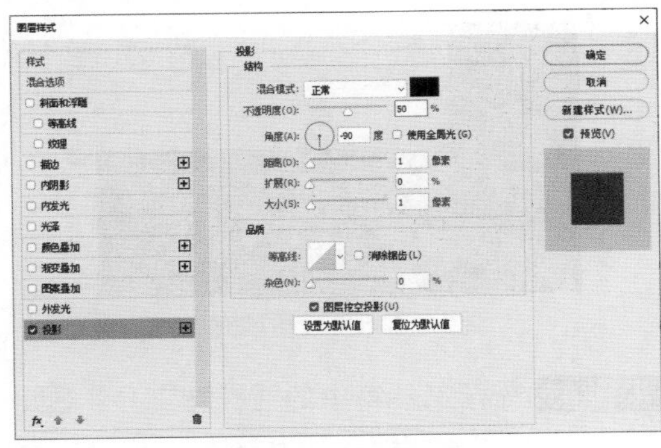

图 8.136　设置投影

步骤 13 在【图层】面板中，选中【扑克背面】组，以刚才同样的方法将其向下移动复制多份，如图 8.137 所示。

步骤 14 同时选中所有和扑克背面相关的组，按 Ctrl+G 组合键将其编组，将生成的组名称更改为【扑克背面堆叠】。

步骤 15 在【图层】面板中，选中【扑克背面堆叠】组，将其拖至面板底部的【创建新图层】按钮⊞上，复制一个新【扑克背面堆叠 拷贝】组，在图像中将其移至右侧头像下方相对位置，如图 8.138 所示。

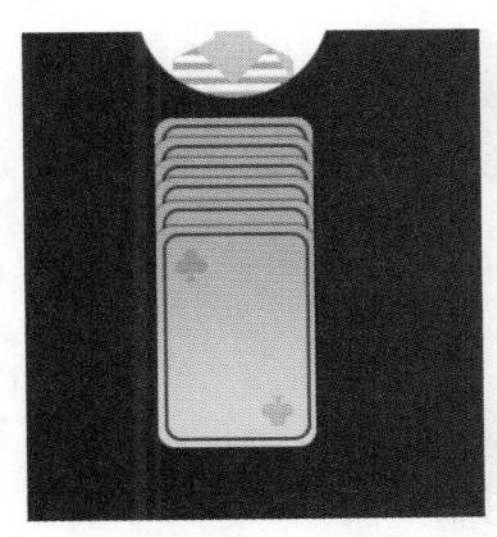

图 8.137　复制图像

图 8.138　向右侧复制图像

6. 制作界面控件

步骤 01 选择工具箱中的【钢笔工具】，在选项栏中单击【选择工具模式】路径按钮，在弹出的选项中选择【形状】，设置【填充】为白色，【描边】为无。

步骤 02 在画布左上角绘制一个不规则图形，将生成一个【形状 1】图层，如图 8.139 所示。

图 8.139　绘制图形

步骤 03 在【图层】面板中，单击面板底部的【添加图层样式】按钮fx，在下拉菜单中选择【渐变叠加】命令。

步骤 04 在弹出的对话框中设置【渐变】为黄色（R：255，G：198，B：0）到白色，【角度】为 0 度，设置完成后单击【确定】按钮，如图 8.140 所示。

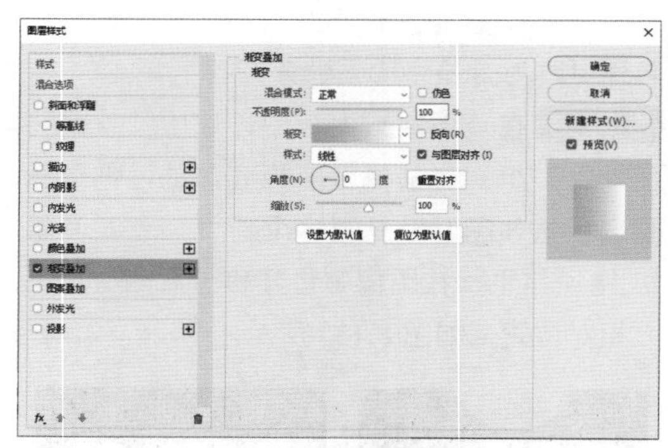

图 8.140　设置渐变叠加

步骤 05 执行菜单栏中的【文件】|【打开】命令，选择“图标 .psd”文件，将其打开并拖至画布中右上角位置，如图 8.141 所示。

步骤 06 在【形状 1】图层名称上单击鼠标右键，从弹出的快捷菜单中选择【拷贝图层样式】命令，同时选中【设置】、【信息】两个图层，在其图层名称上单击鼠标右键，从弹出的快捷菜单中选择【粘贴图层样式】命令，如图 8.142 所示。

图 8.141　添加素材

图 8.142　粘贴图层样式

7. 绘制状态栏

步骤 01 选择工具箱中的【圆角矩形工具】，在选项栏中设置【填充】为白色，【描边】为无，【半径】为 100 像素，在画布底部绘制一个圆角矩形，将生成一个【圆角矩形 4】图层，如图 8.143 所示。

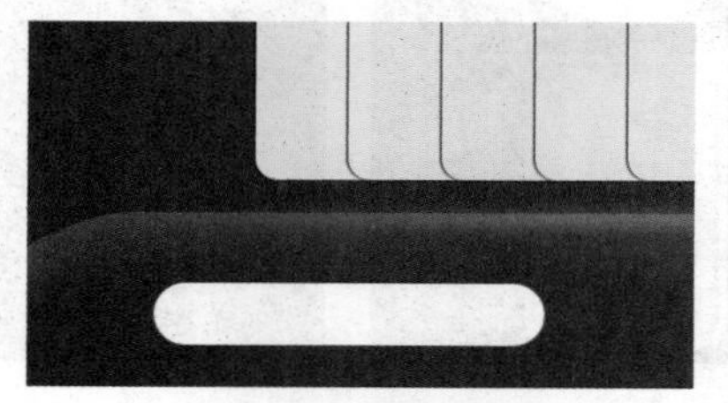

图 8.143　绘制图形

步骤 02 在【图层】面板中，选中【圆角矩形 4】图层，单击面板底部的【添加图层样式】按钮 *fx*，在下拉菜单中选择【内阴影】命令。

步骤 03 在弹出的对话框中设置【混合模式】为【叠加】，【颜色】为白色，取消选中【使用全局光】复选框，设置【角度】为 90 度，【大小】为 60 像素，如图 8.144 所示。

步骤 04 在【图层】面板中，选中【圆角矩形 4】图层，将其图层【填充】设置为 0%，如图 8.145 所示。

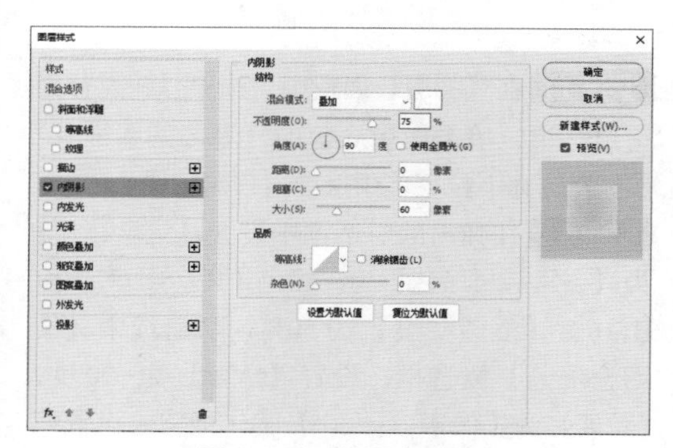

图 8.144　设置内阴影

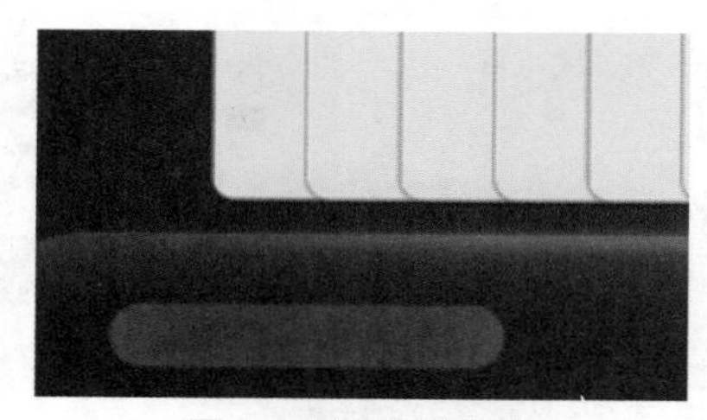

图 8.145　设置填充

步骤 05 选择工具箱中的【椭圆工具】，在选项栏中设置【填充】为白色，【描边】为无，在刚才绘制的圆角矩形靠右侧位置按住 Shift 键绘制一个正圆图形，将生成一个【椭圆 3】图层，如图 8.146 所示。

步骤 06 在【圆角矩形 4】图层名称上单击鼠标右键，从弹出的快捷菜单中选择【拷贝图层样式】命令，选中【椭圆 3】图层，在其图层名称上单击鼠标右键，从弹出的快捷菜单中选择【粘贴图层样式】命令，如图 8.147 所示。

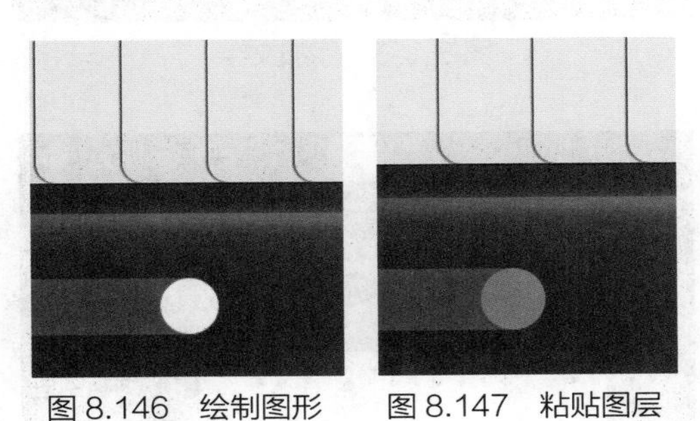

图 8.146　绘制图形　　图 8.147　粘贴图层样式

步骤 07 选择工具箱中的【圆角矩形工具】▢，在选项栏中设置【填充】为白色，【描边】为无，【半径】为 10 像素，绘制一个细长圆角矩形，将生成一个【圆角矩形 5】图层。

步骤 08 选中【圆角矩形 5】图层，在其图层名称上单击鼠标右键，从弹出的快捷菜单中选择【粘贴图层样式】命令，如图 8.148 所示。

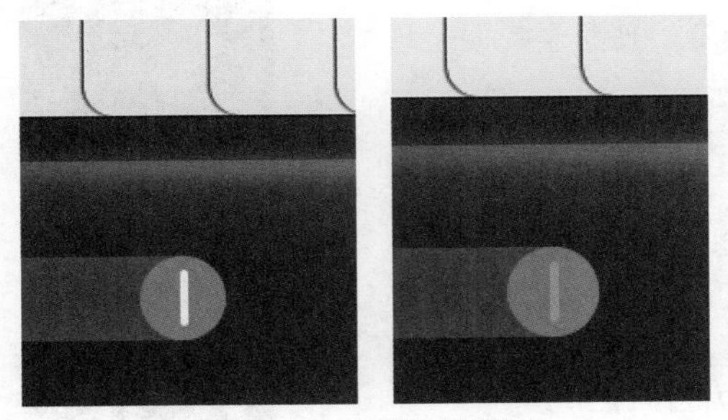

图 8.148　粘贴图层样式

8. 调整状态细节

步骤 01 在【图层】面板中，选中【圆角矩形 5】图层，将其拖至面板底部的【创建新图层】按钮⊞上，复制一个新【圆角矩形 5 拷贝】图层。

步骤 02 选中【圆角矩形 5 拷贝】图层，按 Ctrl+T 组合键执行【自由变换】命令，单击鼠标右键，从弹出的快捷菜单中选择【顺时针旋转 90 度】命令，完成后按 Enter 键确认，如图 8.149 所示。

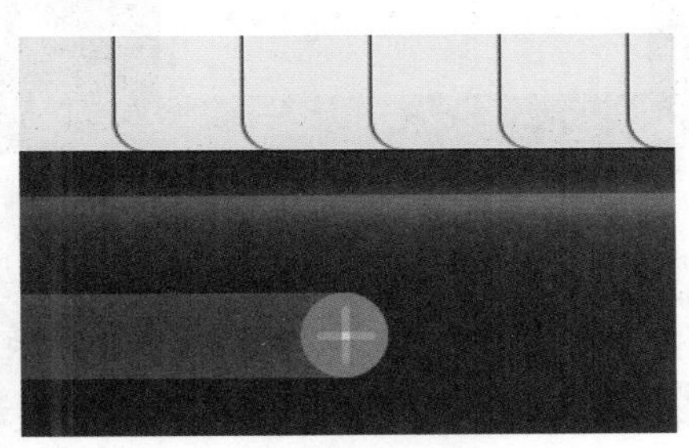

图 8.149　旋转图形

步骤 03 同时选中刚才绘制的圆角矩形及正圆等相关图层，按 Ctrl+G 组合键将其编组，将生成的组名称更改为【加分】。

步骤 04 在【图层】面板中，选中【加分】组，将其拖至面板底部的【创建新图层】按钮⊞上，复制一个新【加分 拷贝】组，在图像中将其向右侧平移，如图 8.150 所示。

步骤 05 将【加分 拷贝】组展开，将十字图形删除，选择工具箱中的【横排文字工具】**T**，添加文字（方正正粗黑简体），如图 8.151 所示。

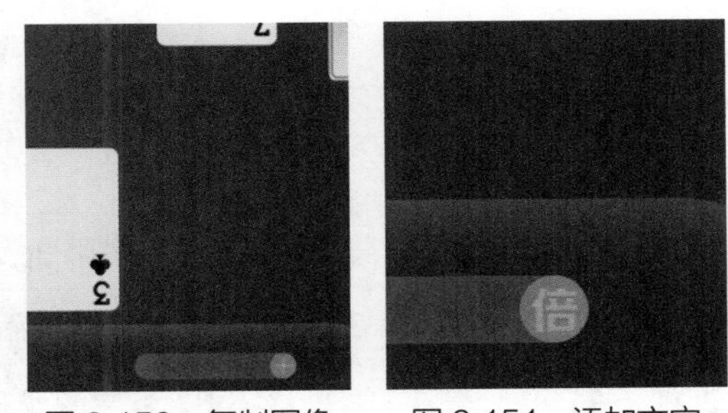

图 8.150　复制图像　　图 8.151　添加文字

9. 添加装饰元素

步骤 01 执行菜单栏中的【文件】|【打开】命令，选择“奖品 .psd”文件，将其打开

并将素材图像拖至画布中缩小，如图 8.152 所示。

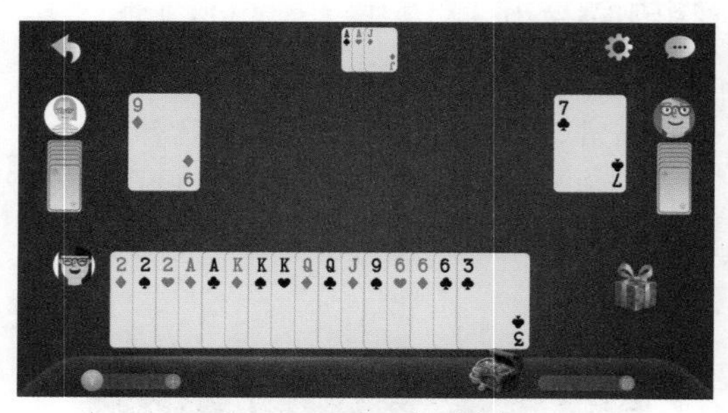

图 8.152 添加素材

步骤 02 选择工具箱中的【横排文字工具】**T**，添加文字（苹方体），如图 8.153 所示。

步骤 03 执行菜单栏中的【文件】|【打开】命令，选择“斗地主 .psd”文件，将其打开并将素材图像拖至画布中缩小，同时将图层移至【图层 1】图层上方。

步骤 04 选中【斗地主】图层，将其图层混合模式设置为【柔光】，再将其图层【不透明度】设置为 20%，这样就完成了斗地主游戏界面的制作，最终效果如图 8.154 所示。

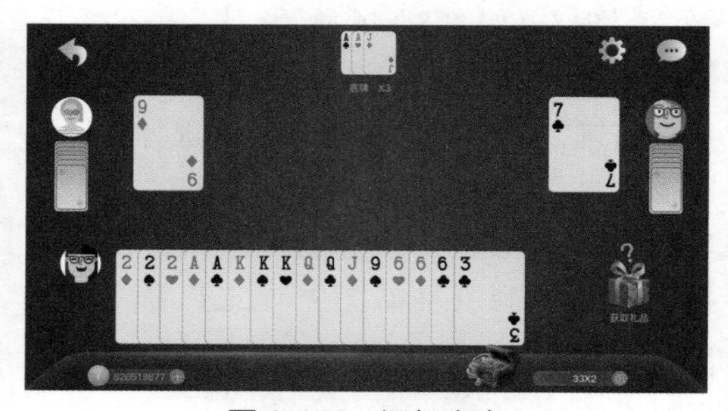

图 8.153 添加文字

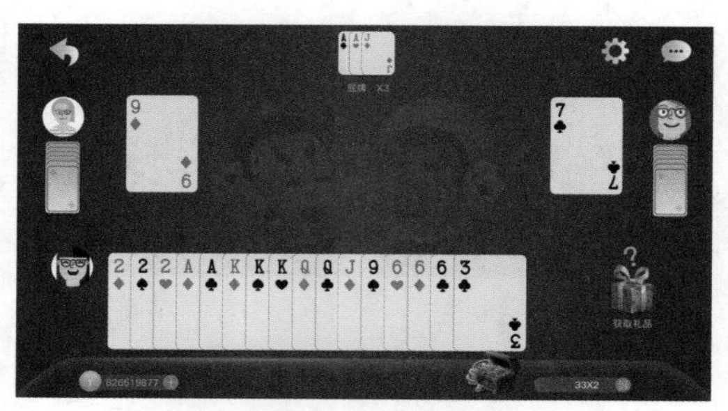

图 8.154 最终效果

8.8 糖果游戏主体界面设计

实例分析

本例讲解糖果游戏主体界面设计。本例中的界面十分漂亮，以糖果作为视觉主体，通过糖果元素与太空背景元素相结合，使整个界面呈现出一种非常漂亮的视觉效果，最终效果如图 8.155 所示。

图 8.155 最终效果

难　　度：☆☆☆☆
素材文件：调用素材 \ 第 8 章 \ 糖果和金币 .jpg
案例文件：源文件 \ 第 8 章 \ 糖果游戏主体界面设计 .psd
视频文件：视频教学 \ 第 8 章 \8.8　糖果游戏主体界面设计 .mp4

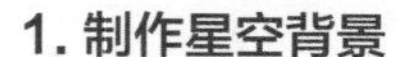

1. 制作星空背景

步骤 01 执行菜单栏中的【文件】|【新建】命令，在弹出的对话框中设置【宽度】为 1080 像素，【高度】为 1920 像素，【分辨率】为 72 像素 / 英寸，新建一个空白画布，将画布填充为紫色（R：128，G：36，B：242）。

步骤 02 单击面板底部的【创建新图层】按钮⊞新建一个【图层 1】图层，将其填充为蓝色（R：67，G：42，B：162）。

步骤 03 在【图层】面板中，选中【图层 1】图层，单击面板底部的【添加图层蒙版】按钮◘，为该图层添加图层蒙版。

步骤 04 选择工具箱中的【画笔工具】🖌，在画布中单击鼠标右键，在弹出的面板中选择一种圆角笔触，将【大小】设置为 1400 像素，【硬度】设置为 0%，如图 8.156 所示。

步骤 05 将前景色设置为黑色，在图像上部分区域涂抹并将其隐藏，如图 8.157 所示。

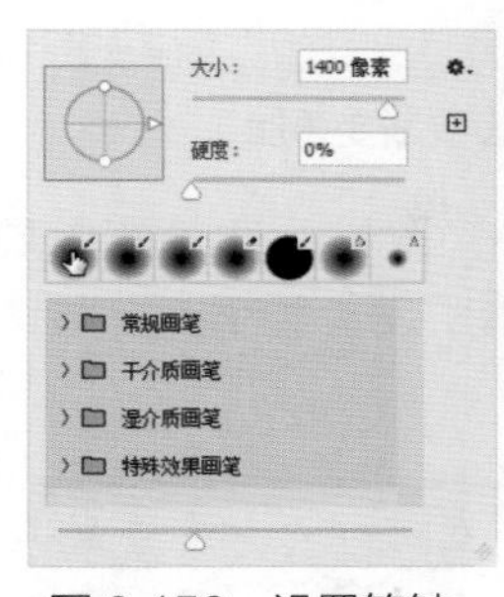

图 8.156　设置笔触

图 8.157　隐藏图像

步骤 06 选择工具箱中的【画笔工具】🖌，在【画笔】面板中，选择一种圆角笔触，设置【大小】为 10 像素，【间距】为 1000%，如图 8.158 所示。

步骤 07 勾选【形状动态】复选框，将【大小抖动】设置为 100%，如图 8.159 所示。

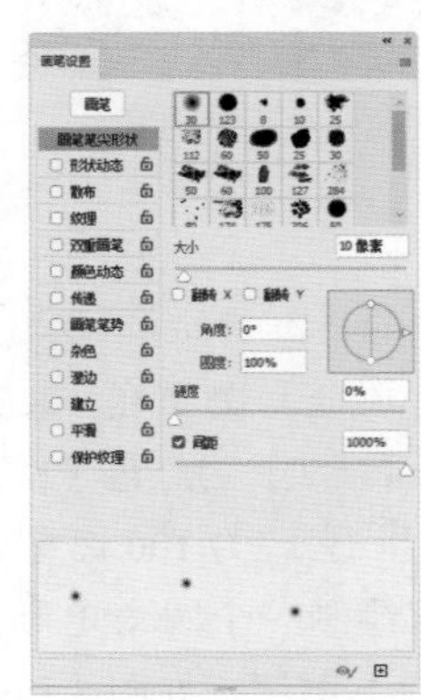

图 8.158　设置画笔笔尖形状

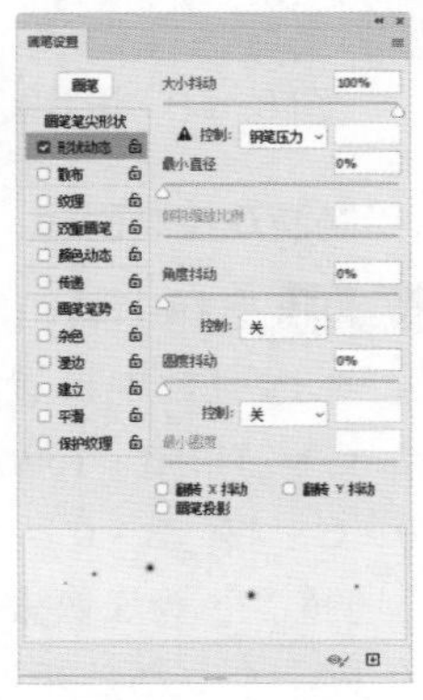

图 8.159　设置形状动态

步骤 08 勾选【散布】复选框，将【散布】设置为 1000%，如图 8.160 所示。

步骤 09 勾选【平滑】复选框，如图 8.161 所示。

步骤 10 在【图层】面板中，单击面板底部的【创建新图层】按钮⊞，复制一个新【图层 2】图层。

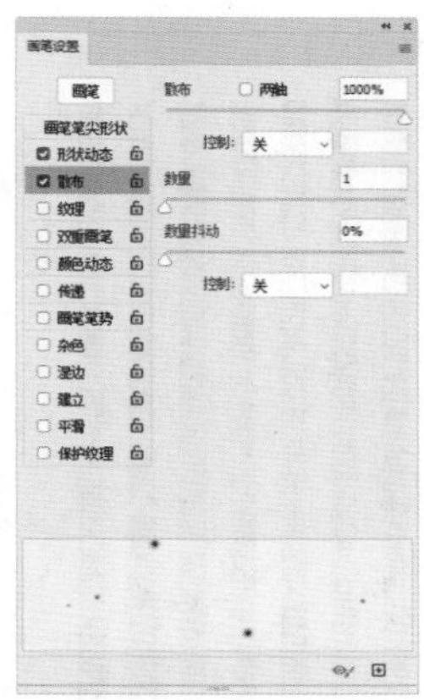

图 8.160　设置散布

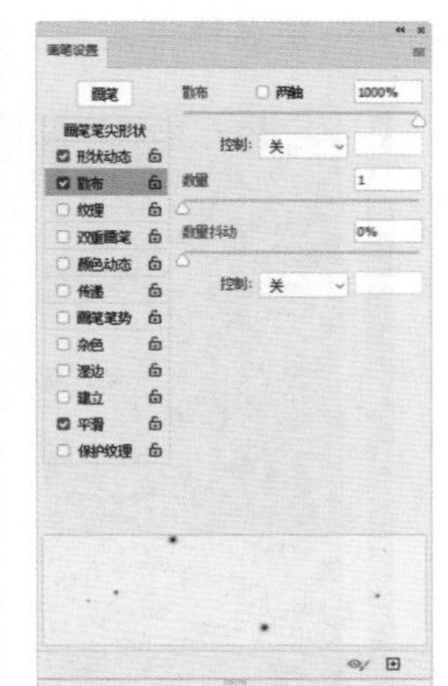

图 8.161　勾选平滑

步骤 11 将前景色设置为白色，在图像中添加图像，如图 8.162 所示。

步骤 12 在【图层】面板中，选中【图层 2】图层，将其图层混合模式设置为【叠加】，如图 8.163 所示。

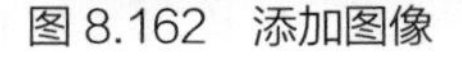

图 8.162　添加图像

图 8.163　设置图层混合模式

2. 添加放射图像

步骤 01 选择工具箱中的【矩形工具】▭，在选项栏中设置【填充】为白色，【描边】为无，绘制一个细长矩形，将生成一个【矩形 1】图层，如图 8.164 所示。

步骤 02 将矩形复制多份，如图 8.165 所示。

步骤 03 将所有和矩形相关的图层合并，再将其图层名称更改为【放射】。

图 8.164　绘制图形　图 8.165　复制图形

步骤 04 选中【放射】图层，执行菜单栏中的【滤镜】|【扭曲】|【极坐标】命令，在弹出的对话框中选中【平面坐标到极坐标】单选按钮，完成后单击【确定】按钮，如图 8.166 所示。

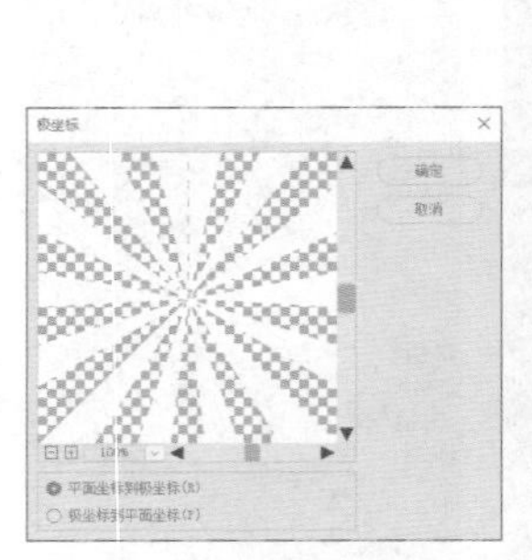

图 8.166　设置极坐标

步骤 05 在【图层】面板中，选中【放射】图层，单击面板底部的【添加图层样式】按钮 *fx*，在下拉菜单中选择【渐变叠加】命令。

步骤 06 在弹出的对话框中设置【渐变】为白色到透明色，并设置第 2 个白色色标【不透明度】为 0%，【样式】为【径向】，【角度】为 0 度，【缩放】为 80%，设置完成后单击【确定】按钮，如图 8.167 所示。

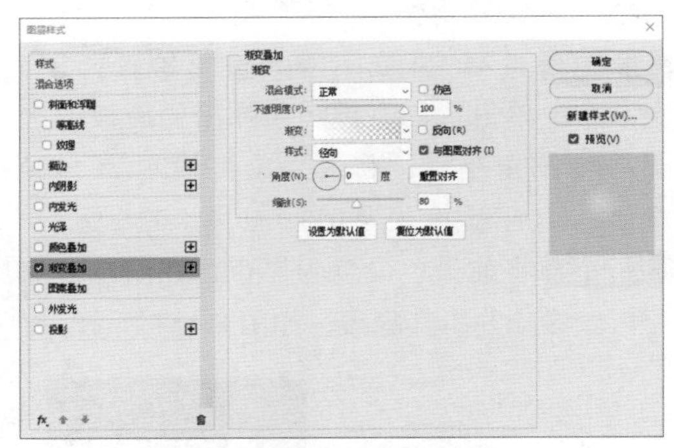

图 8.167　设置渐变叠加

步骤 07 选中【放射】图层，设置其图层【填充】为 0%，【不透明度】为 40%，如图 8.168 所示。

图 8.168　设置图层填充及不透明度

3. 绘制游戏控制面板

步骤 01 选择工具箱中的【圆角矩形工具】▢，在选项栏中设置【填充】为黄色（R：254，G：211，B：169），【描边】为红色（R：170，G：43，B：0），【半径】为 100 像素，【描边宽度】为 5 像素，绘制一个圆角矩形，将生成一个【圆角矩形 1】图层，如图 8.169 所示。

步骤 02 选中【圆角矩形 1】图层，按 Ctrl+T 组合键对其执行【自由变换】命令，单击鼠标右键，从弹出的快捷菜单中选择【透视】命令，拖动变形框控制点将图像变形，完成后按 Enter 键确认，如图 8.170 所示。

步骤 03 在【图层】面板中，单击面板底部的【添加图层样式】按钮 fx，在下拉菜单中选择【描边】命令。

图 8.169　绘制图形

图 8.170　将图形变形

步骤 04 在弹出的对话框中设置【大小】为 15 像素，【位置】为【外部】，【颜色】为红色（R：255，G：82，B：83），设置完成后单击【确定】按钮，如图 8.171 所示。

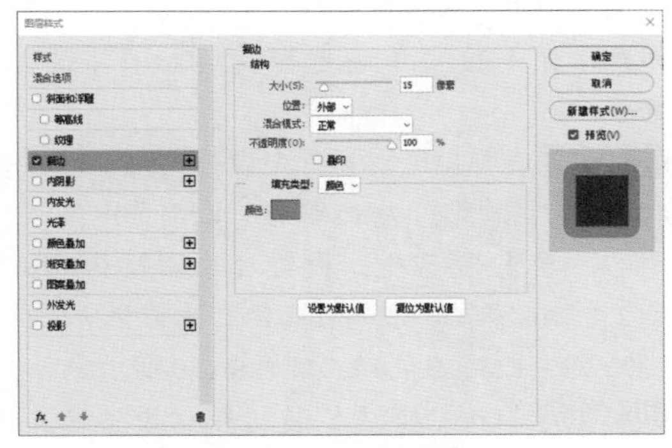

图 8.171　设置描边

步骤 05 选择工具箱中的【矩形工具】，在选项栏中设置【填充】为红色（R：255，G：79，B：79），【描边】为红色（R：170，G：43，B：0），【描边宽度】为 5 像素，绘制一个矩形，此时将生成一个【矩形 1】图层，如图 8.172 所示。

步骤 06 选中【矩形 1】图层，按 Ctrl+T 组合键对其执行【自由变换】命令，单击鼠标右键，从弹出的快捷菜单中选择【变形】命令，在选项栏中单击【选择变形类型】按钮，在弹出的选项中选择扇形，将【弯曲】设置为 10%，设置完成后按 Enter 键确认，如图 8.173 所示。

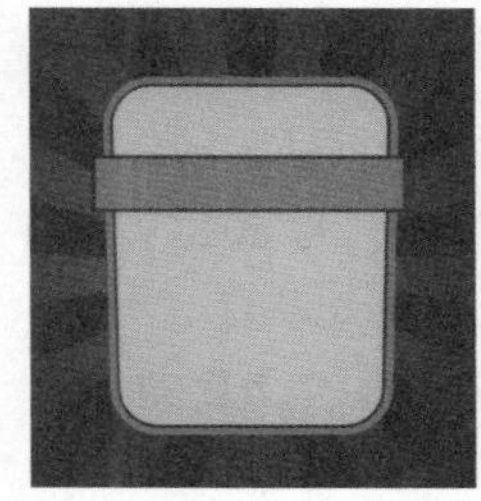

图 8.172　绘制图形

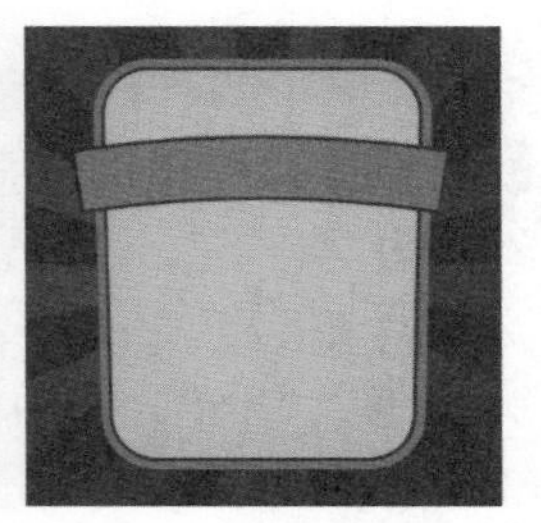

图 8.173　将图形变形

4. 添加控制面板细节

步骤 01 选择工具箱中的【钢笔工具】，在选项栏中单击【选择工具模式】 路径 按钮，在弹出的选项中选择【形状】，设置【填充】为红色（R：255，G：79，B：79），【描边】为红色（R：170，G：43，B：0），【描边宽度】为 5 像素。

步骤 02 在刚才经过变形的矩形左侧绘制一个不规则图形，将生成一个【形状 1】图层，如图 8.174 所示。

步骤 03 选中【形状 1】图层，在画布中按住 Alt+Shift 组合键向右侧拖动将图形复制，按 Ctrl+T 组合键对其执行【自由变换】命令，单击鼠标右键，从弹出的快捷菜单中选择【水平翻转】命令，完成后按 Enter 键确认，如图 8.175 所示。

步骤 04 同时选中【形状 1】、【形状 1 拷贝】及【矩形 1】图层，按 Ctrl+G 组合键将其编组，将生成的组名称更改为【丝带】。

步骤 05 在【图层】面板中，单击面板底部的【添加图层样式】按钮fx，在下拉菜单中选择【投影】命令。

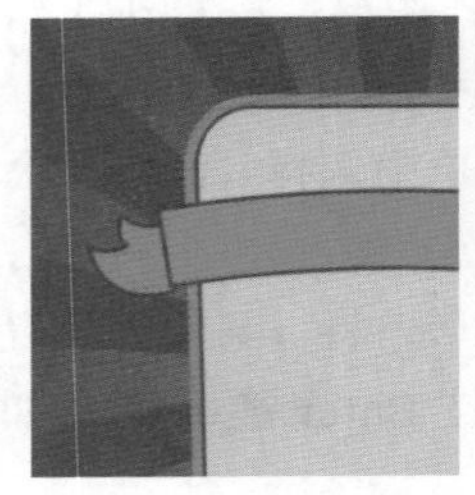

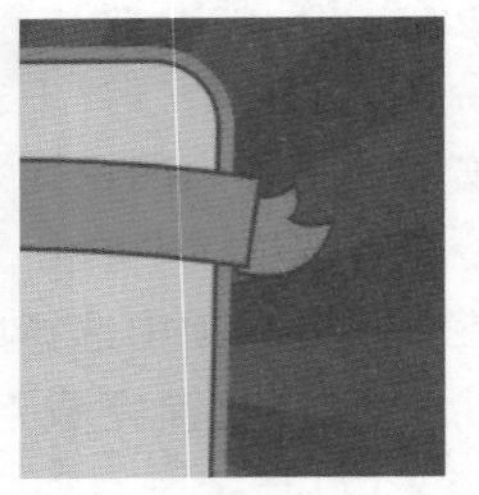

图 8.174　绘制图形　图 8.175　复制并变换图形

步骤 06 在弹出的对话框中设置【混合模式】为【柔光】，【不透明度】为 80%，取消选中【使用全局光】复选框，设置【角度】为 90 度，【距离】为 13 像素，设置完成后单击【确定】按钮，如图 8.176 所示。

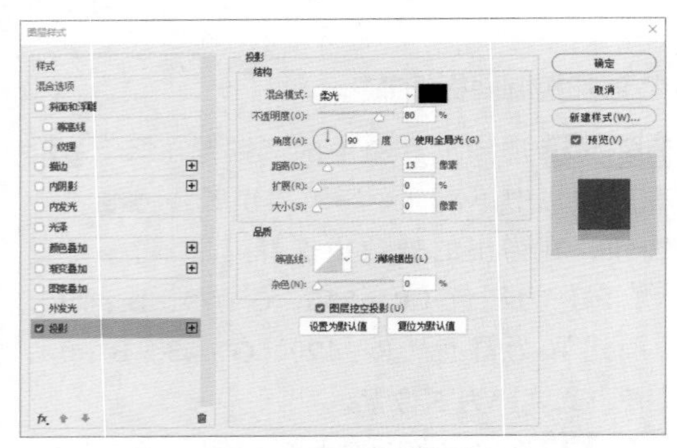

图 8.176　设置投影

步骤 07 选择工具箱中的【横排文字工具】T，添加文字（Comic Sans MS 体），如图 8.177 所示。

步骤 08 选中文字图层，在图层名称上单击鼠标右键，从弹出的快捷菜单中选择【转换为形状】命令。

步骤 09 按 Ctrl+T 组合键对文字执行【自由变换】命令，单击鼠标右键，从弹出的快捷菜单中选择【变形】命令，在选项栏中单击【选择变形类型】按钮，在弹出的选项中选择扇形，将【弯曲】设置为 10%，设置完成后按 Enter 键确认，如图 8.178 所示。

图 8.177　添加文字　图 8.178　将文字变形

5. 制作星形装饰

步骤 01 选择工具箱中的【钢笔工具】，在选项栏中单击【选择工具模式】路径按钮，在弹出的选项中选择【形状】，设置【填充】为黄色（R：254，G：225，B：23），【描边】为无。

步骤 02 绘制 1 个星星，将生成的图层名称更改为【星星】，如图 8.179 所示。

图 8.179　绘制图形

步骤 03 在【图层】面板中，选中【星星】图层，单击面板底部的【添加图层样式】按钮fx，在下拉菜单中选择【斜面和浮雕】命令。

步骤 04 在弹出的对话框中设置【大小】为 10 像素，【软化】为 15 像素，取消选中【使用全局光】复选框，设置【角度】为 120 度，【阴影模式】中的【颜色】为橙色（R：239，G：124，B：0），如图 8.180 所示。

步骤 05 勾选【描边】复选框，设置【大小】为 5 像素，【填充类型】为【渐变】，【渐变】为橙色（R：201，G：44，B：0）到橙色（R：254，G：126，B：0），如图 8.181 所示。

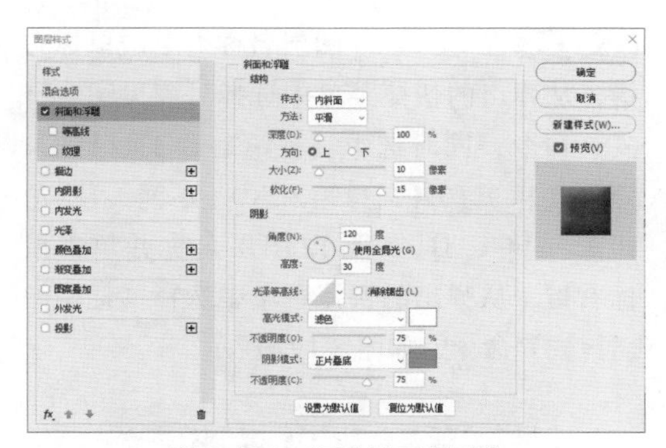

图 8.180　设置斜面和浮雕

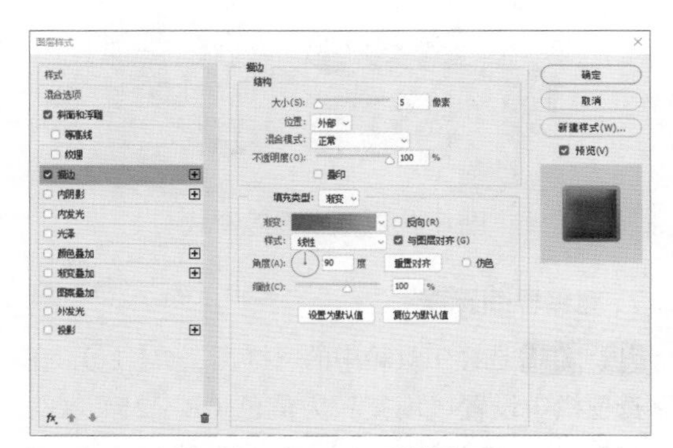

图 8.181　设置描边

步骤 06 勾选【外发光】复选框，设置【不透明度】为 50%，【颜色】为白色，【大小】为 50 像素，设置完成后单击【确定】按钮，如图 8.182 所示。

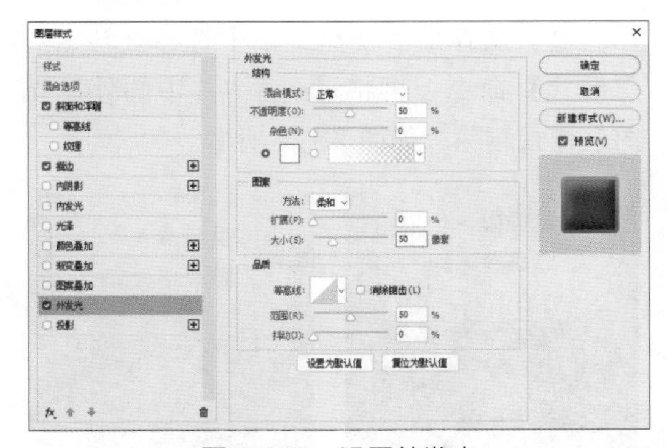

图 8.182　设置外发光

步骤 07 将星星复制两份并适当旋转缩小，如图 8.183 所示。

步骤 08 选择工具箱中的【圆角矩形工具】，在选项栏中设置【填充】为黄色（R：255，G：249，B：217），【描边】为无，【半径】为 30 像素，绘制一个圆角矩形，将生成一个【圆角矩形 2】图层，如图 8.184 所示。

图 8.183　复制图形　　图 8.184　绘制图形

6. 添加素材元素

步骤 01 执行菜单栏中的【文件】|【打开】命令，选择“糖果和金币 .jpg”文件，将其打开，同时选中【金币】及【金币 2】图层，将其拖至当前画布中并缩小，如图 8.185 所示。

步骤 02 将金币图像复制两份，如图 8.186 所示。

图 8.185　添加素材　　图 8.186　复制图像

步骤 03 选择工具箱中的【圆角矩形工具】，在选项栏中设置【填充】为黄色（R：253，G：140，B：108），【描边】为无，【半径】为 2 像素，绘制一个圆角矩形将其适当旋转，将生成一个【圆角矩形 3】图层，如图 8.187 所示。

步骤 04 选中【圆角矩形 3】图层，在画布中按住 Alt+Shift 组合键向右侧拖动，将图形复制，按 Ctrl+T 组合键对其执行【自由变换】命令，单击鼠标右键，从弹出的快捷菜单中选择【水平翻转】命令，完成后按 Enter 键确认，如图 8.188 所示。

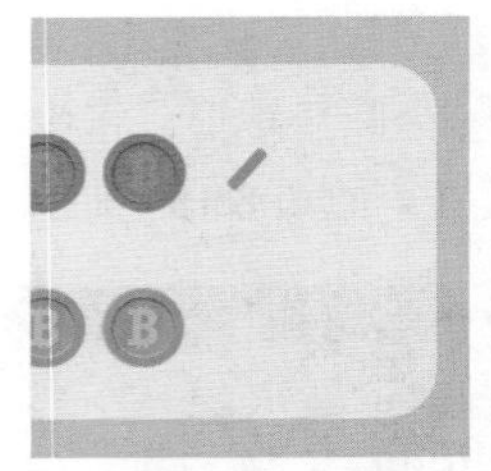

图 8.187 绘制图形

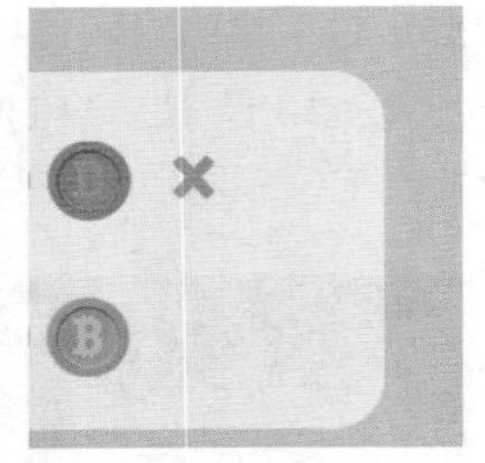

图 8.188 复制并变换图形

步骤 05 同时选中【圆角矩形 3】及【圆角矩形 3 拷贝】图层，在画布中按住 Alt+Shift 组合键向下方拖动，将图形复制，如图 8.189 所示。

步骤 06 选择工具箱中的【横排文字工具】T，添加文字（Comic Sans MS 体），如图 8.190 所示。

图 8.189 复制图形

图 8.190 添加文字

步骤 07 在【图层】面板中，选中 LEVEL3 图层，单击面板底部的【添加图层样式】按钮 fx，在下拉菜单中选择【内阴影】命令。

步骤 08 在弹出的对话框中设置【不透明度】为 35%，取消选中【使用全局光】复选框，设置【角度】为 90 度，【距离】为 2 像素，【大小】为 2 像素，如图 8.191 所示。

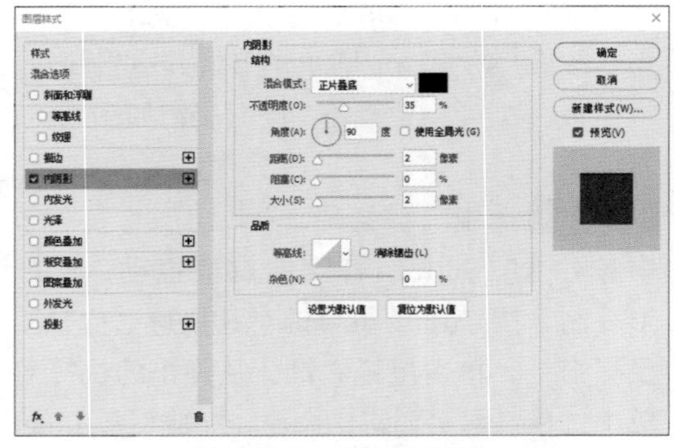

图 8.191 设置内阴影

步骤 09 在 LEVEL3 图层名称上单击鼠标右键，从弹出的快捷菜单中选择【拷贝图层样式】命令，同时选中【圆角矩形 3】、【圆角矩形 3 拷贝】、【圆角矩形 3 拷贝 2】、【圆角矩形 3 拷贝 3】、6 及 12 图层名称并单击鼠标右键，从弹出的快捷菜单中选择【粘贴图层样式】命令，如图 8.192 所示。

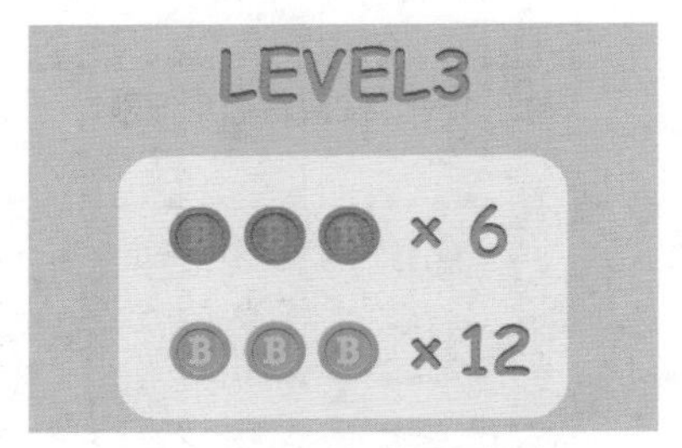

图 8.192 粘贴图层样式

7. 完善界面元素

步骤 01 选择工具箱中的【椭圆工具】，在选项栏中设置【填充】为黄色（R：254，G：225，B：23），【描边】为无，按住 Shift 键绘制一个正圆图形，将生成一个【椭圆 1】图层，如图 8.193 所示。

步骤 02 在【星星】图层名称上单击鼠标右键，从弹出的快捷菜单中选择【拷贝图层样式】命令，在【椭圆 1】图层名称上单击鼠标右键，从弹出的快捷菜单中选择【粘贴图层样式】命令，再将【椭圆 1】中的外发光图层样式删除，如图 8.194 所示。

图 8.193 绘制图形

图 8.194 粘贴图层样式

步骤 03 将椭圆图层复制两份，如图 8.195 所示。

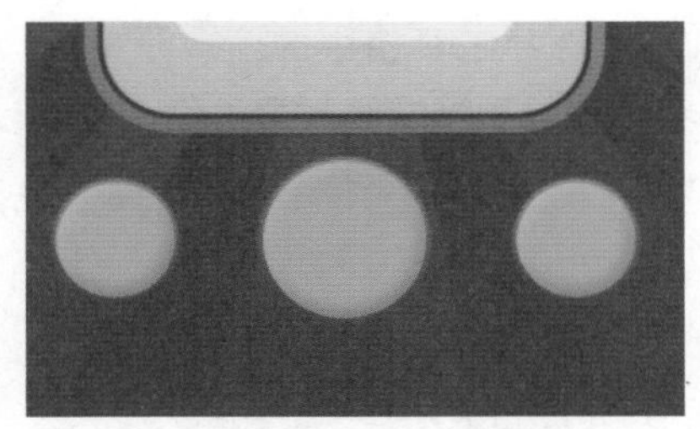

图8.195　复制图形

步骤04 选择工具箱中的【圆角矩形工具】，在选项栏中设置【填充】为红色（R：255，G：82，B：83），【描边】为无，【半径】为10像素，在刚才绘制的圆上按住Shift键绘制一个圆角矩形，将生成一个【圆角矩形4】图层，如图8.196所示。

步骤05 选中【圆角矩形4】图层，按Ctrl+T组合键对其执行【自由变换】命令，当出现变形框以后在选项栏中【旋转】后方文本框中输入45度，完成后按Enter键确认，如图8.197所示。

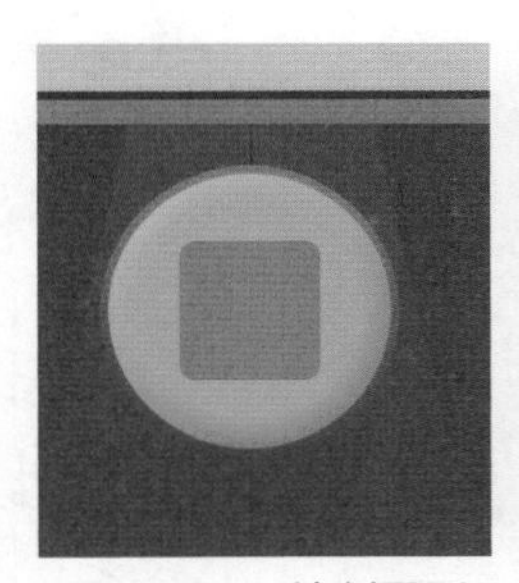

图8.196　绘制图形

图8.197　将图形旋转

步骤06 选择工具箱中的【直接选择工具】，选中圆角矩形左侧锚点，将其删除，如图8.198所示。

图8.198　删除锚点

步骤07 在【图层】面板中，选中【圆角矩形4】图层，单击面板底部的【添加图层样式】按钮fx，在下拉菜单中选择【投影】命令。

步骤08 在弹出的对话框中设置【混合模式】为【正常】，【颜色】为红色（R：85，G：0，B：0），【不透明度】为30%，取消选中【使用全局光】复选框，设置【角度】为100度，【距离】为4像素，【大小】为2像素，如图8.199所示。

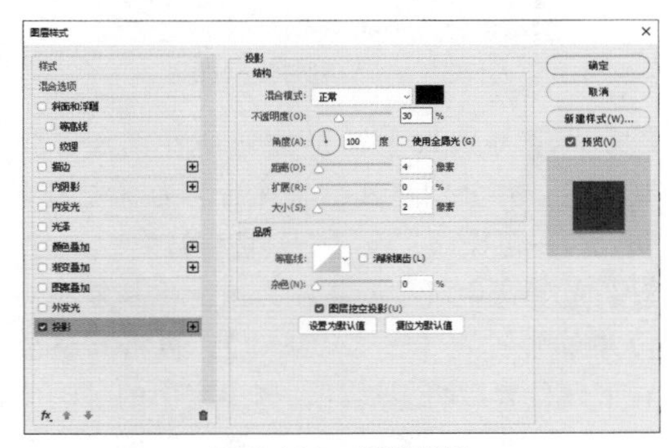

图8.199　设置投影

步骤09 勾选【斜面和浮雕】复选框，设置【大小】为10像素，【软化】为15像素，取消选中【使用全局光】复选框，设置【角度】为120度，【阴影模式】中的【颜色】为橙色（R：239，G：124，B：0），设置完成后单击【确定】按钮，如图8.200所示。

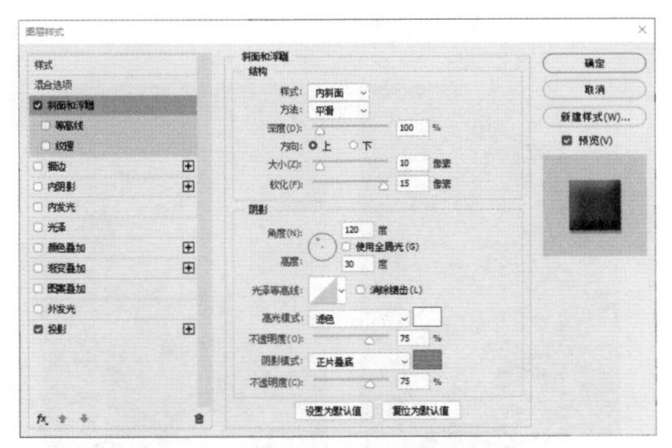

图8.200　设置斜面和浮雕

8. 绘制元素主体

步骤 01 选中【圆角矩形 4】图层，将图形复制数份，并将部分图形变换，如图 8.201 所示。

图 8.201　复制并变换图形

步骤 02 分别选中几个按钮所在图层，将其编组，并分别将其组名称命名为【中间按钮】、【左侧按钮】及【右侧按钮】。

步骤 03 选中【中间按钮】组，将其复制一份并重命名为【右下角按钮】，再将其移至右下角位置后将组展开，选中组中的【圆角矩形 4】图层，将其图形设置为黑色，再将其图层混合模式设置为【正片叠底】，如图 8.202 所示。

步骤 04 选中【右下角按钮】图层，在画布中按住 Alt+Shift 组合键向左侧拖动将图形复制，按 Ctrl+T 组合键对其执行【自由变换】命令，单击鼠标右键，从弹出的快捷菜单中选择【水平翻转】命令，完成后按 Enter 键确认，如图 8.203 所示。

图 8.202　复制图形　　图 8.203　复制并变换图形

步骤 05 选择工具箱中的【椭圆工具】，在选项栏中设置【填充】为白色，【描边】为无，在界面左侧位置按住 Shift 键绘制一个正圆图形，将生成一个【椭圆 2】图层，如图 8.204 所示。

图 8.204　绘制图形

步骤 06 在【图层】面板中，选中【椭圆 2】图层，单击面板底部的【添加图层样式】按钮 *fx*，在下拉菜单中选择【内发光】命令。

步骤 07 在弹出的对话框中设置【混合模式】为【正常】，【不透明度】为 45%，【颜色】为白色，【大小】为 38 像素，设置完成后单击【确定】按钮，如图 8.205 所示。

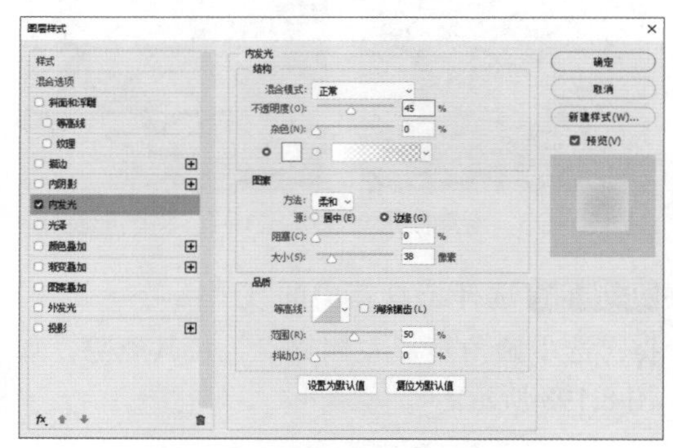

图 8.205　设置内发光

步骤 08 在【图层】面板中，选中【椭圆 2】图层，将其图层【填充】设置为 0%，如图 8.206 所示。

步骤 09 选中【椭圆 2】图层，在画布中按住 Alt+Shift 组合键向下方拖动，将图形复制，如图 8.207 所示。

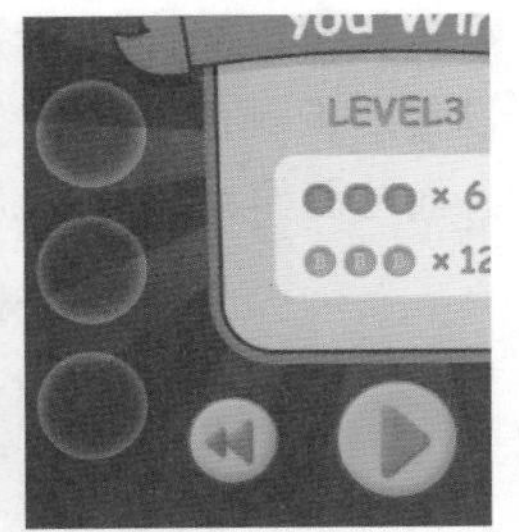

图 8.206 设置填充 图 8.207 复制图形

9. 添加奖品标识图像

步骤 01 在之前打开的素材文档中分别选中【糖果 4】、【蛋糕】及【糖果 3】图层，将其拖至当前画布中并缩小，如图 8.208 所示。

步骤 02 选择工具箱中的【圆角矩形工具】▢，在选项栏中设置【填充】为白色，【描边】为无，【半径】为 10 像素，绘制一个细长圆角矩形，将生成一个【圆角矩形 5】图层，如图 8.209 所示。

图 8.208 添加素材 图 8.209 绘制图形

步骤 03 在【图层】面板中，选中【圆角矩形 5】图层，单击面板底部的【添加图层样式】按钮fx，在下拉菜单中选择【内发光】命令。

步骤 04 在弹出的对话框中设置【混合模式】为【正常】，【不透明度】为 45%，【颜色】为白色，【大小】为 15 像素，设置完成后单击【确定】按钮，如图 8.210 所示。

步骤 05 在【图层】面板中，选中【圆角矩形 5】图层，将其图层【填充】设置为 0%，如图 8.211 所示。

步骤 06 在之前打开的素材文档中选中【糖果 2】图层，将其拖至当前画布中并缩小，如图 8.212 所示。

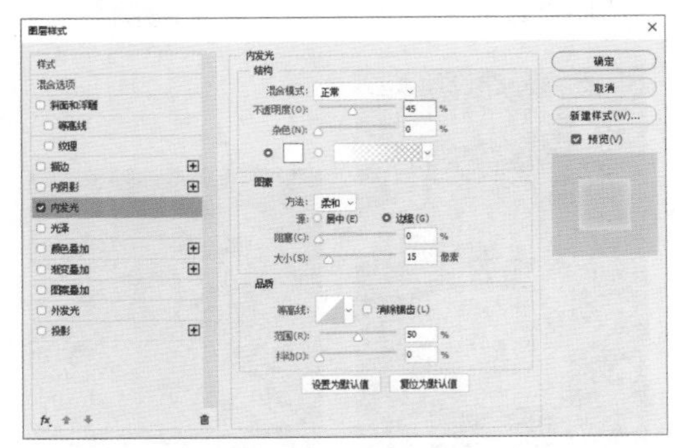

图 8.210 设置内发光

图 8.211 设置填充 图 8.212 添加素材

步骤 07 选中【糖果 2】图层，在画布中按住 Alt+Shift 组合键向下方拖动将图像复制两份，将生成【糖果 2 拷贝】及【糖果 2 拷贝 2】两个新图层，如图 8.213 所示。

步骤 08 选中【糖果 2】图层，执行菜单栏中的【图像】|【调整】|【色相 / 饱和度】命令，在弹出的对话框中设置【色相】为 180，设置完成后单击【确定】按钮。

步骤 09 以同样的方法适当设置【糖果 2 拷贝 2】图层中图像颜色，如图 8.214 所示。

图 8.213 复制图像 图 8.214 设置图像颜色

步骤 10 选中【糖果 2】图层，按住 Alt 键向左上角拖动并将其复制一份，再将其图层不透明度设置为 50%，如图 8.215 所示。

图 8.215 设置图像不透明度

步骤 11 以同样的方法将图像再复制一份并设置图像颜色，这样就完成了糖果游戏主体界面的制作，最终效果如图 8.216 所示。

图 8.216 最终效果

8.9 拓展训练

本节安排了 2 个拓展训练以供读者练习。通过对这些游戏界面的练习，读者可以掌握不同风格的精彩游戏界面设计。

8.9.1 射击大战游戏界面设计

实例分析

本例讲解制作射击大战游戏界面。本例在制作过程中以射击、动作类游戏特征元素为制作主题，以大面积蓝色作为衬托，体现出很强的前卫、科技感，最终效果如图 8.217 所示。

难　　度：☆☆☆☆
素材文件：调用素材 \ 第 8 章 \“射击大战游戏界面设计”文件夹
案例文件：源文件 \ 第 8 章 \ 射击大战游戏界面设计 .psd
视频文件：视频教学 \ 第 8 章 \ 训练 8-1　射击大战游戏界面设计 .mp4

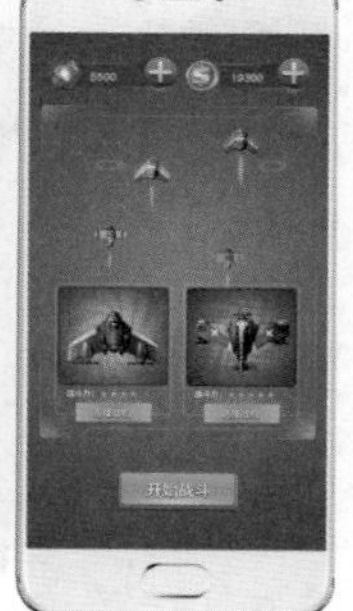

图 8.217 最终效果

步骤分解如图 8.218 所示。

图 8.218　步骤分解图

8.9.2 数字主题游戏界面设计

实例分析

本例讲解制作数字主题游戏界面。本例界面在制作过程中，将游戏的主题分成区域化进行设计，不同的颜色表示不同的功能，最终效果如图 8.219 所示。

难　　度：☆☆☆
素材文件：调用素材 \ 第 8 章 \ 球体 .psd
案例文件：源文件 \ 第 8 章 \ 数字主题游戏界面设计 .psd
视频文件：视频教学 \ 第 8 章 \ 训练 8-2　数字主题游戏界面设计 .mp4

图 8.219　最终效果

步骤分解如图 8.220 所示。

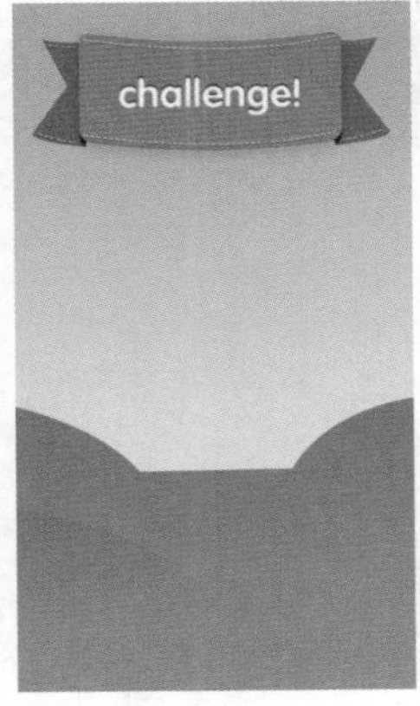

图 8.220　步骤分解图

第9章

手机主流应用界面设计

内容摘要

本章主要讲解手机主流应用界面设计。手机主流应用界面主要是指在大众群体内十分流行的界面。通常这些应用使用十分广泛，因此在整个图形图像化的设计与制作过程中应当注意整个应用界面的协调性。同时，假如在有必要的情况下可以为界面添加一些装饰元素以美化整个界面效果。另一方面，色彩的搭配在应用系统界面中也显得十分重要，完美的色彩组合与搭配，可以带给使用者完美的交互体验。通过对这些知识的学习，读者可以掌握手机主流应用界面的设计。

教学目标

- 了解手机主流应用界面的特点
- 认识主流界面的种类
- 理解主流界面的特质
- 学习主流界面的设计技巧
- 学会扫码界面的设计
- 学习应用登录界面设计
- 掌握智能家电控制界面设计技巧
- 掌握财经统计界面设计知识
- 理解动漫应用界面设计技巧

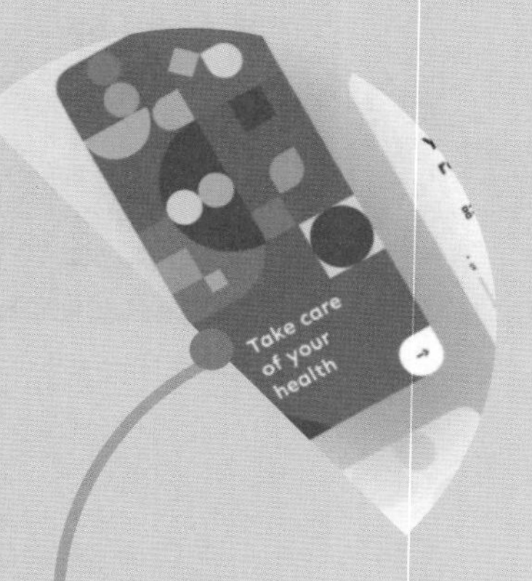

9.1　手机主流应用界面的特点

手机主流应用界面的设计从字面上非常容易理解，它是一种十分主流的界面类型，这种应用几乎可以安装在任何手机上面，并且也是一种能被大多数人所接受的应用。因此，它们的界面在设计过程中具有泛性的特点：通过对一款应用的设计进而可以演变为另外一种应用的界面，只需要在设计中遵循基本的 UI 设计规范，就能完成整个手机主流应用界面的设计。常见的手机主流应用界面效果如图 9.1 所示。

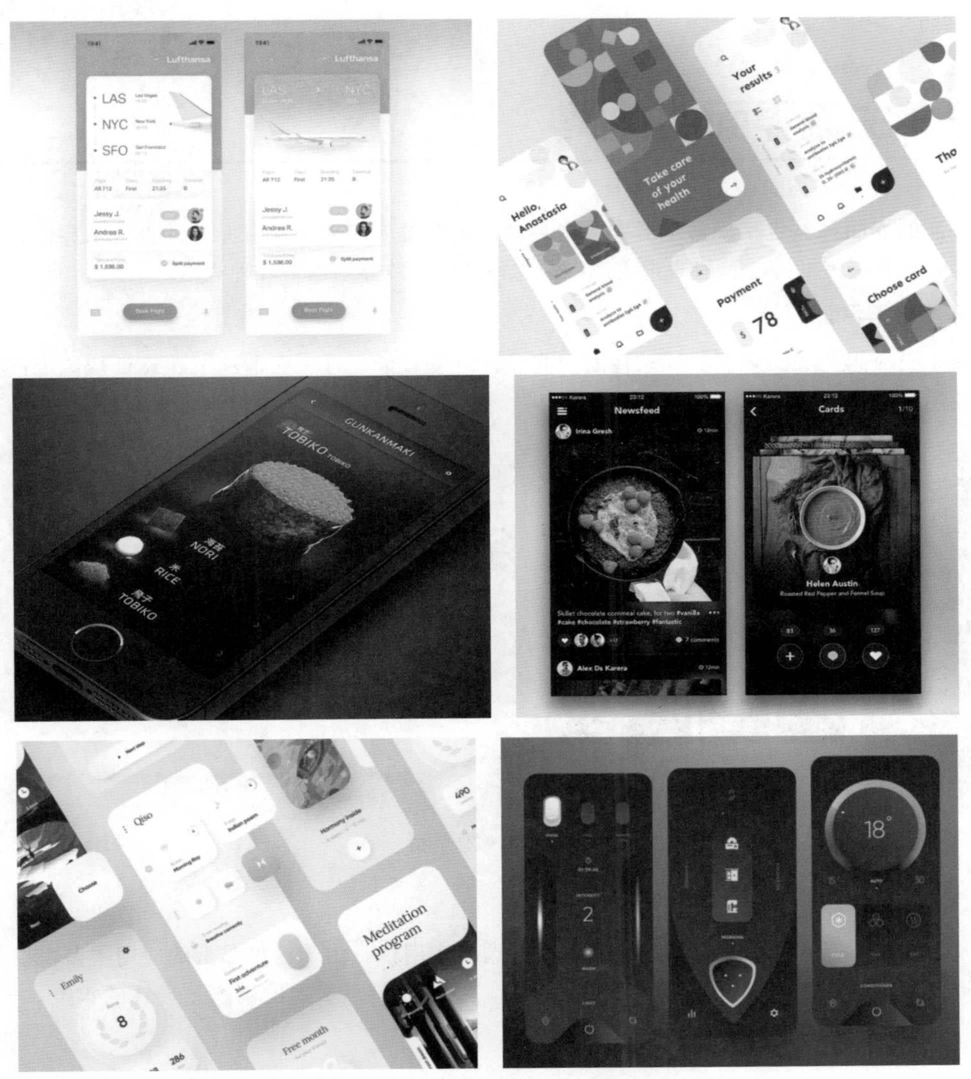

图 9.1　常见的手机主流应用界面效果

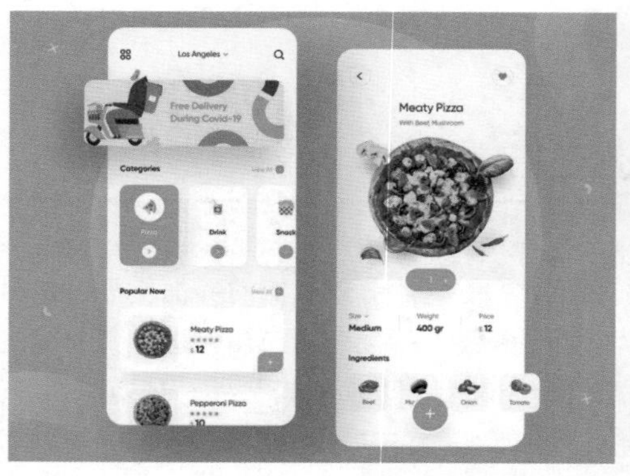

图 9.1　常见的手机主流应用界面效果（续）

9.2　主流界面的种类

主流的界面种类包括日常生活类应用界面、记账类应用界面、财经统计类应用界面、动漫类界面、教育类界面等。一般来说主流界面的种类可大致分为以下几种类型。

1. 娱乐类应用界面

娱乐类应用的界面强调其娱乐性质，其设计难度较低，且一般情况下在设计规范上没有特别需要注意的地方，但是重点在于强调应用界面的娱乐性。娱乐类应用界面效果如图 9.2 所示。

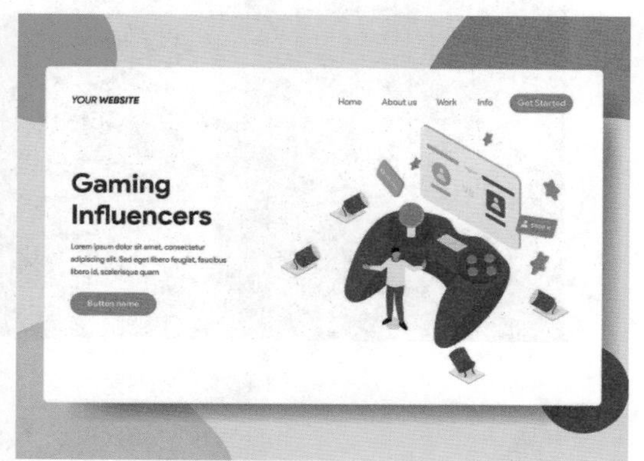

图 9.2　娱乐界面

2. 天气、时间类应用界面

天气、时间类的界面在设计过程中主要强调其实用性。由于这种类型的应用主要是以一种工具形式呈现，所以其界面设计尽量一切从简，将主要信息呈现给用户是设计的重点。天气、时间类应用界面的效果如图 9.3 所示。

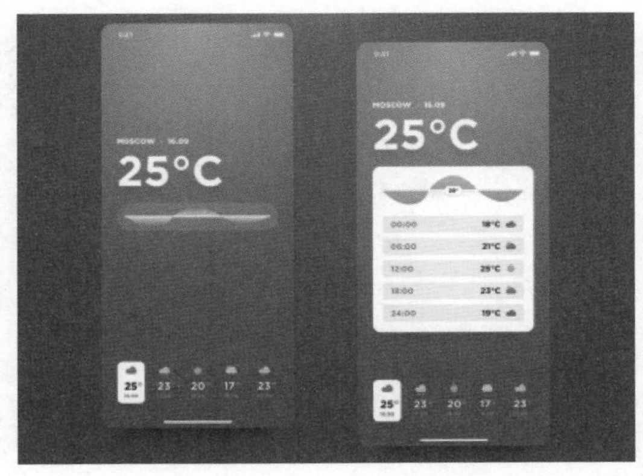

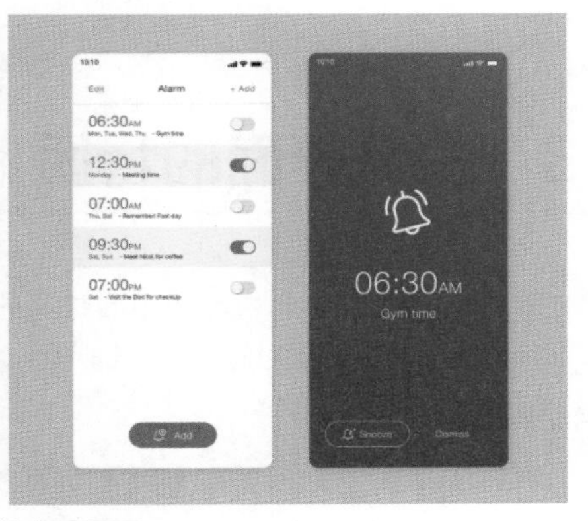

图 9.3　天气、时间类应用界面

3. 教育类应用界面

教育类应用界面的设计重点在于突出其教育的本质，因此在设计中应当围绕教育的主题进行，避免出现大片华而不实的配色或者与教育无关的界面元素。教育类应用界面效果如图 9.4 所示。

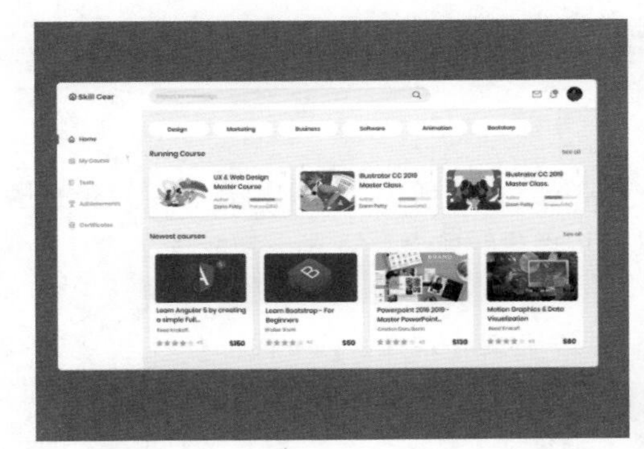

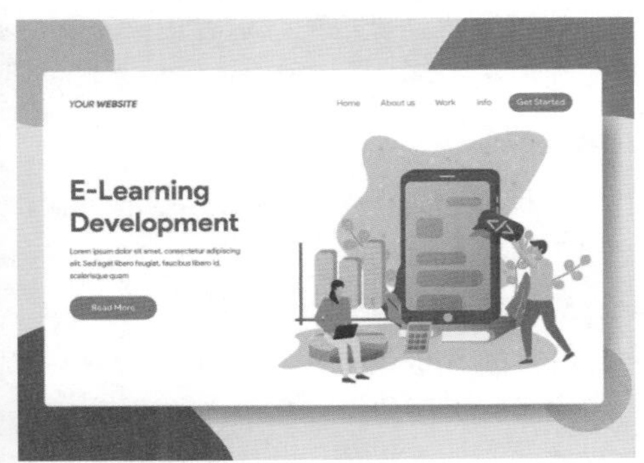

图 9.4　教育类应用界面

4. 日常生活类应用界面

所谓日常生活类应用界面，其主要特点是体现出浓郁的日常生活气息。比如健身类应用界面、购物类应用界面、理财类应用界面、记账类应用界面等。日常生活类应用界面效果如图 9.5 所示。

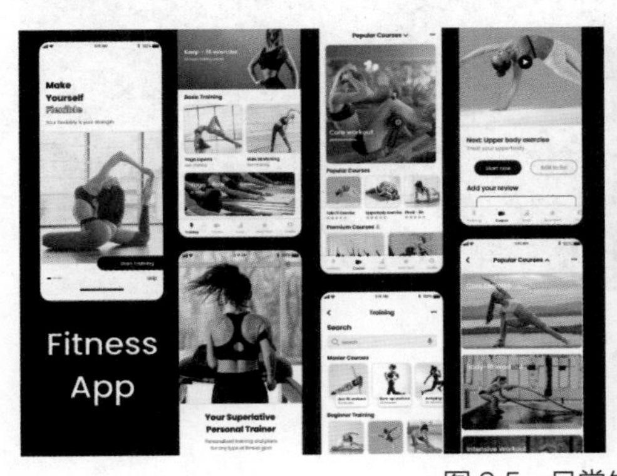

图 9.5　日常生活类应用界面

9.3 主流界面的特质

主流界面的特质主要表现在不同时期的呈现效果，比如启动界面、入门学习界面、首页和菜单页等。其特质可详细分为以下几种类别。

1. 启动界面

用户对 App 的第一印象是至关重要的，它是影响用户对 App 体验的重要因素之一。当 App 从一开始的交互体验就很棒时，那么这款 App 会更加容易受用户欢迎。这就是对启动界面的重视度跟其他页面相同的原因。

启动界面是用户打开 App 出现的第一个页面。通常都是极简风格，仅仅展现一个名字、Logo 或产品标语。设计师为了确保启动界面在不同设备上的视觉效果，通常将设计元素放于页面中间。建议启动界面出现不超过 4~8 秒，超过这个时间，用户可能会感到干扰。并且，向用户展示加载过程也是挺好的，这样一来，不耐心的用户也能知道 App 什么时候能够正式启动。启动界面如图 9.6 所示。

2. 入门教程界面

入门教程界面是一系列展示 App 的页面，包括 App 的导航、功能和对潜在用户带来的好处。这些页面是在用户第一次启动 App 时出现的，可以帮助用户了解 App 功能特性，同时了解 App 是否对他们有用。

每一特定的 App 的教程界面的结构和内容都不同。但是，现在入门界面都有一些共同趋势。首先，很多教程页面使用一些自定义的插画以一种趣味的方式来表示特定的功能或优势。而且，设计师经常用一个吉祥物，就像是与用户进行真正的交流，建立感情联系。一个强有力的标语提示对入门也很重要，提示应该简短、有用并且可读。入门教程界面如图 9.7 所示。

图 9.6　启动界面

图 9.7　入门教程界面

3. 首页和菜单页

对于任何一个 App 而言，首页都是很重要的部分。在移动端 App 中，首页是用户进行最多交互选项的页面。首页的设计虽然取决于不同的产品和产品用途，但是还是有一些重要元素。首先，首页通常应该有搜索框或按钮，以便用户查找需要的内容。而且，鉴于首页是用户使用产品的开始，所以首页应该包含导航功能，以便用户能进入不同的区域。首页和菜单页如图 9.8 所示。

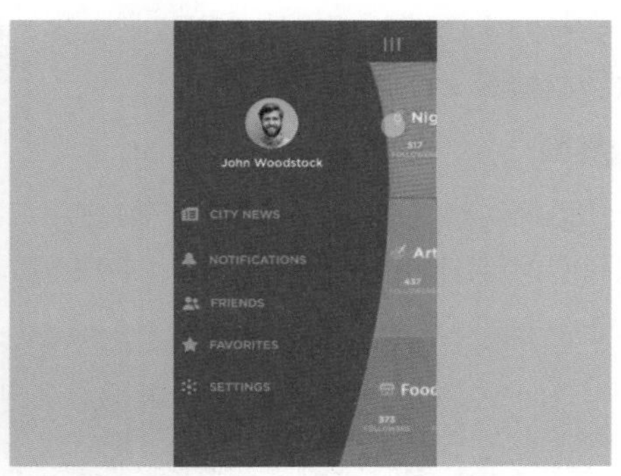

图 9.8　首页和菜单页

4. 登录界面和个人资料界面

现在很多的 App 都可以让用户自己创建账号，所以设计师也需要知道如何设计登录界面和个人资料界面。登录界面应该是极简、清晰，以便用户登录 App，通常只有姓名、密码和一个按钮。对于那些第一次登录 App 的用户来说，通常还应该有一个注册的选项。

App 里有了个人资料页面，会使 App 更加个性化，根据每个用户的特征进行有效的 App 内数据处理。另外，对于任何社交 App，个人账号都是一个很重要的一部分，用户有了账号，就可以加入网络上的虚拟社交群体，跟其他人分享个人信息。设计师的最大职责就是通过智能的用户体验将个人资料的便易性最大化体现。

根据交互设计的策略，设计师需要考虑的第一点就是个人资料页一定要清晰易用。个人资料页面信息是有一定数量限制的，以免这个页面太过复杂。并且，App 的导航一定要直观易懂，这样的话，用户才不需要苦苦思索 App 的操作。最后，App 的个人资料页应该是针对特定目标群体。如果需要 App 满足用户需求的话，那么必须做好用户调研。登录和个人资料界面如图 9.9 所示。

5. 状态界面

很多 App 都有用户活动的状态。数据越多，状态界面就越难设计。设计师需要确保能在界面上看到所有的关键数据，并且界面清晰可用。设计师可以用图形曲线、刻度和原始图标来让状态界面在 App 上看起来流畅、简洁。并且，状态界面上还需要使用特定的字体，这样用户才能轻松地辨别出数据。状态界面如图 9.10 所示。

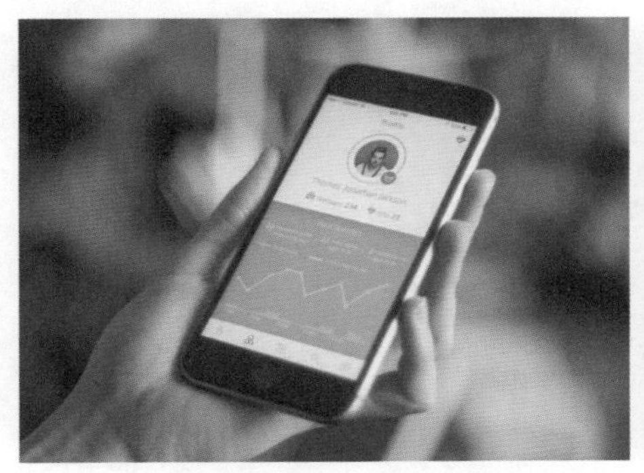

图 9.9　登录和个人资料界面

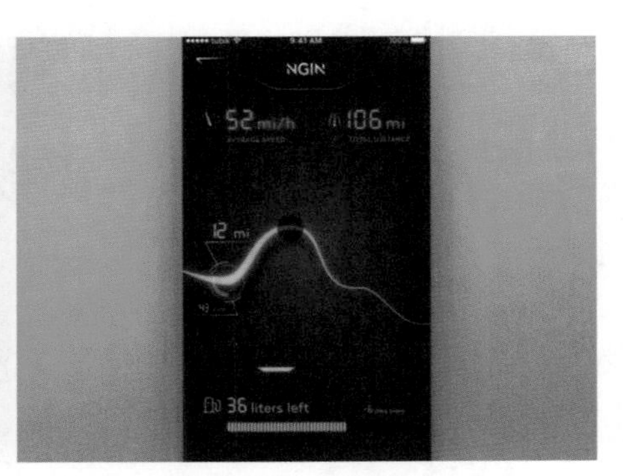

图 9.10　状态界面

6. 待办事项功能

事件 App、待办事项 App 和其他 App 都会为用户提供专属的日历。根据不同类型的 App，日历也会有特定的功能，比如提醒或是安排。日历的视觉效果应该符合 App 的调性和目标。待办事项功能如图 9.11 所示。

7. 目录界面

目录界面可以让用户清楚自己当前使用应用的所属功能区，用户在滑动时可以更加清楚地了解到应用的详细功能。目录界面如图 9.12 所示。

图 9.11　待办事项功能

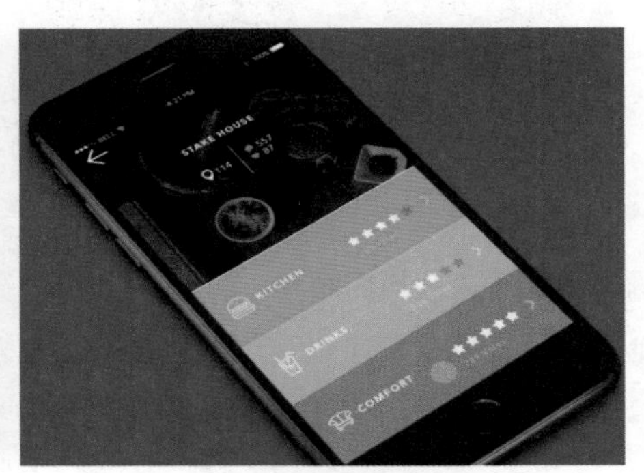

图 9.12　目录界面

8. 产品卡片界面

产品卡片界面是为那些清楚知道自己想买什么的用户设计的。产品卡片上会展示产品的关键信息，以便用户抉择他们是否需要这个产品。设计师着重于产品图片，将图片放在屏幕中间，产品描述一般放在下方。设计师可以把产品信息分组，比如尺寸、材质或其他，这样用户就可以轻易找到他们需要的信息。产品卡片界面如图 9.13 所示。

9. 动态消息流

人们通常会用很多社交平台 App 进行交流，并且还可以关注新闻和更新消息。动态消息流会持续变化地展示新闻和一些其他用户关注的内容。实践表明移动端用户更倾向于快速浏览动态信息流，所以用户需要简单、清晰的动态信息流设计，不会被视觉设计细节所累赘。新闻可以一次滑动展示一条，下一条新闻应该是部分显示，这样可以让导航更加直观。动态消息流如图 9.14 所示。

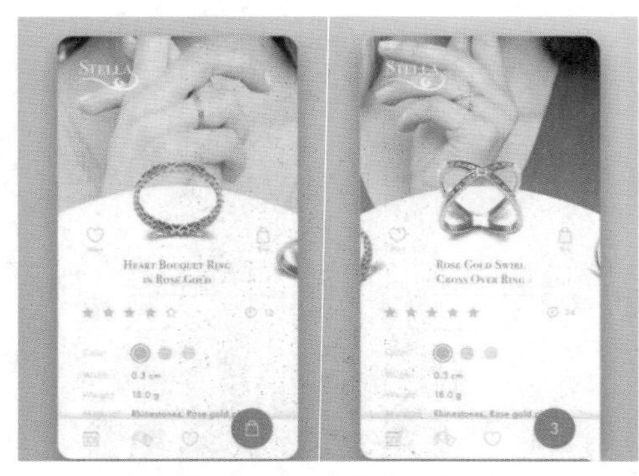

图 9.13　产品卡片界面

图 9.14　动态消息流

10. 通讯录

通讯录主要是保存朋友和其他近交的关键信息。手机通讯录是将通讯录的信息按姓名的首字母进行排序。每一个联系人的界面都是可以点击的，点击之后进入详细信息，包括电话号码、邮箱等。另外，联系人信息一般都伴有一张头像，便于搜索。通讯录界面如图 9.15 所示。

11. 播放器

人们可以通过播放器来控制他们正在听的音乐和听音乐的方式。播放器的功能包括切换歌曲、暂停和用易于识别的按钮来播放新歌曲。这一部分一般是放在屏幕下方的中间部分。播放器界面的大部分都是放一张图片。有时除了图片，很多设计师会将音乐视觉效果放在屏幕中间。音乐视觉效果是发挥想象力和创造力的好机会，这对设计师而言是激发的作用。播放器界面如图 9.16 所示。

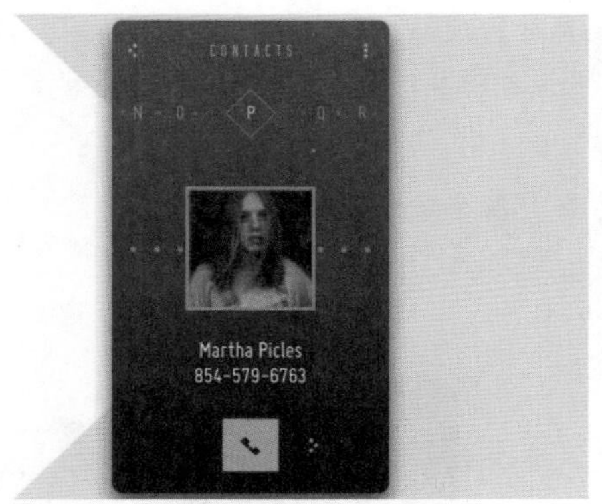

图 9.15　通讯录界面

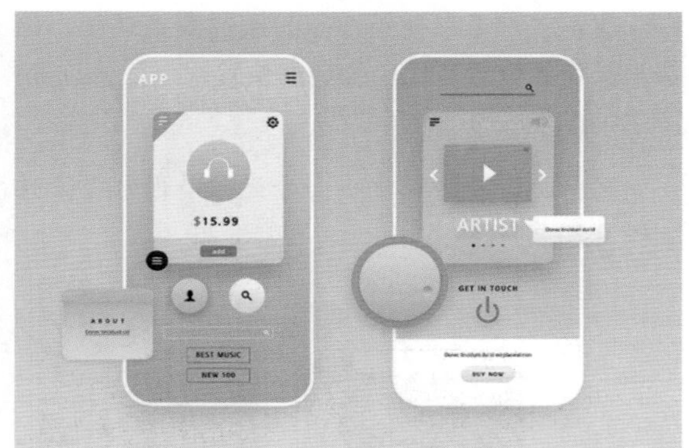

图 9.16　播放器界面

9.4 主流界面的设计技巧

在界面设计过程中会经常忽略一些细节，这就导致界面没有品质感或者缺少点什么。设计一套精美可用和能解决用户问题的 UI 是需要花费一定时间的，并且在这一过程中，需要不断地调整与打磨细节，直到用户和自己真正觉得不错。通过以下这些小技巧的学习，读者可以更加容易地制作出精致的 UI 界面。

1. 保持元素清晰

在设计过程中可以稍微使用一些恰当合适的阴影，来保证当前设计与背景能够清晰可见。但是一定要避免复杂的阴影，因为这会使设计起到反作用。清晰元素效果如图 9.17 所示。

2. 使用一种字体

在设计一套新的 UI 界面时候，最好能保持一种字体，这样能够让界面在更加轻量化的同时，也能保持好的品质感。尽量避免使用两种以上的字体，可以通过粗细、大小，或者颜色来区分层级。单一字体效果如图 9.18 所示。

图 9.17　清晰元素效果　　　　图 9.18　单一字体效果

3. 优化导页操作

放置底部可以使用户随时跳过登录动画。如果是放置顶部，用户触摸起来比较麻烦，便于拇指操作的位置是比较合适的位置。优化跳过操作效果如图 9.19 所示。

4. 保持一致的光源

确保阴影始终只来自一个光源，否则投影就存在光源不一致的问题。光源不一致对比效果如图 9.20 所示。

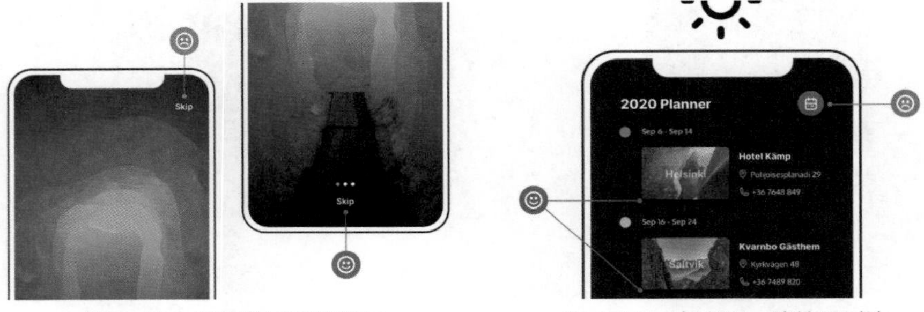

图 9.19　优化跳过操作效果　　　　图 9.20　光源不一致效果对比

5. 叠加改善对比度

在使用图片作为背景承载前面文字信息的时候，图片背景过亮时，可以稍微叠加一些品牌色渐变暗色来提高文字阅读性。前后对比效果如图 9.21 所示。

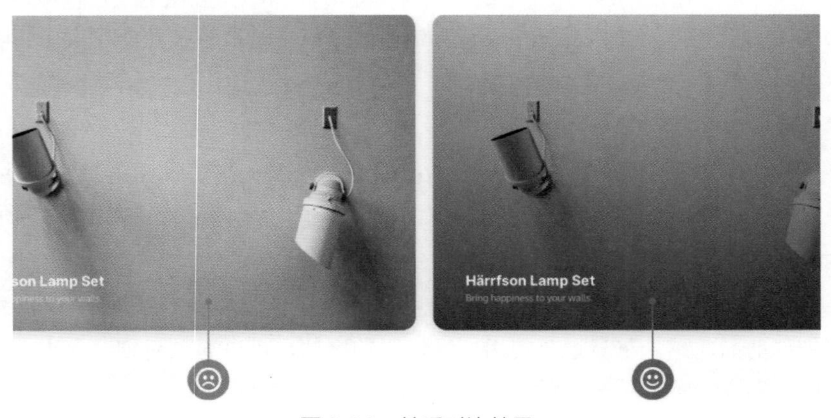

图 9.21　前后对比效果

6. 适度使用居中排版

尝试在卡片较少的排版中使用居中对齐排版，对于其他的设计，则尽量使用左对齐排版方式。居中排版效果如图 9.22 所示

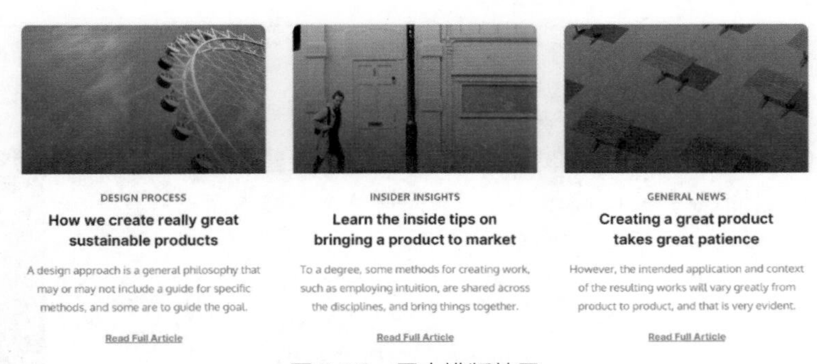

图 9.22　居中排版效果

7. 合理的间距效果

在设计排版过程中，确保元素排版有呼吸空间。避免文字多的地方，间距很小，可以用留白来区分层级。合理的间距效果如图 9.23 所示。

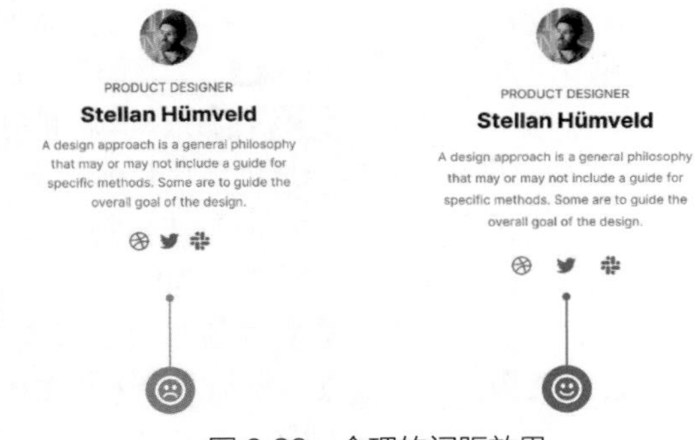

图 9.23　合理的间距效果

8. 注意对比度

在浅色背景下设计时，避免使用过浅的文本颜色，这样会导致阅读比较累。合理对比度前后效果如图 9.24 所示。

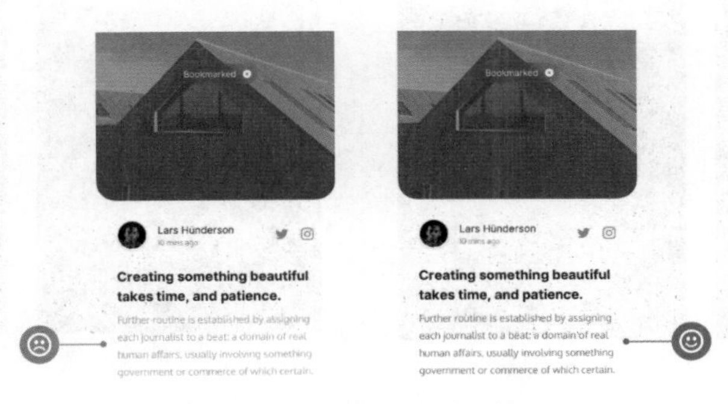

图 9.24　合理对比度前后效果

9.5　动感锁屏界面设计

实例分析

本例讲解动感锁屏界面设计。本例的制作比较简单，通过添加动感背景使其与界面中的状态栏和时间相结合，从而使整个锁屏界面简洁且高端大气上档次，最终效果如图 9.25 所示。

难　　度：☆☆
素材文件：调用素材 \ 第 9 章 \ “动感锁屏界面设计”文件夹
案例文件：源文件 \ 第 9 章 \ 动感锁屏界面设计 .psd
视频文件：视频教学 \ 第 9 章 \9.5　动感锁屏界面设计 .mp4

图 9.25　最终效果

步骤 01 执行菜单栏中的【文件】|【打开】命令，选择“背景 .jpg”“状态栏 .psd”文件，将状态栏拖至背景文档顶部位置，如图 9.26 所示。

步骤 02 在【图层】面板中，选中【背景】图层，将其拖至面板底部的【创建新图层】按钮上，复制一个新【背景 拷贝】图层。

步骤 03 在【图层】面板中，选中【背景 拷贝】图层，将其图层混合模式设置为【柔光】，如图 9.27 所示。

图 9.26　打开并添加素材

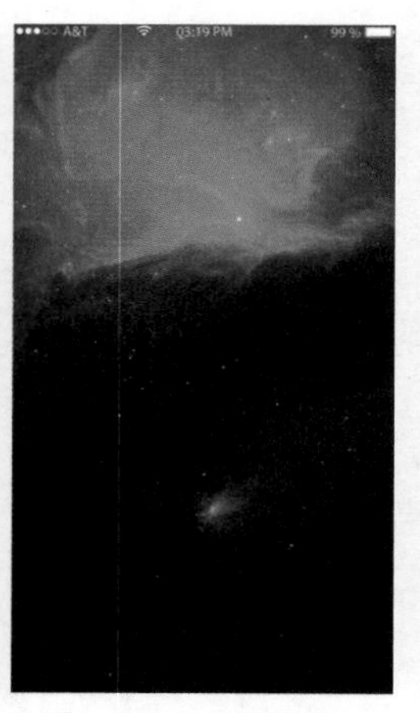
图 9.27　设置图层混合模式

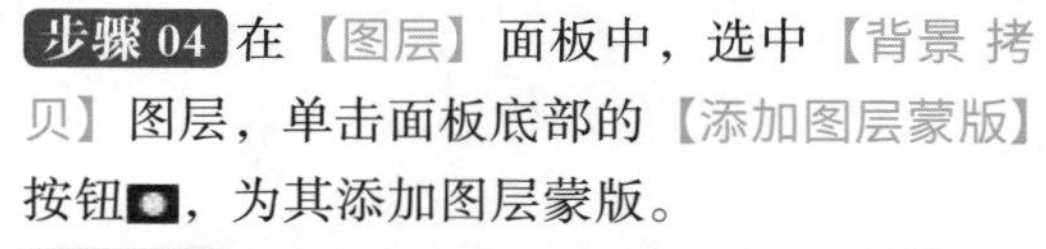

步骤 04 在【图层】面板中，选中【背景 拷贝】图层，单击面板底部的【添加图层蒙版】按钮，为其添加图层蒙版。

步骤 05 选择工具箱中的【渐变工具】，编辑黑色到白色的渐变，单击选项栏中的【线性渐变】按钮，在图像上拖动，将部分图像隐藏，如图 9.28 所示。

步骤 06 选择工具箱中的【横排文字工具】**T**，添加文字（苹方体），这样就完成了动感锁屏界面的制作，最终效果如图 9.29 所示。

图 9.28　隐藏图像

图 9.29　最终效果

9.6　扫码界面设计

实例分析

本例讲解扫码界面设计。本例界面设计比较简单，通过绘制扫描图形与小控件来完成界面设计，最终效果如图 9.30 所示。

难　　度：☆☆
素材文件：调用素材 \ 第 9 章 \ "扫码界面设计"文件夹
案例文件：源文件 \ 第 9 章 \ 扫码界面设计 .psd
视频文件：视频教学 \ 第 9 章 \9.6　扫码界面设计 .mp4

图 9.30　最终效果

1. 绘制二维码背景

步骤 01 执行菜单栏中的【文件】|【新建】命令，在弹出的对话框中设置【宽度】为 1080 像素，【高度】为 1920 像素，【分辨率】为 72 像素 / 英寸，新建一个空白画布，将画布设置为蓝色（R：82，G：118，B：240）。

步骤 02 选择工具箱中的【圆角矩形工具】，在选项栏中设置【填充】为白色，【描边】为无，【半径】为 30 像素，绘制一个圆角矩形，将生成一个【圆角矩形 1】图层，如图 9.31 所示。

步骤 03 执行菜单栏中的【文件】|【打开】命令，选择"二维码 .jpg"文件，将其打开并拖至画布中缩小，如图 9.32 所示。

步骤 04 选择工具箱中的【圆角矩形工具】，在选项栏中设置【填充】为无，【描边】为无，【半径】为 20 像素，绘制一个圆角矩形，将生成一个【圆角矩形 2】图层，如图 9.33 所示。

步骤 05 在【图层】面板中，选中【圆角矩形 2】图层，单击面板底部的【添加图层蒙版】按钮，为其添加图层蒙版。

步骤 06 选择工具箱中的【矩形选框工具】，在圆角矩形位置绘制一个矩形选区，如图 9.34 所示。

图 9.31　绘制图形

图 9.32　添加素材

图 9.33　绘制图形

图 9.34　绘制选区

步骤 07 将选区填充为黑色，将部分图形隐藏。

步骤 08 在选区中单击鼠标右键，从弹出的快捷菜单中选择【顺时针旋转 90 度】命令，完成后按 Enter 键确认，以同样的方法将图形隐藏，如图 9.35 所示。

图 9.35　隐藏图形

2. 制作扫码特效

步骤 01 选择工具箱中的【矩形工具】，在选项栏中设置【填充】为白色，【描边】为无，绘制一个矩形，将生成一个【矩形 1】图层，如图 9.36 所示。

图 9.36　绘制图形

步骤 02 在【图层】面板中，单击面板底部的【添加图层样式】按钮 fx，在下拉菜单中选择【渐变叠加】命令。

步骤 03 在弹出的对话框中设置【不透明度】为 40%，【渐变】为白色到白色，设置第 1 个色标【不透明度】为 0%，【角度】为 0 度，设置完成后单击【确定】按钮，如图 9.37 所示。

步骤 04 在【图层】面板中，选中【矩形 1】图层，将其图层【填充】设置为 0%，如图 9.38 所示。

步骤 05 选择工具箱中的【矩形工具】，在选项栏中设置【填充】为白色，在刚才绘制的图形右侧边缘绘制一个细长矩形，如图 9.39 所示。

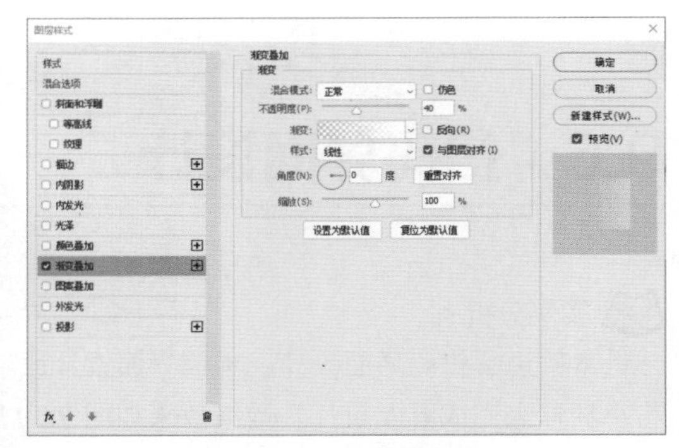

图 9.37　设置渐变叠加

图 9.38　设置填充　　图 9.39　绘制图形

步骤 06 选择工具箱中的【圆角矩形工具】，在选项栏中设置【填充】为白色，【描边】为无，【半径】为 50 像素，绘制一个圆角矩形，将生成一个【圆角矩形 3】图层，如图 9.40 所示。

步骤 07 执行菜单栏中的【文件】|【打开】命令，选择“图标 .psd”文件，将其打开并拖至画布中刚才绘制的图形位置，如图 9.41 所示。

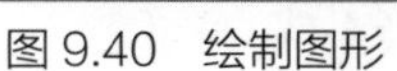

图 9.40　绘制图形　　图 9.41　添加素材

步骤 08 选择工具箱中的【横排文字工具】T，添加文字（苹方体），这样就完成了扫码界面的制作，最终效果如图 9.42 所示。

图 9.42　最终效果

9.7　应用登录界面设计

实例分析

本例讲解应用登录界面设计。本例中所讲解的是一款以黑白为主色调的登录界面，通过添加背景图像，使其与界面元素相结合，整个界面视觉效果十分出色，最终效果如图 9.43 所示。

难　　度：☆☆
素材文件：调用素材 \ 第 9 章 \“应用登录界面设计”文件夹
案例文件：源文件 \ 第 9 章 \ 应用登录界面设计 .psd
视频文件：视频教学 \ 第 9 章 \9.7　应用登录界面设计 .mp4

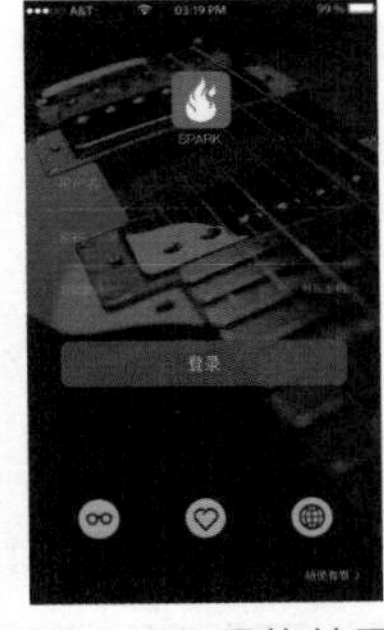

图 9.43　最终效果

1. 打造主题背景

步骤 01 执行菜单栏中的【文件】|【新建】命令，在弹出的对话框中设置【宽度】为 1080 像素，【高度】为 1920 像素，【分辨率】为 72 像素 / 英寸，新建一个空白画布。

步骤 02 执行菜单栏中的【文件】|【打开】命令，选择“背景 .jpg”“状态栏 .psd”文件，将其打开并拖至画布中，如图 9.44 所示。

步骤 03 在【图层】面板中，单击面板底部的【创建新图层】按钮，新建一个新【图层 2】图层。

步骤 04 在【图层】面板中，选中【图层 2】图层，将其图层【不透明度】设置为 50%，如图 9.45 所示。

图 9.44　添加素材

步骤 05 选择工具箱中的【圆角矩形工具】，在选项栏中设置【填充】为红色（R：

211，G：72，B：74)，【描边】为无，【半径】为 30 像素，按住 Shift 键绘制一个圆角矩形，将生成一个【圆角矩形 1】图层，如图 9.46 所示。

图 9.45　设置图层不透明度

图 9.46　绘制图形

步骤 06 执行菜单栏中的【文件】|【打开】命令，选择“图标 .psd”文件，将其打开，选中【形状 4】并将其拖至画布中圆角矩形位置，如图 9.47 所示。

步骤 07 选择工具箱中的【横排文字工具】**T**，添加文字（苹方体），如图 9.48 所示。

图 9.47　添加素材

图 9.48　添加文字

2. 绘制登录元素

步骤 01 选择工具箱中的【直线工具】，在选项栏中设置【填充】为白色，【描边】为无，【粗细】为 1 像素，按住 Shift 键绘制一条线段，将生成一个【形状 5】图层，如图 9.49 所示。

步骤 02 在【图层】面板中，选中【形状 1】图层，将其拖至面板底部的【创建新图层】按钮上，复制一个新【形状 5 拷贝】图层，将复制生成的图层向下垂直移动，如图 9.50 所示。

图 9.49　绘制图形

图 9.50　复制图形

步骤 03 选择工具箱中的【圆角矩形工具】，在选项栏中设置【填充】为红色（R：152，G：54，B：55)，【描边】为无，【半径】为 30 像素，绘制一个圆角矩形，将生成一个【圆角矩形 2】图层，如图 9.51 所示。

步骤 04 选中【圆角矩形 2】图层，将其图层【不透明度】设置为 90%，如图 9.52 所示。

图 9.51　绘制图形

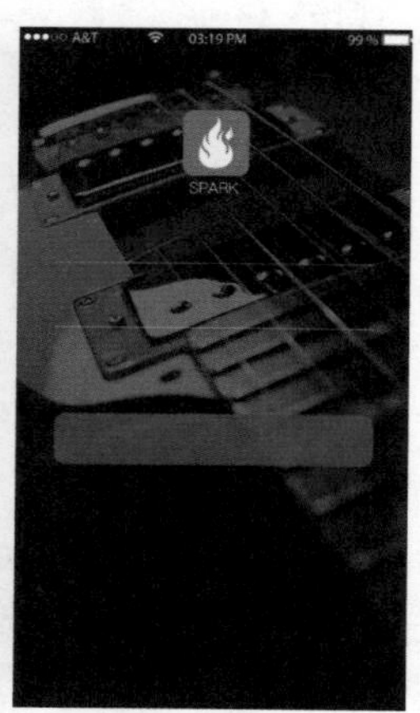

图 9.52　设置图层不透明度

步骤 05 选择工具箱中的【横排文字工具】**T**，添加文字（苹方体），如图 9.53 所示。

步骤 06 选中左侧文字所在图层，将其图层【不透明度】设置为 50%，如图 9.54 所示。

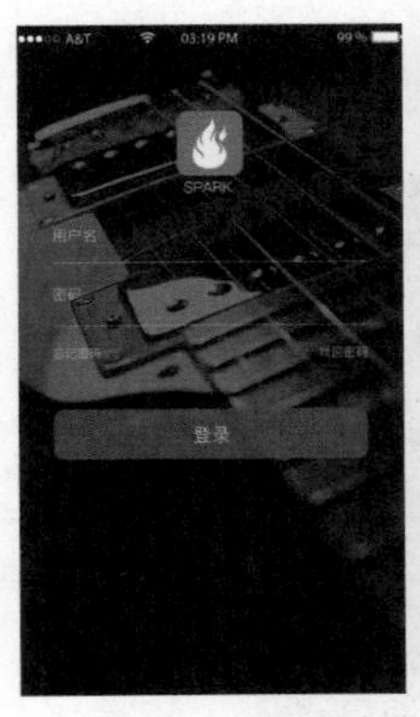

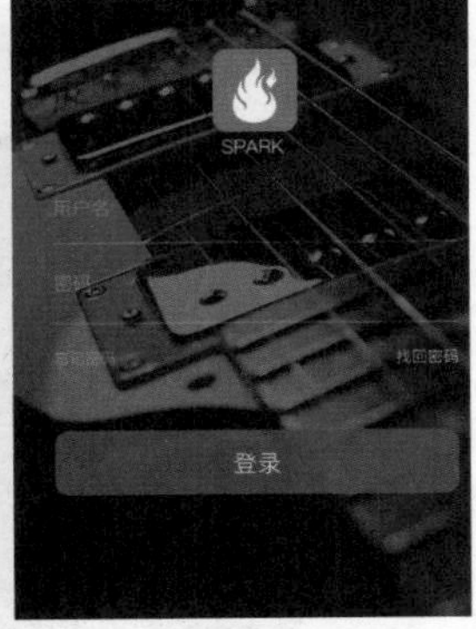

图 9.53 添加文字 图 9.54 设置图层不透明度

3. 处理界面元素细节

步骤 01 选择工具箱中的【椭圆工具】，在选项栏中设置【填充】为灰色（R：190，G：190，B：190），【描边】为无，在画布靠左下角位置按住 Shift 键绘制一个正圆图形，将生成一个【椭圆 1】图层，如图 9.55 所示。

步骤 02 选中【椭圆 1】图层，在画布中按住 Alt+Shift 组合键向右侧拖动，将图形复制两份，如图 9.56 所示。

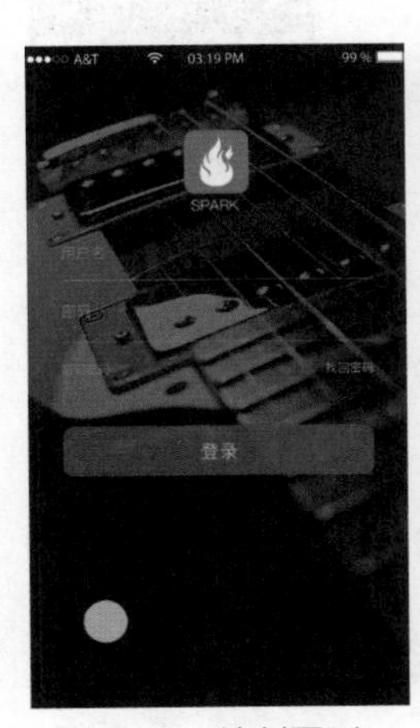

图 9.55 绘制图形 图 9.56 复制图形

步骤 03 执行菜单栏中的【文件】|【打开】命令，选择“图标.psd”文件，将其打开并选中【形状 3】、【形状 2】及【形状 1】，再将其拖至画布中正圆位置，如图 9.57 所示。

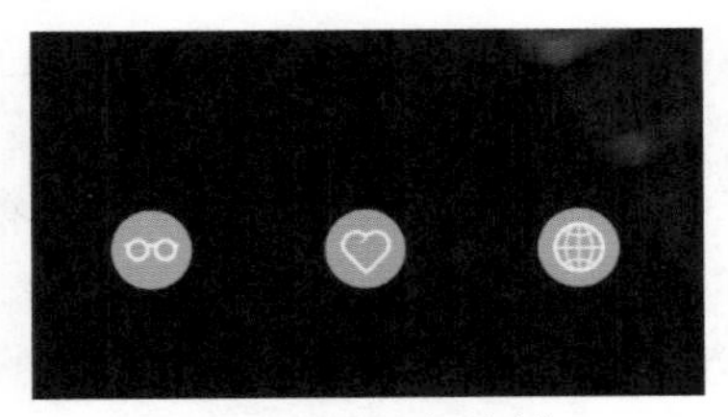

图 9.57 添加素材

步骤 04 在【图层】面板中，选中【椭圆 1】图层，单击面板底部的【添加图层蒙版】按钮，为其添加图层蒙版，按住 Ctrl 键单击【形状 1】图层缩览图，将其载入选区，如图 9.58 所示。

步骤 05 将选区填充为黑色，将部分图形隐藏，完成后按 Ctrl+D 组合键将选区取消，如图 9.59 所示。

步骤 06 在【图层】面板中，分别将【形状 1】、【形状 2】及【形状 3】图层隐藏。

图 9.58 载入选区 图 9.59 隐藏图形

步骤 07 以同样的方法为其他几个圆形所在图层添加图层蒙版并制作镂空效果，如图 9.60 所示。

步骤 08 选择工具箱中的【横排文字工具】**T**，在画布右下角添加文字（苹方体），如图 9.61 所示。

图 9.60 制作镂空效果 图 9.61 添加文字

步骤 09 选择工具箱中的【矩形工具】，在选项栏中设置【填充】为无，【描边】为白色，【设置形状描边宽度】为 2 像素，在画布右下角位置按住 Shift 键绘制一个正方形，此时将生成一个【矩形 1】图层，如图 9.62 所示。

步骤 10 选中【矩形 1】图层，按 Ctrl+T 组合键对其执行【自由变换】命令，当出现变形框以后在选项栏中【旋转】后面的文本框中输入 45 度，完成后按 Enter 键确认，如图 9.63 所示。

图 9.62　绘制图形

图 9.63　旋转图形

步骤 11 选择工具箱中的【直接选择工具】，选中矩形左侧锚点，将其删除，再将剩余的图形适当缩小，这样就完成了应用登录界面的制作，最终效果如图 9.64 所示。

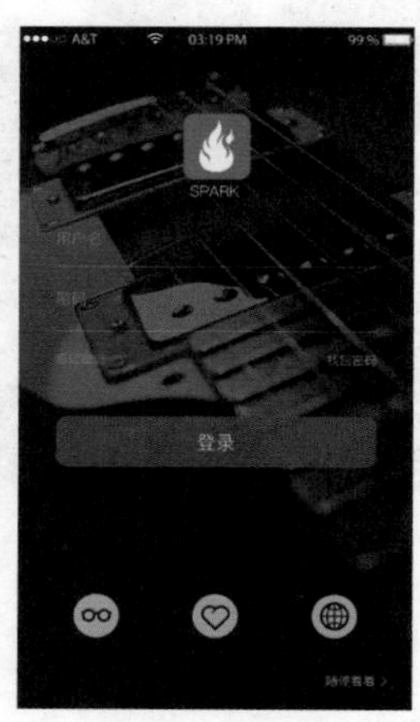

图 9.64　最终效果

9.8　Windows phone 手机界面设计

实例分析

本例讲解 Windows phone 手机界面设计。Windows phone 手机界面最大特点是简洁，通过大面积色块的使用，使整个界面具有漂亮的版式布局，在视觉交互上十分出色，最终效果如图 9.65 所示。

难　　度：☆☆
素材文件：调用素材 \ 第 9 章 \ “Windows phone 手机界面设计”文件夹
案例文件：源文件 \ 第 9 章 \Windows phone 手机界面设计 .psd
视频文件：视频教学 \ 第 9 章 \9.8　Windows phone 手机界面设计 .mp4

图 9.65　最终效果

1. 制作主题背景

步骤 01 执行菜单栏中的【文件】|【新建】命令，在弹出的对话框中设置【宽度】为 1080 像素，【高度】为 1280 像素，【分辨率】为 72 像素 / 英寸，新建一个空白画布，将画布填充为黑色。

步骤 02 执行菜单栏中的【文件】|【打开】命令，选择“状态栏 .jpg”文件，将打开的素材拖入画布的顶部位置并适当缩小，如图 9.66 所示。

步骤 03 选择工具箱中的【矩形工具】，在选项栏中设置【填充】为蓝色（R：0，G：158，B：219），【描边】为无，按住 Shift 键绘制一个矩形，此时将生成一个【矩形 1】图层，如图 9.67 所示。

步骤 04 将矩形向右侧平移复制 3 份，将生成 3 个拷贝图层，分别将图层名称从下至上依次更改为【磁贴】、【磁贴 2】、【磁贴 3】、【磁贴 4】，如图 9.68 所示。

图 9.66 添加素材

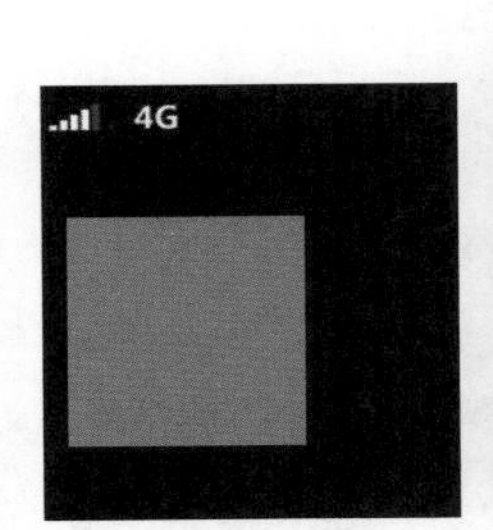

图 9.67 绘制矩形

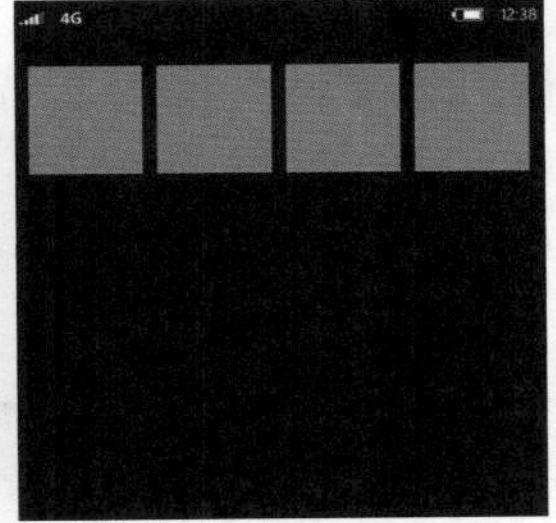
图 9.68 复制图形

步骤 05 执行菜单栏中的【文件】|【打开】命令，选择“图标 .psd”文件，在打开的文档中将【图标】组展开，同时选中【信息】、【商店】及【浏览器】图层，将其拖至当前界面中的前 3 个矩形位置，如图 9.69 所示。

步骤 06 选择工具箱中的【横排文字工具】**T**，在图标旁边位置添加文字（Myriad Pro 体），如图 9.70 所示。

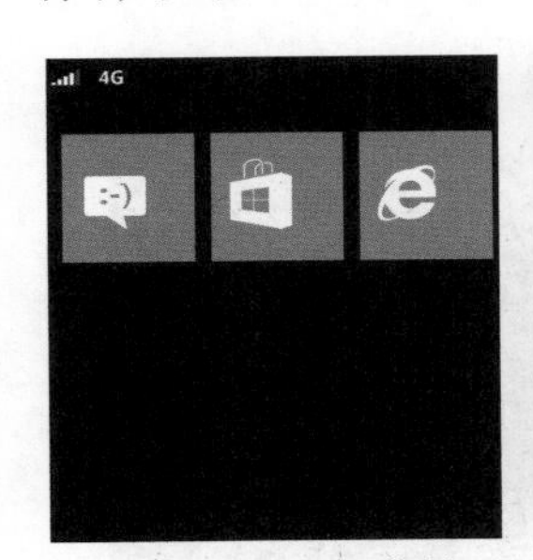
图 9.69 添加素材

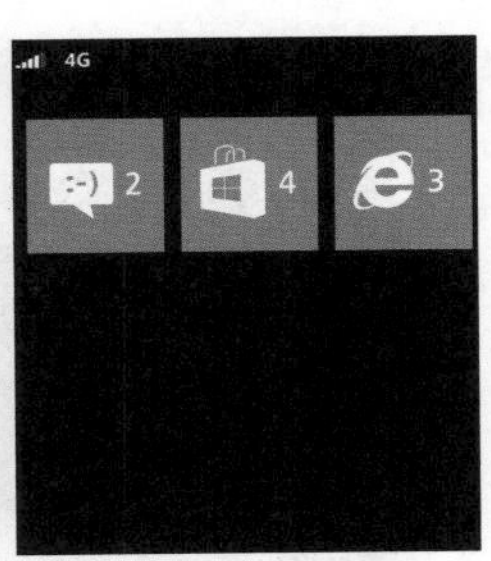

图 9.70 添加文字

2. 添加应用缩略图

步骤 01 执行菜单栏中的【文件】|【打开】命令，选择“图像 .jpg”文件，将打开的素材拖入画布中并适当缩小，将其图层名称更改为【图层 2】，将【图层 2】图层移至【磁贴 4】图层上方，如图 9.71 所示。

步骤 02 执行菜单栏中的【图层】|【创建剪贴蒙版】命令，为当前图层创建剪贴蒙版，将部分图像隐藏，再将图像等比例缩小，如图 9.72 所示。

图 9.71 添加素材

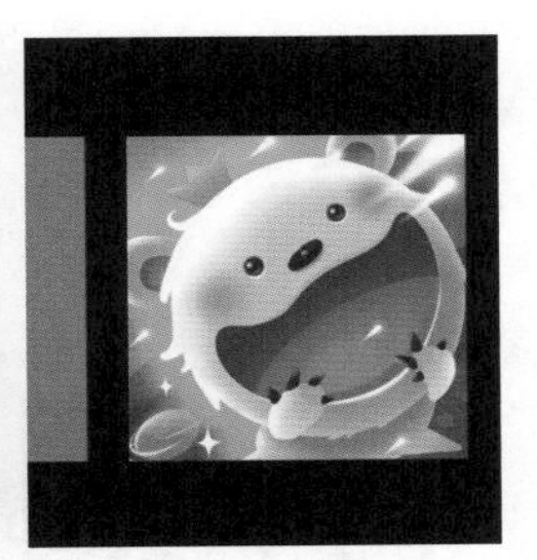
图 9.72 创建剪贴蒙版

步骤 03 选择工具箱中的【矩形工具】▭，在选项栏中设置【填充】为蓝色（R：0，G：158，B：219），【描边】为无，按住 Shift 键绘制一个矩形，将生成的图层名称更改为【磁贴 5】，如图 9.73 所示。

图 9.73 绘制图形

步骤 04 在【图标】文档中，选中组中的【游戏】图层，将其拖至当前界面中，并放在【磁贴 5】图层中图形位置。

步骤 05 执行菜单栏中的【文件】|【打开】命令，选择“游戏角色 .psd”文件，将打开的素材拖入画布中，如图 9.74 所示。

图 9.74　添加素材

步骤 06 将【游戏角色】图层移至【磁贴 5】图层上方，执行菜单栏中的【图层】|【创建剪贴蒙版】命令，为当前图层创建剪贴蒙版，将部分图像隐藏，再将图像等比例缩小，如图 9.75 所示。

步骤 07 选择工具箱中的【横排文字工具】T，在适当位置添加文字（Myriad Pro 体），如图 9.76 所示。

图 9.75　创建剪贴蒙版

图 9.76　添加文字

步骤 08 选中【磁贴】图层，将图形复制 4 份并移至适当位置，分别将图层名称更改为【磁贴 6】、【磁贴 7】、【磁贴 8】及【磁贴 9】，如图 9.77 所示。

图 9.77　复制图形

提示

除了利用复制图形的方法之外，还可以绘制新的矩形，只要保证与小磁贴图形相同大小即可。

步骤 09 在【图标】文档中，选中组中的【设置】图层，将其拖至当前界面中，并放在【磁贴 6】图层中的图形位置，如图 9.78 所示。

图 9.78　添加图标

步骤 10 执行菜单栏中的【文件】|【打开】命令，选择“图像 2.jpg”文件，将其图层名称设置为【图层 3】，将【图层 3】图层移至【磁贴 7】图层上方，如图 9.79 所示。

步骤 11 执行菜单栏中的【图层】|【创建剪贴蒙版】命令，为当前图层创建剪贴蒙版，将部分图像隐藏，如图 9.80 所示。

图 9.79　添加素材

图 9.80　创建剪贴蒙版

步骤 12 执行菜单栏中的【文件】|【打开】命令，选择“图标 3.jpg”“图像 4.jpg”文件。

步骤 13 分别将打开的素材拖入画布中，并以刚才同样的方法分别将图像移至对应的【磁贴 8】及【磁贴 9】图层上方，再为其创建剪贴蒙版，如图 9.81 所示。

图 9.81　添加素材

3. 绘制界面细节图像

步骤 01 选择工具箱中的【矩形工具】▭，按住 Shift 键绘制一个矩形，将生成的图层名称更改为【磁贴 10】，如图 9.82 所示。

步骤 02 选择工具箱中的【横排文字工具】T，在矩形位置添加文字，如图 9.83 所示。

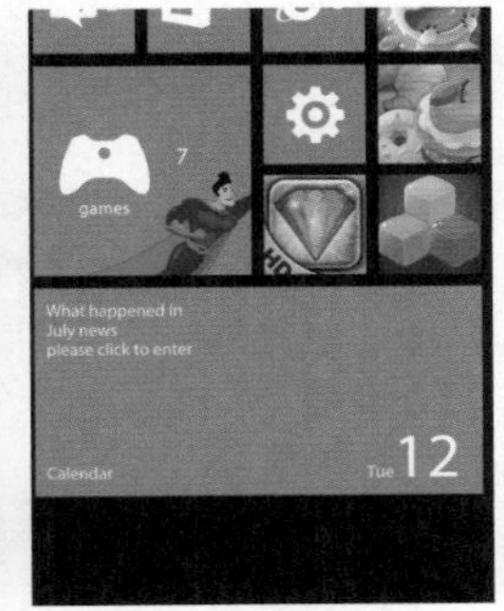

图 9.82　绘制矩形　　图 9.83　添加文字

步骤 03 同时选中【磁贴】及【磁贴 2】图层，向下移动复制，分别将其图层名称更改为【磁贴 11】、【磁贴 12】，如图 9.84 所示。

步骤 04 在【图标】文档中，选中组中的【照片】及【程序】图层，将其拖至当前界面中的【磁贴 11】、【磁贴 12】图层的图形位置，如图 9.85 所示。

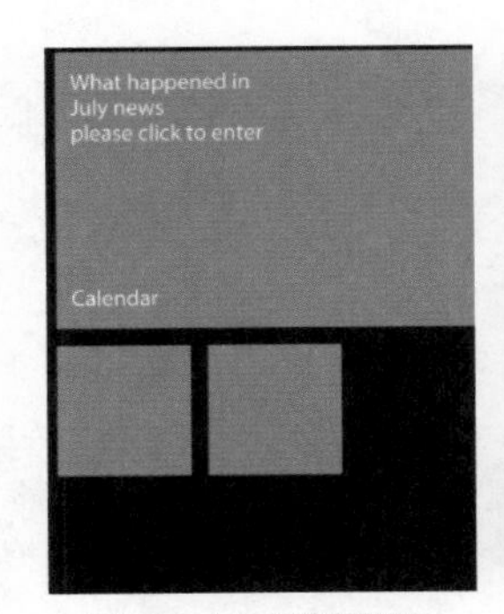

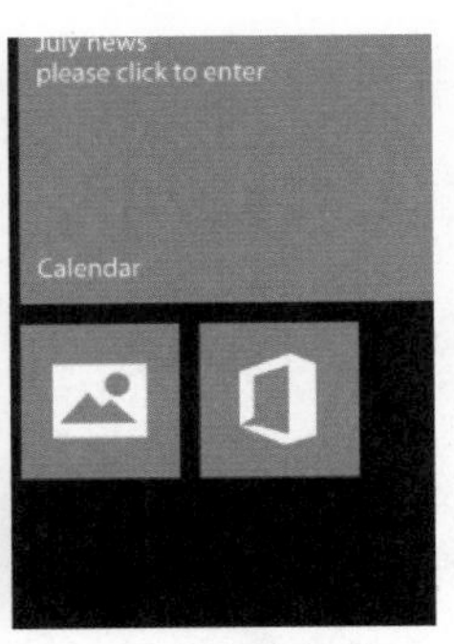

图 9.84　复制图形　　图 9.85　添加图标

步骤 05 选择工具箱中的【矩形工具】▭，在界面底部位置再次绘制两个矩形，分别将其图层名称更改为【磁贴 13】、【磁贴 14】，如图 9.86 所示。

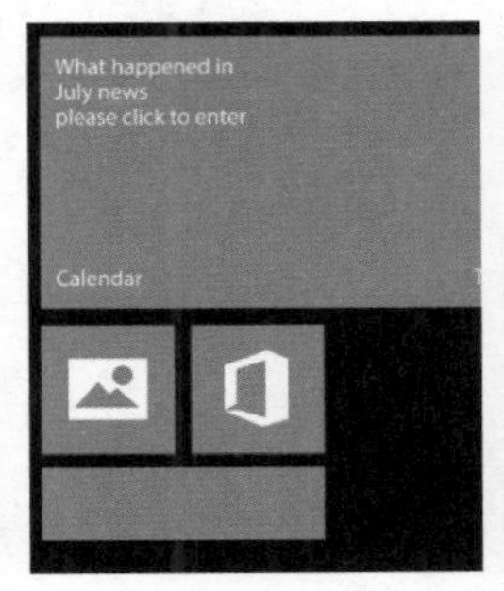

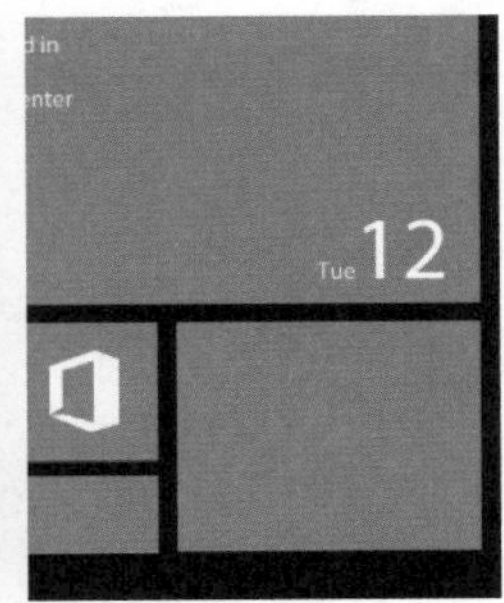

图 9.86　绘制图形

步骤 06 执行菜单栏中的【文件】|【打开】命令，选择“图像 5.jpg”文件。

步骤 07 将打开的素材拖入画布中并适当缩小，将其移至【磁贴 14】图层上方，创建剪贴蒙版，这样就完成了 Windows phone 手机界面的制作，最终效果如图 9.87 所示。

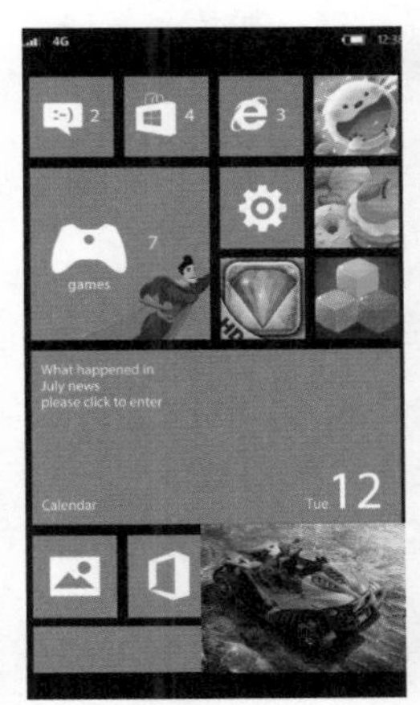

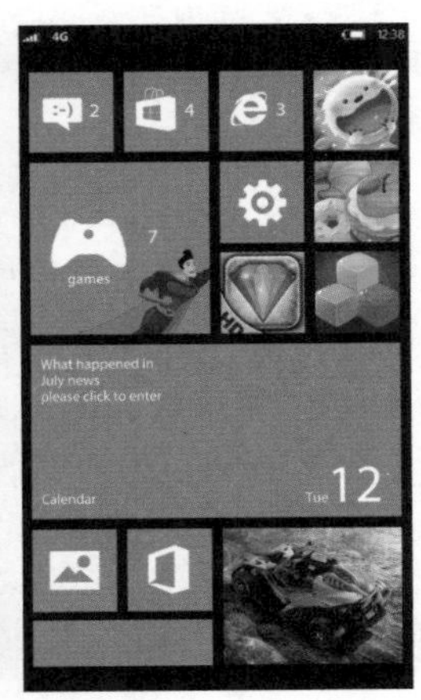

图 9.87　最终效果

9.9 智能家电控制界面设计

实例分析

本例讲解智能家电控制界面设计。本例界面在设计过程中采用与科技相匹配的蓝色，通过添加控件元素，将整个控制界面完美地表现了出来，最终效果如图 9.88 所示。

难　　度：☆☆
素材文件：调用素材 \ 第 9 章 \“智能家电控制界面设计”文件夹
案例文件：源文件 \ 第 9 章 \ 智能家电控制界面设计 .psd
视频文件：视频教学 \ 第 9 章 \9.9　智能家电控制界面设计 .mp4

图 9.88　最终效果

1. 制作科技主题背景

步骤 01 执行菜单栏中的【文件】|【新建】命令，在弹出的对话框中设置【宽度】为 1080 像素，【高度】为 1920 像素，【分辨率】为 72 像素 / 英寸，新建一个空白画布，将画布填充为浅蓝色（R：242，G：250，B：252）。

步骤 02 选择工具箱中的【椭圆工具】，在选项栏中设置【填充】为无，【描边】为灰色（R：222，G：226，B：235），【设置形状描边宽度】为 3 像素，在画布中间位置按住 Shift 键绘制一个正圆图形，将生成一个【椭圆 1】图层，如图 9.89 所示。

步骤 03 在【图层】面板中，选中【椭圆 1】图层，将其拖至面板底部的【创建新图层】按钮上，复制两个新图层，分别将三个图层名称更改为【阴影】、【高光】及【显示盘】，如图 9.90 所示。

图 9.89　绘制图形

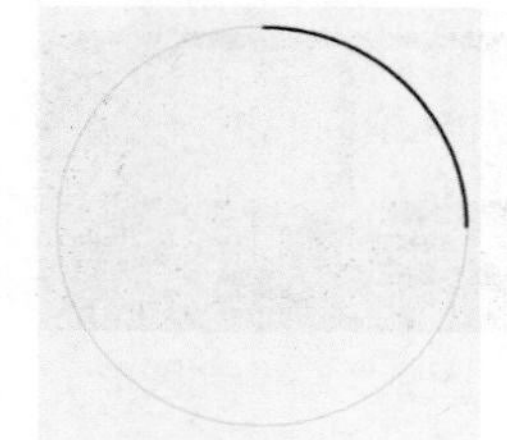

图 9.90　复制图层

步骤 04 选择工具箱中的【直接选择工具】，选中【高光】图层中圆形底部和左侧锚点，将其删除，如图 9.91 所示。

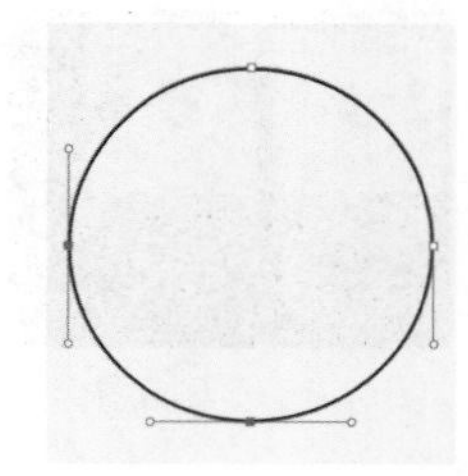
图 9.91　删除锚点

步骤 05 在【图层】面板中，选中【高光】图层，单击面板底部的【添加图层样式】按钮 *fx*，在下拉菜单中选择【渐变叠加】命令。

步骤 06 在弹出的对话框中设置【渐变】为青色（R：2，G：240，B：253）到蓝色（R：80，G：178，B：253），【角度】为 0 度，【缩放】为 50%，设置完成后单击【确定】按钮，如图 9.92 所示。

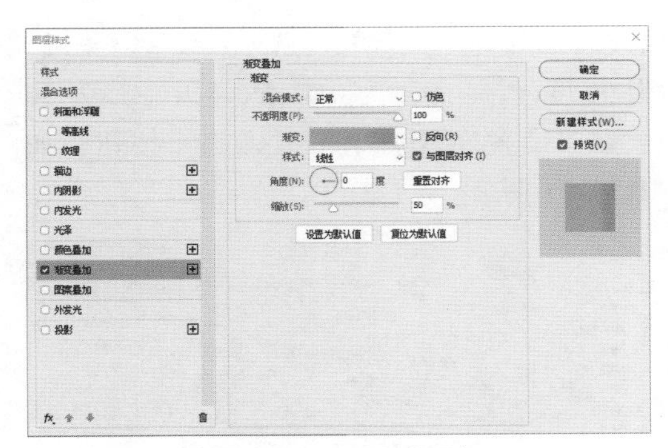

图 9.92　设置渐变叠加

步骤 07 选择工具箱中的【椭圆工具】，在选项栏中设置【填充】为蓝色（R：80，G：178，B：253），【描边】为白色，【设置形状描边宽度】为 3 像素，按住 Shift 键绘制一个正圆图形，将生成一个【椭圆 1】图层，如图 9.93 所示。

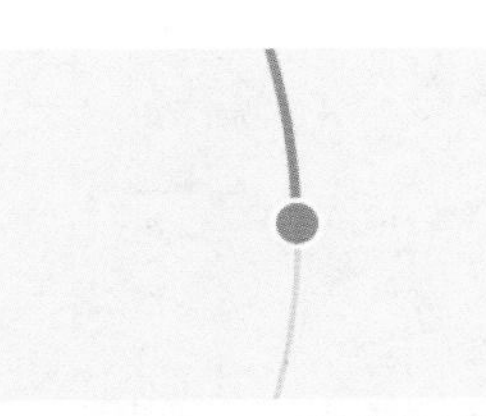

图 9.93　绘制图形

步骤 08 在【图层】面板中，单击面板底部的【添加图层样式】按钮 fx，在下拉菜单中选择【投影】命令。

步骤 09 在弹出的对话框中设置【不透明度】为 30%，取消选中【使用全局光】复选框，设置【角度】为 90 度，【距离】为 2 像素，【大小】为 5 像素，设置完成后单击【确定】按钮，如图 9.94 所示。

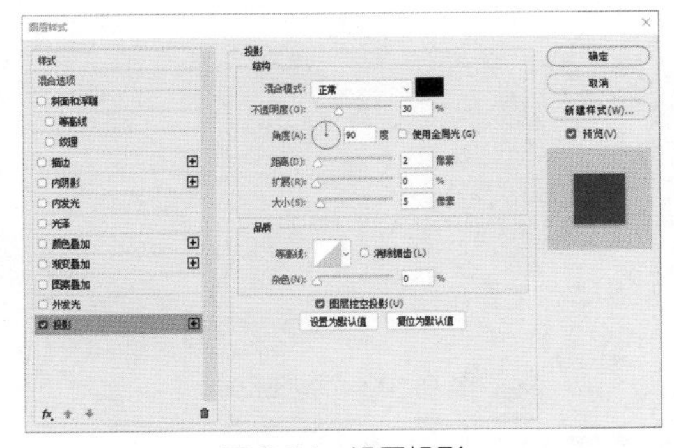

图 9.94　设置投影

2. 打造主视觉图形

步骤 01 选中【显示盘】图层，将其【填充】设置为黑色，在画布中按 Ctrl+T 组合键对其执行【自由变换】命令，将图形稍微等比例缩小，完成后按 Enter 键确认，如图 9.95 所示。

图 9.95　缩小图形

步骤 02 在【图层】面板中，单击面板底部的【添加图层样式】按钮 fx，在下拉菜单中选择【渐变叠加】命令。

步骤 03 在弹出的对话框中设置【渐变】为蓝色（R：240，G：247，B：252）到白色，【角度】为 90 度，如图 9.96 所示。

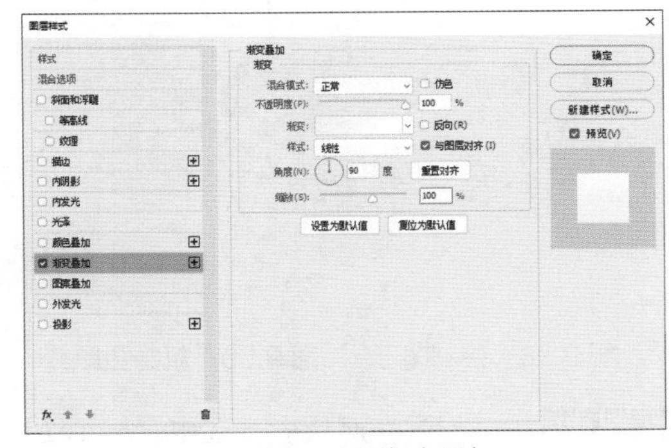

图 9.96　设置渐变叠加

步骤 04 勾选【投影】复选框，设置【混合模式】为【正常】，【颜色】为蓝色（R：31，G：189，B：245），【不透明度】为 30%，取消选中【使用全局光】复选框，设置【角度】为 90 度，【距离】为 100 像素，【大小】为 200 像素，设置完成后单击【确定】按钮，如图 9.97 所示。

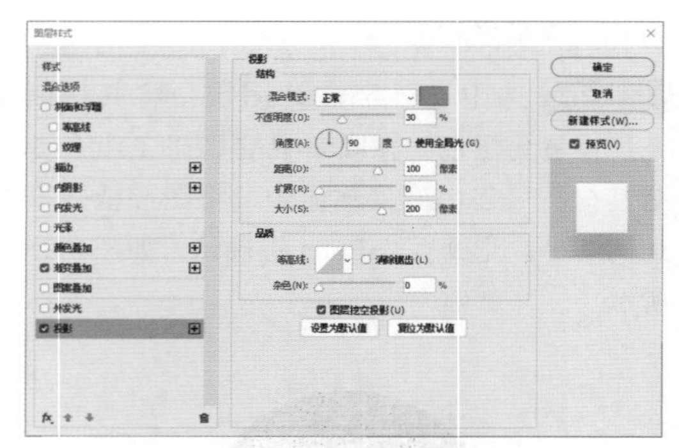

图 9.97　设置投影

步骤 05 选择工具箱中的【椭圆工具】◯，在选项栏中设置【填充】为灰色（R：227，G：230，B：239），【描边】为无，在画布顶部位置按住 Shift 键绘制一个正圆图形，将生成一个【椭圆 2】图层，如图 9.98 所示。

步骤 06 选中【椭圆 2】图层，在画布中按住 Alt+Shift 组合键向右侧拖动，将图形复制 3 份，如图 9.99 所示。

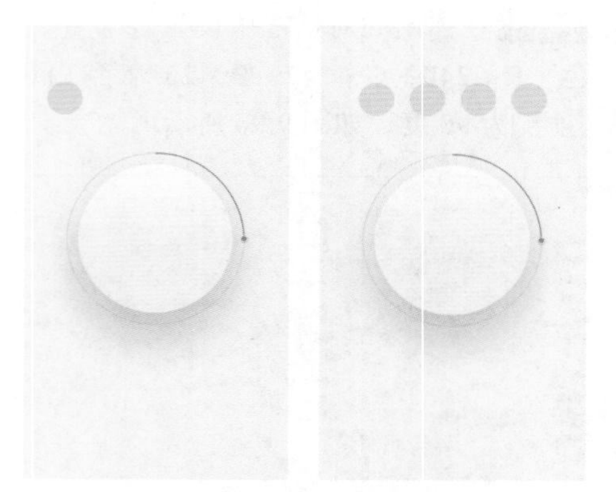

图 9.98　绘制图形　　图 9.99　复制图形

步骤 07 在【图层】面板中，选中【椭圆 2】图层，单击面板底部的【添加图层样式】按钮 *fx*，在下拉菜单中选择【渐变叠加】命令。

步骤 08 在弹出的对话框中设置【渐变】为蓝色（R：63，G：186，B：254）到蓝色（R：15，G：226，B：255），【角度】为 45 度，如图 9.100 所示。

步骤 09 勾选【投影】复选框，设置【混合模式】为【正常】，【颜色】为蓝色（R：31，G：189，B：245），【不透明度】为 30%，取消选中【使用全局光】复选框，设置【角度】为 90 度，【距离】为 0 像素，【大小】为 50 像素，设置完成后单击【确定】按钮，如图 9.101 所示。

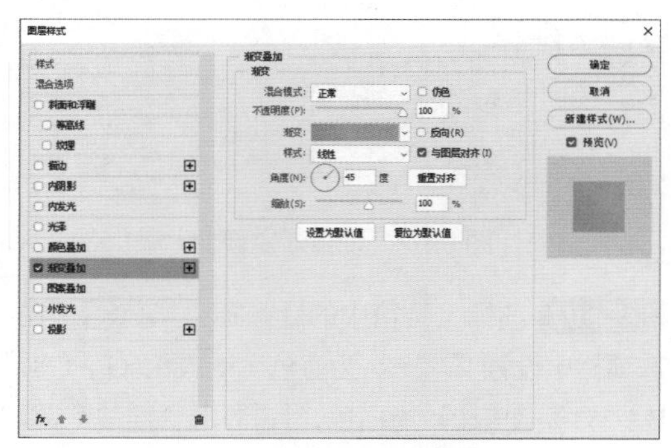

图 9.100　设置渐变叠加

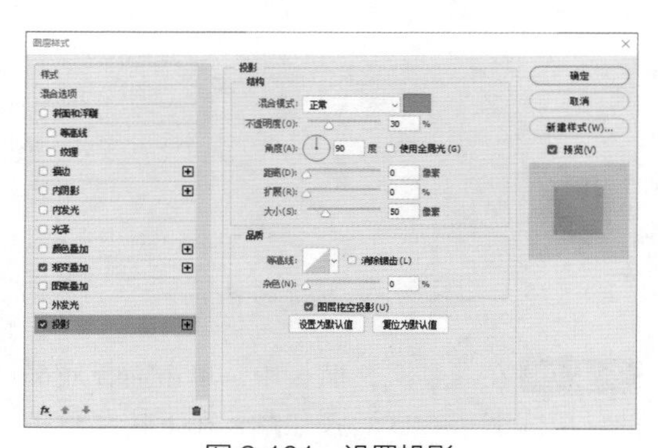

图 9.101　设置投影

3. 添加并修饰素材元素

步骤 01 执行菜单栏中的【文件】|【打开】命令，选择“图标 .psd”文件，将其打开后拖至画布中缩小，并更改部分图标颜色，如图 9.102 所示。

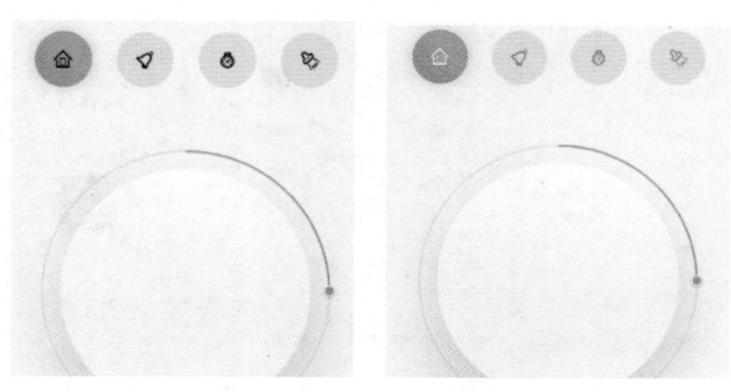

图 9.102　添加素材

步骤 02 执行菜单栏中的【文件】|【打开】

命令，选择“图标 2.psd”文件，将其打开后拖至画布中缩小，并分别将其放在左上角和右上角，如图 9.103 所示。

步骤 03 选择工具箱中的【椭圆工具】，在选项栏中设置【填充】为蓝色（R：15，G：226，B：255），【描边】为无，在画布中间位置按住 Shift 键绘制一个正圆图形，将生成一个【椭圆 3】图层，如图 9.104 所示。

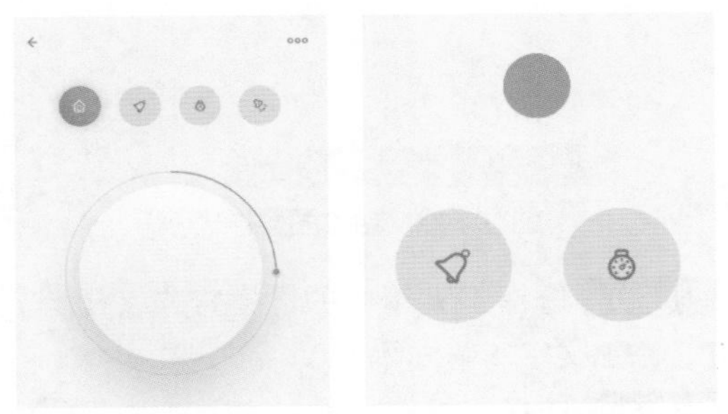

图 9.103　添加素材　　图 9.104　绘制图形

步骤 04 在【图层】面板中，选中【椭圆 3】图层，将其拖至面板底部的【创建新图层】按钮上，复制一个新【椭圆 3 拷贝】图层。

步骤 05 选中【椭圆 3】图层，在选项栏中设置【填充】为无，【描边】为蓝色（R：15，G：226，B：255），【设置形状描边宽度】为 3 像素。

步骤 06 选中【椭圆 3 拷贝】图层，在画布中按 Ctrl+T 组合键对其执行【自由变换】命令，将图形等比例缩小，完成后按 Enter 键确认，如图 9.105 所示。

步骤 07 执行菜单栏中的【文件】|【打开】命令，选择“灯泡 .psd”文件，将其打开后拖至画布中刚才绘制的圆形上，然后将其缩小，如图 9.106 所示。

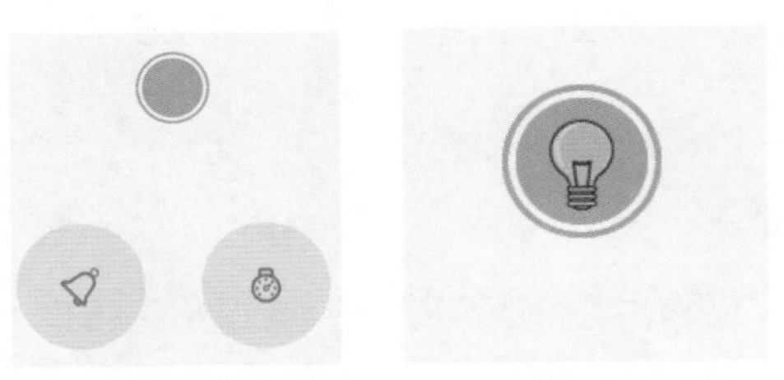

图 9.105　缩小图形　　图 9.106　添加素材

步骤 08 选择工具箱中的【圆角矩形工具】，在选项栏中设置【填充】为黑色，【描边】为无，【半径】为 30 像素，在画布底部绘制一个圆角矩形，将生成一个【圆角矩形 1】图层，如图 9.107 所示。

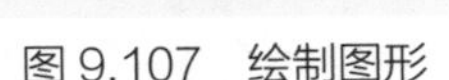

图 9.107　绘制图形

步骤 09 在【图层】面板中，单击面板底部的【添加图层样式】按钮 fx，在下拉菜单中选择【渐变叠加】命令。

步骤 10 在弹出的对话框中设置【渐变】为蓝色（R：75，G：175，B：253）到蓝色（R：6，G：237，B：255），【角度】为 0 度，设置完成后单击【确定】按钮，如图 9.108 所示。

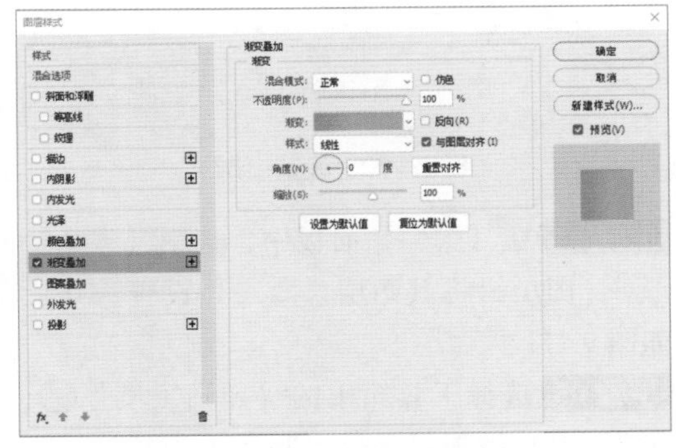

图 9.108　设置渐变叠加

4. 制作界面细节

步骤 01 选择工具箱中的【圆角矩形工具】，在选项栏中设置【填充】为黑色，【描边】为无，【半径】为 50 像素，绘制一个圆角矩形，将生成一个【圆角矩形 2】图层，如图 9.109 所示。

步骤 02 在【图层】面板中，选中【圆角矩形 2】图层，单击面板底部的【添加图层样式】按钮 fx，在下拉菜单中选择【投影】命令。

图 9.109　绘制图形

步骤 03 在弹出的对话框中设置【不透明度】为 20%，取消选中【使用全局光】复选框，设置【角度】为 90 度，【距离】为 10 像素，【大小】为 20 像素，设置完成后单击【确定】按钮，如图 9.110 所示。

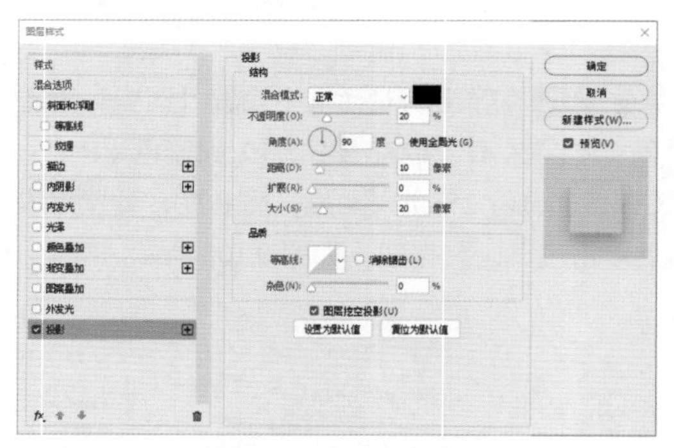

图 9.110　设置投影

步骤 04 在【图层】面板中，选中【圆角矩形 2】图层，将其图层【填充】设置为 0%，如图 9.111 所示。

步骤 05 选择工具箱中的【椭圆工具】，在选项栏中设置【填充】为黑色，【描边】为无，在刚才绘制的圆角矩形位置按住 Shift 键绘制一个正圆图形，将生成一个【椭圆 4】图层，如图 9.112 所示。

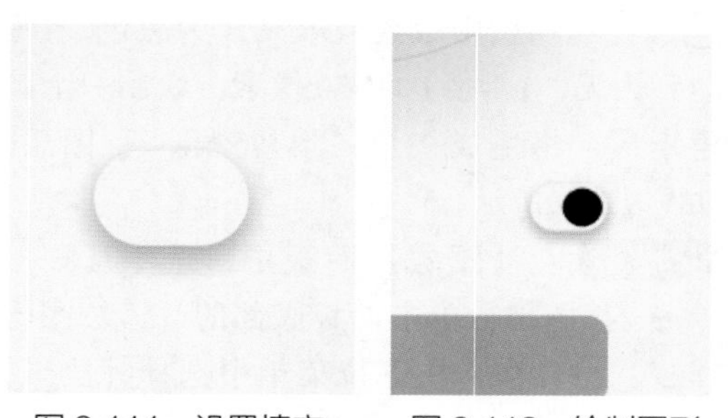

图 9.111　设置填充　　图 9.112　绘制图形

步骤 06 在【圆角矩形 1】图层名称上单击鼠标右键，从弹出的快捷菜单中选择【拷贝图层样式】命令，在【椭圆 4】图层名称上单击鼠标右键，从弹出的快捷菜单中选择【粘贴图层样式】命令，如图 9.113 所示。

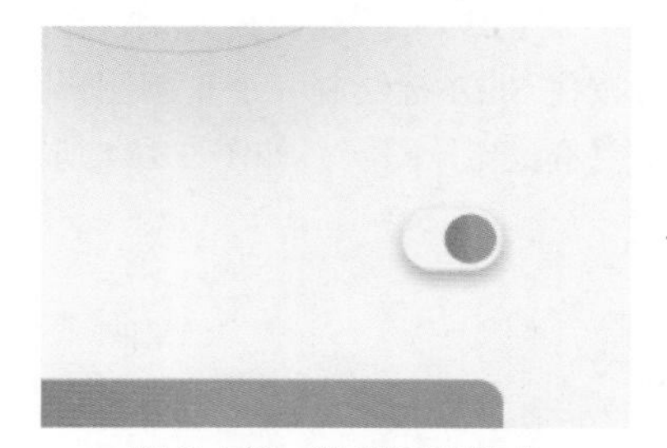

图 9.113　粘贴图层样式

步骤 07 选择工具箱中的【横排文字工具】**T**，添加文字（苹方体）。

步骤 08 选择工具箱中的【椭圆工具】，在选项栏中设置【填充】为无，【描边】为深色（R：49，G：53，B：68），【设置形状描边宽度】为 3 像素，在刚才添加的最大文字右上角位置按住 Shift 键绘制一个圆环，如图 9.114 所示。

步骤 09 选中圆环，在画布中按住 Alt 键向左下角拖动，将图形复制，按 Ctrl+T 组合键对其执行【自由变换】命令，将图形等比例缩小，完成后按 Enter 键确认，这样就完成了智能家电控制界面的制作，最终效果如图 9.115 所示。

图 9.114　绘制图形　　图 9.115　最终效果

9.10 财经统计界面设计

实例分析

本例讲解财经统计界面设计。本例中的界面设计过程比较简单，以直观的曲线图结合界面的数据信息制作而成，最终效果如图9.116所示。

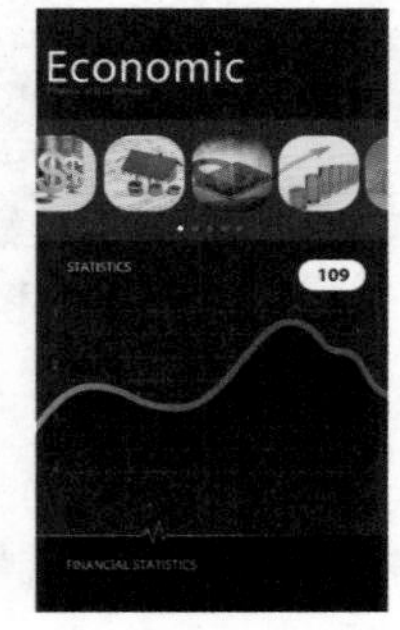

图9.116 最终效果

难　度：☆☆☆
素材文件：调用素材\第9章\“财经统计界面设计”文件夹
案例文件：源文件\第9章\财经统计界面设计.psd
视频文件：视频教学\第9章\9.10 财经统计界面设计.mp4

1. 制作主题背景

步骤01 执行菜单栏中的【文件】|【新建】命令，在弹出的对话框中设置【宽度】为1080像素，【高度】为1920像素，【分辨率】为72像素/英寸，新建一个空白画布，将画布填充为蓝色（R：14，G：19，B：70）。

步骤02 选择工具箱中的【矩形工具】，在选项栏中设置【填充】为蓝色（R：12，G：44，B：104），【描边】为无，在画布中间绘制矩形，此时将生成一个【矩形1】，在画布底部位置再次绘制一个蓝色（R：6，G：12，B：40）矩形，将生成一个【矩形2】图层，如图9.117所示。

图9.117 绘制图形

2. 添加财经图像元素

步骤01 选择工具箱中的【圆角矩形工具】，在选项栏中设置【填充】为白色，【描边】为无，【半径】为60像素，在界面靠上方左侧位置按住Shift键绘制一个圆角矩形，此时将生成一个【圆角矩形1】图层，如图9.118所示。

图9.118 绘制图形

步骤02 执行菜单栏中的【文件】|【打开】命令，选择“图像.jpg”文件，将其打开后拖入画布中并适当缩小，将其图层名称更改为【图层1】，如图9.119所示。

步骤03 选中【图层1】图层，执行菜单栏中的【图层】|【创建剪贴蒙版】命令，为当前图层创建剪贴蒙版，将部分图像隐藏，再按Ctrl+T组合键对其执行【自由变换】命

令，将图像等比例缩小，完成后按 Enter 键确认，如图 9.120 所示。

图 9.119　添加素材

图 9.120　创建剪贴蒙版

步骤 04 同时选中【图层 1】及【圆角矩形 2】图层，在画布中按住 Alt+Shift 组合键向右侧拖动将其复制，此时将生成【图层 1 拷贝】及【圆角矩形 2 拷贝】两个新图层，将【图层 1 拷贝】图层删除，如图 9.121 所示。

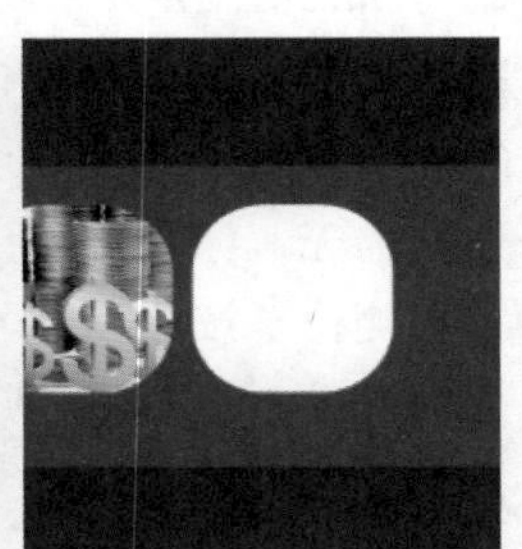
图 9.121　复制图形及图像

步骤 05 执行菜单栏中的【文件】|【打开】命令，选择“图像 2.jpg”文件，将其打开后拖入画布中并适当缩小，将其图层名称更改为【图层 2】，如图 9.122 所示。

步骤 06 以刚才同样的方法为【图层 2】图层创建剪贴蒙版，如图 9.123 所示。

图 9.122　添加素材

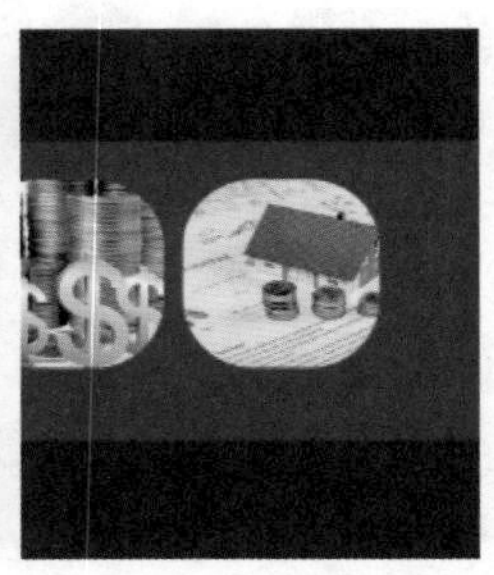
图 9.123　创建剪贴蒙版

步骤 07 执行菜单栏中的【文件】|【打开】命令，选择“图像 3.jpg”“图像 4.jpg”“图像 5.jpg”文件，将其打开后拖入画布中并适当缩小，以刚才同样的方法分别为图像创建剪贴蒙版，如图 9.124 所示。

图 9.124　添加素材创建剪贴蒙版

步骤 08 选择工具箱中的【横排文字工具】**T**，在画布适当位置添加文字，如图 9.125 所示。

步骤 09 选中 Finance and Economics 图层，将其图层【不透明度】设置为 30%，如图 9.126 所示。

图 9.125　添加文字

图 9.126　设置图层不透明度

步骤 10 选择工具箱中的【椭圆工具】◯，在选项栏中设置【填充】为白色，【描边】为无，在部分图像下方位置按住 Shift 键绘制一个正圆图形，此时将生成一个【椭圆 1】图层，如图 9.127 所示。

步骤 11 在【图层】面板中，选中【椭圆 1】图层，将其拖至面板底部的【创建新图层】按钮⊞上，复制一个【椭圆 1 拷贝】图层，将【椭圆 1 拷贝】图层的【不透明度】设置为 30%。

步骤 12 选中【椭圆 1 拷贝】图层，在画布中按住 Shift 键向右侧拖动将图形平移，如图 9.128 所示。

图 9.127　绘制图形　　图 9.128　复制图形

步骤 13 选中【椭圆 1 拷贝】图层，在画布中按住 Shift+Alt 组合键向右侧拖动，将图形平移复制多份，如图 9.129 所示。

图 9.129　复制图形

3. 绘制数据表

步骤 01 选择工具箱中的【直线工具】，在选项栏中设置【填充】为白色，【描边】为无，【粗细】为 2 像素，在图像下方位置按住 Shift 键绘制一条水平线段，此时将生成一个【形状 1】图层，如图 9.130 所示。

图 9.130　绘制图形

步骤 02 选中【形状 1】图层，在画布中按住 Alt+Shift 组合键向下拖动，将图形复制多份，如图 9.131 所示。

步骤 03 同时选中【形状 1】及所有拷贝图层，按 Ctrl+E 组合键将其合并，将生成的图层名称更改为【线段】。

步骤 04 选中【线段】图层，将其图层【不透明度】设置为 20%，如图 9.132 所示。

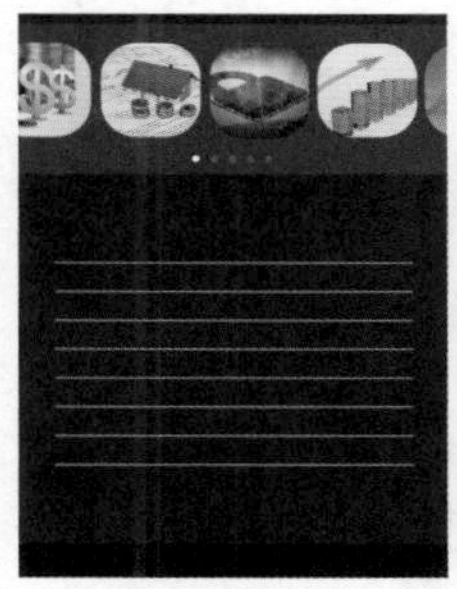

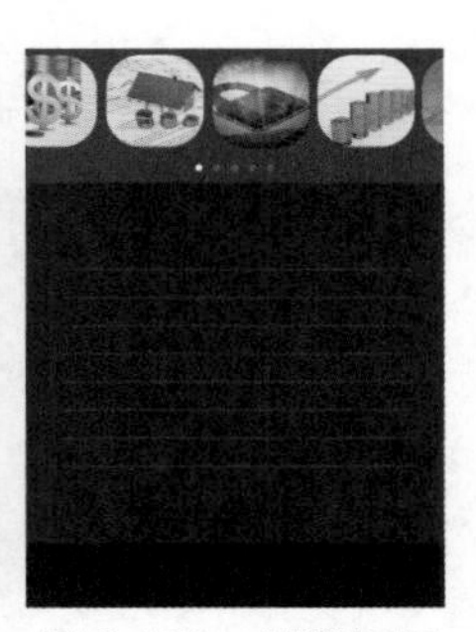

图 9.131　复制图形　　图 9.132　设置图层不透明度

步骤 05 选择工具箱中的【横排文字工具】**T**，在画布适当位置添加文字，并将文字所在图层的【不透明度】设置为 30%，如图 9.133 所示。

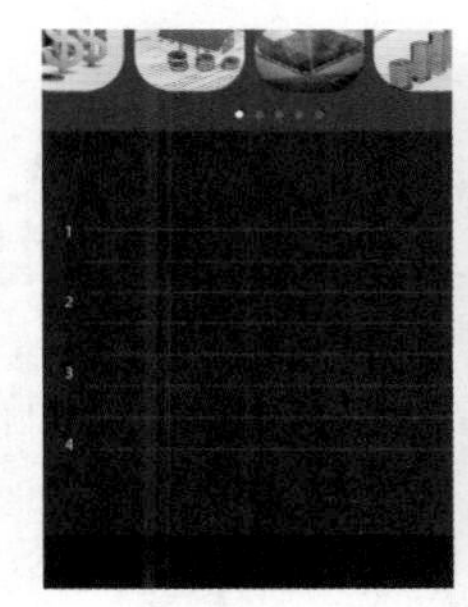

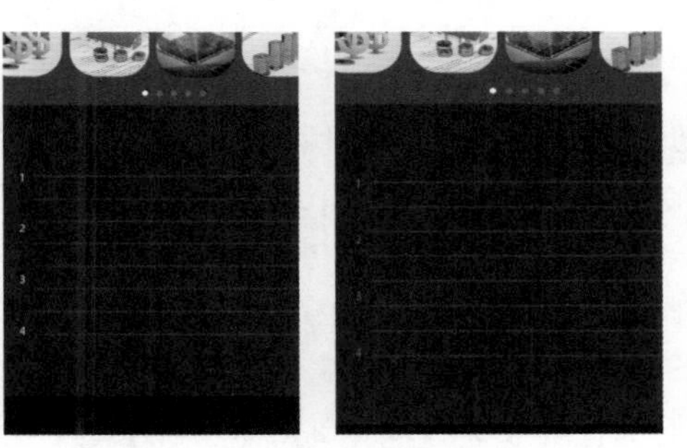

图 9.133　添加文字

步骤 06 选择工具箱中的【钢笔工具】，在选项栏中单击【选择工具模式】 路径 按钮，在弹出的选项中选择【形状】，设置【填充】为无，【描边】为白色，【大小】为 14 像素，在界面靠下方位置绘制一条弯曲线段，此时将生成一个【形状 1】图层，如图 9.134 所示。

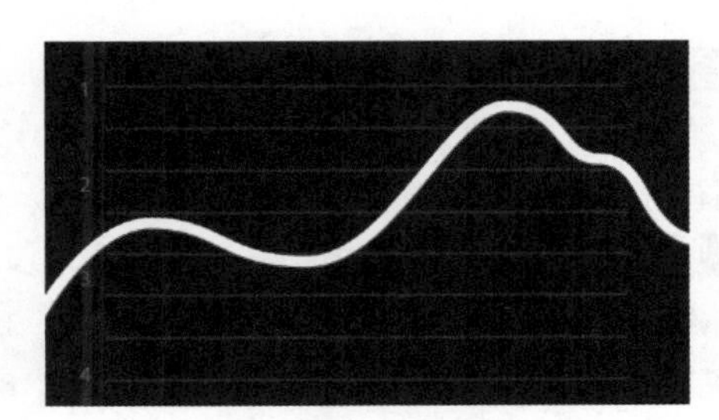

图 9.134　绘制图形

步骤 07 在【图层】面板中，选中【形状 1】图层，单击面板底部的【添加图层样式】按钮 *fx*，在下拉菜单中选择【渐变叠加】命令，在弹出的对话框中设置【渐变】为青色（R：0,G：204,B：255）到紫色（R：168,G：0,B：255），【角度】为 0 度，设置完成后单击【确定】按钮，如图 9.135 所示。

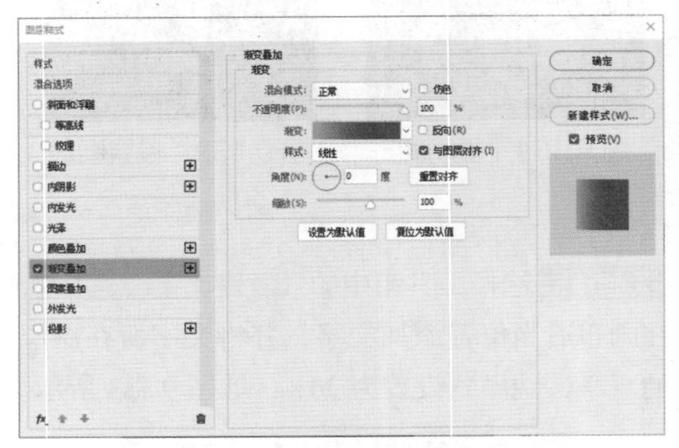

图 9.135　设置渐变叠加

步骤 08 选择工具箱中的【钢笔工具】，在选项栏中单击【选择工具模式】路径 按钮，在弹出的选项中选择【形状】，设置【填充】为黑色，【描边】为无，在刚才绘制的线段靠下方位置绘制一个不规则图形，此时将生成一个【形状 2】图层，如图 9.136 所示。

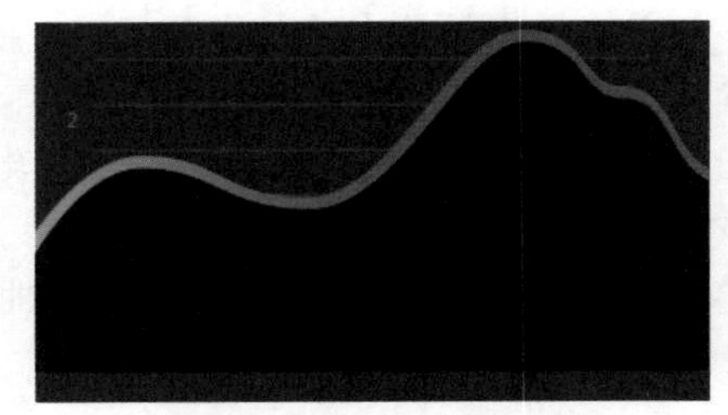

图 9.136　绘制图形

步骤 09 在【图层】面板中，选中【形状 2】图层，将其图层【不透明度】设置为 40%，如图 9.137 所示。

步骤 10 在【图层】面板中，选中【形状 2】图层，单击面板底部的【添加图层蒙版】按钮，为其添加图层蒙版，选择工具箱中的【渐变工具】，编辑黑色到白色的渐变，单击选项栏中的【线性渐变】按钮，在其图形上拖动，将部分图形隐藏，如图 9.138 所示。

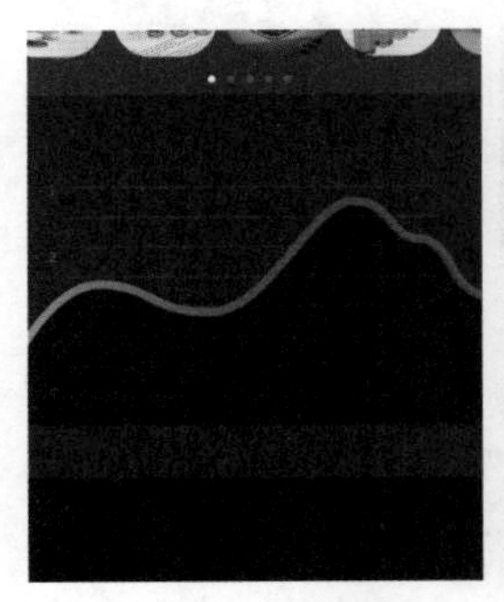

图 9.137　设置图层不透明度

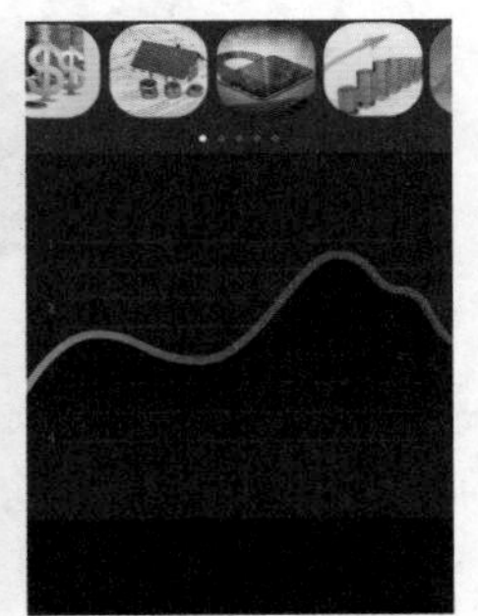

图 9.138　隐藏图形

4. 添加界面装饰元素

步骤 01 选择工具箱中的【圆角矩形工具】，在选项栏中设置【填充】为白色，【描边】为无，【半径】为 50 像素，在界面靠右侧位置绘制一个圆角矩形，如图 9.139 所示。

步骤 02 选择工具箱中的【横排文字工具】**T**，在画布适当位置添加文字，如图 9.140 所示。

图 9.139　绘制图形

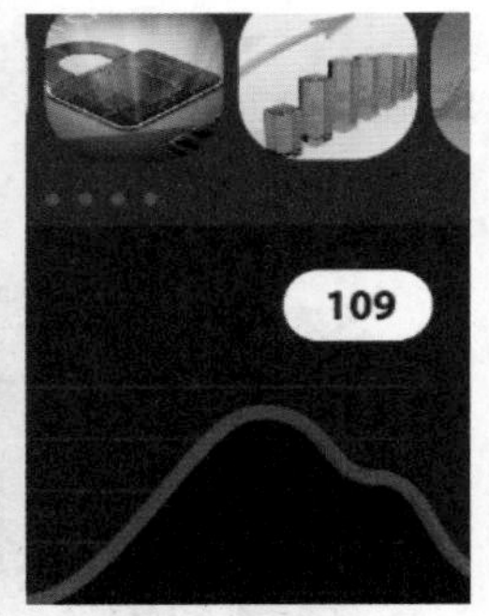

图 9.140　添加文字

步骤 03 选择工具箱中的【钢笔工具】，在选项栏中单击【选择工具模式】路径 按钮，在弹出的选项中选择【形状】，设置【填充】为无，【描边】为青色（R：0，G：186，B：255），【大小】为 2 像素，在界面靠底部位置绘制一条弯曲线段，此时将生成一个【形状 2】图层，如图 9.141 所示。

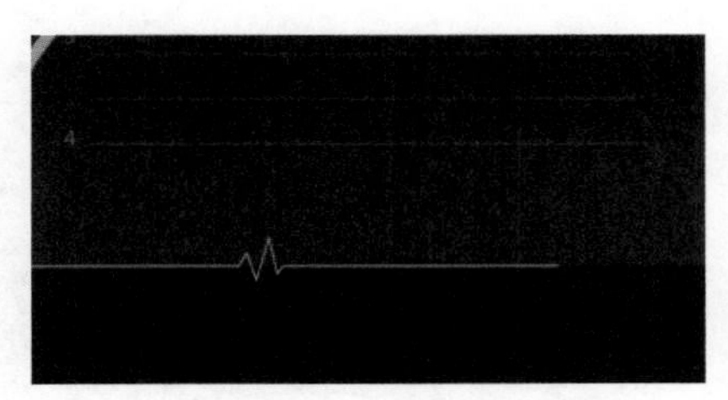

图 9.141　绘制图形

步骤 04 在【图层】面板中，选中【形状 3】图层，单击面板底部的【添加图层蒙版】按钮，为其添加图层蒙版。

步骤 05 选择工具箱中的【渐变工具】，编辑黑色到白色的渐变，单击选项栏中的【线性渐变】按钮，在其图形靠右侧位置拖动，将部分图形隐藏，如图 9.142 所示。

步骤 06 选择工具箱中的【横排文字工具】T，在画布靠底部位置添加文字，这样就完成了财经统计界面的制作，最终效果如图 9.143 所示。

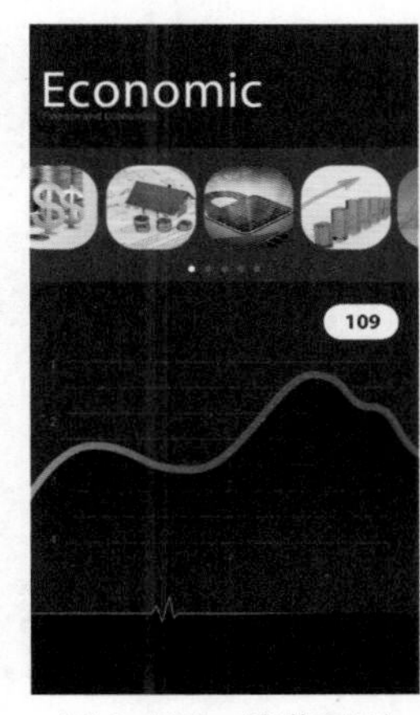

图 9.142　隐藏图形　　图 9.143　最终效果

9.11　动漫应用界面设计

实例分析

本例讲解动漫应用界面设计。本例中的界面设计过程比较简单，通过添加动漫主视觉图像与其他动漫元素来完成设计，整个界面的视觉效果非常出色，最终效果如图 9.144 所示。

图 9.144　最终效果

难　　度：☆☆☆
素材文件：调用素材 \ 第 9 章 \“动漫应用界面设计”文件夹
案例文件：源文件 \ 第 9 章 \ 动漫应用界面设计 .psd
视频文件：视频教学 \ 第 9 章 \9.11　动漫应用界面设计 .mp4

1. 打造主题背景

步骤 01 执行菜单栏中的【文件】|【新建】命令，在弹出的对话框中设置【宽度】为 750 像素，【高度】为 1334 像素，【分辨率】为 72 像素 / 英寸，新建一个空白画布，将画布填充为浅蓝色（R：240，G：251，B：255）。

步骤 02 执行菜单栏中的【文件】|【打开】命令，选择“图像 .jpg”文件，将打开的素材拖入画布中并适当缩小，将其图层名称更改为【图层 1】，如图 9.145 所示。

步骤 03 在【图层】面板中，选中【背景】图层，将其拖至面板底部的【创建新图层】按钮上，复制一个【背景 拷贝】图层，将其移至【图层 1】图层上方。

图 9.145　添加素材

步骤 04 在【图层】面板中，选中【背景 拷贝】图层，单击面板底部的【添加图层蒙版】按钮，为其添加图层蒙版。

步骤 05 选择工具箱中的【渐变工具】，编辑黑色到白色的渐变，单击选项栏中的【线性渐变】按钮，在图像顶部位置拖动，将部分图像隐藏，如图 9.146 所示。

图 9.146　隐藏图形

步骤 06 选择工具箱中的【圆角矩形工具】，在选项栏中设置【填充】为白色，【描边】为无，【半径】为 10 像素，绘制一个圆角矩形，此时将生成一个【圆角矩形 1】图层，如图 9.147 所示。

步骤 07 在【图层】面板中，选中【圆角矩形 1】图层，将其拖至面板底部的【创建新图层】按钮上，复制一个【圆角矩形 1 拷贝】图层。

图 9.147　绘制图形

步骤 08 选中【圆角矩形 1 拷贝】图层，在选项栏中设置【填充】为蓝色（R：77，G：183，B：241），如图 9.148 所示。

步骤 09 选择工具箱中的【直接选择工具】，选中圆角矩形顶部左右两个锚点将其删除。

步骤 10 选择工具箱中的【直接选择工具】，同时选中左右两个锚点向下拖动缩小其高度，如图 9.149 所示。

图 9.148　绘制圆角矩形　　图 9.149　缩小高度

2. 添加主题配图

步骤 01 选择工具箱中的【圆角矩形工具】，在选项栏中设置【填充】为黑色，【描边】为无，【半径】为 10 像素，在图形左侧绘制一个圆角矩形，此时将生成一个【圆角矩形 2】图层，如图 9.150 所示。

步骤 02 执行菜单栏中的【文件】|【打开】命令，选择“图像 2.jpg”文件，将打开的素材拖入画布中并适当缩小，将其图层名称更改为【图层 2】，如图 9.151 所示。

图 9.150　绘制圆角矩形

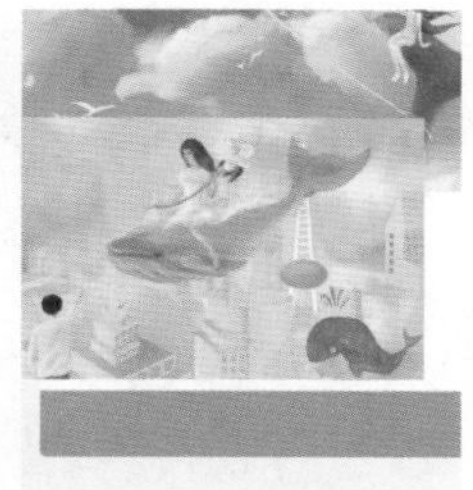
图 9.151　添加素材

步骤 03 选中【图层 2】图层，执行菜单栏中的【图层】|【创建剪贴蒙版】命令，为当前图层创建剪贴蒙版，将部分图像隐藏，再将图像适当缩小或移动，如图 9.152 所示。

步骤 04 执行菜单栏中的【文件】|【打开】命令，选择“返回图标.psd”文件，将其打开后拖入画布中左上角位置，如图 9.153 所示。

图 9.152　创建剪贴蒙版

图 9.153　添加素材

步骤 05 选择工具箱中的【椭圆工具】，在选项栏中设置【填充】为白色，【描边】为无，在适当位置按住 Shift 键绘制一个正圆图形，此时将生成一个【椭圆 1】图层，如图 9.154 所示。

图 9.154　绘制正圆

步骤 06 在【图层】面板中，单击面板底部的【添加图层样式】按钮 *fx*，在下拉菜单中选择【渐变叠加】命令。

步骤 07 在弹出的对话框中设置【渐变】为蓝色（R：77，G：183，B：241）到蓝色（R：218，G：242，B：255），完成后单击【确定】按钮，如图 9.155 所示。

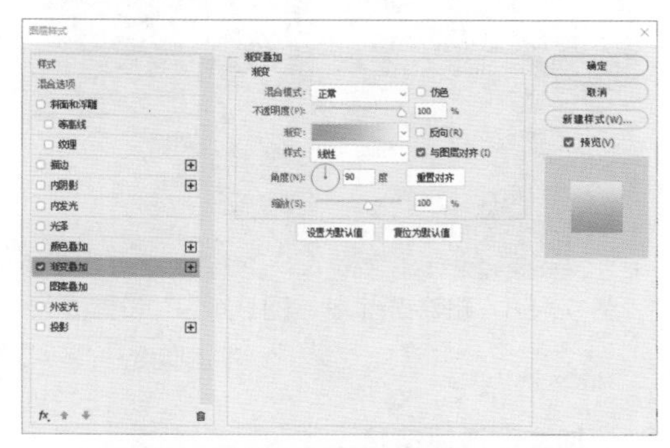

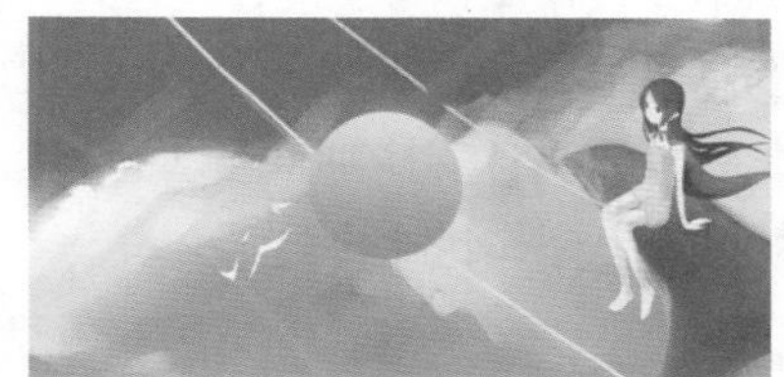
图 9.155　添加渐变

步骤 08 选择工具箱中的【圆角矩形工具】，在选项栏中设置【填充】为白色，【描边】为无，【半径】为 3 像素，在正圆位置按住 Shift 键绘制一个圆角矩形，此时将生成一个【圆角矩形 3】图层，如图 9.156 所示。

步骤 09 按 Ctrl+T 组合键对其执行【自由变换】命令，当出现变形框以后在选项栏中的【旋转】后方文本框中输入 45 度，完成后按 Enter 键确认，如图 9.157 所示。

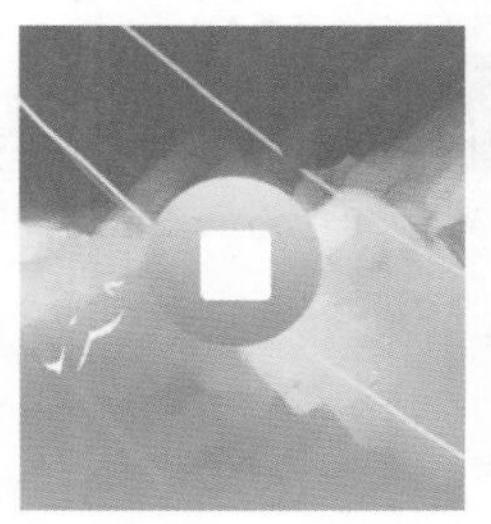
图 9.156　绘制圆角矩形

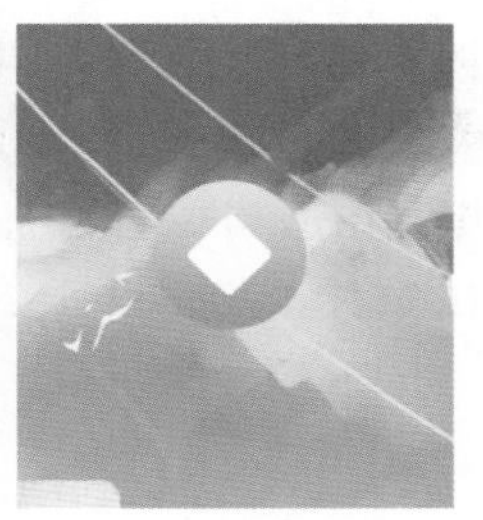
图 9.157　旋转图形

步骤 10 选择工具箱中的【直接选择工具】，选中圆角矩形左侧锚点将其删除，再适当缩小其宽度，如图 9.158 所示。

步骤 11 同时选中【椭圆 1】及【圆角矩形 3】图层，将其图层【不透明度】设置为 80%，如图 9.159 所示。

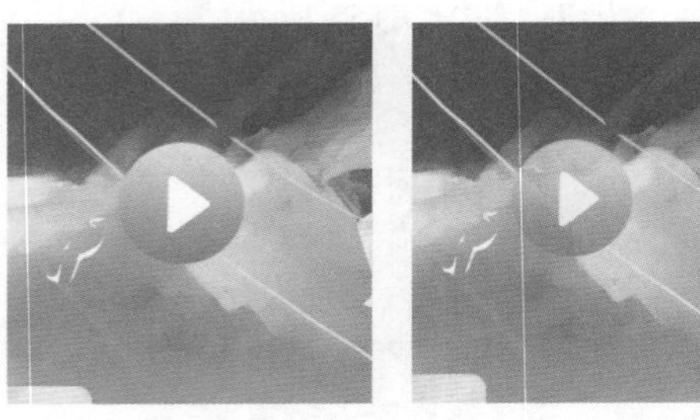

图 9.158　删除锚点　　图 9.159　设置图层不透明度

3. 添加文字详情信息

步骤 01 选择工具箱中的【横排文字工具】T，在画布适当位置添加文字（Comic Sans MS Bold 体），如图 9.160 所示。

图 9.160　添加文字

步骤 02 执行菜单栏中的【文件】|【打开】命令，选择"动漫图标 .psd"文件，将其打开后拖入界面中适当位置并更改其颜色，如图 9.161 所示。

步骤 03 选择工具箱中的【横排文字工具】T，在适当位置添加文字（Comic Sans MS Bold 体），如图 9.162 所示。

图 9.161　添加素材　　图 9.162　添加文字

步骤 04 选择工具箱中的【椭圆工具】，在选项栏中设置【填充】为蓝色（R：77，G：183，B：241），【描边】为无，在【圆角矩形 1】图层的图形底部绘制一个椭圆，将生成一个【椭圆 2】图层，如图 9.163 所示。

步骤 05 执行菜单栏中的【滤镜】|【模糊】|【高斯模糊】命令，在弹出的对话框中单击【转换为智能对象】按钮，然后在弹出的对话框中设置【半径】为 30 像素，设置完成后单击【确定】按钮，如图 9.164 所示。

图 9.163　绘制椭圆　　图 9.164　添加高斯模糊

4. 处理界面详细信息

步骤 01 选择工具箱中的【直线工具】，在选项栏中设置【填充】为灰色（R：210，G：218，B：212），【描边】为无，【粗细】为 3 像素，按住 Shift 键绘制一条线段，将生成一个【形状 1】图层，如图 9.165 所示。

步骤 02 选择工具箱中的【横排文字工具】T，在线段上方添加文字（Comic Sans MS Bold 体），如图 9.166 所示。

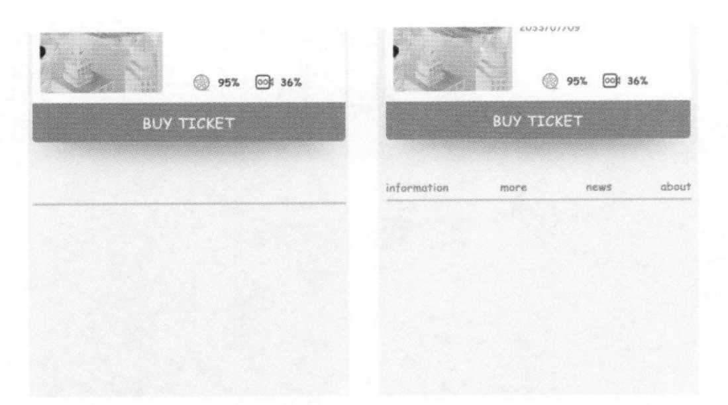

图 9.165　绘制线段　　图 9.166　添加文字

步骤 03 在【图层】面板中，选中【形状 1】图层，将其拖至面板底部的【创建新图层】按钮⊞上，复制一个【形状 1 拷贝】图层。

步骤 04 将【形状 1 拷贝】图层中的线段【填充】设置为蓝色（R：77，G：183，B：241），再缩小其长度，如图 9.167 所示。

图 9.167　缩小长度

步骤 05 选择工具箱中的【椭圆工具】◯，在选项栏中设置【填充】为黑色，【描边】为无，在适当位置按住 Shift 键绘制一个正圆图形，将生成一个【椭圆 3】图层，如图 9.168 所示。

步骤 06 将椭圆向下复制一份，将生成一个【椭圆 3 拷贝】图层，如图 9.169 所示。

步骤 07 执行菜单栏中的【文件】|【打开】命令，选择“图像 3.jpg”文件，将其打开后拖入画布中并适当缩小，将其图层名称更改为【图层 3】，如图 9.170 所示。

步骤 08 选中【图层 3】，执行菜单栏中的【图层】|【创建剪贴蒙版】命令，为当前图层创建剪贴蒙版，将部分图像隐藏，如图 9.171 所示。

图 9.168　绘制正圆　　图 9.169　复制正圆

图 9.170　添加素材　　图 9.171　创建剪贴蒙版

步骤 09 执行菜单栏中的【文件】|【打开】命令，选择“图像 4.jpg”文件，将其打开后拖入画布中并适当缩小，将其图层名称更改为【图层 4】，如图 9.172 所示。

步骤 10 以同样的方法为图像创建剪贴蒙版。

步骤 11 选择工具箱中的【横排文字工具】T，在适当位置添加文字（Comic Sans MS 体），如图 9.173 所示。

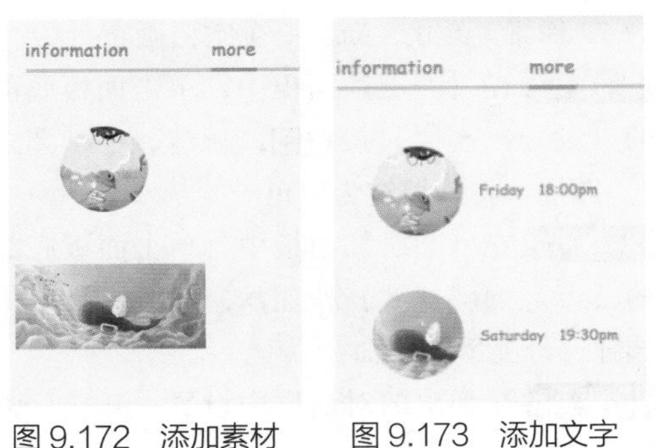

图 9.172　添加素材　　图 9.173　添加文字

步骤 12 执行菜单栏中的【文件】|【打开】命令，选择“状态栏 .psd”文件，将其打开并将素材拖入画布顶部位置，这样就完成了动漫应用界面的制作，最终效果如图 9.174 所示。

图 9.174　最终效果

9.12　云教育界面设计

实例分析

本例讲解云教育界面设计。本例界面采用横屏进行设计，将应用的主要功能整齐地排列于屏幕上，在制作过程中注意颜色搭配，最终效果如图 9.175 所示。

难　　度：☆☆☆
素材文件：调用素材 \ 第 9 章 \“云教育界面设计”文件夹
案例文件：源文件 \ 第 9 章 \ 云教育界面设计 .psd
视频文件：视频教学 \ 第 9 章 \9.12　云教育界面设计 .mp4

图 9.175　最终效果

1. 打造活力背景

步骤 01 执行菜单栏中的【文件】|【新建】命令，在弹出的对话框中设置【宽度】为 1920 像素，【高度】为 1080 像素，【分辨率】为 72 像素 / 英寸，新建一个空白画布。

步骤 02 在【图层】面板中，单击面板底部的【创建新图层】按钮⊞，新建一个【图层 1】图层，将其填充为白色。

步骤 03 在【图层】面板中，单击面板底部的【添加图层样式】按钮 *fx*，在下拉菜单中选择【渐变叠加】命令。

步骤 04 在弹出的对话框中设置【渐变】为青色（R：18，G：215，B：185）到蓝色（R：39，G：131，B：218），设置完成后单击【确定】按钮，如图 9.176 所示。

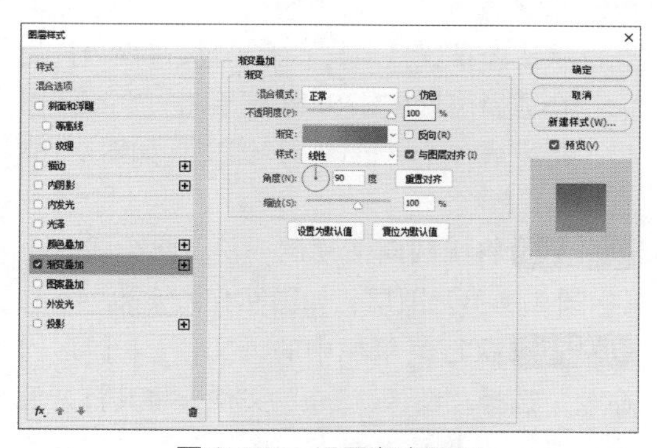

图 9.176　设置渐变叠加

步骤 05 选择工具箱中的【圆角矩形工具】▢，在选项栏中设置【填充】为红色（R：246，G：137，B：117），【描边】为无，【半径】为 30 像素，绘制一个圆角矩形，将生成一个【圆角矩形 1】图层，如图 9.177 所示。

图 9.177　绘制图形

步骤 06 在【图层】面板中，单击面板底部的【添加图层样式】按钮 *fx*，在下拉菜单中选择【斜面和浮雕】命令。

步骤 07 在弹出的对话框中设置【大小】为 10 像素，取消选中【使用全局光】复选框，设置【角度】为 90 度，【高光模式】中的【不透明度】为 20%，【阴影模式】中的【不透明度】为 20%，如图 9.178 所示。

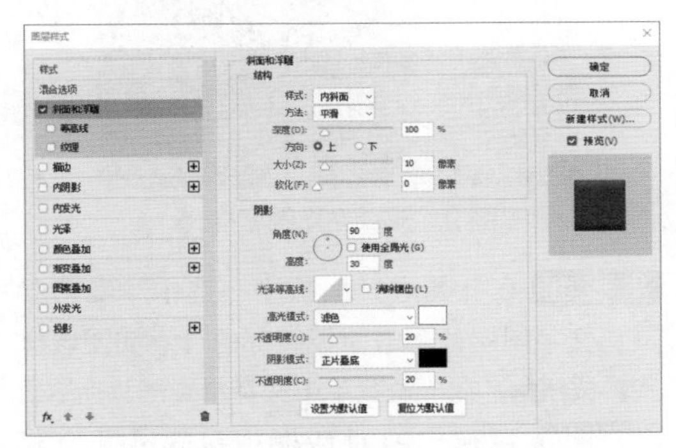

图 9.178　设置斜面和浮雕

步骤 08 勾选【投影】复选框，设置【不透明度】为 20%，取消选中【使用全局光】复选框，设置【角度】为 90 度，【距离】为 1 像素，【大小】为 10 像素，设置完成之后单击【确定】按钮，如图 9.179 所示。

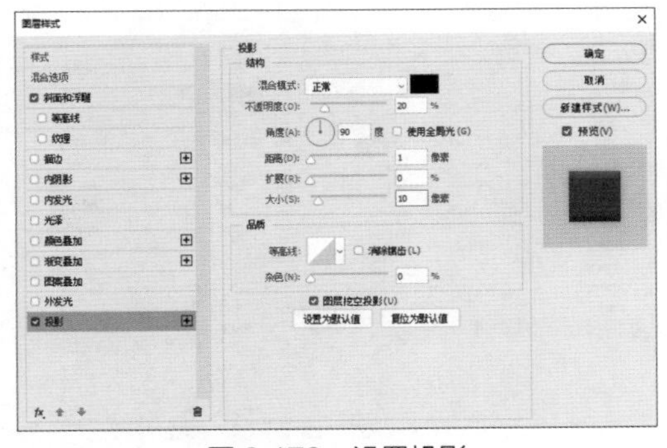

图 9.179　设置投影

步骤 09 选中【圆角矩形 1】图层，在画布中按住 Alt+Shift 组合键向下方拖动，将图形复制，如图 9.180 所示。

步骤 10 分别选中生成的拷贝图层中的图形，更改其图形颜色，如图 9.181 所示。

图 9.180　复制图形　　图 9.181　更改图形颜色

2. 添加界面元素

步骤 01 执行菜单栏中的【文件】|【打开】命令，选择“图标 .psd”文件，将其打开后拖至画布中并缩小，如图 9.182 所示。

步骤 02 选择工具箱中的【横排文字工具】**T**，添加文字（苹方体），如图 9.183 所示。

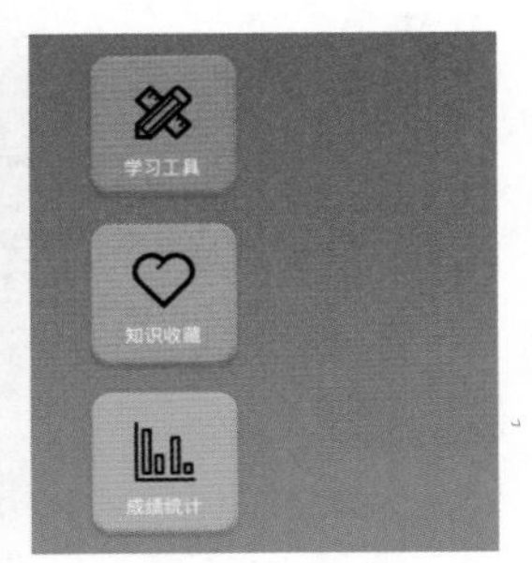

图 9.182　添加素材　　图 9.183　添加文字

步骤 03 在【图层】面板中，选中【学习工具】图层，单击面板底部的【添加图层样式】按钮 *fx*，在下拉菜单中选择【渐变叠加】命令。

步骤 04 在弹出的对话框中设置【混合模式】为【正常】，【不透明度】为 100%，【渐变】为绿色（R：217，G：255，B：140）到绿色（R：158，G：228，B：174），【角度】为 90 度，如图 9.184 所示。

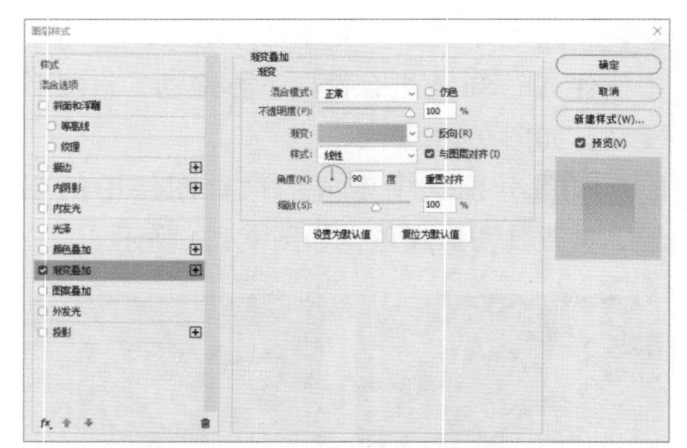

图 9.184　设置渐变叠加

步骤 05 勾选【斜面和浮雕】复选框，设置【大小】为 2 像素，取消选中【使用全局光】复选框，设置【角度】为 90 度，【高光模式】中的【不透明度】为 20%，【阴影模式】中的【不透明度】为 20%，如图 9.185 所示。

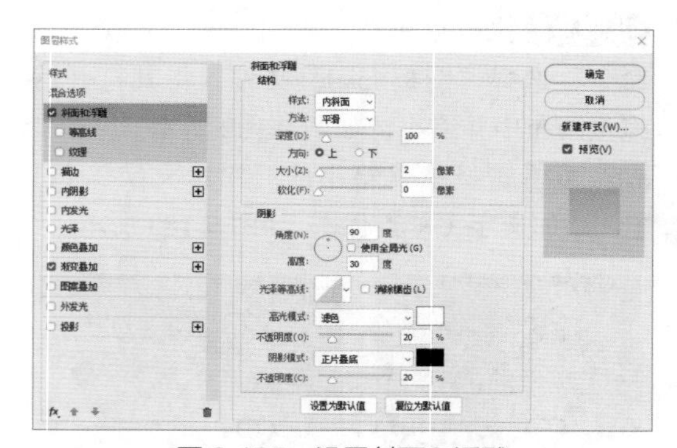

图 9.185　设置斜面和浮雕

步骤 06 勾选【投影】复选框，设置【混合模式】为【正常】，【不透明度】为 20%，取消选中【使用全局光】复选框，设置【角度】为 90 度，【距离】为 2 像素，【大小】为 2 像素，设置完成后单击【确定】按钮，如图 9.186 所示。

步骤 07 在【学习工具】图层名称上单击鼠标右键，从弹出的快捷菜单中选择【拷贝图层样式】命令，同时选中【知识收藏】及【成绩统计】图层，在其图层名称上单击鼠标右键，从弹出的快捷菜单中选择【粘贴图层样式】命令，如图 9.187 所示。

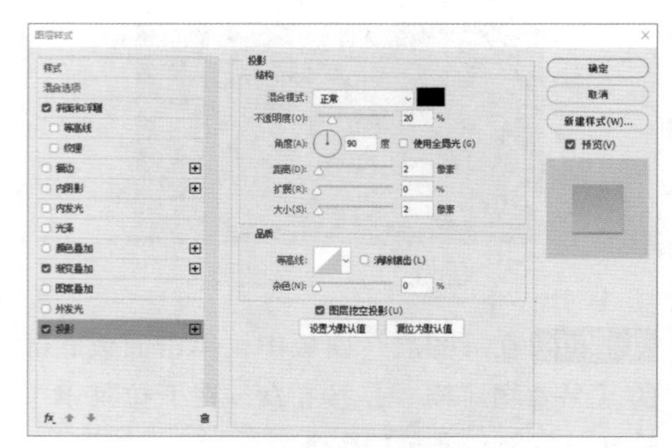

图 9.186　设置投影

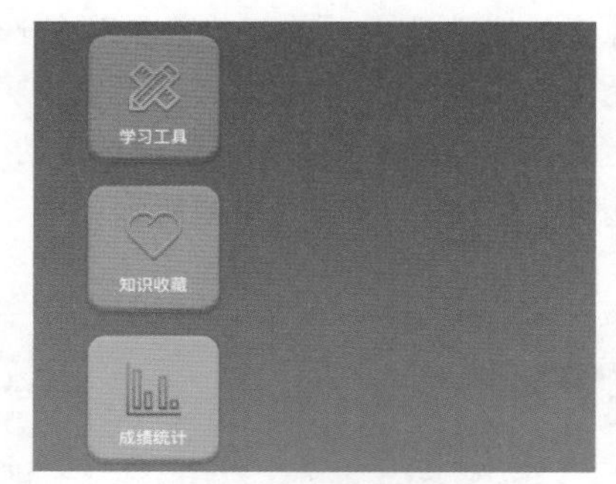

图 9.187　粘贴图层样式

步骤 08 在【图层】面板中，选中【学习工具】文字图层，单击面板底部的【添加图层样式】按钮*fx*，在下拉菜单中选择【投影】命令。

步骤 09 在弹出的对话框中设置【混合模式】为【正常】，【颜色】为深红色（R：157，G：73，B：92），【不透明度】为 100%，取消选中【使用全局光】复选框，设置【角度】为 90 度，【距离】为 1 像素，【大小】为 4 像素，设置完成后单击【确定】按钮，如图 9.188 所示。

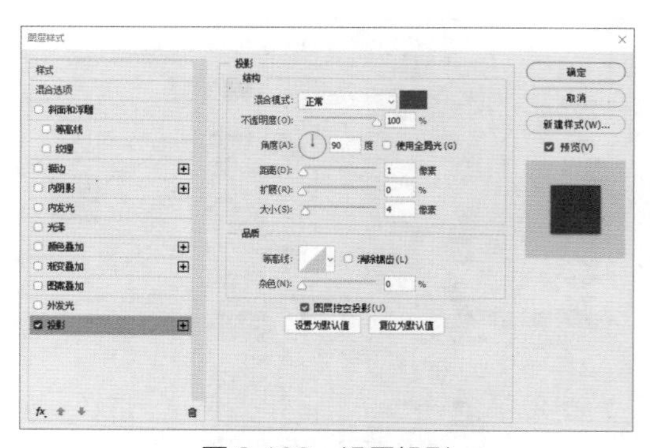

图 9.188　设置投影

3. 绘制界面应用功能区

步骤 01 在【学习工具】文字图层名称上单击鼠标右键，从弹出的快捷菜单中选择【拷贝图层样式】命令，同时选中【知识收藏】及【成绩统计】文字图层，在其图层名称上单击鼠标右键，从弹出的快捷菜单中选择【粘贴图层样式】命令，如图 9.189 所示。

步骤 02 选择工具箱中的【圆角矩形工具】，在选项栏中设置【填充】为白色，【描边】为无，【半径】为 30 像素，按住 Shift 键绘制一个圆角矩形，将生成一个【圆角矩形 2】图层，如图 9.190 所示。

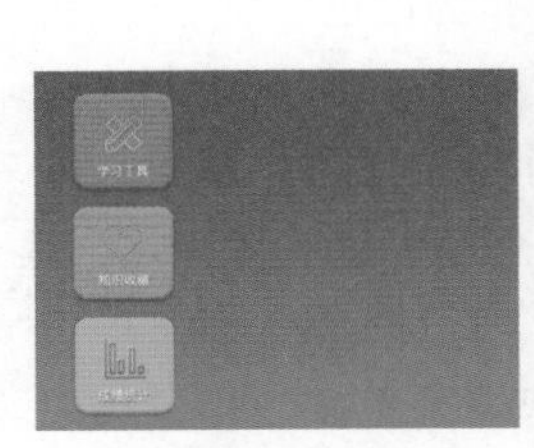

图 9.189 粘贴图层样式

图 9.190 绘制图形

步骤 03 执行菜单栏中的【文件】|【打开】命令，选择“开学 .jpg”文件，将其打开后拖至画布中，将其图层名称更改为【图层 2】，如图 9.191 所示。

步骤 04 选中【图层 2】图层，执行菜单栏中的【图层】|【创建剪贴蒙版】命令，为当前图层创建剪贴蒙版，将部分图像隐藏，如图 9.192 所示。

图 9.191 添加素材

图 9.192 创建剪贴蒙版

步骤 05 同时选中【图层 2】及【圆角矩形 2】图层，按 Ctrl+G 组合键将其编组，将生成的组名称更改为【开学】。

步骤 06 在【圆角矩形 1】图层名称上单击鼠标右键，从弹出的快捷菜单中选择【拷贝图层样式】命令，在【开学】组名称上单击鼠标右键，从弹出的快捷菜单中选择【粘贴图层样式】命令，如图 9.193 所示。

步骤 07 在【图层】面板中，选中【开学】组，将其拖至面板底部的【创建新图层】按钮上，复制一个新【开学 拷贝】组，在画布中将其向右侧平移，如图 9.194 所示。

图 9.193 粘贴图层样式

图 9.194 复制图像

步骤 08 执行菜单栏中的【文件】|【打开】命令，选择“开学季 .jpg”文件，将其打开后拖至画布中，将其图层名称更改为【图层 3】。

步骤 09 将【开学 拷贝】组展开，选中图像将其删除，再选中【图层 3】图层，执行菜单栏中的【图层】|【创建剪贴蒙版】命令，为当前图层创建剪贴蒙版，将部分图像隐藏，如图 9.195 所示。

图 9.195 隐藏图形

步骤 10 以同样的方法复制或者绘制图像并更换素材图像，如图 9.196 所示。

图 9.196　更换素材图像

4. 添加装饰元素

步骤 01 选择工具箱中的【圆角矩形工具】，在选项栏中设置【填充】为白色，【描边】为无，【半径】为 100 像素，绘制一个圆角矩形，将生成一个【圆角矩形 4】图层，如图 9.197 所示。

图 9.197　绘制图形

步骤 02 在【图层】面板中，单击面板底部的【添加图层样式】按钮*fx*，在下拉菜单中选择【内发光】命令。

步骤 03 在弹出的对话框中设置【混合模式】为【柔光】，【不透明度】为 100%，【颜色】为白色，【大小】为 20 像素，设置完成后单击【确定】按钮，如图 9.198 所示。

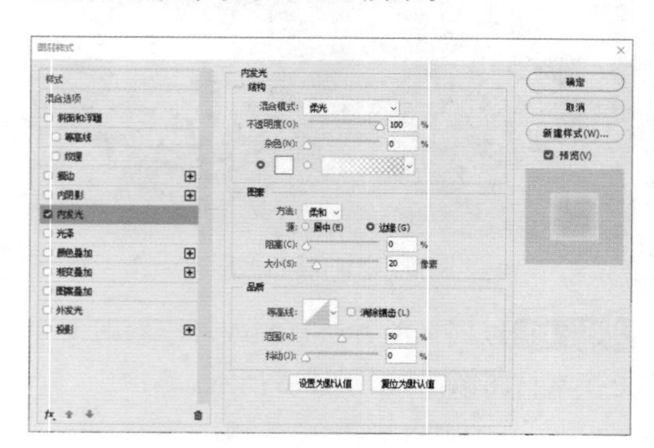

图 9.198　设置内发光

步骤 04 在【图层】面板中，选中【圆角矩形 4】图层，将其图层【填充】设置为 0%，如图 9.199 所示。

图 9.199　设置填充

5. 打造操作功能

步骤 01 选择工具箱中的【椭圆工具】，在选项栏中设置【填充】为白色，【描边】为无，在画布靠底部位置按住 Shift 键绘制一个正圆图形，将生成一个【椭圆 1】图层，如图 9.200 所示。

步骤 02 在【圆角矩形 4】图层名称上单击鼠标右键，从弹出的快捷菜单中选择【拷贝图层样式】命令，在【椭圆 1】图层名称上单击鼠标右键，从弹出的快捷菜单中选择【粘贴图层样式】命令，如图 9.201 所示。

图 9.200　绘制图形

图 9.201　粘贴图层样式

步骤 03 执行菜单栏中的【文件】|【打开】命令，选择"功能图标 .psd"文件，将其打开后拖至画布中靠底部位置，如图 9.202 所示。

步骤 04 在【图层】面板中，选中【形状 1】图层，单击面板底部的【添加图层样式】按钮*fx*，在下拉菜单中选择【渐变叠加】命令。

步骤 05 在弹出的对话框中设置【渐变】为白色到黄色（R：239，G：195，B：44），如图 9.203 所示。

图 9.202　添加素材

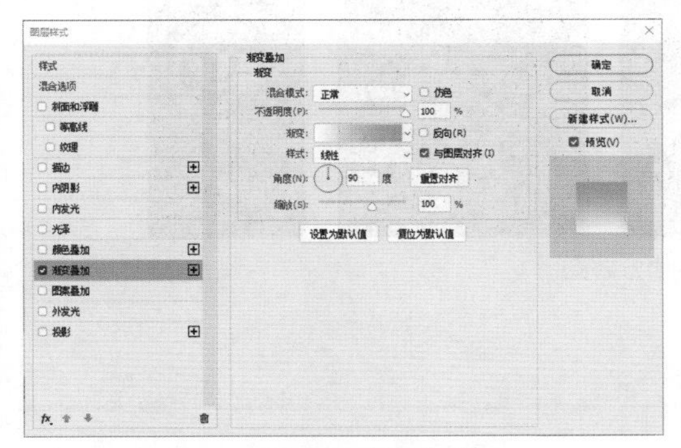

图 9.203　设置渐变叠加

步骤 06 勾选【投影】复选框，设置【混合模式】为【正常】，【颜色】为蓝色（R：39，G：131，B：218），【不透明度】为 100%，取消选中【使用全局光】复选框，设置【角度】为 90 度，【距离】为 1 像素，【大小】为 4 像素，设置完成后单击【确定】按钮，如图 9.204 所示。

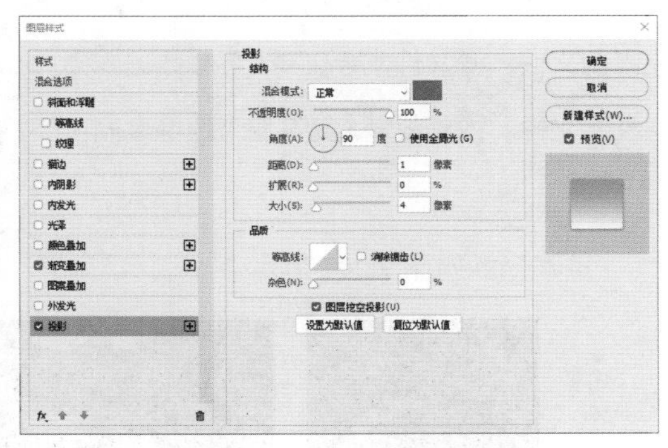

图 9.204　设置投影

步骤 07 选择工具箱中的【横排文字工具】**T**，添加文字（苹方体），这样就完成了云教育界面的制作，最终效果如图 9.205 所示。

图 9.205　最终效果

9.13　拓展训练

本节安排了 2 个综合性的拓展训练供读者深入学习，掌握基础的 UI 设计是远远不够的，想要进入设计领域还必须在商业实战上下功夫，只有通过综合实战案例的演练，才能彻底掌握整个 UI 设计体系，为真正的设计铺垫基石。

9.13.1　下载数据界面

实例分析

本例主要讲解下载数据界面的制作。整个界面主要以文字为主要表现力，通过醒目的字体及环形进度条，向用户展示了一款经典的下载数据界面。最终效果如图 9.206 所示。

难　　度：☆☆☆
素材文件：调用素材 \ 第 9 章 \“下载数据界面”文件夹
案例文件：源文件 \ 第 9 章 \ 下载数据界面 .psd
视频文件：视频教学 \ 第 9 章 \ 训练 9-1　下载数据界面 .mp4

图 9.206　最终效果

步骤分解如图 9.207 所示。

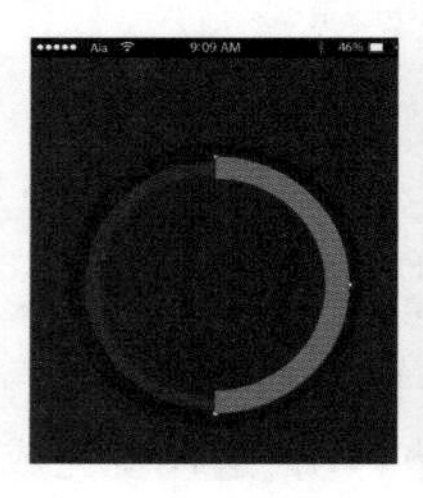

图 9.207　步骤分解图

9.13.2 App 游戏安装页

实例分析

本例讲解 App 游戏安装页的制作。此款页面在制作过程中以详细的图形图像结合为原则，通过明了的文字信息的加入，给人一种强烈的视觉对比效果。最终效果如图 9.208 所示。

难　　度：☆☆☆
素材文件：调用素材 \ 第 9 章 \“App 游戏安装页”文件夹
案例文件：源文件 \ 第 9 章 \App 游戏安装页 .psd
视频文件：视频教学 \ 第 9 章 \ 训练 9-2　App 游戏安装页 .mp4

图 9.208　最终效果

步骤分解如图 9.209 所示。

图 9.209　步骤分解图